W0284169

Mathematik anwenden

HAK

II

Franz Pauer
Martina Scheirer-Weindorfer
Andreas Simon

Mit einer Online-Ergänzung von
Bettina Ponleitner (Arbeitsblätter: Lehrplankompetenzen und Englisch)
Natalie Herold und Martin Schrödl (GeoGebra, Excel)
Christian Zöpfl (TI Nspire)
auf www.oebv.at

Das **Lösungsheft** ist im Buchhandel oder direkt beim Verlag erhältlich.

Mathematik anwenden HAK 2, Lösungen
Schulbuchnummer 170226, ISBN 978-3-209-08078-3

In digitaler Form steht das Lösungsheft kostenlos auf www.oebv.at zur Verfügung.
Der Online-Code führt direkt zum digitalen Lösungsheft.

Lösungen q4i5sj

www.oebv.at

Inhaltsverzeichnis

3. Semester

4 Quadratische Gleichungen und quadratische Funktionen 91

5 Winkelfunktionen 131

Was habe ich in diesem Semester gelernt? 161

Anhang 165

Erklärungen zum Buch

Definitionen und Sätze

Wichtige mathematische Inhalte (Definitionen, Sätze …) sind in gelben Kästen hervorgehoben.

Musteraufgabe

Musteraufgaben sind in türkisen Kästen hervorgehoben.

Die Lösung ist ausführlich ausformuliert.

Technologie

Technologie	Eingabe	Beispiel

Was habe ich gelernt?

Jeder Abschnitt endet mit einer **Selbstkontrolle** zu den erworbenen Kompetenzen. Auf den Seiten 87–90 und 161–164 befinden sich Selbstkontrollen zu **allen Lehrplankompetenzen**. Die Lösungen finden sich im Buch auf den Seiten 181–188.

1 Aufgabe

Handlungskompetenzen
Jeder Aufgabe sind ihre Handlungskompetenzen zugewiesen:
A Modellieren und Transferieren
B Operieren und Technologieeinsatz
C Interpretieren und Dokumentieren
D Argumentieren und Kommunizieren

Schwierigkeitsgrade
kennzeichnet den Schwierigkeitsgrad der Aufgabe

Partner- bzw. Gruppenarbeit
Aufgabe, die sich für Partner- oder Gruppenarbeit eignet

Technologieeinsatz
Aufgabe, die sich für den Einsatz von Technologie eignet

Online-Ergänzung zu Mathematik anwenden HAK

ggb gx92ne
Online-Code
Online-Code auf www.oebv.at eingeben!

ggb/xls/tns tn2dy5
Technologieeinsatz
Materialien zu GeoGebra (ggb), Excel (xls) und TI Nspire (tns): Applets, Erklärungen, Schritt-für-Schritt-Anleitungen …

Aufgaben x6qn83
Arbeitsblätter
Arbeitsblätter mit englischen Aufgaben, Aufgaben zur Individualisierung, Aufgaben zu den Lehrplankompetenzen …

1 Potenzen

3. Semester

1.1 Potenzen und Wurzeln

- ☐ Ich lerne die Potenzschreibweise mit rationalen Exponenten kennen und die entsprechenden Rechenregeln anzuwenden und zu begründen.
- ☐ Ich lerne Potenz- und Wurzelschreibweise ineinander überzuführen.

Wiederholung – Potenzen mit ganzzahligen Exponenten

Im ersten Jahrgang haben wir Potenzen mit ganzzahligen Exponenten kennengelernt.

Potenzschreibweise

Für jede reelle Zahl a und jede positive ganze Zahl n schreiben wir anstatt

$\underbrace{a \cdot a \cdot a \cdot \ldots \cdot a}_{n\text{-mal}}$ kürzer $\mathbf{a^n}$

a^n: $\text{Basis}^{\text{Exponent}}$

und und sagen dazu **„die n-te Potenz von a"** oder **„a hoch n"**.

Basis
Exponent

Wir nennen a die **Basis** der Potenz und n die **Hochzahl** oder den **Exponenten** der Potenz.

Wir vereinbaren für jede von 0 verschiedene Zahl a, dass

$\mathbf{a^0 = 1}$

ist und für jede Zahl a, dass

$\mathbf{a^1 = a}$

ist. Weiters definieren wir für jede positive ganze Zahl n und jede von 0 verschiedene Zahl a:

$\mathbf{a^{-n} = \left(\frac{1}{a}\right)^n = \frac{1}{a^n}}$

Hochzahl eingeben

ggb/xls/tns 53ut7w

GeoGebra	Basis^Exponent	1 3^8 → **6561**
Excel	=Basis^Exponent	A1: =3^8 → A1: 6561
TI Nspire	Basis^Exponent oder [Taste]	3^8 6561 Hinweis: Mit der Pfeiltaste kommt der Cursor auf die Grundlinie zurück.

Rechenregeln für Potenzen

Für zwei von 0 verschiedene reelle Zahlen a und b und ganze Zahlen m und n gilt:

$a^n \cdot a^m = a^{n+m}$	Potenzen gleicher Basis werden multipliziert, indem die Exponenten addiert werden.
$\frac{a^n}{a^m} = a^{n-m}$	Potenzen gleicher Basis werden dividiert, indem die Exponenten subtrahiert werden.
$(a^n)^m = a^{n \cdot m}$	Potenzen werden potenziert, indem die Exponenten multipliziert werden.
$(a \cdot b)^n = a^n \cdot b^n$	Die Potenz eines Produktes ist gleich dem Produkt der Potenzen.
$\left(\frac{a}{b}\right)^n = \frac{a^n}{b^n}$	Die Potenz eines Quotienten ist gleich dem Quotienten der Potenzen.

B **1** Schreibe als eine einzige Potenz.

a. $2^4 \cdot 2^5 =$ **b.** $3^4 \cdot 3^5 =$ **c.** $(5^2)^4 =$ **d.** $(4^3 \cdot 4^2)^5 =$

B **2** Schreibe als eine einzige Potenz.

a. $x^4 \cdot x^3 =$ **b.** $a^6 \cdot a^7 =$ **c.** $(x^5)^3 =$ **d.** $(a \cdot a^3)^5 =$

C **3** Kreuze an, welche der Aussagen wahr sind.

a.
- A $3^0 = 0 \cdot 0 \cdot 0$
- B $3^0 = 3 \cdot 0$
- C $3^0 = 1$
- D $3^0 = \frac{0}{3}$

b.
- A $x^{-4} = \frac{1}{x^4}$
- B $x^{-4} = \frac{-4}{x}$
- C $x^{-4} = (-x) \cdot (-x) \cdot (-x) \cdot (-x)$
- D $x^{-4} = \left(\frac{1}{x}\right)^4$

B **4** Schreibe als eine einzige Potenz.

a. $\frac{b^5}{b^3} =$ **b.** $\frac{x^7}{x^2} =$ **c.** $\frac{a^3}{a} =$ **d.** $\frac{x^2}{x^3} =$

B **5** Schreibe als Potenz mit negativem Exponenten nach dem Muster $\frac{1}{x^4} = x^{-4}$.

a. $\frac{1}{a^3} =$ **b.** $\frac{1}{b^5} =$ **c.** $\frac{1}{c} =$ **d.** $\frac{1}{d^4} =$

B **6** Schreibe nur mit positiven Exponenten nach dem Muster $\frac{a^2b^{-3}}{c^{-4}} = \frac{a^2c^4}{b^3}$.

a. $\frac{x^{-3}}{y^5} =$ **b.** $\frac{a^3b^{-2}}{c^4} =$ **c.** $\frac{x^{-1}y^3z^{-4}}{ab^{-3}c^2} =$ **d.** $\frac{a^2c^{-3}x}{y^4z^{-3}b^{-1}} =$

B **7**
mit Potenzen rechnen
ggb/tns f6i3wp

Stelle $\left(\frac{x^3y^{-2}z^4}{x^2y^4z^{-3}}\right)^{-3} : \left(\frac{x^2y^{-4}z}{x^5y^{-1}z^5}\right)^2$ ohne Klammern und nur mit positiven Exponenten dar, wobei du Potenzen gleicher Basis zusammenfasst.

Zunächst fassen wir jeweils die Potenzen mit gleicher Basis in den Klammern zusammen:

$$\left(\frac{x^3y^{-2}z^4}{x^2y^4z^{-3}}\right)^{-3} : \left(\frac{x^2y^{-4}z}{x^5y^{-1}z^5}\right)^2 = (xy^{-6}z^7)^{-3} : (x^{-3}y^{-3}z^{-4})^2 =$$
$$= (x^{-3}y^{18}z^{-21}) : (x^{-6}y^{-6}z^{-8}) =$$
$$= \frac{x^{-3}y^{18}z^{-21}}{x^{-6}y^{-6}z^{-8}} = x^3y^{24}z^{-13}$$

Zuletzt schreiben wir das Ergebnis noch mit positiven Exponenten und erhalten

$$x^3y^{24}z^{-13} = \frac{x^3y^{24}}{z^{13}}.$$

B **8** Stelle ohne Klammern und nur mit positiven Exponenten dar, wobei du Potenzen gleicher Basis zusammenfasst.

a. $\left(\frac{x^2}{y^7}\right)^{-3} =$ **b.** $\left(\frac{x^3y^{-2}}{x^{-4}y}\right)^{-2} =$ **c.** $\left(\frac{x^{-1}y^3z^{-4}}{x^{-5}y^4z}\right)^{-1} =$ **d.** $\left(\frac{a^{-5}bc^3}{a^{-2}b^3c^{-4}}\right)^3 =$

B **9** Stelle ohne Klammern und nur mit positiven Exponenten dar, wobei du Potenzen gleicher Basis zusammenfasst.

a. $\left(\frac{a^5}{b^3}\right)^{-2} \cdot \left(\frac{a^{-8}}{b^5}\right)^3 =$

b. $\left(\frac{x^{-1}y^6}{x^3y^{-2}}\right)^{-3} \cdot \left(\frac{x^2y^2}{x^{-1}y}\right)^2 =$

c. $\left(\frac{x^3y^{-2}z^{-4}}{x^{-7}y^4z^2}\right)^{-1} : \left(\frac{x^{-2}y^5z}{xy^2z^{-6}}\right)^{-3} =$

d. $\left(\frac{a^{-2}bc^4}{a^5b^3c^{-2}}\right)^3 : \left(\frac{a^7b^{-1}c^{-3}}{a^6b^{-2}c^{-4}}\right)^2 =$

C, D **10** Beurteile, ob die Rechnung richtig durchgeführt wurde. Begründe deine Antwort.

$$\left(\frac{a^2b^3}{a^{-2}}\right)^{-2} \cdot \left(\frac{ab^2}{a^{-1}b^3}\right)^2 = (b^3)^{-2} \cdot (b^{-1})^2 = b^1 \cdot b^1 = b^2$$

C, D **11** Beurteile, ob die Rechnung richtig durchgeführt wurde. Begründe deine Antwort.

$$\left(\frac{x^4y^2}{z^3}\right)^{-1} \cdot \left(\frac{x^2z^3}{y^3}\right)^2 = \frac{z^3}{x^4y^2} \cdot \frac{x^4z^6}{y^6} = \frac{z^9}{y^8}$$

D **12** Zeige, dass für alle a ungleich 0 gilt: $a^n \cdot a^{-n} = 1$

Quadratwurzeln

Wenn wir die Seitenlänge s Meter eines Quadrates kennen, erhalten wir den Flächeninhalt des Quadrates in Quadratmeter, indem wir s^2 berechnen. Wie bekommen wir aber die Zahl s, wenn wir umgekehrt den Flächeninhalt a Quadratmeter kennen? Wir müssen dazu eine Zahl finden, deren Quadrat gleich a ist.

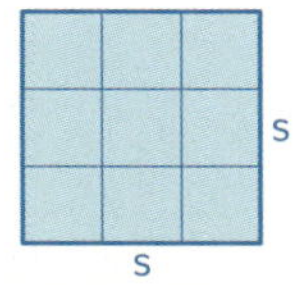

Wurzel

Wenn a eine positive reelle Zahl ist, nennen wir eine positive reelle Zahl **Wurzel** oder **Quadratwurzel** aus a, wenn ihr Quadrat gleich a ist.

Es gibt nur eine positive Zahl, die die Wurzel aus a ist, denn wären x und y Wurzeln aus a, dann wäre

$$x^2 = a = y^2,$$

also $$0 = x^2 - y^2 = (x - y)(x + y).$$

Wenn ein Produkt von reellen Zahlen gleich 0 ist, muss mindestens einer der Faktoren gleich 0 sein. Da x und y positiv sind, ist $x + y$ nicht gleich 0, also muss $x - y = 0$ sein, das heißt $x = y$.

Wir bezeichnen die (eindeutig bestimmte) Wurzel aus a mit $\sqrt{a}$. Dann ist

$$(\sqrt{a})^2 = a.$$

Rechenregeln für Wurzeln

Für zwei positive reelle Zahlen a und b gilt:

$$\sqrt{a} \cdot \sqrt{b} = \sqrt{a \cdot b}$$

Die Wurzel eines Produktes ist das Produkt der Wurzeln, denn $(\sqrt{a} \cdot \sqrt{b}) \cdot (\sqrt{a} \cdot \sqrt{b}) = (\sqrt{a} \cdot \sqrt{a}) \cdot (\sqrt{b} \cdot \sqrt{b}) = a \cdot b$.

$$\frac{\sqrt{a}}{\sqrt{b}} = \sqrt{\frac{a}{b}}$$

Die Wurzel eines Quotienten ist der Quotient der Wurzeln, denn $\left(\frac{\sqrt{a}}{\sqrt{b}}\right)\left(\frac{\sqrt{a}}{\sqrt{b}}\right) = \frac{\sqrt{a} \cdot \sqrt{a}}{\sqrt{b} \cdot \sqrt{b}} = \frac{a}{b}$.

Insbesondere gilt

$$\frac{1}{\sqrt{b}} = \sqrt{\frac{1}{b}},$$

in anderer Schreibweise: $(\sqrt{b})^{-1} = \sqrt{b^{-1}}$.

Achtung

Wenn a und b größer als 0 sind, ist $\sqrt{a + b}$ nicht dasselbe wie $\sqrt{a} + \sqrt{b}$. Die Wurzel einer Summe ist **nicht** die Summe der Wurzeln!
Zum Beispiel ist $\sqrt{9 + 16} = \sqrt{25} = 5$, aber $\sqrt{9} + \sqrt{16} = 3 + 4 = 7$.

teilweise wurzelziehen

Für eine gerade natürliche Zahl $n = 2k$ gilt:

$$\sqrt{a^n} = \sqrt{a^{2k}} = \sqrt{(a^k)^2} = a^k$$

Für eine ungerade natürliche Zahl $n = 2k + 1$ gilt:

$$\sqrt{a^n} = \sqrt{a^{2k+1}} = \sqrt{(a^k)^2 a} = \sqrt{(a^k)^2} \cdot \sqrt{a} = a^k \cdot \sqrt{a}$$

Für positive Zahlen b und c ist

$$\sqrt{b^2 \cdot c} = \sqrt{b^2} \cdot \sqrt{c} = b \cdot \sqrt{c}.$$

Den Übergang von $\sqrt{b^2 \cdot c}$ zu $b \cdot \sqrt{c}$ nennt man **teilweises Wurzelziehen.**

Beispiele:

- $\sqrt{3^2 \cdot 7} = 3 \cdot \sqrt{7}$
- $\sqrt{27} = \sqrt{3^2 \cdot 3} = \sqrt{3^2} \cdot \sqrt{3} = 3 \cdot \sqrt{3}$
- $\sqrt{108} = \sqrt{2^2 \cdot 27} = 2 \cdot \sqrt{27}$
- $\sqrt{108} = \sqrt{6^2 \cdot 3} = 6 \cdot \sqrt{3}$

Wurzel eingeben

ggb/xls/tns
7i26h8

GeoGebra	sqrt(<Zahl>)	1 sqrt(144) → 12
Excel	= WURZEL(Zahl)	A1: =WURZEL(144) (WURZEL(Zahl)) → A1: 12
TI Nspire	[√] oder [ctrl] [x²]	$\sqrt{144}$ 12

irrationale Zahlen

Reelle Zahlen, die keine rationalen Zahlen sind, nennen wir irrationale Zahlen.

Viele Wurzeln sind keine rationalen Zahlen. Zum Beispiel gilt:

$\sqrt{2}$ ist eine irrationale Zahl.

Material jh5c3e

Wie man das beweisen kann, kannst du in der Online-Ergänzung zu diesem Buch nachlesen.

B **13** In vielen der folgenden Aufgaben ist es von Vorteil, die Quadrate der Zahlen von 1 bis 20 zu kennen. Erstelle daher eine Tabelle, die jeder natürlichen Zahl von 1 bis 20 ihr Quadrat zuordnet.

A **14** Formuliere nach dem Muster „$\sqrt{2}$ ist eine Zahl, deren Quadrat 2 ist".

a. $\sqrt{5}$ **b.** $\sqrt{73}$ **c.** $\sqrt{158}$ **d.** $\sqrt{\pi}$

B **15** Wurzeln berechnen

Berechne die Wurzeln aus **a.** 4, **b.** $\frac{4}{9}$, **c.** 1,69, **d.** 0,0004. Überprüfe dein Ergebnis durch Potenzieren.

a. $\sqrt{4} = 2$, weil $2^2 = 4$ ist.

b. $\sqrt{\frac{4}{9}} = \frac{2}{3}$, weil $\left(\frac{2}{3}\right)^2 = \frac{4}{9}$ ist.

c. $\sqrt{1{,}69} = 1{,}3$, weil $1{,}3^2 = 1{,}69$ ist.

d. $\sqrt{0{,}0004} = 0{,}02$, weil $0{,}02^2 = 0{,}0004$ ist.

B **16** Berechne die Wurzel der Zahl. Überprüfe dein Ergebnis durch Potenzieren.

a. 144 **b.** $\frac{36}{49}$ **c.** $\frac{225}{169}$ **d.** $\frac{169}{225}$ **e.** $\frac{1}{16}$ **f.** 0,01 **g.** 0,0004

D **17** Überprüfe die Behauptung ohne Taschenrechner.

a. $(\sqrt{7} + \sqrt{8})(\sqrt{7} - \sqrt{8}) = -1$ **b.** $(\sqrt{13} + 2)(\sqrt{13} - 2) = 165$

D **18** Begründe, warum die Behauptung falsch ist. Gib an, worin der Fehler in der Rechnung besteht.

a. $\sqrt{5} + \sqrt{11} = \sqrt{16} = 4$ **b.** $\sqrt{7} = \sqrt{9-2} = \sqrt{9} - 2 = 3 - 2 = 1$

B **19** Finde rationale Zahlen a und b so, dass die Behauptung richtig ist.
Muster: $(\sqrt{3} + 2)^2 = 3 + 4\sqrt{3} + 4 = 7 + 4\sqrt{3}$

a. $(\sqrt{10} - 2)^2 = a + b\sqrt{10}$

b. $(\sqrt{10} + 1)^3 = a + b\sqrt{10}$

c. $(\sqrt{6} + 3)\left(\sqrt{6} - \frac{1}{2}\right) + \frac{3}{4} - 2\sqrt{6} = a + b\sqrt{6}$

d. $(\sqrt{3} - 1)(\sqrt{3} + 1) + \frac{5}{2} + 2\sqrt{3} = a + b\sqrt{3}$

B **20** Berechne mit dem Taschenrechner und quadriere das Ergebnis zur Probe.

a. $\sqrt{178{,}34} =$ **b.** $\sqrt{7} =$ **c.** $\sqrt{0{,}0079} =$ **d.** $\sqrt{0{,}0000000001} =$

B **21** teilweise wurzelziehen

Zerlege die Zahl unter der Wurzel in ein geeignetes Produkt und ziehe teilweise die Wurzel.

a. $\sqrt{a^4 \cdot b^7} =$ **b.** $\sqrt{45} =$ **c.** $\sqrt{\frac{72}{45}} =$

ggb/tns 3u22ub

a. $\sqrt{a^4 \cdot b^7} = \sqrt{a^4 \cdot b^6 \cdot b} = \sqrt{a^4} \cdot \sqrt{b^6} \cdot \sqrt{b} = a^2 \cdot b^3 \cdot \sqrt{b}$

b. $\sqrt{45} = \sqrt{9 \cdot 5} = \sqrt{9} \cdot \sqrt{5} = 3 \cdot \sqrt{5}$

c. $\sqrt{\frac{72}{45}} = \sqrt{\frac{36 \cdot 2}{9 \cdot 5}} = \sqrt{\frac{36}{9}} \cdot \sqrt{\frac{2}{5}} = \frac{6}{3} \cdot \sqrt{\frac{2}{5}} = 2 \cdot \sqrt{\frac{2}{5}}$

B **22** Zerlege die Zahl unter der Wurzel in ein geeignetes Produkt und ziehe teilweise die Wurzel.

a. $\sqrt{x^9} =$ **b.** $\sqrt{a^5 b^4} =$ **c.** $\sqrt{a^8 b^{11} c^{15}} =$ **d.** $\sqrt{9a^5 b^9} =$ **e.** $\sqrt{6^3 \cdot 7^4 \cdot 8^3} =$ **f.** $\sqrt{6^5 \cdot \left(\frac{2}{3}\right)^4 \cdot \left(\frac{1}{4}\right)^3} =$

B **23** Zerlege die Zahl unter der Wurzel in ein geeignetes Produkt und ziehe teilweise die Wurzel.

a. $\sqrt{63} =$ **b.** $\sqrt{48} =$ **c.** $\sqrt{125} =$ **d.** $\sqrt{\frac{121}{45}} =$ **e.** $\sqrt{\frac{99}{32}} =$ **f.** $\sqrt{\frac{27}{50}} =$

B **24** Finde eine rationale Zahl c so, dass die Behauptung richtig ist.

a. $3 \cdot \sqrt{15} = \sqrt{c}$ **b.** $\frac{4}{5} \cdot \sqrt{15} = \sqrt{c}$

Höhere Wurzeln

Wenn wir die Seitenlänge s Meter eines Würfels kennen, erhalten wir das Volumen des Würfels in Kubikmeter, indem wir s^3 berechnen.
Wie bekommen wir die Zahl s, wenn wir umgekehrt das Volumen a in Kubikmeter kennen? Wir müssen dazu eine Zahl finden, deren dritte Potenz gleich a ist.

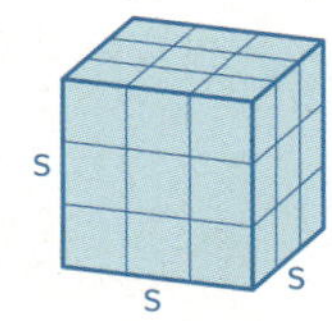

dritte Wurzel

Wenn a eine positive reelle Zahl ist, nennen wir eine positive reelle Zahl **dritte Wurzel** aus a oder **Kubikwurzel**, wenn ihre dritte Potenz gleich a ist.

n-te Wurzel

Allgemein nennen wir für eine positive ganze Zahl n und eine positive reelle Zahl a eine positive reelle Zahl b **n-te Wurzel** aus a, wenn $a^n = b$ ist.

Man kann zeigen, dass es eine solche positive reelle Zahl immer gibt.

Es gibt immer nur eine n-te Wurzel. Wir zeigen das am Beispiel $n = 3$. Wären x und y dritte Wurzeln aus a, dann wäre $x^3 = a = y^3$, also

$$0 = x^3 - y^3 = (x - y)(x^2 + xy + y^2).$$

Wenn ein Produkt von reellen Zahlen gleich 0 ist, muss einer der Faktoren gleich 0 sein.
Da x und y positiv sind, ist $x^2 + xy + y^2$ nicht gleich 0, also muss $x - y = 0$ sein, das heißt $x = y$.

Wir bezeichnen die (eindeutig bestimmte) n-te Wurzel aus a mit $\sqrt[n]{a}$. Dann ist

$$(\sqrt[n]{a})^n = a.$$

Die Rechenregeln, die wir für Quadratwurzeln kennengelernt haben, gelten auch für n-te Wurzeln:

Rechenregeln für n-te Wurzeln

Für zwei positive reelle Zahlen a und b gilt:

$$\sqrt[n]{a} \cdot \sqrt[n]{b} = \sqrt[n]{a \cdot b}$$

Die n-te Wurzel eines Produktes ist das Produkt der n-ten Wurzeln.

$$\frac{\sqrt[n]{a}}{\sqrt[n]{b}} = \sqrt[n]{\frac{a}{b}}$$

Die n-te Wurzel eines Quotienten ist der Quotient der n-ten Wurzeln.

Inbesondere gilt

$$\frac{1}{\sqrt[n]{b}} = \sqrt[n]{\frac{1}{b}},$$

in anderer Schreibweise:

$$(\sqrt[n]{b})^{-1} = \sqrt[n]{b^{-1}}.$$

Achtung

Für positive Zahlen a und b ist wie bei Quadratwurzeln $\sqrt[n]{a + b}$ nicht dasselbe wie $\sqrt[n]{a} + \sqrt[n]{b}$.

teilweise wurzelziehen

Für eine natürliche Zahl $p = n \cdot k + r$ $(0 \leq r < n)$ ist

$$\sqrt[n]{a^p} = \sqrt[n]{a^{n \cdot k + r}} = \sqrt[n]{a^{n \cdot k}} \cdot \sqrt[n]{a^r} = a^k \cdot \sqrt[n]{a^r}.$$

Beispiel: $\sqrt[3]{16} = \sqrt[3]{2^3 \cdot 2} = \sqrt[3]{2^3} \cdot \sqrt[3]{2} = 2 \cdot \sqrt[3]{2}$

Kubikwurzel eingeben

ggb/tns
mg2s5h

GeoGebra	cbrt(<x>)	1 cbrt(27) → 3
TI Nspire	[Vorlagen-Taste] [ⁿ√x] oder [ctrl] [^]	$\sqrt[3]{27}$ 3

Tipp

In Excel und GeoGebra gibt es (mit Ausnahme der Kubikwurzel in GeoGebra) keine direkte Möglichkeit, eine höhere Wurzel einzugeben. Man verwendet in diesem Fall für die Eingabe rationale Exponenten, die wir auf Seite 12 kennenlernen.

B **25** höhere Wurzeln berechnen

Berechne die Wurzel.

a. $\sqrt[3]{27}=$ **b.** $\sqrt[4]{256}=$

a. $\sqrt[3]{27}=3$, weil $3^3=27$ ist. **b.** $\sqrt[4]{256}=4$, weil $4^4=256$ ist.

A **26** Formuliere nach dem Muster „$\sqrt[3]{5}$ ist eine Zahl, deren dritte Potenz gleich 5 ist“.

a. $\sqrt[3]{4}$ **b.** $\sqrt[4]{31}$ **c.** $\sqrt[7]{9}$ **d.** $\sqrt[5]{112}$

B **27** Berechne die dritte Wurzel der Zahl.

a. 125 **b.** $\frac{1}{27}$ **c.** 15 625 **d.** $\frac{27}{125}$ **e.** $\frac{1000}{64}$

D **28** Überprüfe die Behauptung ohne Taschenrechner.

a. $(\sqrt[3]{5}-\sqrt[3]{3})(\sqrt[3]{15}+\sqrt[3]{25}+\sqrt[3]{9})=2$ **b.** $(\sqrt[3]{7}-1)(\sqrt[3]{49}+\sqrt[3]{7}+1)=6$

B **29** Berechne mit dem Taschenrechner und potenziere zur Probe das Ergebnis.

a. $\sqrt[6]{178{,}34}=$ **b.** $\sqrt[3]{7}=$ **c.** $\sqrt[5]{0{,}0079}=$ **d.** $\sqrt[4]{0{,}0000000001}=$

C **30** Beurteile, ob die Rechnung richtig ist. Begründe.

$\sqrt[3]{27+8}=\sqrt[3]{27}+\sqrt[3]{8}=3+2=5$

B **31** Finde rationale Zahlen a, b, c so, dass die Behauptung richtig ist.

a. $(\sqrt[3]{12}-3)^2=a+b\sqrt[3]{12}+c(\sqrt[3]{12})^2$

b. $\left(\sqrt[3]{4}+\frac{1}{2}\right)^2=a+b\sqrt[3]{4}+c(\sqrt[3]{4})^2$

c. $(2\sqrt[3]{5}-3)\left(\sqrt[3]{5}-\frac{2}{3}\right)+1-7\sqrt[3]{5}=a+b\sqrt[3]{5}+c(\sqrt[3]{5})^2$

B **32** teilweise wurzelziehen

Ziehe teilweise die Wurzel.

a. $\sqrt[3]{4^3\cdot 5^2}=$ **b.** $\sqrt[3]{2\cdot 3^3}=$ **c.** $\sqrt[4]{x^9\cdot y^6}=$

a. $\sqrt[3]{4^3\cdot 5^2}=\sqrt[3]{4^3}\cdot\sqrt[3]{5^2}=4\cdot\sqrt[3]{5^2}$

b. $\sqrt[3]{2\cdot 3^3}=\sqrt[3]{2}\cdot\sqrt[3]{3^3}=\sqrt[3]{2}\cdot 3=3\cdot\sqrt[3]{2}$

c. $\sqrt[4]{x^9\cdot y^6}=\sqrt[4]{x^8\cdot x\cdot y^4\cdot y^2}=\sqrt[4]{x^8\cdot y^4}\cdot\sqrt[4]{x\cdot y^2}=x^2\cdot y\cdot\sqrt[4]{x\cdot y^2}$

B **33** Ziehe teilweise die Wurzel.

a. $\sqrt{5^3}=$ **b.** $\sqrt{7^5}=$ **c.** $\sqrt[3]{2^4}=$ **d.** $\sqrt[5]{3^{14}}=$

B **34** Ziehe teilweise die Wurzel.

a. $\sqrt[4]{6^2\cdot 7^5\cdot 9^3}=$ **b.** $2\sqrt[3]{6^4\cdot\left(\frac{5}{3}\right)^4\cdot\left(\frac{3}{4}\right)^5}=$

B **35** Ziehe teilweise die Wurzel.

a. $\sqrt[3]{a^3\cdot b^4}=$ **b.** $\sqrt[3]{c^4\cdot d^2}=$ **c.** $\sqrt[4]{a^3\cdot b^4\cdot c^5}=$ **d.** $\sqrt[5]{c^4\cdot d^6\cdot e^5}=$

B **36** Ziehe teilweise die Wurzel.

a. $\sqrt[3]{2^3\cdot 3^2}=$ **b.** $\sqrt[3]{2^7\cdot 5}=$ **c.** $\sqrt[3]{2^6\cdot 3^2}=$ **d.** $\sqrt[4]{2\cdot 5^4}=$

B **37** unter die Wurzel bringen

Bringe alles unter die Wurzel, das heißt, finde eine Zahl c so, dass $2a^2\cdot\sqrt[5]{3a}=\sqrt[5]{c}$ ist.

$2a^2\cdot\sqrt[5]{3a}=\sqrt[5]{(2a^2)^5}\cdot\sqrt[5]{3a}=\sqrt[5]{32a^{10}}\cdot\sqrt[5]{3a}=\sqrt[5]{32a^{10}\cdot 3a}=\sqrt[5]{96a^{11}}$

B **38** Bringe alles unter die Wurzel.

a. $5\cdot\sqrt[3]{2}=$ **b.** $2\cdot\sqrt[4]{6}=$ **c.** $a^4b^3\cdot\sqrt[5]{a^2b}=$ **d.** $2x^3y^5\cdot\sqrt[6]{xy^3}=$

B **39** Finde eine Zahl c so, dass die Behauptung richtig ist. Kürze soweit wie möglich.

a. $\frac{3}{2}\cdot\sqrt{\frac{1}{3}}=\sqrt{c}$ **b.** $\frac{5}{2}\cdot\sqrt[3]{\frac{4}{7}}=\sqrt[3]{c}$ **c.** $\frac{8}{5}\cdot\sqrt[3]{\frac{75}{128}}=\sqrt[3]{c}$ **d.** $\frac{7}{3}\cdot\sqrt[4]{\frac{45}{98}}=\sqrt[4]{c}$

Potenzen mit rationalen Exponenten

Beim Rechnen mit Potenzen haben wir die Rechenregel
„Für ganze Zahlen n, m und reelle Zahlen a ist $a^n \cdot a^m = a^{n+m}$"
kennengelernt.
Wie müssten wir zum Beispiel $a^{\frac{1}{2}}$ definieren, damit $a^{\frac{1}{2}} \cdot a^{\frac{1}{2}} = a^{\frac{1}{2}+\frac{1}{2}} = a^1 = a$ ist? Dann ist das Quadrat der Zahl $a^{\frac{1}{2}}$ gleich a, also muss $a^{\frac{1}{2}} = \sqrt{a}$ sein.
Das legt nahe, die folgende Schreibweise zu definieren:

rationale Potenzen

Für positive ganze Zahlen m, n ist:

$$\mathbf{a^{\frac{m}{n}} = \sqrt[n]{a^m}}$$

$$\mathbf{a^{-\frac{m}{n}} = \frac{1}{\sqrt[n]{a^m}}}$$

Wir können dann Wurzeln als Potenzen auffassen, deren Exponenten rationale Zahlen sind. Solche Potenzen nennen wir **rationale Potenzen**.

Wir können damit die Rechenregeln für Potenzen und für Wurzeln einheitlich anschreiben:

Rechenregeln für Potenzen

Für zwei positive reelle Zahlen a und b und rationale Zahlen s und t gilt:

$a^s \cdot a^t = a^{s+t}$	Rationale Potenzen gleicher Basis werden multipliziert, indem die Exponenten addiert werden.
$\frac{a^s}{a^t} = a^{s-t}$	Rationale Potenzen gleicher Basis werden dividiert, indem die Exponenten subtrahiert werden.
$(a^s)^t = a^{s \cdot t}$	Potenzen werden potenziert, indem die Exponenten multipliziert werden.
$(a \cdot b)^s = a^s \cdot b^s$	Die Potenz eines Produktes ist gleich dem Produkt der Potenzen.
$\left(\frac{a}{b}\right)^s = \frac{a^s}{b^s}$	Die Potenz eines Quotienten ist gleich dem Quotienten der Potenzen.

A **40** Wurzeln als Potenzen schreiben

Schreibe die Wurzel als Potenz.

a. $\sqrt{2} =$ **b.** $\sqrt[5]{4^3} =$ **c.** $\sqrt[4]{\frac{1}{2^3}} =$ **d.** $\sqrt[7]{a^2} =$

a. $\sqrt{2} = \sqrt[2]{2^1} = 2^{\frac{1}{2}}$ **b.** $\sqrt[5]{4^3} = 4^{\frac{3}{5}}$ **c.** $\sqrt[4]{\frac{1}{2^3}} = \sqrt[4]{2^{-3}} = 2^{-\frac{3}{4}}$ **d.** $\sqrt[7]{a^2} = a^{\frac{2}{7}}$

A **41** Schreibe die Wurzel als Potenz.

a. $\sqrt{3} =$ **c.** $\sqrt[3]{17} =$ **e.** $\sqrt[5]{8} =$ **g.** $\sqrt[4]{35} =$

b. $\sqrt[3]{2^2} =$ **d.** $\sqrt[3]{5^2} =$ **f.** $\sqrt[4]{7^3} =$ **h.** $\sqrt[6]{15^2} =$

A **42** Wandle die Wurzel in eine Potenz um.

a. $\sqrt{\frac{1}{3}} =$ **b.** $\sqrt[3]{\frac{1}{2^2}} =$ **c.** $\sqrt[5]{\frac{1}{5^4}} =$ **d.** $\sqrt[7]{\frac{1}{11^3}} =$

A **43** Drücke die Wurzel als Potenz aus.

a. $\sqrt{a} =$ **b.** $\sqrt[3]{b} =$ **c.** $\sqrt[4]{c^2} =$ **d.** $\sqrt[5]{d^3} =$

44 Stelle die Wurzel als Potenz dar.

a. $\sqrt{\frac{1}{a}} =$ **b.** $\sqrt[4]{\frac{1}{b^3}} =$ **c.** $\sqrt[5]{\frac{1}{c^2}} =$ **d.** $\sqrt[6]{\frac{1}{d^5}} =$

B **45** Potenzen in Wurzelschreibweise darstellen

Stelle die Potenz als Wurzel dar.

a. $3^{\frac{1}{2}} =$ **b.** $5^{\frac{2}{3}} =$ **c.** $\frac{1}{7^{\frac{2}{5}}} =$ **d.** $x^{-\frac{3}{7}} =$

a. $3^{\frac{1}{2}} = \sqrt[2]{3^1} = \sqrt{3}$ **b.** $5^{\frac{2}{3}} = \sqrt[3]{5^2}$ **c.** $\frac{1}{7^{\frac{2}{5}}} = \frac{1}{\sqrt[5]{7^2}} = \sqrt[5]{\frac{1}{49}}$ **d.** $x^{-\frac{3}{7}} = \frac{1}{x^{\frac{3}{7}}} = \sqrt[7]{\frac{1}{x^3}}$

A **46** Stelle die Potenz als Wurzel dar.

a. $2^{\frac{1}{2}} =$ **b.** $6^{\frac{3}{5}} =$ **c.** $17^{\frac{2}{3}} =$ **d.** $125^{\frac{4}{5}} =$

A **47** Schreibe die Potenz als Wurzel.

a. $5^{-\frac{1}{4}} =$ **b.** $8^{-\frac{5}{7}} =$ **c.** $\frac{1}{3^{\frac{1}{4}}} =$ **d.** $\frac{1}{6^{\frac{3}{8}}} =$

A **48** Drücke die Potenz durch eine Wurzel aus.

a. $a^{\frac{1}{4}} =$ **c.** $c^{\frac{7}{9}} =$ **e.** $e^{-\frac{5}{6}} =$ **g.** $g^{-\frac{3}{4}} =$

b. $\frac{1}{b^{\frac{1}{3}}} =$ **d.** $\frac{1}{d^{\frac{1}{5}}} =$ **f.** $\frac{1}{f^{-\frac{2}{9}}} =$ **h.** $\frac{1}{h^{-\frac{3}{11}}} =$

B **49** mit Wurzeln rechnen

Schreibe als eine einzige rationale Potenz. Stelle das Ergebnis auch in Wurzelschreibweise dar.

a. $\sqrt{3} \cdot \sqrt[3]{3} =$ **b.** $\sqrt[3]{2^2} \cdot \frac{\sqrt[4]{2^2}}{\sqrt{2}} =$ **c.** $\frac{\sqrt[3]{x^2} \cdot \sqrt[5]{x^4}}{\sqrt{x^5}} =$

a. $\sqrt{3} \cdot \sqrt[3]{3} = 3^{\frac{1}{2}} \cdot 3^{\frac{1}{3}} = 3^{\frac{1}{2}+\frac{1}{3}} = 3^{\frac{5}{6}} = \sqrt[6]{3^5}$

b. $\sqrt[3]{2^2} \cdot \frac{\sqrt[4]{2^2}}{\sqrt{2}} = 2^{\frac{2}{3}} \cdot \frac{2^{\frac{2}{4}}}{2^{\frac{1}{2}}} = 2^{\frac{2}{3}+\frac{2}{4}-\frac{1}{2}} = 2^{\frac{2}{3}} = \sqrt[3]{2^2}$

c. $\frac{\sqrt[3]{x^2} \cdot \sqrt[5]{x^4}}{\sqrt{x^5}} = \frac{x^{\frac{2}{3}} \cdot x^{\frac{4}{5}}}{x^{\frac{5}{2}}} = x^{\frac{2}{3}+\frac{4}{5}-\frac{5}{2}} = x^{-\frac{31}{30}} = x^{-1-\frac{1}{30}} = \frac{1}{x \cdot \sqrt[30]{x}}$

B **50** Schreibe als eine einzige rationale Potenz. Stelle das Ergebnis auch in Wurzelschreibweise dar.

a. $\sqrt{5} \cdot \sqrt[4]{5} =$ **b.** $\sqrt[3]{3} \cdot \frac{\sqrt[5]{3^2}}{\sqrt[4]{3^3}} =$ **c.** $\frac{\sqrt[4]{4^3} \cdot \sqrt[6]{4}}{\sqrt[2]{4^5}} =$ **d.** $\frac{\sqrt[3]{7^2} \cdot \sqrt[9]{7^4}}{\sqrt[3]{7}} =$

B **51** Schreibe als eine einzige rationale Potenz. Stelle das Ergebnis auch in Wurzelschreibweise dar.

a. $\sqrt[4]{w} \cdot \sqrt[5]{w} =$ **b.** $\sqrt[6]{x^2} \cdot \frac{\sqrt{x}}{\sqrt[3]{x^4}} =$ **c.** $\frac{\sqrt[3]{y^2} \cdot \sqrt[4]{y}}{\sqrt[6]{y^5}} =$ **d.** $\frac{\sqrt[6]{z} \cdot \sqrt{z^3}}{\sqrt[12]{z^7}} =$

Was habe ich in diesem Abschnitt gelernt?

☐ **Ich kenne die Potenzschreibweise mit rationalen Exponenten und ich kann die entsprechenden Rechenregeln anwenden und begründen.**

B **52** Kreuze die richtige Lösung an.

a. $x^{\frac{2}{3}} =$ A $\frac{x^2}{3}$ B $\frac{x^2}{x^3}$ C $\sqrt[3]{x^2}$ D $\sqrt[2]{x^3}$ E $\frac{2}{\sqrt[3]{x}}$

b. $x^{-\frac{1}{2}} =$ A $\frac{1}{\sqrt{x}}$ B $\frac{1}{\sqrt[1]{x^2}}$ C $-\sqrt{x}$ D $\sqrt[2]{-x}$ E $\frac{-1}{x^2}$

B **53** Wandle zuerst in die Potenzschreibweise um, schreibe als eine einzige Potenz und wandle anschließend wieder in die Wurzelschreibweise zurück.

a. $\sqrt[5]{a^3} \cdot \sqrt[4]{a} =$ **b.** $\frac{\sqrt[6]{b^5}}{\sqrt[3]{b^2}} =$ **c.** $\frac{\sqrt[7]{c^6} \cdot \sqrt[3]{c^5}}{\sqrt[14]{c^5}} =$ **d.** $\frac{\sqrt{d} \cdot \sqrt[5]{d^3}}{\sqrt[4]{d} \cdot \sqrt[10]{d^7}} =$

D **54** Begründe mithilfe der Rechenregeln für Potenzen: $\sqrt[m]{\sqrt[n]{a}} = \sqrt[m \cdot n]{a}$

D **55** Ziehe teilweise die Wurzel.

a. $\sqrt[3]{a^7 b^9} =$ **b.** $\sqrt[5]{c^9 d^{11} e^{17}} =$ **c.** $\sqrt{2 \cdot 7^2} =$ **d.** $\sqrt[3]{2^3 \cdot 5} =$

D **56** Bringe alles unter die Wurzel.

a. $4 \cdot \sqrt[3]{5} =$ **b.** $2 \cdot \sqrt[4]{3} =$ **c.** $a^3 b^7 \cdot \sqrt[5]{ab^2} =$ **d.** $2xy^3 \cdot \sqrt[6]{x^5 y} =$

☐ **Ich kann Potenz- und Wurzelschreibweise ineinander überführen.**

A **57** Schreibe die Wurzel als Potenz.

a. $\sqrt{5} =$ **b.** $\sqrt[3]{11^2} =$ **c.** $\sqrt[5]{x} =$ **d.** $\sqrt[3]{a \cdot b^3} =$

A **58** Stelle die Potenz in Wurzelschreibweise dar.

a. $3^{\frac{1}{3}} =$ **b.** $8^{\frac{2}{5}} =$ **c.** $a^{\frac{1}{4}} =$ **d.** $y^{-\frac{3}{8}} =$

1.2 Formeln umformen

- ☐ Ich lerne Formeln, die auch Potenzen mit rationalen Exponenten enthalten, umzuformen.
- ☐ Ich lerne die gegenseitige Abhängigkeit von Größen in diesen Formeln zu interpretieren und zu erklären.

Durch Formeln werden Zusammenhänge zwischen zwei oder mehreren Größen beschrieben. In vielen Fällen ist es damit möglich, eine Größe zu berechnen, wenn alle anderen bekannt sind.

B **59** eine Formel umformen

ggb/tns t56ib7

Forme die Formel $V = \frac{a^2 \cdot h}{3}$ nach a um. Gib das Ergebnis sowohl in Wurzelschreibweise als auch in Potenzschreibweise an.

$$V = \frac{a^2 \cdot h}{3} \quad | \cdot 3$$
$$3V = a^2 \cdot h \quad |: h$$
$$\frac{3V}{h} = a^2 \quad |\sqrt{\ }$$
$$\sqrt{\frac{3V}{h}} = a$$

Es ist

$$a = \sqrt{\frac{3V}{h}}$$

bzw.

$$a = \left(\frac{3V}{h}\right)^{\frac{1}{2}}.$$

B **60** Forme die Formel nach der angegebenen Größe um. Gib das Ergebnis sowohl in Wurzelschreibweise als auch in Potenzschreibweise an.

a. $V = a^2 \cdot b$, $a = ?$

b. $V = r^2 \pi h$, $r = ?$

c. $E = m \cdot v^2$, $v = ?$

d. $p = \frac{m \cdot g}{s^2}$, $s = ?$

e. $m = a^3 \cdot r$, $a = ?$

f. $V = \frac{4r^3\pi}{3}$, $r = ?$

g. $T_0 = 2\pi \cdot \sqrt{L \cdot C}$, $L = ?$

h. $\gamma = \sqrt{1 + \left(\frac{p}{m \cdot c}\right)^2}$, $p = ?$

B **61** eine Formel umformen

Das Volumen eines Oktaeders mit Kantenlänge a ist $V = \frac{a^3}{3}\sqrt{2}$. Forme diese Formel nach a um.

$$V = \frac{a^3}{3}\sqrt{2} \quad | \cdot 3$$
$$3V = a^3\sqrt{2} \quad |: \sqrt{2}$$
$$\frac{3V}{\sqrt{2}} = a^3 \quad |\sqrt[3]{\ }$$
$$a = \sqrt[3]{\frac{3V}{\sqrt{2}}} = \sqrt[6]{\frac{9}{2}} \cdot \sqrt[3]{V}$$

B **62** Der Flächeninhalt eines gleichseitigen Dreiecks mit Seitenlänge a ist $A = \frac{a^2\sqrt{3}}{4}$. Forme diese Formel nach a um.

B **63** Das Volumen V eines Tetraeders mit Kantenlänge a ist $V = \frac{a^3}{12}\sqrt{2}$. Forme diese Formel nach a um.

B **64** Das Volumen eines Drehkegels ist $V = \frac{r^2 \cdot \pi \cdot h}{3}$. Forme diese Formel nach r um.

B, D **65** **Abhängigkeiten interpretieren**

Das Volumen eines Quaders mit quadratischer Grundfläche ist $V = a^2 \cdot h$.

a. Forme die Formel so um, dass aus Volumen V und Höhe h die Länge der Seitenkante a berechnet werden kann.

b. Argumentiere, wie die Länge der Seitenkante a verändert werden muss, wenn h verdoppelt wird und das Volumen gleich bleiben soll.

a. $V = a^2 \cdot h \quad |:h$

$\frac{V}{h} = a^2 \quad |\sqrt{\ }$

$a = \sqrt{\frac{V}{h}}$

b. Wird die Zahl h verdoppelt und bleibt V gleich, so ist

$a_{neu} = \sqrt{\frac{V}{2h}} = \sqrt{\frac{1}{2}}\sqrt{\frac{V}{h}}.$

Daher muss die Länge der Seitenkante a mit $\sqrt{\frac{1}{2}} \approx 0{,}7$ multipliziert werden, wenn das Volumen gleich bleiben soll.

A, B, D **66** Das Volumen eines Zylinders wird durch die Formel $V = r^2 \cdot \pi \cdot h$ angegeben.

a. Forme die Formel so um, dass aus Volumen V und Höhe h der Radius r des Zylinders berechnet werden kann.

b. Argumentiere, wie sich der Radius bei gleichbleibendem Volumen V verändert, wenn die Höhe h verdoppelt wird.

c. Untersuche, wie sich der Radius bei gleichbleibender Höhe h verändert, wenn das Volumen halbiert wird.

B, C **67** Das Volumen V einer Kugel mit Radius r ist $V = \frac{4r^3\pi}{3}$. Interpretiere, wie der Radius geändert werden muss, wenn das Volumen halbiert werden soll.

A, B **68** **eine Formel umformen**

Die Oberfläche eines Würfels mit Seitenlänge a ist $O = 6a^2$. Berechne, um wie viel Prozent die Seitenlängen größer gewählt werden müssen, wenn die Oberfläche um 20% größer werden soll.

Zunächst formen wir die Formel $O = 6a^2$ nach a um und erhalten

$a = \sqrt{\frac{O}{6}}.$

Die neue Oberfläche O_{neu} ist um 20% größer, also

$O_{neu} = 1{,}2 \cdot O.$

Für die neue Seitenlänge erhalten wir

$a_{neu} = \sqrt{\frac{O_{neu}}{6}} = \sqrt{\frac{1{,}2 \cdot O}{6}} = \sqrt{1{,}2} \cdot \sqrt{\frac{O}{6}} = \sqrt{1{,}2} \cdot a \approx 1{,}0954 \cdot a.$

Die Seitenlänge muss also um 9,54% größer gewählt werden.

A, B, C **69** Das Volumen einer quadratischen Pyramide mit der Seitenlänge a und der Höhe h ist $V = \frac{a^2 \cdot h}{3}$.

a. Forme die Formel so um, dass aus dem Volumen V und der Höhe h der Seitenlänge a der Pyramide berechnet werden kann.

b. Berechne, welche Seitenlänge die Pyramide haben muss, wenn sie bei einer Höhe von 6 m ein Volumen von 200 m^3 haben soll.

c. Berechne, um wie viel Prozent die Seitenlänge a größer gewählt werden muss, wenn das Volumen um 44% größer werden soll.

A, B, C **70** Das Volumen eines Drehkegels ist $V = \frac{r^2 \cdot \pi \cdot h}{3}$.

a. Forme die Formel so um, dass aus Volumen V und Höhe h der Radius des Kegels berechnet werden kann.

b. Untersuche, wie sich der Radius bei gleichbleibendem Volumen V verändert, wenn die Höhe h halbiert wird.

c. Untersuche, wie sich der Radius bei gleichbleibender Höhe h verändert, wenn das Volumen mit $\frac{1}{4}$ multipliziert wird.

A, B **71** Der Flächeninhalt eines Kreises vom Durchmesser d ist $A = \frac{d^2}{4} \cdot \pi$. Berechne, um wie viel Prozent der Durchmesser größer gewählt werden muss, wenn der Flächeninhalt um 50 % größer werden soll.

A, B **72** Das Volumen eines Ikosaeders mit der Kantenlänge a ist $V = \frac{5}{12}a^3(3 + \sqrt{5})$. Berechne, um wie viel Prozent die Kantenlänge größer gewählt werden muss, wenn sich das Volumen verdoppeln soll.

A, B **73** Ermittle, um wie viel Prozent die Seitenlänge eines Quadrats verkleinert werden muss, wenn man erreichen möchte, dass sich sein Flächeninhalt halbiert.

A, B, D **74** Der Kelch eines Sektglases ist 12 cm hoch und hat einen Durchmesser von 6 cm. Sein Inhalt bei einer Füllhöhe h ist $V = \frac{1}{48} \cdot h^3 \cdot \pi$.
Bei einer Party nimmt Tom zwei solche Sektgläser, die jeweils 9 cm hoch gefüllt sind und wettet, dass er den gesamten Inhalt des einen Glases in das zweite Glas gießen kann, ohne dass dieses Glas übergeht. Argumentiere, ob Tom diese Wette gewinnen kann. Löse diese Aufgabe auf zwei Arten:

I. Berechne das Volumen bei einer Füllhöhe von 9 cm und vergleiche das Ergebnis mit dem Volumen des gesamten Glases.

II. Löse obige Formel nach h auf und berechne anschließend, wie hoch der gesamte Sekt nach dem Zusammenschütten im Glas steht.

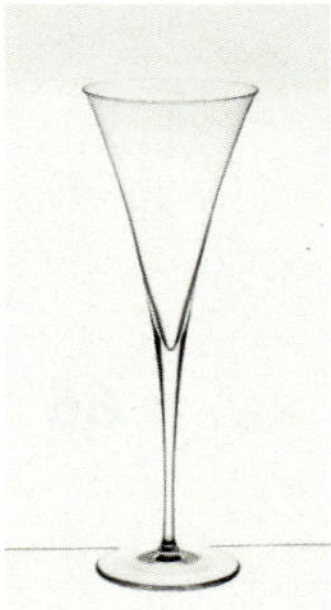

A, B, C **75** Für die optimale Bestellmenge Q gilt: $Q^2 \cdot e \cdot i = 2B \cdot x$. Dabei sind B die fixen Bestellkosten, x der Gesamtbedarf, e der Einkaufspreis und i der Lagerkostenzinssatz.

a. Forme die Formel so um, dass aus B, x, e und i die Bestellmenge Q berechnet werden kann.

b. Interpretiere, wie sich die Bestellmenge Q ändert, wenn der Lagerkostenzinssatz i um 10 % größer wird.

c. Argumentiere, wie sich die Bestellmenge Q ändert, wenn der Einkaufspreis e um 10 % sinkt.

A, B, D **76** Eine Kugel mit Radius r hat das Volumen $V = \frac{4r^3\pi}{3}$ und die Oberfläche $O = 4r^2\pi$.

a. Forme die Volumsformel nach r um.

b. Zeige, dass für die Oberfläche O der Kugel gilt: $O = \sqrt[3]{36V^2\pi}$

c. Berechne die Oberfläche einer Kugel mit dem Volumen 1000 cm³.

d. Berechne, mit welchem Faktor die Oberfläche multipliziert wird, wenn das Volumen der Kugel verdoppelt wird.

A, B, C **77** Wir nehmen an, aus irgendeinem Grund würde der Abstand des Mondes von der Erde plötzlich um 10 % vergrößert. Überlegt gemeinsam, wie sich die Umlaufzeit des Mondes um die Erde dadurch ändern würde. Hinweis: Den Zusammenhang zwischen der Umlaufzeit und dem Radius der Umlaufbahn hat Johannes Kepler entdeckt und in seinem „3. Keplerschen Gesetz" beschrieben.

Was habe ich in diesem Abschnitt gelernt?

☐ **Ich kann Formeln, die auch Potenzen mit rationalen Exponenten enthalten, umformen.**

B **78** Forme die Formel nach der angegebenen Größe um und gib das Ergebnis sowohl in Wurzelschreibweise als auch in Potenzschreibweise an.

a. $V = 2R\pi^2r^2$
$r = ?$

b. $\left(\frac{T_1}{T_2}\right)^2 = \left(\frac{a_1}{a_2}\right)^3$
$T_1 = ?$ $a_2 = ?$

☐ **Ich kann die gegenseitige Abhängigkeit von Größen in diesen Formeln interpretieren und erklären.**

A, B, D **79** Der Flächeninhalt eines regelmäßigen Sechsecks mit Seitenlänge a ist $A = \frac{3a^2\sqrt{3}}{2}$. Argumentiere, wie sich die Seitenlänge a ändert, wenn sich der Flächeninhalt vervierfacht.

Zusammenfassung

Potenzschreibweise

Für jede reelle Zahl a und jede positive ganze Zahl n schreiben wir anstatt

$\underbrace{a \cdot a \cdot a \cdot \ldots \cdot a}_{n\text{-mal}}$ kürzer $\mathbf{a^n}$

a^n – Basis, Exponent

und sagen dazu
„die n-te Potenz von a“ oder **„a hoch n“**.
Wir nennen a die **Basis** der Potenz und n die **Hochzahl** oder den **Exponenten** der Potenz.

Wir vereinbaren für jede von 0 verschiedene Zahl a, dass

$\mathbf{a^0 = 1}$

ist und für jede Zahl a, dass

$\mathbf{a^1 = a}$

ist. Weiters definieren wir für jede positive ganze Zahl n und jede von 0 verschiedene Zahl a:

$\mathbf{a^{-n} = \left(\frac{1}{a}\right)^n = \frac{1}{a^n}}$

Wurzeln

Wenn a eine positive reelle Zahl ist, nennen wir die positive reelle Zahl, deren Quadrat gleich a ist, **Wurzel** oder **Quadratwurzel** aus a und schreiben dafür $\sqrt{\mathbf{a}}$.
Allgemein nennen wir (für eine positive ganze Zahl n und eine positive reelle Zahl a) eine positive reelle Zahl b **n-te Wurzel** aus a, wenn $a^n = b$ ist und schreiben dafür $\sqrt[n]{\mathbf{a}}$.

Rechenregeln für n-te Wurzeln

Für zwei positive reelle Zahlen a und b gilt:

$\sqrt[n]{a} \cdot \sqrt[n]{b} = \sqrt[n]{a \cdot b}$ Die n-te Wurzel eines Produktes ist das Produkt der n-ten Wurzeln.

$\frac{\sqrt[n]{a}}{\sqrt[n]{b}} = \sqrt[n]{\frac{a}{b}}$ Die n-te Wurzel eines Quotienten ist der Quotient der n-ten Wurzeln.

Inbesondere gilt

$\frac{1}{\sqrt[n]{b}} = \sqrt[n]{\frac{1}{b}},$

in anderer Schreibweise:

$(\sqrt[n]{b})^{-1} = \sqrt[n]{b^{-1}}.$

rationale Potenzen

Für positive ganze Zahlen m, n ist:

$\mathbf{a^{\frac{m}{n}} = \sqrt[n]{a^m}}$

$\mathbf{a^{-\frac{m}{n}} = \frac{1}{\sqrt[n]{a^m}}}$

Rechenregeln für Potenzen

Für zwei positive reelle Zahlen a und b und rationale Zahlen s und t gilt:

$a^s \cdot a^t = a^{s+t}$ Rationale Potenzen gleicher Basis werden multipliziert, indem die Exponenten addiert werden.

$\frac{a^s}{a^t} = a^{s-t}$ Rationale Potenzen gleicher Basis werden dividiert, indem die Exponenten subtrahiert werden.

$(a^s)^t = a^{s \cdot t}$ Potenzen werden potenziert, indem die Exponenten multipliziert werden.

$(a \cdot b)^s = a^s \cdot b^s$ Die Potenz eines Produktes ist gleich dem Produkt der Potenzen.

$\left(\frac{a}{b}\right)^s = \frac{a^s}{b^s}$ Die Potenz eines Quotienten ist gleich dem Quotienten der Potenzen.

Englisch
7e75se

Individualisierung
m8h58u

Zusammenfassende Aufgaben

D **80** Überprüfe, welche der Aussagen richtig sind.

a. [A] $\sqrt{4} = 4^{\frac{1}{1}}$ [B] $\sqrt{4} = 4^{\frac{1}{2}}$ [C] $\sqrt{4} = 2^{\frac{2}{1}}$ [D] $\sqrt{4} = \sqrt{2^2}$

b. [A] $2^0 = \sqrt{0}$ [B] $2^0 = 0$ [C] $2^0 = 0^2$ [D] $2^0 = 1$

B **81** Schreibe nur mit positiven Exponenten nach dem Muster $\frac{a^2b^{-3}}{c^{-4}} = \frac{a^2c^4}{b^3}$.

a. $\frac{a^{-2}}{b^3} =$ **b.** $\frac{a^4b^{-3}}{c^5} =$ **c.** $\frac{x^{-4}y^{-3}z^{-5}}{b^{-4}c^3} =$ **d.** $\frac{a^3c^3x^{-4}}{y^{-2}z^5} =$

A **82** Schreibe die Wurzel als rationale Potenz an.

a. $\sqrt[4]{3^5} =$ **b.** $\sqrt[3]{\left(\frac{1}{4}\right)^7} =$ **c.** $\sqrt{3^{-5}} =$ **d.** $\frac{1}{\sqrt[4]{9^3}} =$

C, D **83** Überprüfe, ob die Rechnung korrekt durchgeführt wurde. Begründe.

$\left(\frac{a^3b^2}{a^2}\right)^{-3} \cdot \left(\frac{b^4}{a^{-2}b^2}\right)^2 = (ab^2)^{-3} \cdot (a^{-2}b^6)^2 = a^{-3}b^{-1} \cdot a^0b^4 = a^{-3}b^3$

D **84** Zeige, dass für alle b ungleich 0 gilt: $\frac{b^n}{b^n} = 1$

A **85** Formuliere nach dem Muster „$\sqrt{2}$ ist eine Zahl, deren Quadrat 2 ist".

a. $\sqrt{7}$ **b.** $\sqrt[3]{5}$ **c.** $\sqrt[5]{17}$ **d.** $\sqrt{x}$

D **86** Ist die Rechnung richtig? Begründe.

$\sqrt{25 - 4} = \sqrt{25} - \sqrt{4} = 5 - 2 = 3$

B **87** Stelle die rationale Potenz als Wurzel dar.

a. $2^{\frac{3}{4}} =$ **b.** $4^{-\frac{5}{6}} =$ **c.** $3^{\frac{7}{5}} =$ **d.** $x^{-\frac{5}{9}} =$

B **88** Ziehe teilweise die Wurzel.

a. $\sqrt{7^3} =$ **b.** $\sqrt{3 \cdot 5^2} =$ **c.** $\sqrt{2 \cdot 9^2} =$ **d.** $\sqrt{5 \cdot 4^2} =$

D **89** Das Volumen eines Drehzylinders ist $V = r^2 \cdot \pi \cdot h$. Argumentiere, um welchen Faktor sich der Radius ändert, wenn sich bei gleichbleibender Höhe das Volumen verdreifacht.

B **90** Bringe alles unter die Wurzel.

a. $2 \cdot \sqrt[3]{3} =$ **b.** $5 \cdot \sqrt[4]{2} =$ **c.** $ab^2 \cdot \sqrt[5]{a\ b} =$ **d.** $2x^2y \cdot \sqrt[3]{x^2y} =$

B **91** Wandle zuerst in die Potenzschreibweise um, schreibe als eine einzige Potenz und wandle anschließend wieder in die Wurzelschreibweise zurück.

a. $\sqrt[5]{3^2} \cdot \sqrt[8]{3^5} =$ **c.** $\sqrt[12]{2^7} \cdot \sqrt[18]{2^{11}} =$ **e.** $\frac{\sqrt[14]{5^5}}{\sqrt[21]{5^4}} =$ **g.** $\frac{\sqrt[4]{x^3} \cdot \sqrt[3]{x^2}}{\sqrt[6]{x}}$

b. $\sqrt{a^5} \cdot \sqrt[4]{a^3} =$ **d.** $\frac{\sqrt[4]{x^3}}{\sqrt[3]{x}} =$ **f.** $\frac{\sqrt[5]{7^3}}{\sqrt[3]{7^5}} =$ **h.** $\frac{\sqrt[5]{a^7} \cdot \sqrt[4]{a^5}}{\sqrt{a} \cdot \sqrt[10]{a^7}}$

B **92** Ordne den zwei Zahlen links jeweils die gleiche Zahl rechts zu.

a.	$c \cdot \sqrt[4]{c^3}$	☐
b.	$c^2 \cdot \sqrt{c}$	☐

A	$c^{\frac{5}{2}}$
B	c
C	$c^{\frac{7}{4}}$
D	$\sqrt{c^3}$

2 Lineare Gleichungssysteme

3. Semester

2.1 Lineare Gleichungssysteme mit zwei Unbekannten

- ☐ Ich lerne zu entscheiden, ob ein Zahlenpaar Lösung eines gegebenen linearen Gleichungssystems mit zwei Unbekannten ist.
- ☐ Ich lerne ein lineares Gleichungssystem mit zwei Unbekannten zu lösen.
- ☐ Ich lerne zu entscheiden, ob ein lineares Gleichungssystem mit zwei Unbekannten keine, eine oder beliebig viele Lösungen hat.

Was ist ein lineares Gleichungssystem?

Gabriel kauft 2 kg Mehl und 3 kg Zucker und zahlt dafür 4,60 €. Lisi kauft im selben Geschäft 3 kg Mehl und 1 kg Zucker und muss dafür 3,40 € zahlen. Gabriel fragt Lisi: „Wie viel kostet eigentlich 1 kg Zucker und wie viel 1 kg Mehl?" Lisi überlegt: „Wenn 1 kg Mehl a € kostet und 1 kg Zucker b €, dann hast du 2a + 3b € bezahlen müssen und ich 3a + b €, also muss

$2a + 3b = 4{,}60$ und $3a + b = 3{,}40$

sein. Können wir daraus das Zahlenpaar (a, b) ermitteln?"

Die Aufgabe, die Gabriel und Lisi lösen müssen, nennt man ein **lineares Gleichungssystem mit zwei Gleichungen und zwei Unbekannten**.

lineares Gleichungssystem mit zwei Gleichungen und zwei Unbekannten

Eine Aufgabe der Art „Finde alle Zahlenpaare (a, b) so, dass

$2a + 3b = 4{,}60$ und

$3a + b = 3{,}40$

ist" nennen wir ein **lineares Gleichungssystem mit zwei Gleichungen und zwei Unbekannten.**

Lösung

Jedes solche Zahlenpaar (a, b) heißt dann **Lösung** dieses Gleichungssystems. Die Menge aller Lösungen des Gleichungssystems heißt **Lösungsmenge**.
Das Gleichungssystem **lösen** heißt, eine Beschreibung der Lösungsmenge zu finden.
Wenn es nur eine Lösung gibt, bedeutet das einfach, dieses Zahlenpaar zu berechnen.

Statt „Finde alle Zahlenpaare (a, b) so, dass 2a + 3b = 4,60 und 3a + b = 3,40 ist" schreiben wir oft kurz „Löse das Gleichungssystem

I) $2a + 3b = 4{,}60$
II) $3a + b = 3{,}40$."

Dabei bezeichnen I) bzw. II) die erste bzw. die zweite Gleichung des Gleichungssystems.
Statt a und b können wir natürlich beliebige andere Zeichen für die gesuchten Zahlen verwenden, also zum Beispiel „Löse das Gleichungssystem

I) $2z_1 + 3z_2 = 4{,}60$
II) $3z_1 + z_2 = 3{,}40$."

Koeffizienten

Die Zahlen, mit denen die Unbekannten multipliziert werden (also im Beispiel oben 2 und 3 in der ersten Gleichung und 3 bzw. 1 in der zweiten Gleichung), nennen wir die **Koeffizienten des Gleichungssystems.**

C **93** Lies die vier Koeffizienten des linearen Gleichungssystems ab.

a. I) $3x + 4y = 7$
II) $x - y = 0$

b. I) $3x + 6 = 9$
II) $\frac{2}{3}x + \frac{1}{3}y = 6$

c. I) $\frac{1}{2}x - \frac{1}{4}y = 1$
II) $\frac{1}{2}y = 2$

d. I) $\frac{1}{3}y = 1$
II) $2x + y = 5$

C **94** Ordne dem Gleichungssystem die richtigen Koeffizienten zu.

a.	I) $2x - y = 5$ II) $x - 2y = 3$	☐
b.	I) $2a + 1b = 5$ II) $a + 2b = -1$	☐

A	I) 2 und 1	II) 1 und −2
B	I) 2 und 1	II) 1 und 2
C	I) 2 und −1	II) 1 und 2
D	I) 2 und −1	II) 1 und −2

A **95** **ein Gleichungssystem mit vorgegebener Lösung vervollständigen**

Vervollständige das Gleichungssystem so, dass es die Lösung (4, −1) hat.
I) $3x + 5y =$ ____
II) $4x - 4y =$ ____

Weil (4, −1) eine Lösung ist, muss
I) $3 \cdot 4 + 5 \cdot (-1) = 7$ und II) $4 \cdot 4 - 4 \cdot (-1) = 20$
sein. Das Gleichungssystem ist somit:
I) $3x + 5y = 7$
II) $4x - 4y = 20$

A **96** Vervollständige das Gleichungssystem so, dass es die angegebene Lösung hat.

a. I) $x + 2y =$ ____
II) $3x + 4y =$ ____
Lösung: (2, −1)

b. I) $2x - y =$ ____
II) $x - 2y =$ ____
Lösung: (3, 2)

c. I) $\frac{1}{2}x - y =$ ____
II) $x - \frac{3}{4}y =$ ____
Lösung: (4, 2)

d. I) $10^2x + 10y =$ ____
II) $10^3x + 10^{-1}y =$ ____
Lösung: (1, 10)

A **97** Gib zwei verschiedene Gleichungssysteme mit zwei Gleichungen und zwei Unbekannten an, die beide das angegebene Zahlenpaar als Lösung haben.

a. (2, 1) **b.** (3, −6) **c.** (−5, 9) **d.** $\left(\frac{3}{4}, \frac{1}{2}\right)$

B **98** **überprüfen, ob ein Zahlenpaar eine Lösung eines Gleichungssystems ist (Probe machen)**

Überprüfe, ob das Zahlenpaar (5, −2) Lösung des Gleichungssystems ist.
I) $4z_1 - 7z_2 = 34$
II) $3z_1 + 2z_2 = 19$

Es ist
I) $4 \cdot 5 - 7 \cdot (-2) = 20 + 14 = 34$ ✓
II) $3 \cdot 5 + 2 \cdot (-2) = 15 - 4 = 11$
Weil wir in II) 11 und nicht 19 erhalten, ist das Zahlenpaar (5, −2) keine Lösung des gegebenen Gleichungssystems.

B, C **99** Überprüfe, ob das Zahlenpaar eine Lösung des Gleichungssystems ist.

a. I) $4x + 9y = 35$
II) $3x - y = 3$
(2, 3)

b. I) $5a - 3b = 51$
II) $7a + 4b = 12$
(6, −7)

c. I) $11u - 8v = 13$
II) $4u + 9v = -20$
(7, 11)

d. I) $8z_1 + 2z_2 = 12$
II) $4z_1 - z_2 = 2$
(1, 2)

B, C **100** Ordne dem Gleichungssystem die richtige Lösung zu.

a.	I) $6x - 7y = 41$ II) $8x - 3y = 23$	☐
b.	I) $-3a + 4b = 18$ II) $4a - 5b = -22$	☐

A	(−6, 0)
B	(−10, −3)
C	(2, 6)
D	(1, −5)

B, C **101** Ordne der Lösung ein passendes Gleichungssystem zu.

a.	(2, 4)	☐
b.	(−1, 3)	☐

A	I) $2x - y = 0$ II) $3x - 2y = 2$
B	I) $a + 3b = 8$ II) $2a - b = -5$
C	I) $x - y = -4$ II) $2x + y = 5$
D	I) $a - b = -2$ II) $3a + b = 10$

Lösen eines linearen Gleichungssystems mit zwei Unbekannten

Es gibt Gleichungssysteme, die wir sofort lösen können, zum Beispiel ist die einzige Lösung von

I) $x = 2$
II) $y = -3$

das Zahlenpaar $(2, -3)$.

Fast ebenso leicht können wir Gleichungssysteme wie

I) $2x + 3y = 2$
II) $y = -3$

lösen: Aus I) und II) schließen wir

$2x + 3 \cdot (-3) = 2$

und berechnen daraus $x = \frac{11}{2}$. Wir haben x durch „Einsetzen von -3 in I)" berechnet. Also hat dieses Gleichungssystem nur die Lösung $\left(\frac{11}{2}, -3\right)$.

Wie lösen wir Gleichungssysteme, die nicht diese einfache Form haben?

Tipp

Zum Lösen von Gleichungssystemen verwenden wir folgende **Strategie**: Wenn wir ein Gleichungssystem nicht sofort lösen können, dann verändern wir die Aufgabe so, dass sie einfacher wird, zugleich aber dieselbe Lösung wie das ursprüngliche Gleichungssystem hat. Dies wiederholen wir so lange, bis das Gleichungssystem so einfach ist, dass wir es lösen können.

äquivalent Äquivalenzumformung

Wir nennen zwei Gleichungssysteme **äquivalent**, wenn sie dieselbe Lösungsmenge haben. Den Übergang von einem Gleichungssystem zu einem äquivalenten Gleichungssystem nennen wir **erlaubte Umformung** oder **Äquivalenzumformung des Gleichungssystems**.

Folgende Umformungen sind Äquivalenzumformungen:

Äquivalenzumformungen von Gleichungssystemen

Wenn wir zwei Gleichungen des Gleichungssystems vertauschen, dann erhalten wir ein äquivalentes Gleichungssystem.

Beispiel: I) $3x + 5y = 13$ II) $4x - y = 2$ ist äquivalent zu I) $4x - y = 2$ II) $3x + 5y = 13$

Multiplizieren wir eine Gleichung mit derselben (von 0 verschiedenen) Zahl, dann erhalten wir ein äquivalentes Gleichungssystem.

Beispiel: I) $3x + 5y = 13$ II) $4x - y = 2 \quad | \cdot 5$ ist äquivalent zu I) $3x + 5y = 13$ II) $20x - 5y = 10$

Dividieren wir eine Gleichung durch dieselbe (von 0 verschiedene) Zahl, dann erhalten wir ein äquivalentes Gleichungssystem.

Beispiel: I) $3x + 5y = 13 \quad | : 3$ II) $4x - y = 2$ ist äquivalent zu I) $x + \frac{5}{3}y = \frac{13}{3}$ II) $4x - y = 2$

Ersetzen wir eine der Gleichungen durch die Summe oder die Differenz der beiden Gleichungen, dann erhalten wir ein äquivalentes Gleichungssystem.

Beispiel: I) $3x + 5y = 13$ II) $20x - 5y = 10 \quad | \text{I} + \text{II}$ ist äquivalent zu I) $3x + 5y = 13$ II) $23x + 0y = 23$

Lösen eines Gleichungssystems

Um ein lineares Gleichungssystem zu lösen, versuchen wir, mithilfe von Äquivalenzumformungen von einem Gleichungssystem der Form

I) $3x + 5y = 13$
II) $4x - y = 2$

zu einem äquivalenten Gleichungssystem der Form

I) $1x + 0y = 1$
II) $0x + 1y = 2$

überzugehen.

ein Gleichungssystem lösen

ggb 2zf2rn

GeoGebra Löse[<Liste von Gleichungen>, <Liste von Variablen>]

```
1  Löse[{3x + 5y = 36, 4x + 3y = 26}, {x, y}]
   → {{x = 2, y = 6}}
```

ein Gleichungs-system lösen

tns 2zf2rn

TI Nspire	solve(Gleichungssystem, Var) Eingabe des Gleichungssystems: oder mithilfe von „and"	$\text{solve}\left(\begin{cases}3\cdot x+5\cdot y=36\\4\cdot x+3\cdot y=26\end{cases},x,y\right)$ $x=2$ and $y=6$ solve($3\cdot x+5\cdot y=36$ and $4\cdot x+3\cdot y=26$,x,y) $x=2$ and $y=6$

Tipp

Für Excel gibt es keine direkte Möglichkeit, lineare Gleichungssysteme zu lösen. Wir werden in Abschnitt 3.4 aber lernen, wie man Gleichungssysteme mithilfe der Matrizenrechnung löst. Diese Rechnung lässt sich dann mit Excel durchführen.

B **102** ein lineares Gleichungs-system mit zwei Unbekannten lösen

ggb em494m

Löse das lineare Gleichungssystem.

I) $3x + 5y = 36$
II) $4x + 3y = 26$

Es gibt viele Möglichkeiten, durch erlaubte Umformungen zu einem einfachen Gleichungssystem mit gleicher Lösungsmenge überzugehen. Wir geben zwei Möglichkeiten an:

Möglichkeit 1:

I) $3x + 5y = 36$ $\quad|\cdot\frac{1}{3}$ (ersetze I durch $\frac{1}{3}\cdot$ I)
II) $4x + 3y = 26$

I) $x + \frac{5}{3}y = 12$
II) $4x + 3y = 26$ $\quad|-4\cdot$ I (ersetze II durch II $-4\cdot$ I)

I) $x + \frac{5}{3}y = 12$
II) $-\frac{11}{3}y = -22$ $\quad|\cdot\left(-\frac{3}{11}\right)$ (ersetze II durch $-\frac{3}{11}\cdot$ II)

I) $x + \frac{5}{3}y = 12$ $\quad|-\frac{5}{3}\cdot$ II (ersetze I durch I $-\frac{5}{3}\cdot$ II)
II) $y = 6$

I) $x = 2$
II) $y = 6$

Die Lösung des Gleichungssystems ist (2, 6).

Möglichkeit 2:

I) $3x + 5y = 36$ $\quad|\cdot 4$ (ersetze I durch $4\cdot$ I)
II) $4x + 3y = 26$ $\quad|\cdot(-3)$ (ersetze II durch $-3\cdot$ II)

I) $12x + 20y = 144$
II) $-12x - 9y = -78$ $\quad|$ I + II (ersetze II durch I + II)

I) $12x + 20y = 144$
II) $11y = 66$ $\quad|\cdot\frac{1}{11}$ (ersetze II durch $\frac{1}{11}\cdot$ II)

I) $12x + 20y = 144$ $\quad|$ I $-20\cdot$ II (ersetze I durch I $-20\cdot$ II)
II) $y = 6$

I) $12x = 24$ $\quad|\cdot\frac{1}{12}$ (ersetze I durch $\frac{1}{12}\cdot$ I)
II) $y = 6$

I) $x = 2$
II) $y = 6$

Die Lösung des Gleichungssystems ist (2, 6).

B **103** Führe die angegebenen Äquivalenzumformungen durch.

a. I) $2x + 3y = 8$ $\quad|\cdot(-2)$
II) $4x - 3y = 5$

b. I) $2x + 3y = 8$
II) $4x - 3y = 5$ $\quad|$ II + I

c. I) $2x + 3y = 8$
II) $4x - 3y = 5$ $\quad|$ II $-2\cdot$ I

d. I) $4x - 3y = 8$ $\quad|$ I $-2\cdot$ II
II) $2x + 5y = 9$

e. I) $4x - 3y = 8$ $\quad|\cdot 5$
II) $2x + 5y = 9$ $\quad|\cdot 3$

f. I) $4x - 3y = 8$ $\quad|\ 5\cdot$ I $+ 3\cdot$ II
II) $2x + 5y = 9$

B **104** Löse das lineare Gleichungssystem und mach die Probe.

a. I) $2x + y = 1$
II) $-5x - 3y = 2$

b. I) $3x - y = 5$
II) $2x + 3y = 7$

c. I) $2x + 3y = 2$
II) $3x + y = 10$

d. I) $5x + y = 23$
II) $7x + 2y = 34$

e. I) $x - 2y = -11$
II) $2x + 5y = 14$

f. I) $4x - y = -5$
II) $2x + y = -7$

B **105** Löse das lineare Gleichungssystem und mach die Probe.

a. I) $5x - 6y = -4$
II) $x + 4y = -6$

b. I) $3x + 9y = -24$
II) $4x - 6y = 40$

c. I) $-2s + 8t = -58$
II) $-8s - 10t = 62$

d. I) $-5a - 7b = 42$
II) $13a + 10b = -60$

e. I) $-11x_1 + 4x_2 = 23$
II) $-9x_1 + 2x_2 = 15$

f. I) $13x_1 - 9x_2 = -46$
II) $6x_1 + 9x_2 = 84$

B **106** Löse das lineare Gleichungssystem und mach die Probe.

a. I) $-2{,}5s - 0{,}8t = 13{,}2$
II) $-0{,}5s - 7t = 7{,}2$

b. I) $-8{,}68z_1 + 13{,}3z_2 = -8{,}92$
II) $1{,}76z_1 - 8{,}93z_2 = -13{,}46$

c. I) $-11{,}8z_1 + 12z_2 = 6{,}33$
II) $-7{,}57z_1 - 14{,}9z_2 = -12{,}31$

d. I) $\frac{2}{5}x - \frac{1}{4}y = 10$
II) $3x + \frac{1}{8}y = 43$

e. I) $\frac{1}{2}a + \frac{1}{3}b = 6$
II) $\frac{5}{6}a + \frac{3}{4}b = \frac{67}{6}$

f. I) $\frac{1}{3}s + \frac{5}{9}t = \frac{41}{4}$
II) $\frac{1}{6}s - \frac{1}{2}t = -\frac{71}{8}$

B **107** Löse das lineare Gleichungssystem mithilfe einer geeigneten Technologie.

a. I) $7x - 3y = 4$
II) $2x + 5y = 7$

b. I) $\frac{1}{2}x + \frac{1}{3}y = \frac{1}{5}$
II) $\frac{1}{3}x - \frac{1}{5}y = \frac{1}{3}$

c. I) $3\,215x + 7\,512y = 523\,412$
II) $1112x - 5\,123y = 624\,832$

d. I) $\pi \cdot x + \sqrt{3} \cdot y = \sqrt{2}$
II) $\frac{1}{\sqrt{3}} \cdot x - \frac{\pi}{2} \cdot y = \sqrt{5}$

e. I) $\frac{1}{3}x + \frac{2}{7}y = 17$
II) $\frac{3}{5}x - \frac{2}{13}y = 23$

f. I) $\sqrt{2}x + \frac{1}{\sqrt{5}}y = \sqrt{3}$
II) $\frac{1}{\sqrt{2}}x - \sqrt{7}y = \sqrt{3}$

B **108** ein Gleichungssystem lösen und die Probe machen

ggb th2g9w

Löse das lineare Gleichungssystem und mach die Probe.
I) $2 \cdot (3x + 4y) - 3 \cdot (5x - 2y + 1) = -63$
II) $4 \cdot (4x - y + 6) = 2 \cdot (11x - 4y)$

Zunächst bringen wir beide Gleichungen auf die Form $ax + by = c$.

I) $2 \cdot (3x + 4y) - 3 \cdot (5x - 2y + 1) = -63$ | ausmultiplizieren
$6x + 8y - 15x + 6y - 3 = -63$ | zusammenfassen
$-9x + 14y - 3 = -63$ | $+3$
$-9x + 14y = -60$

II) $4 \cdot (4x - y + 6) = 2 \cdot (11x - 4y)$ | ausmultiplizieren
$16x - 4y + 24 = 22x - 8y$ | $-22x + 8y - 24$
$-6x + 4y = -24$

Wir erhalten somit das Gleichungssystem
I) $-9x + 14y = -60$
II) $-6x + 4y = -24$
das wir lösen können. Die Lösung ist $(2, -3)$.

Probe:

I) $2 \cdot (3 \cdot 2 + 4 \cdot (-3)) - 3 \cdot (5 \cdot 2 - 2 \cdot (-3) + 1) = -63$?
$2 \cdot (-6) - 3 \cdot (17) = -63$?
$-12 - 51 = -63$ ✓

II) $4 \cdot (4 \cdot 2 - (-3) + 6) = 2 \cdot (11 \cdot 2 - 4 \cdot (-3))$?
$4 \cdot (17) = 2 \cdot (34)$?
$68 = 68$ ✓

B **109** Löse das lineare Gleichungssystem und mach die Probe.

a. I) $x + 7 = 3y - 4$
II) $2x - y = y - 2$

b. I) $7x + 5 = 2 \cdot (y + 2x - 7)$
II) $-(x + y) = 3x - y + 4$

c. I) $-3 \cdot (6x - 4y + 3) = 3 \cdot (2x + y + 6)$
II) $2 \cdot (3x - 7y) - 3 \cdot (5x - 6y) = 12$

d. I) $4 \cdot (x + 2y) - 5 \cdot (3x + 6y) = 2 \cdot (x - y) - 6$
II) $7 \cdot (x + 3) - 3 \cdot (y + 8) = 2 \cdot (x - 5y)$

Lineare Gleichungssysteme mit keiner bzw. mit beliebig vielen Lösungen

Nicht jedes Gleichungssystem hat genau eine Lösung. Es können drei Fälle auftreten:

Keine Lösung	Beliebig viele Lösungen	Eine Lösung
I) $x + y = 1$ II) $2x + 2y = 1$ $\quad$ | II − 2·I I) $x + y = 1$ II) $0 = -1$	I) $x + y = 1$ II) $2x + 2y = 2$ $\quad$ | II − 2·I I) $x + y = 1$ II) $0 = 0$	I) $x + y = 1$ II) $2x - y = 5$ $\quad$ | I + II I) $x + y = 1$ II) $3x = 6$ I) $x = 2$ II) $y = -1$
Da für kein Zahlenpaar (x, y) die Zahlen 0 und −1 gleich sind, hat dieses Gleichungssystem **keine Lösung**.	Für alle Zahlenpaare (x, y) ist 0 = 0, wir können daher die zweite Gleichung weglassen. Gleichung I und damit das Gleichungssystem hat **beliebig viele Lösungen** (zum Beispiel (1, 0), (2, −1), (3, −2), …).	Dieses Gleichungssystem hat nur das Zahlenpaar (2, −1) als Lösung. Es hat also **genau eine Lösung**.

Anzahl der Lösungen

Ein lineares Gleichungssystem mit zwei Unbekannten hat entweder **keine**, **eine** oder **beliebig viele** Lösungen.

Tipp

Um lineare Gleichungssysteme mit zwei Gleichungen und zwei Unbekannten zu lösen, können wir so vorgehen: Wir eliminieren zuerst aus einer Gleichung eine Unbekannte, indem wir von dieser Gleichung ein geeignetes Vielfaches der anderen Gleichung subtrahieren.

- Wenn die neue Gleichung zu 0 = 1 äquivalent ist, hat das Gleichungssystem **keine** Lösung.
- Wenn die neue Gleichung zu 0 = 0 äquivalent ist, dann gibt es **beliebig viele** Lösungen.
- In allen anderen Fällen besitzt das Gleichungssystem **genau eine** Lösung.

C **110** **die Anzahl der Lösungen eines Gleichungssystems bestimmen**

Forme das Gleichungssystem nur so lange um, bis du erkennst, ob es keine, eine oder beliebig viele Lösungen hat.

a. I) $3x + 4y = 8$ II) $6x + 8y = 16$ **b.** I) $3x + 4y = 8$ II) $9x + 12y = 16$ **c.** I) $3x + 4y = 8$ II) $9x + 8y = 8$

a. I) $3x + 4y = 8$
II) $6x + 8y = 16$ $\quad$ | II − 2·I

I) $3x + 4y = 8$
II) $0 = 0$

Das Gleichungssystem hat beliebig viele Lösungen.

b. I) $3x + 4y = 8$
II) $9x + 12y = 16$ $\quad$ | II − 3·I

I) $3x + 4y = 8$
II) $0 = -8$

Das Gleichungssystem hat keine Lösung.

c. I) $3x + 4y = 8$
II) $9x + 8y = 8$ $\quad$ | II − 3·I

I) $3x + 4y = 8$
II) $-4y = -12$

Das Gleichungssystem hat genau eine Lösung.

B, C **111** Forme das Gleichungssystem nur so lange um, bis du erkennst, ob es keine, eine oder beliebig viele Lösungen hat.

a. I) $2x + 7y = 12$ II) $6x + 21y = 24$ **b.** I) $\frac{1}{4}x - \frac{5}{2}y = 4$ II) $-\frac{1}{6}x + \frac{5}{3}y = 6$ **c.** I) $3x + 5y = 24$ II) $4x - 9y = 11$

C, D **112** Forme das lineare Gleichungssystem nur so lange um, bis du feststellen kannst, ob es keine, genau eine oder beliebig viele Lösungen hat. Begründe die Entscheidung.

a. I) $\frac{2}{7}s + \frac{5}{4}t = \frac{5}{7}$
II) $\frac{4}{5}s + \frac{7}{2}t = 2$

b. I) $\frac{2}{3}x + \frac{3}{5}y = 5$
II) $\frac{1}{6}x - \frac{1}{5}y = -\frac{1}{2}$

c. I) $2a + 2b = 2$
II) $\frac{a}{3} + \frac{b}{3} = 1$

C **113** Kreuze an, ob das Gleichungssystem keine, eine oder beliebig viele Lösungen hat.

		keine Lösung	eine Lösung	beliebig viele Lösungen
a.	I) $3a - 2b = 2$ II) $6a - 4b = 2$	A	B	C
b.	I) $x - 2y = 4$ II) $2x - 4y = 8$	A	B	C
c.	I) $5p - 3q = 2$ II) $8p + q = 9$	A	B	C

C **114** Gib an, für welche Zahl a das Gleichungssystem beliebig viele Lösungen besitzt.

a. I) $3x + 5y = 8$
II) $6x + 10y = a$

b. I) $8x + 12y = a$
II) $2x + 3y = 9$

c. I) $5x - 2y = -14$
II) $ax + 4y = 28$

C **115** Gib an, für welche Zahl a das Gleichungssystem keine Lösung besitzt.

a. I) $2x + 7y = 8$
II) $6x + ay = 4$

b. I) $ax - 9y = 24$
II) $2x + 3y = 9$

c. I) $4x - 3y = -8$
II) $ax + 15y = 10$

Was habe ich in diesem Abschnitt gelernt?

☐ **Ich kann entscheiden, ob ein Zahlenpaar Lösung eines gegebenen linearen Gleichungssystems mit zwei Unbekannten ist.**

B, C **116** Entscheide, ob das Zahlenpaar (5, −2) Lösung des Gleichungssystems ist.

a. I) $4x - 6y = 30$
II) $7x - 5y = 42$

b. I) $6s - t = 32$
II) $11s + 7t = 42$

c. I) $5u - 9v = 43$
II) $7u - 11v = 57$

☐ **Ich kann ein lineares Gleichungssystem mit zwei Unbekannten lösen.**

B **117** Löse das lineare Gleichungssystem mit zwei Unbekannten und mach die Probe.

a. I) $8x - 3y = 29$
II) $5x + 6y = 26$

b. I) $6x + 7y = 28{,}5$
II) $5x - 8y = -13{,}6$

c. I) $\frac{3}{4}x + \frac{1}{5}y = \frac{13}{20}$
II) $\frac{1}{2}x + \frac{5}{6}y = \frac{11}{6}$

☐ **Ich kann entscheiden, ob ein lineares Gleichungssystem mit zwei Unbekannten keine, eine oder beliebig viele Lösungen hat.**

C **118** Kreuze an, ob das Gleichungssystem keine, eine oder beliebig viele Lösungen hat.

		keine Lösung	eine Lösung	beliebig viele Lösungen
a.	I) $4x - 8y = 12$ II) $x - 4y = 8$	A	B	C
b.	I) $-3x + 2y = -7$ II) $6x - 4y = 14$	A	B	C
c.	I) $2x - 2y = 5$ II) $2x + 2y = 5$	A	B	C
d.	I) $15x - 6y = 18$ II) $5x - 2y = 9$	A	B	C

2.2 Modellieren mit linearen Gleichungssystemen

☐ Ich lerne zu entscheiden, ob ein lineares Gleichungssystem eine Textaufgabe richtig beschreibt, und ich lerne meine Entscheidung zu begründen.

☐ Ich lerne eine Textaufgabe durch ein lineares Gleichungssystem zu modellieren, eine Lösung zu berechnen und zu entscheiden, ob diese sinnvoll ist.

Wir wissen jetzt, wie wir lineare Gleichungssysteme lösen können. In der praktischen Anwendung sind Gleichungssysteme aber oft nicht von vornherein gegeben, sondern müssen erst aufgrund einer Beschreibung der Problemstellung gefunden werden.

Tipp

Beim Übersetzen eines Textes in ein lineares Gleichungssystem gehen wir so vor:

1. Zuerst stellen wir fest, was gesucht wird. Das ist in den folgenden Aufgaben immer ein Zahlenpaar.
2. Den Komponenten des Zahlenpaars geben wir Namen, zum Beispiel x und y.
3. Wir suchen im Text nach allen Bedingungen, die für x und y gelten, und schreiben jede dieser Bedingungen möglichst kurz und übersichtlich an.

In den folgenden Aufgaben erhalten wir auf diese Weise immer ein lineares Gleichungssystem mit zwei Unbekannten.
Dieses Gleichungssystem können wir lösen und überlegen, ob das Rechenergebnis sinnvoll ist.
In diesem Fall formulieren wir eine Antwort auf die im Text gestellte Frage.

A, B **119** eine Textaufgabe lösen

Herr Kinzl zahlte am letzten Samstag beim Bäcker für 4 Kornweckerl und 2 Semmeln 4,04 €. Diesen Samstag zahlte er für 2 Kornweckerl und 4 Semmeln 2,98 €. Berechne den Preis für eine Semmel.

1. Gesucht sind der Preis eines Kornweckerls und der Preis einer Semmel in Euro.
2. Wir schreiben für den Preis eines Kornweckerls k €, für den Preis einer Semmel s €.
3. 4 Kornweckerl und 2 Semmeln kosten zusammen 4,04 €, also ist
   $4k + 2s = 4{,}04.$
   2 Kornweckerl und 4 Semmeln kosten zusammen 2,98 €, also ist
   $2k + 4s = 2{,}98.$
   Wir erhalten also ein lineares Gleichungssystem mit zwei Unbekannten:
   I) $4k + 2s = 4{,}04$
   II) $2k + 4s = 2{,}98$
   Dieses können wir lösen und erhalten
   $k = 0{,}85$ und $s = 0{,}32.$
   Das Rechenergebnis ist sinnvoll und wir formulieren: Ein Kornweckerl kostet 0,85 € und eine Semmel 0,32 €.

A, B **120** 7 Flaschen eines gewöhnlichen Fruchtsafts und 9 Flaschen eines Fruchtsafts mit erhöhtem Fruchtfleischanteil kosten zusammen 45,50 €. Hingegen kosten 10 Flaschen des gewöhnlichen Fruchtsafts und 6 Flaschen des anderen 41 €. Berechne, wie viel eine Flasche jeder Sorte kostet.

A, B **121** Hannah war in der ersten Ferienwoche dreimal im Schwimmbad und zweimal im Kino und hat dafür insgesamt 24,50 € ausgegeben. In der Woche davor war sie zweimal im Schwimmbad und viermal im Kino, was sie insgesamt 39 € gekostet hat. Berechne den Eintrittspreis für das Schwimmbad und den Preis einer Kinokarte.

A, B **122** Familie Mayr (zwei Erwachsene, drei Kinder) zahlt für den Eintritt in den Tierpark 30 €. Familie Moser besucht denselben Tierpark mit den Großeltern und zahlt für vier Erwachsene und zwei Kinder 44 €. Berechne den Eintrittspreis für einen Erwachsenen und für ein Kind.

A, B **123** Bei einer ausverkauften Vorstellung in einem Theater mit insgesamt 428 Zuschauerplätzen wurden Karten um 18 € und um 10 € (für Jugendliche) verkauft. Insgesamt wurden 6776 € eingenommen. Ermittle, wie viele Erwachsene und wie viele Jugendliche die Vorstellung besucht haben.

A, B **124** Auf einem Bauernhof gibt es Hühner und Schweine. Insgesamt haben sie zusammen 41 Köpfe und 110 Beine. Wie viele Hühner und wie viele Schweine sind es? Stelle dazu ein passendes Gleichungssystem auf und löse es.

A, B **125** Philipp hat eine sehr große Familie. Als er von einem Schulkollegen gefragt wird, wie viele Personen bei ihm zu Hause wohnen, gibt er folgende Antwort: „Wir sind nicht nur eine ungewöhnlich große Familie, wir haben auch ganz schön viele Katzen zu Hause. Insgesamt haben wir zusammen 20 Köpfe und 64 Beine!" Ermittle, aus wie vielen Personen Philipps Familie besteht und wie viele Katzen er zu Hause hat.

A, B **126** Daniel wechselt einen 50-€-Schein in 1-€- und 2-€-Münzen. Berechne, wie viele Geldstücke er von jeder Sorte erhält, wenn er insgesamt 31 Münzen bekommt.

A, D **127** Beurteile, welche Gleichungssysteme das angegebene Problem richtig beschreiben. Begründe.

a. Die Summe zweier Zahlen ist 19. Die Differenz der größeren Zahl und der kleineren Zahl ist 5. Berechne diese Zahlen.

A	B	C
I) $x+y=19$	I) $x+y=19$	I) $y+x=19$
II) $x-y=5$	II) $y-x=5$	II) $y-x=5$

b. Die beiden Brüder Max und Moritz besitzen gemeinsam 48 DVDs, wobei Max fünfmal so viele wie Moritz besitzt. Ermittle, wie viele DVDs Max besitzt und wie viele Moritz.

A	B	C
I) $x+y=48$	I) $x+5y=48$	I) $x+y=48$
II) $5x-y=0$	II) $x=5y$	II) $5x=y$

c. Tante Emma kauft 3 kg Erdäpfel und 1 kg Zwiebel und bezahlt 2,60 €. Eine Woche später kauft sie nochmals die gleiche Menge ein, bezahlt aber 2,78 €, weil die Erdäpfel um 10 % teurer wurden. Ermittle die Kosten für ein Kilogramm Zwiebel.

A	B	C
I) $3e+1z=2{,}60$	I) $3e+z=2{,}60$	I) $0{,}9e+z=2{,}60$
II) $3\cdot 1{,}1e+z=2{,}78$	II) $3\cdot 10\,\%e+z=2{,}78$	II) $3e+z=2{,}78$

A, B **128** **eine Textaufgabe lösen**

In einem Jahr wird ein Vater 6-mal so alt wie sein Sohn sein. Vor einem Jahr war der Vater 8-mal so alt wie sein Sohn. Berechne, wie alt die beiden heute sind.

1. Gesucht sind das heutige Alter des Vaters und das heutige Alter des Sohnes.
2. Wir wählen für diese gesuchten Zahlen Namen: v für das heutige Alter des Vaters und s für das heutige Alter des Sohnes.
3. In einem Jahr wird dann der Vater $v+1$ Jahre, der Sohn $s+1$ Jahre alt sein. Laut Text wird dann der Vater 6-mal so alt sein wie der Sohn. Diese Bedingung können wir kurz so anschreiben:
   $v+1=6(s+1)$
   Vor einem Jahr war der Vater $v-1$ Jahre, der Sohn $s-1$ Jahre alt. Laut Text war da der Vater 8-mal so alt wie der Sohn. Diese Bedingung können wir kurz so anschreiben:
   $v-1=8(s-1)$

Wir erhalten also ein lineares Gleichungssystem mit zwei Unbekannten

I) $v+1=6s+6$
II) $v-1=8s-8$

und formen es um zu

I) $v-6s=5$
II) $v-8s=-7$

Die Lösung dieses Gleichungssystems ist $v=41$, $s=6$.
Das Rechenergebnis ist sinnvoll, wir formulieren: Heute ist der Vater 41 Jahre alt, der Sohn 6 Jahre.

A, B **129** Xaver und Yılmaz waren vor zwei Jahren zusammen 30 Jahre alt. Jetzt sind sie zusammen doppelt so alt wie Yılmaz damals war. Wie alt sind die beiden? Berechne.

A, B **130** Vor 13 Jahren war Bernd doppelt so alt wie Anna. In sechs Jahren sind sie gemeinsam ein halbes Jahrhundert alt. Berechne, wie alt Anna und Bernd sind.

A, B **131** Vor vier Jahren war Karin doppelt so alt wie Martin. Nächstes Jahr sind die beiden zusammen 25 Jahre alt. Ermittle das Alter von Karin und Martin.

A, B **132** Sophie und Emil sind heute zusammen 30 Jahre alt. Als Sophie so alt war wie Emil heute ist, waren sie zusammen 18 Jahre alt. Berechne, wie alt die beiden heute sind.

A, B **133** Alina und Kurt sind heute zusammen 28 Jahre alt. Als Alina so alt war, wie Kurt heute ist, waren sie zusammen 16 Jahre alt. Berechne, wie alt die beiden heute sind.

A, C **134** Untersuche, welche Gleichungssysteme das Problem richtig beschreiben.

a. Paul ist 2 Jahre älter als Lena. Vor 3 Jahren waren Lena und Paul gemeinsam 22 Jahre alt. Berechne das Alter der beiden.

A	B	C
I) $P+2=L$	I) $P-2=L$	I) $P=L+2$
II) $L-3+P-3=22$	II) $L+P=22-3$	II) $L-3+P-3=22$

b. Emily und David sind heute gemeinsam 38 Jahre alt. Vor 10 Jahren waren die beiden gemeinsam so alt, wie David heute ist. Bestimme das Alter der beiden.

A	B	C
I) $E+D=38$	I) $E+D=38$	I) $E+D=38$
II) $E+D-10=D$	II) $E+D-20=D$	II) $E+D-20=E$

c. Mira ist heute doppelt so alt wie Lukas und war vor 14 Jahren so alt wie Lukas heute ist. Berechne das Alter von Mira und Lukas.

A	B	C
I) $M=2L$	I) $2M=L$	I) $M=2L$
II) $M=L-14$	II) $M-14=L$	II) $M-14=L$

A, B **135** eine Textaufgabe lösen

Auf einer Bowlingbahn zahlt man pro Stunde vor 19:00 Uhr 16 € und nach 19:00 Uhr 23 €. Paul zahlt für 2 Stunden und 15 Minuten 39,50 €. Berechne, von wann bis wann er gespielt hat.

Wir bezeichnen mit x die Anzahl der Stunden, die Paul vor 19:00 Uhr gespielt hat, und mit y die Anzahl der Stunden nach 19:00 Uhr.
Insgesamt hat Paul 2 Stunden und 15 Minuten, also 2,25 Stunden gespielt. Daher ist

$$x+y=2{,}25.$$

Paul hat für die x Stunden vor 19:00 Uhr $x \cdot 16$ € und für die y Stunden nach 19:00 Uhr $y \cdot 23$ € bezahlt. Insgesamt waren es 39,50 €. Daher ist

$$16x+23y=39{,}50.$$

Wir lösen das Gleichungssystem

I) $x+y=2{,}25$
II) $16x+23y=39{,}50$

und erhalten

$$x=1{,}75 \quad \text{und} \quad y=0{,}5.$$

Also hat Paul 1 Stunde 45 Minuten vor 19:00 Uhr gespielt und 30 Minuten nach 19:00 Uhr. Das Ergebnis ist sinnvoll und wir formulieren: Paul hat von 17:15 Uhr bis 19:30 Uhr gespielt.

A, B **136** Eine EDV-Beraterin verlangt vor 18:00 Uhr einen Stundenlohn von 80 €, nach 18:00 Uhr 110 € pro Stunde. Spätabends verlässt sie ihren Kunden, nachdem sie 7 Stunden durchgearbeitet hat, und kassiert 635 €. Ermittle, von wann bis wann die Beraterin gearbeitet hat.

A, B **137** Susi zahlt mit ihrem Wertkarten-Handy für ein „netzinternes" Gespräch 2 ct/min, für Anrufe in „fremde Netze" 16 ct/min. Mit ihrem Guthaben von 20 € hat sie insgesamt 7 Stunden und 34 Minuten telefonieren können. Berechne, wie viele Minuten sie „netzintern" und wie viele Minuten in „fremde Netze" telefoniert hat.

A, B **138** Florian zahlt bei einem Anruf von seinem Handy in der Freizeit (18:00 – 8:00 Uhr) 0,03 €/min, in der Geschäftszeit (8:00 – 18:00 Uhr) 0,10 €/min. Die monatliche Grundgebühr beträgt 8,50 €. Letzten Monat hat er genau 2 Stunden und 29 Minuten telefoniert. Dafür erhielt er eine Rechnung über 16,19 € (inklusive Grundgebühr). Berechne, wie viele Minuten Florian in der Freizeit und wie viele in der Geschäftszeit telefoniert hat.

A, C **139** Untersuche, welche Gleichungssysteme das Problem richtig beschreiben.

a. Ein Besuch in der Sauna kostet vor 18:00 Uhr pro Stunde 4 €, danach 8 €. Herr Mayer bezahlt für die Dauer seines Besuchs von 2h und 30 min insgesamt 18 €. Ermittle, wann Herr Mayer die Sauna betreten hat.

A	B	C
I) $v + n = 2{,}30$	I) $v + n = 2{,}50$	I) $v + n = 2{,}50$
II) $4v + 8n = 18$	II) $4v + 8n = 18$	II) $8v + 4n = 18$

b. Eine Babysitterin verlangt pro Stunde vor 20:00 Uhr 10 €, danach 15 €. Familie Bauer bezahlt nach einem 3-stündigen Kinobesuch insgesamt 40 €. Berechne, wann die Babysitterin mit ihrer Aufsicht begonnen hat.

A	B	C
I) $x + y = 40$	I) $x + y = 40$	I) $x + y = 3$
II) $10x + 15y = 40$	II) $10x + 15y = 3$	II) $10x + 15y = 40$

A, B **140** Ein Festnetzanbieter bietet zwei Tarifmodelle zur Wahl. Familie Pichler hat sich für den Minimum-Tarif entschieden.

Minimum-Tarif monatl. Grundgebühr: 11,60 €		
Inlands-entgelte/min	Geschäftszeit Mo – Fr: 8:00 h – 18:00 h	Freizeit Mo – Fr: 18:00 h – 8:00 h Sa, So, Feiertag: ganztägig
Regional	0,06	0,04
Inland	0,09	0,06

Standard-Tarif monatl. Grundgebühr: 14,50 €		
Inlands-entgelte/min	Geschäftszeit Mo – Fr: 8:00 h – 18:00 h	Freizeit Mo – Fr: 18:00 h – 8:00 h Sa, So, Feiertag: ganztägig
Regional	0,05	0,03
Inland	0,07	0,04

Im Februar erhält die Familie die folgende, recht knapp gehaltene, Telefonrechnung:

Leistung	Menge	Zeitraum	Betrag in €	USt %
Grundgebühr „Minimum“	1	01/01/15 – 31/01/15	11,60	
Regional	98	3:50:30	10,38	20
Inland	5	0:26:27	2,13	20
Rechnungsbetrag			24,11	

Herr Pichler, der ein recht sparsamer Mann ist, überlegt jetzt, ob der Standard-Tarif nicht doch billiger gewesen wäre. Berechne, wie viel er im Standard-Tarif bezahlt hätte.
Hinweis: Finde zunächst heraus, wie viele Minuten er in der Freizeit und wie viele in der Geschäftszeit telefoniert hat.

A, B **141** eine Textaufgabe lösen

Familie Müller bucht für die Ferien eine Kreuzfahrt in der Karibik. Würde sie die An- und Abreise per Flugzeug und die Schifffahrt einzeln bezahlen, so käme sie auf Gesamtkosten von 5 800 €. Ein Reisebüro bietet 10 % Rabatt auf den Flug und 5 % Rabatt auf die Schifffahrt, wodurch die Gesamtkosten nur noch 5 313 € betragen. Berechne die Einzelpreise von Schifffahrt und Flug.

Der Einzelpreis der Schifffahrt beträgt s € und der Einzelpreis des Fluges f €.
Die um 5 % verbilligte Schifffahrt kostet dann $0{,}95 \cdot s$ € und der um 10 % verbilligte Flug $0{,}9 \cdot f$ €.
Wir erhalten somit folgendes Gleichungssystem:

I) $s + f = 5800$
II) $0{,}95s + 0{,}9f = 5313$

Dieses hat die Lösung

$s = 1860,\ f = 3940.$

Dieses Ergebnis ist sinnvoll und wir formulieren: Der Einzelpreis der Schifffahrt beträgt 1860 € und der Einzelpreis des Fluges 3940 €.

A, B **142** Herr Schnell kauft sich im November ein Paar Schi und ein Paar Schischuhe und zahlt dafür insgesamt 505€. Im Februar sieht er die gleichen Schi und Schischuhe im Ausverkauf. Die Schi werden um 15% und die Schuhe um 20% reduziert angeboten. Jetzt würden Schi und Schuhe zusammen nur noch 423,30€ kosten. Berechne die ursprünglichen Preise der Schi und der Schuhe.

A, B **143** Herr Neubauer hat über einen Finanzberater 10 000,00€ in zwei Fonds anlegen lassen. Der erste Fond brachte für dieses Jahr Zinsen in der Höhe von 8,5%, der zweite brachte Zinsen in der Höhe von 11%. Herr Neubauer erhält Zinsen in der Höhe von insgesamt 937,50€. Berechne, welchen Betrag der Finanzberater im ersten und welchen Betrag im zweiten Fonds angelegt hat.

A, B **144** eine Bewegungsaufgabe lösen

ggb/tns 8v97g3

Zwei Orte V und W sind 440km voneinander entfernt. Startet ein PKW von V nach W und zwei Stunden später ein LKW von W nach V, so begegnen sie einander nach zwei Stunden Fahrt des LKW. Fährt der PKW von V nach W und fährt der LKW 4 Stunden später von W aus in derselben Richtung wie der PKW, so überholt der PKW den LKW nach 10 Stunden Fahrt. Berechne die mittleren Geschwindigkeiten der beiden Fahrzeuge.

Gesucht sind die mittleren Geschwindigkeiten des PKW und des LKW. Wir wählen für diese unbekannten Zahlen Namen, zum Beispiel P für die mittlere Geschwindigkeit des PKW und L für die mittlere Geschwindigkeit des LKW, und stellen die Informationen in Tabellen dar:

	Geschwindigkeit (in km/h)	Fahrzeit (in h)	Strecke (in km)
PKW	P	4	4P
LKW	L	2	2L

Da die beiden Fahrzeuge aufeinander zufahren, ist die Summe der beiden Strecken, die sie zurücklegen, gleich der Entfernung von V nach W. Wir schreiben diese Bedingung kurz so an:

$$4P + 2L = 440$$

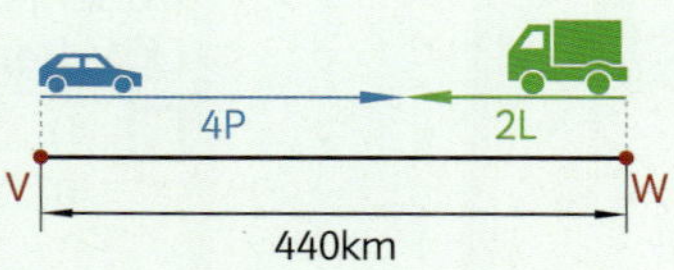

	Geschwindigkeit (in km/h)	Fahrzeit (in h)	Strecke (in km)
PKW	P	10	10P
LKW	L	6	6L

In diesem Fall fährt der PKW dem LKW hinterher. Der PKW muss daher zuerst die Strecke von V nach W zurücklegen, und dann noch die Strecke, die der LKW von W aus zurückgelegt hat. Der PKW fährt also um 440km weiter als der LKW. Wir formulieren:

$$10P = 6L + 440$$

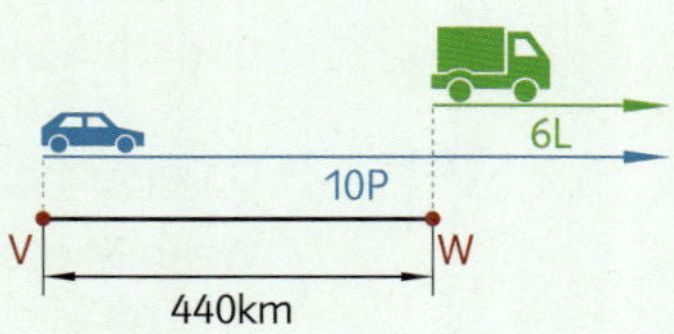

Wir erhalten so ein lineares Gleichungssystem und lösen es durch Umformen.

I) $4P + 2L = 440$
II) $10P - 6L = 440$

Die Lösung ist

$$P = 80,\ L = 60.$$

Das Ergebnis ist sinnvoll und wir formulieren: Der PKW fährt mit der mittleren Geschwindigkeit von 80km/h, der LKW mit der mittleren Geschwindigkeit von 60km/h.

A, B **145** Zwei Orte A und B liegen 320km voneinander entfernt. Verlässt ein PKW den Ort A in Richtung B zur gleichen Zeit wie ein LKW den Ort B in Richtung A, so treffen sich die beiden Fahrzeuge nach 2h Fahrzeit. Fährt allerdings der LKW in die gleiche Richtung wie der PKW, so wird der LKW nach 10h 40min vom PKW überholt.

a. Berechne die mittleren Geschwindigkeiten der beiden Fahrzeuge.

b. Berechne für den ersten Fall, in welcher Entfernung von A aus der Treffpunkt von PKW und LKW liegt.

c. Berechne für den zweiten Fall, in welcher Entfernung von B aus der LKW vom PKW überholt wird.

A, B **146** Zwei Orte A und B liegen 40 km voneinander entfernt. Um 8:00 Uhr bricht ein Fußgänger von A nach B auf und trifft um 11:00 Uhr auf einen Radfahrer, der eine Stunde davor von B in Richtung A aufgebrochen ist. Eine Woche später brechen die beiden zu den gleichen Zeiten auf, aber wegen schlechten Wetters ist der Fußgänger um 1 km/h und der Radfahrer um 2 km/h langsamer unterwegs. Daher treffen sich die beiden erst um 11:12 Uhr.

a. Berechne die mittleren Geschwindigkeiten des Fußgängers und des Radfahrers im ersten Fall.

b. Ermittle, in welcher Entfernung von A aus sich die beiden im ersten Fall treffen.

c. Ermittle, in welcher Entfernung von B aus sich die beiden im zweiten Fall treffen.

A, B **147** Ein Schiff benötigt stromaufwärts für eine 75 km lange Strecke 5 Stunden, stromabwärts 3 Stunden. Berechne die Eigengeschwindigkeit des Schiffes und die Strömungsgeschwindigkeit.

A, C **148** Untersuche, welche Gleichungssysteme das Problem richtig beschreiben.

a. Zwei Orte sind 90 km voneinander entfernt. Wenn ein Radfahrer im Ort A und ein zweiter Radfahrer gleichzeitig im Ort B starten, treffen sich die beiden nach 2 Stunden Fahrzeit. Startet der aus A kommende Radfahrer allerdings 2 Stunden und 15 Minuten später als der andere Radfahrer, so trifft er den anderen Radfahrer nach 1 Stunde Fahrzeit. Berechne die Geschwindigkeiten der beiden Radfahrer.

A I) $2A + 2B = 90$ II) $1A + 2{,}15B = 90$

B I) $2A + 2B = 90$ II) $1A + 3{,}15B = 90$

C I) $2A + 2B = 90$ II) $1A + 3{,}25B = 90$

b. Zwei Orte sind 250 km voneinander entfernt. Wenn ein LKW aus Ort A in Richtung B aufbricht und ein PKW eine halbe Stunde früher von Ort B in Richtung A aufbricht, so treffen sich die beiden nach 2 Stunden Fahrzeit des PKW. Fährt der LKW allerdings 1 Stunde und 15 Minuten früher als der PKW weg, so treffen sich die beiden Fahrzeuge nach 2,5 Stunden Fahrzeit des LKW. Berechne die Geschwindigkeiten des LKW und des PKW.

A I) $2L + 1{,}5P = 250$ II) $2{,}5L + 1{,}25P = 250$

B I) $1{,}5L + 2P = 250$ II) $2{,}5L + 1{,}25P = 250$

C I) $1{,}5L + 2P = 250$ II) $2{,}5L + 1{,}15P = 250$

Was habe ich in diesem Abschnitt gelernt?

☐ **Ich kann entscheiden, ob ein lineares Gleichungssystem eine Textaufgabe richtig beschreibt, und ich kann meine Entscheidung begründen.**

A, D **149** Untersuche, welche der linearen Gleichungssysteme das Problem korrekt beschreiben.

Wenn Michael 5 € an Dominik gibt, hat Dominik doppelt so viel Euro wie Michael. Wenn Dominik 10 € an Michael gibt, hat Michael 5-mal so viel wie Dominik. Gib an, wie viel Euro die beiden haben.

A I) $5M = D + 2M$ II) $10D = M + 5D$

B I) $M - 5 = 2D + M$ II) $D - 10 = 5M + D$

C I) $D + 5 = 2\cdot(M - 5)$ II) $M + 10 = 5\cdot(D - 10)$

☐ **Ich kann eine Textaufgabe durch ein lineares Gleichungssystem modellieren, eine Lösung berechnen und entscheiden, ob diese sinnvoll ist.**

A, B **150** Ein kleines Laientheater bietet Platz für 100 Zuschauer. Der Eintrittspreis beträgt für Erwachsene 10 € und für Kinder 5 €. Berechne, wie viele Erwachsene und wie viele Kinder sich im Zuschauerraum befinden, wenn die Vorführung ausverkauft ist und insgesamt 935 € kassiert wurden.

A, B **151** Vor zwei Jahren war Martina doppelt so alt wie Caroline. In zwei Jahren sind sie zusammen 20 Jahre alt. Ermittle, wie alt die beiden heute sind.

A, B **152** Ein Sachbearbeiter einer Firma führt täglich viele Telefonate ins In- und Ausland. Der Tarif für ein Inlandsgespräch beträgt dabei 0,015 €/min, der Tarif für ein Auslandsgespräch 0,095 €/min. Im vergangenen Monat telefonierte er insgesamt 67:24 Stunden. Die Telefonrechnung für diesen Zeitraum betrug (ohne Grundgebühr) 178,74 €. Berechne, wie viele Stunden er ins Inland und wie viele Stunden ins Ausland telefoniert hat.

2.3 Lineare Gleichungssysteme mit mehreren Unbekannten

- ☐ **Ich lerne lineare Gleichungssysteme mit mehreren Unbekannten (mithilfe von Technologie) zu lösen.**
- ☐ **Ich lerne eine Textaufgabe, die auf ein Gleichungssystem mit mehreren Unbekannten führt, durch ein lineares Gleichungssystem zu modellieren, eine Lösung zu berechnen und zu entscheiden, ob diese sinnvoll ist.**

Lösen linearer Gleichungssysteme mit mehreren Unbekannten

Beim Lösen eines Systems von zwei linearen Gleichungen mit zwei Unbekannten spielen die erlaubten Umformungen eines Gleichungssystems eine zentrale Rolle. Wir haben diese Systeme durch Elimination von Unbekannten gelöst. Diese Methode können wir direkt auch auf Gleichungssysteme mit drei Gleichungen und drei Unbekannten – oder allgemein auf n lineare Gleichungen mit n Unbekannten – übertragen.

Der Rechenaufwand wird aber mit der Anzahl der Unbekannten erheblich größer. Wir werden daher (von einfachen Fällen abgesehen) eine geeignete Technologie zur Berechnung der Lösungen verwenden.

lineares Gleichungssystem mit drei Gleichungen und drei Unbekannten

Eine Aufgabe der Art „Finde alle Zahlentripel (a, b, c) so, dass

I) $2a + 3b + 4c = 19$
II) $3a + b - 2c = 2$
III) $-4a + 2b + 3c = 14$

ist" nennen wir ein **lineares Gleichungssystem mit drei Gleichungen und drei Unbekannten.**

Lösung

Jedes solche Tripel (a, b, c) heißt dann **Lösung** dieses Gleichungssystems. Die Menge aller Lösungen des Gleichungssystems heißt **Lösungsmenge**.
Das Gleichungssystem **lösen** heißt, eine Beschreibung der Lösungsmenge zu finden.
Wenn es nur eine Lösung gibt, bedeutet das einfach, dieses Zahlentripel zu berechnen.

Koeffizienten

Die Zahlen, mit denen die Unbekannten multipliziert werden, sind die **Koeffizienten** des Gleichungssystems.

Tipp

Um lineare Gleichungssysteme mit drei Gleichungen und drei Unbekannten zu lösen, versuchen wir wieder, das System durch schrittweises Entfernen von Unbekannten zu lösen.

- Wenn dann eine der neuen Gleichungen zu
  $0 = 1$
  äquivalent ist, hat das Gleichungssystem **keine** Lösung.
- Wenn keine der neuen Gleichungen zu $0 = 1$, aber eine zu
  $0 = 0$
  äquivalent ist, dann gibt es **beliebig viele** Lösungen.
- In den anderen Fällen erhalten wir schließlich ein Gleichungssystem wie zum Beispiel
  I) $x = 4$
  II) $y = 5$
  III) $z = 1$
  und können das gesuchte Zahlentripel direkt ablesen. Dieses Gleichungssystem hat **genau eine** Lösung.

ein Gleichungssystem lösen

ggb 3ws3zs

GeoGebra Löse[<Liste von Gleichungen>, <Liste von Variablen>]

1 Löse[{2a + 3b + 4c = 19, 3a + b - 2c = 2, -4a + 2b + 3c = 8}, {a, b, c}]
→ $\{\{a = 1, b = 3, c = 2\}\}$

ein Gleichungssystem lösen

tns 3ws3zs

TI Nspire	solve(Gleichungssystem, Var) Eingabe des Gleichungssystems: oder mithilfe von „and“	$\text{solve}\left(\begin{cases} 2\cdot a+3\cdot b+4\cdot c=19 \\ 3\cdot a+b-2\cdot c=2 \\ -4\cdot a+2\cdot b+3\cdot c=8 \end{cases}, a,b,c\right)$ a=1 and b=3 and c=2 solve(2·a+3·b+4·c=19 and 3·a+b−2·c=2 a▸ a=1 and b=3 and c=2

Tipp

Für Excel gibt es keine direkte Möglichkeit, lineare Gleichungssysteme zu lösen. Wir werden in Abschnitt 3.4 aber lernen, wie man Gleichungssysteme mithilfe der Matrizenrechnung löst. Diese Rechnung lässt sich dann mit Excel durchführen.

B **153** **ein lineares Gleichungssystem mit drei Unbekannten lösen**

ggb/tns s42u6r

Löse das lineare Gleichungssystem.

I) $2a + 3b + 4c = 19$
II) $3a + b - 2c = 2$
III) $-4a + 2b + 3c = 8$

Wir lösen das Gleichungssystem mithilfe von Äquivalenzumformungen.

I) $2a + 3b + 4c = 19$ $\quad | : 2$ (um 1 als Koeffizient von a zu erhalten)
II) $3a + b - 2c = 2$
III) $-4a + 2b + 3c = 8$

I) $a + \frac{3}{2}b + 2c = \frac{19}{2}$
II) $3a + b - 2c = 2$ $\quad | \text{II} - 3\cdot\text{I}$
III) $-4a + 2b + 3c = 8$ $\quad | \text{III} + 4\cdot\text{I}$

I) $a + \frac{3}{2}b + 2c = \frac{19}{2}$
II) $-\frac{7}{2}b - 8c = -\frac{53}{2}$ $\quad | \cdot\left(-\frac{2}{7}\right)$ (um 1 als Koeffizienten von b zu erhalten)
III) $8b + 11c = 46$

I) $a + \frac{3}{2}b + 2c = \frac{19}{2}$
II) $b + \frac{16}{7}c = \frac{53}{7}$
III) $8b + 11c = 46$ $\quad | \text{III} - 8\cdot\text{II}$

I) $a + \frac{3}{2}b + 2c = \frac{19}{2}$
II) $b + \frac{16}{7}c = \frac{53}{7}$
III) $-\frac{51}{7}c = -\frac{102}{7}$ $\quad | \cdot\left(-\frac{7}{51}\right)$

I) $a + \frac{3}{2}b + 2c = \frac{19}{2}$ $\quad | \text{I} - 2\cdot\text{III}$
II) $b + \frac{16}{7}c = \frac{53}{7}$ $\quad | \text{II} - \frac{16}{7}\cdot\text{III}$
III) $c = 2$

I) $a + \frac{3}{2}b = \frac{11}{2}$ $\quad | \text{I} - \frac{3}{2}\text{II}$
II) $b = 3$
III) $c = 2$

I) $a = 1$
II) $b = 3$
III) $c = 2$

Die Lösung des Gleichungssystems ist (1, 3, 2).

B **154** Löse das lineare Gleichungssystem.

a. I) $9x - 5y - 5z = -14$
II) $9x + 8y + 3z = 4$
III) $-6x + 9y - z = 25$

b. I) $9a + 5b + 4c = -26$
II) $2a + 7b + 2c = -8$
III) $-6b - 8c = 16$

B **155** Löse das lineare Gleichungssystem mithilfe einer geeigenten Technologie.

a. I) $0{,}2r + 0{,}3s - 1{,}1t = 1{,}7$
II) $-4{,}9r + 1{,}3s + 1{,}8t = 0{,}9$
III) $0{,}2r + 0{,}4s - 1{,}1t = -0{,}7$

b. I) $2{,}3z_1 + 2{,}7z_2 + 1{,}9z_3 = -2{,}4$
II) $3{,}8z_1 - 1{,}5z_2 + 2z_3 = -3{,}5$
III) $0{,}8z_1 + 3{,}8z_2 - 0{,}3z_3 = -0{,}5$

B **156** Löse das lineare Gleichungssystem mithilfe einer geeigenten Technologie.

a. I) $\frac{1}{2}x + \frac{1}{3}y + \frac{1}{4}z = \frac{23}{12}$
II) $\frac{1}{3}x - \frac{1}{2}y + \frac{1}{4}z = \frac{1}{12}$
III) $\frac{1}{4}x - \frac{1}{2}y - \frac{1}{3}z = -\frac{7}{4}$

b. I) $\frac{1}{5}a - \frac{1}{4}b + \frac{3}{5}c = 2{,}7$
II) $-\frac{5}{4}a - \frac{1}{5}b + \frac{1}{2}c = 3{,}65$
III) $\frac{1}{2}a + \frac{1}{3}b + \frac{2}{3}c = \frac{3}{2}$

B **157** Löse das Gleichungssystem mithilfe einer geeigenten Technologie.

a. I) $2w - 3x + 5y + 4z = 27$
II) $w - x + y - z = -2$
III) $4w - 2x + y - 3z = -9$
IV) $6w - 5x + 4y - 3z = -4$

b. I) $a + b + c + d = 1$
II) $3a - 2b + c + 4d = -9$
III) $a + 4b - 5c - 8d = 7$
IV) $5a + 3b + 9c + 11d = 1$

c. I) $3r + 4s - 5t + 2u = -2$
II) $4r - s + u = 2$
III) $7r + 2s - t - 2u = 6$
IV) $r + s - t + u = 2$

B **158** Löse das Gleichungssystem mithilfe einer geeigneten Technologie.

a. I) $v + w + x + y + z = 15$
II) $5v - 4w + 3x - 2y + 1z = -4$
III) $4v - w - x + 2y - 1z = 2$
IV) $3v + 2w - x + 5y - 3z = 12$
V) $7v - w + 4x + 3y - 4z = 4$

b. I) $x_1 + x_2 + x_3 + x_4 + x_5 = 6$
II) $x_1 - x_3 = 4$
III) $2x_1 + 5x_4 = 9$
IV) $2x_2 + 7x_5 = 4$
V) $x_1 + 2x_2 + 3x_3 + 4x_4 = 2$

C **159** Untersuche, ob das Gleichungssystem keine, eine oder beliebig viele Lösungen hat.

a. I) $x + y + z = 1$
II) $x - y + z = 2$
III) $2x + 2z = 3$

b. I) $x - y + 2z = 3$
II) $x - 2y + z = 2$
III) $2x - 3y + 3z = 1$

c. I) $x + y - z = 1$
II) $2x + 2y - 2z = 2$
III) $-x - y + z = -1$

d. I) $x - y - z = 1$
II) $2x + y - 2z = 2$
III) $-x - y + z = -1$

C **160** Link d9ws7t

a. Findet heraus, welche Verfahren Computer generell zum Lösen von Gleichungssystemen nutzen, und vergleicht diese mit den im Buch vorgestellten. Verwendet zur Recherche auch das Stichwort „Gaußsches Eliminationsverfahren".

b. Prüft in der Hilfedatei eurer Technologie, welches Verfahren hier verwendet wird.

c. Fasst die Ergebnisse zusammen und präsentiert sie der Klasse.

Modellieren mit linearen Gleichungssystemen mit mehr als zwei Unbekannten

Wenn wir Aufgaben durch lineare Gleichungssysteme mit drei oder mehreren Unbekannten beschreiben müssen, gehen wir gleich vor, wie wir es uns bei Systemen von zwei linearen Gleichungen mit zwei Unbekannten überlegt haben.

A, B, C **161** eine Textaufgabe lösen

ggb/tns q6i6te

Für einen zweiwöchigen All-inclusive-Urlaub in einem Ferienclub zahlt Familie Ableitinger (2 Erwachsene und 2 Kinder) 3 854 €, Familie Braunhuber (2 Erwachsene, 1 Jugendlicher und 2 Kinder) 4 700 € und Familie Cobenzel (3 Erwachsene und 1 Jugendlicher) 4 791 €.

a. Stelle ein lineares Gleichungssystem auf, mit dem sich jeweils der Preis eines zweiwöchigen Aufenthalts für einen Erwachsenen, für einen Jugendlichen und für ein Kind in diesem Ferienclub ermitteln lässt.

b. Löse das Gleichungssystem und interpretiere die Lösung.

a. Wir schreiben e für die Kosten eines Erwachsenen, j für die Kosten eines Jugendlichen und k für die Kosten eines Kindes in €. Es gilt dann:

I) $2e + 2k = 3854$
II) $2e + 1j + 2k = 4700$
III) $3e + 1j = 4791$

b. Die Lösung dieses Gleichungssystems ist

$e = 1315,\ j = 846,\ k = 612.$

Der zweiwöchige Aufenthalt kostet für einen Erwachsenen 1315 €, für einen Jugendlichen 846 € und für ein Kind 612 €.

A, B **162** Ein Würstelstand in guter Lage verkauft in den ersten drei Monaten eines Kalenderjahres entsprechend der Tabelle Würstel, Softdrinks und Pommes frites.

	Jänner	Februar	März
Würstel	1500	1350	1800
Softdrink	1950	1650	1650
Pommes frites	1200	1500	1650
Einnahmen in €	9660	9345	10770

a. Berechne, wie viel je eine Portion Würstel, ein Softdrink und eine Portion Pommes frites kostet.

b. Berechne, wie viel Euro im ersten Quartal durch den Verkauf von Würstel eingenommen wurden.

c. Berechne, wie viel Prozent der Einnahmen im ersten Quartal durch den Verkauf von Softdrinks erzielt wurde.

A, B **163** Auf einem Bauernhof mit großer Eierproduktion wird die Tagesproduktion von 2150 Eiern in 3 verschiedenen Kartongrößen abgepackt. An Montagen und Dienstagen werden 30 Kartons der Größe A, 72 der Größe B und 50 der Größe C verwendet. Mittwochs, donnerstags und freitags werden 50 Kartons der Größe A, 60 Kartons der Größe B und 50 Kartons der Größe C verwendet, am Wochenende 20 Kartons der Größe A, 83 Kartons der Größe B und 48 Kartons der Größe C. Ermittle, wie viele Eier in den einzelnen Kartongrößen jeweils verpackt sind.

A, B **164** In einer Firma für Plastikspielzeug werden an drei verschiedenen Spritzgussmaschinen mit unterschiedlichen Leistungen gleichartige Bauteile erzeugt. Die geplante Anzahl an Bauteilen wird erreicht, wenn Maschine A 2 Stunden läuft, Maschine B 4 Stunden und Maschine C eine Stunde. Die gleiche Anzahl an Bauteilen wird auch erzeugt, wenn Maschine A 3 Stunden läuft, Maschine B und C jeweils 2 Stunden. Produziert Maschine A 4 Stunden und 10 Minuten, Maschine B 2 Stunden und Maschine C eine Stunde, so wird die geplante Anzahl ebenso erreicht.

a. Berechne, wie viele Teile die Maschinen jeweils pro Stunde produzieren, wenn die geplante Anzahl 4500 Stück beträgt.

b. Berechne, wie lange alle drei Maschinen gleichzeitig laufen müssen, um 4500 Stück zu produzieren.

A, B **165** Raimund tanzt im Tanzkurs hintereinander mit Andrea, Bea, Caro und Doris. Da er eine Vorliebe für Zahlen hat, überlegt er sich im Anschluss das folgende Rätsel: Das Durchschnittsalter der vier Frauen ist 30 Jahre. Andrea und Caro sind zusammen um 10 Jahre älter als Doris. Andrea und Doris sind zusammen um 2 Jahre jünger als Bea und Caro. Bea ist um 4 Jahre jünger als Doris. Berechne das Alter der vier Damen.

A, B **166** Der Aushub einer Großbaustelle wird mit 5000 m^3 veranschlagt und mithilfe von Lastwagen entfernt. Es stehen drei verschieden große LKW zur Verfügung. Es ist geplant, mit den beiden größeren LKW jeweils 40-mal zu fahren und mit dem kleinen LKW 100-mal. Nach Bürgerprotesten wegen Lärmbelästigung schlägt die Baufirma eine Abfuhr durch jeweils 60 Fahrten der beiden größeren LKW und 25 Fahrten des kleinsten LKW vor. Nach weiteren Verhandlungen werden die Arbeiten dann durch jeweils 65 Fahrten des größten LKW, 60 Fahrten des zweitgrößten und 13 Fahrten des kleinsten LKW erledigt (wobei in diesem Fall die letzte Fahrt des kleinsten LKW halb leer erfolgt). Berechne die Fassungsvermögen der einzelnen LKW.

A, B **167** Ein Triathlon ist ein Wettkampf, bei dem hintereinander geschwommen, radgefahren und dann noch gelaufen wird. Bei einem speziellen Wettkampf werden in Summe 52 km zurückgelegt. Ein Teilnehmer benötigt für die Schwimmstrecke 30 min, für die Radstrecke 1 h und 30 min und für das Laufen 1 h. Wäre er um 1 km/h schneller geschwommen, so wäre er 6 min früher im Ziel gewesen. Wäre es ihm gelungen, zusätzlich neben der Schwimmgeschwindigkeit auch seine Laufgeschwindigkeit um 2 km/h zu erhöhen, wäre er weitere 10 min früher ins Ziel zu kommen.

a. Berechne die Länge der Schwimmstrecke, der Radstrecke und der Laufstrecke.

b. Ermittle die mittlere Radgeschwindigkeit des Teilnehmers.

A, B **168** Familie Müller macht einen Sonntagsausflug. Um 9:00 Uhr fahren sie mit dem Bummelzug nach Salzburg, wo sie um 10:00 Uhr ankommen. Nach einem ausgedehnten Stadtspaziergang, den sie für 1 Stunde und 30 Minuten unterbrechen, fahren sie um 13:30 Uhr mit einem etwas schnelleren Personenzug wieder nach Hause, wo sie um 14:20 Uhr ankommen. Insgesamt hat Familie Müller zu Fuß und mit dem Zug einen Weg von 114 km zurückgelegt. Hätte Familie Müller den Spaziergang mit einer um 2 km/h höheren Geschwindigkeit gemacht, hätte sie den Intercity um 12:50 Uhr erreicht. Mit dem Intercity wäre Familie Müller dann (da er im Schnitt 40 km/h schneller als der Personenzug ist) bereits um 13:20 Uhr wieder zu Hause angekommen.

a. Berechne die Geschwindigkeit des Bummelzuges.

b. Berechne die Geschwindigkeit des Intercity.

c. Ermittle, wie weit Salzburg vom Heimatort der Müllers entfernt ist.

A, C **169** Untersuche, welche Gleichungssysteme das Problem richtig beschreiben.

a. Ein Schnellimbiss bietet Hamburger, Pommes frites und einen Softdrink an. Ein Schülergruppe bestellt am Montag 5 Hamburger, 3-mal Pommes frites und 4 Softdrinks und bezahlt 14,70 €. Am Dienstag bestellen sie 8 Hamburger, 6-mal Pommes frites und 7 Softdrinks für insgesamt 25,50 €. Am Mittwoch bestellt die Gruppe nur 5-mal Pommes frites und 5-mal Softdrinks für insgesamt 12,00 €. Berechne die Preise für Hamburger, Pommes frites und Softdrink.

A	B	C
I) $H+P+S=14{,}70$	I) $5H+3P+4S=14{,}70$	I) $5H+3P+4S=14{,}70$
II) $H+P+S=25{,}50$	II) $8H+6P+7S=25{,}50$	II) $8H+6P+7S=25{,}50$
III) $P+S=12{,}00$	III) $H+5P+5S=12{,}00$	III) $5P+5S=12{,}00$

b. Für eine Pauschalreise bezahlt Familie Eder (2 Erwachsene, 3 Kinder, 1 Baby) insgesamt 2 888 €. Familie Steiner (3 Erwachsene, 1 Kind) bezahlt für die gleiche Reise 2 522 € und Familie Bauer (2 Erwachsene, 2 Kinder, 1 Baby) bezahlt 2 463 €. Berechne die Kosten der Pauschalreise für einen Erwachsenen, ein Kind bzw. ein Baby.

A	B	C
I) $2E+3K+1B=2888$	I) $2E+3K+1B=2888$	I) $2E+3K+1B=2888$
II) $3E+K+B=2522$	II) $3E+K=2522$	II) $3E+K+B=2522$
III) $2E+2K+B=2463$	III) $2E+2K+B=2463$	III) $2E+2K+B=2463$

Was habe ich in diesem Abschnitt gelernt?

☐ **Ich kann lineare Gleichungssysteme mit mehreren Unbekannten (mit Technologie) lösen.**

B **170** Löse das lineare Gleichungssystem händisch oder mithilfe einer geeigneten Technologie.

a.
I) $2x+3y+4z=26$
II) $3x+5y+2z=33$
III) $4x+3y+2z=28$

b.
I) $2w+2x+3y-z=9$
II) $w+2y=7$
III) $3w+x-5y=28$
IV) $y+5z=3$

☐ **Ich kann eine Textaufgabe, die auf ein Gleichungssystem mit mehreren Unbekannten führt, durch ein lineares Gleichungssystem modellieren, eine Lösung berechnen und entscheiden, ob diese sinnvoll ist.**

A, B **171** Am Beginn des Schuljahres werden alle Klassen fotografiert. Im Anschluss daran bestellen die Schülerinnen und Schüler der 1. Klasse insgesamt 24 Klassenfotos, 26 Passfotos und 6 Freundschaftsfotos. Der Fotograf erhält dafür 406 €. Berechne den Preis eines Klassenfotos, eines Passfotos und eines Freundschaftsfotos, wenn bekannt ist, dass das Freundschaftsfoto doppelt so teuer ist, wie das Passfoto und ein Klassenfoto zusammen mit einem Passfoto um 4 € mehr kosten als ein Freundschaftsfoto.

2.4 Lineare Gleichungen mit zwei Unbekannten

- ☐ Ich lerne Lösungen einer linearen Gleichung mit zwei Unbekannten zu berechnen und ihre Lösungsmenge zu zeichnen.
- ☐ Ich lerne ein lineares Gleichungssystem graphisch zu lösen.
- ☐ Ich lerne den Zusammenhang zwischen einer linearen Funktion und einer linearen Gleichung mit zwei Unbekannten kennen.

Gleichung einer Geraden

Bei einem Sommerfest wird für Erwachsene 5 € Eintritt verlangt und für Kinder 2 €. Insgesamt wurden 450 € eingenommen. Lässt sich feststellen, wie viele Personen insgesamt das Sommerfest besucht haben? Offensichtlich nicht, denn um 450 € könnten beispielsweise 90 Erwachsene oder 225 Kinder oder 60 Erwachsene und 75 Kinder das Fest besuchen. Wir überlegen uns: Bezeichnen wir die Anzahl der Erwachsen mit x und die Anzahl der Kinder mit y, so gilt $x \cdot 5 € + y \cdot 2 € = 450 €$ oder kurz

$$5x + 2y = 450.$$

Dabei müssen x und y natürliche Zahlen sein.
Eine spezielle Lösung erhalten wir, wenn wir beispielsweise 0 für y wählen. Dann muss

$$x = \frac{450}{5} = 90$$

sein. Das Zahlenpaar (90, 0) ist also **eine** Lösung der Gleichung $5x + 2y = 450$.

Weiters überlegen wir: 5 Kinder zahlen gleich viel wie 2 Erwachsene (je 10 €). Wenn also um 2 Erwachsene weniger das Sommerfest besuchen, können um dasselbe Eintrittsgeld 5 Kinder mehr teilnehmen. Wir erhalten also Lösungen unserer Gleichung, wenn wir von der speziellen Lösung (90, 0) ausgehen und die Anzahl der Erwachsenen schrittweise um 2 vermindern, während wir gleichzeitig die Anzahl der Kinder um 5 erhöhen. Die Menge aller möglichen Lösungen ist daher:

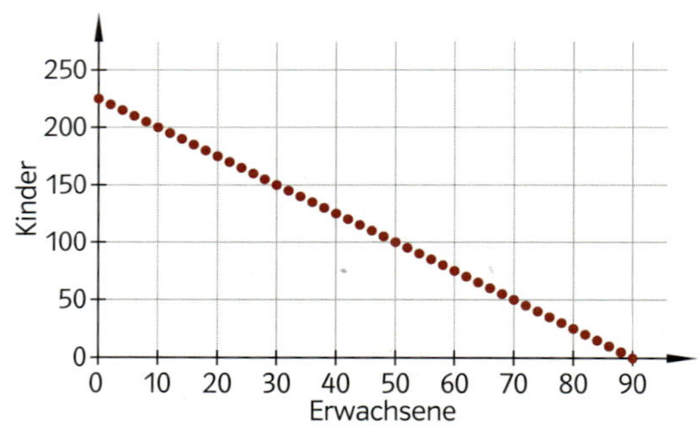

$$L = \{(90, 0), (88, 5), (86, 10), (84, 15), (82, 20), \ldots, (0, 225)\}.$$

lineare Gleichung mit zwei Unbekannten

Wir nennen die Aufgabe
„Gegeben sind drei Zahlen a, b und c, dabei ist a oder b nicht 0.
Finde eine Beschreibung der Menge aller Zahlenpaare (x, y) mit $ax + by = c$."
eine **lineare Gleichung mit zwei Unbekannten**. Wir schreiben für diese Aufgabe oft kurz: „Löse die Gleichung $ax + by = c$."

Wählt man ein Koordinatensystem in der Ebene und fasst dann jeden Punkt als Paar von reellen Zahlen auf, dann ist jede Lösung ein Punkt der Ebene. Man kann zeigen:

Lösungsmenge von $ax + by = c$

Die Lösungsmenge der linearen Gleichung $ax + by = c$ ist eine Gerade.

Man bestimmt diese Gerade, indem man zwei verschiedene Lösungen berechnet und dann die Gerade durch diese zwei Punkte zeichnet.

Gleichung einer Geraden

Ist eine Gerade g die Lösungsmenge der Gleichung $ax + by = c$, dann heißt diese Gleichung eine **Gleichung der Geraden g.**

Es ist leicht nachzuprüfen:

Lösungen der Gleichung $ax + by = c$

Wenn $a \neq 0$ ist, dann ist $\left(\frac{c}{a}, 0\right)$ eine Lösung der linearen Gleichung $ax + by = c$, wenn $b \neq 0$ ist, dann ist $\left(0, \frac{c}{b}\right)$ eine Lösung.

Wenn $a = 0$ (und daher $b \neq 0$) ist, dann sind $\left(0, \frac{c}{b}\right)$ und $\left(1, \frac{c}{b}\right)$ zwei Lösungen.

Wenn $b = 0$ (und daher $a \neq 0$) ist, dann sind $\left(\frac{c}{a}, 0\right)$ und $\left(\frac{c}{a}, 1\right)$ zwei Lösungen.

Wenn $c = 0$ ist, dann sind $(0, 0)$ und $(b, -a)$ zwei Lösungen.

B **172** **die Lösungsmenge einer Gleichung mit zwei Unbekannten zeichnen**

Bestimme drei Lösungen der linearen Gleichung $7x + 5y = 19$. Zeichne dann die Lösungsmenge dieser Gleichung in ein Koordinatensystem.

Wählen wir für x die Zahl 0, dann muss

$$5y = 19$$

sein. Also ist $\left(0, \frac{19}{5}\right)$ eine Lösung.

Wählen wir für x die Zahl 2, dann muss

$$14 + 5y = 19$$

also

$$y = 1$$

sein. Also ist $(2, 1)$ eine Lösung.

Wählen wir für y die Zahl 0, dann muss

$$7x = 19$$

sein. Also ist $\left(\frac{19}{7}, 0\right)$ eine Lösung.

Wir zeichnen diese Punkte in ein Koordinatensystem. Die Lösungsmenge der Gleichung $7x + 5y = 19$ ist die Gerade durch diese Punkte.

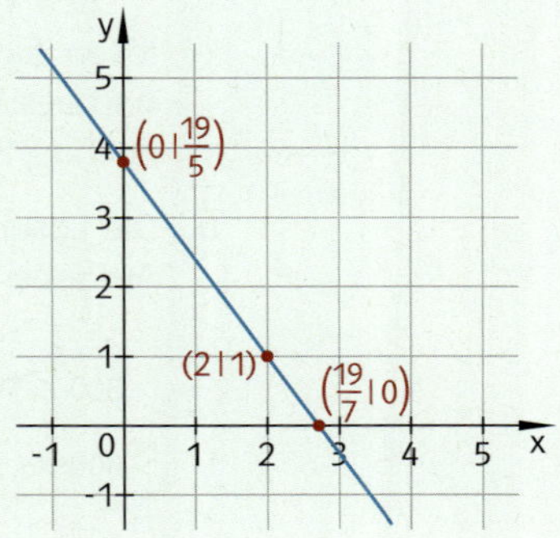

B **173** Berechne drei Lösungen der linearen Gleichung mit zwei Unbekannten. Zeichne dann ihre Lösungsmenge in ein Koordinatensystem.

a. $2x + 5y = 0$ **b.** $x - y = 0$ **c.** $2x + 5y = 7$ **d.** $x - 2y = 1$ **e.** $-2{,}27x - 3{,}45y = -2{,}31$ **f.** $3x_1 = 6$ **g.** $2y_2 = 1$ **h.** $\frac{1}{3}x + \frac{2}{5}y = 2$

A, C **174** Finde eine Gleichung der dargestellten Geraden.

a.

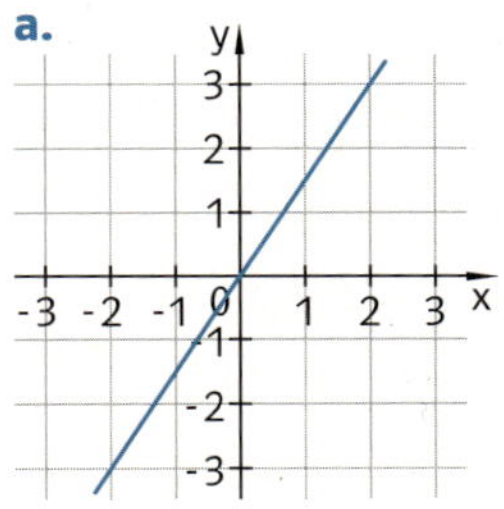

b.

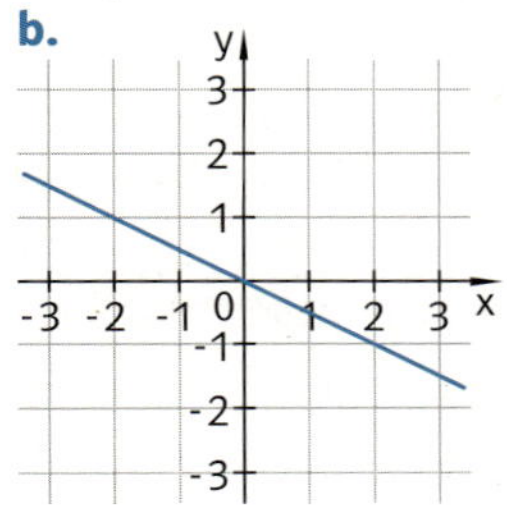

c.

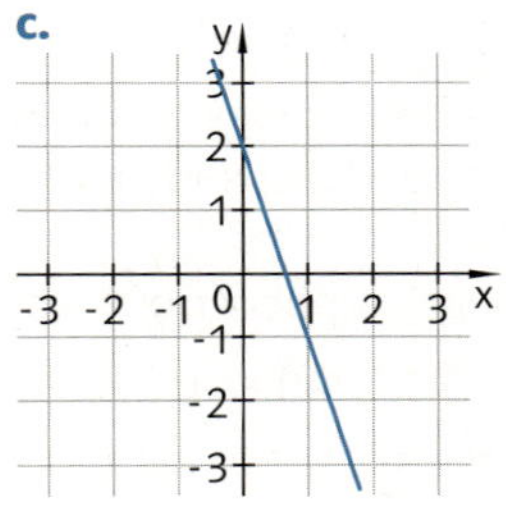

d.

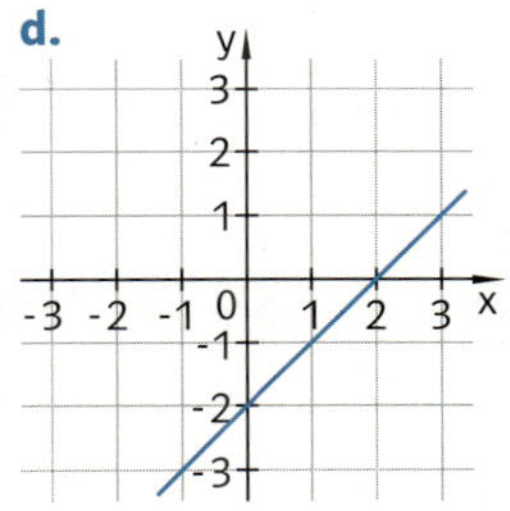

B **175** **die Lösungsmenge einer Gleichung mit zwei Unbekannten zeichnen** ggb e4hx5a

Gegeben sind drei Gleichungen mit zwei Unbekannten. Zeichne jeweils die Lösungsmengen dieser Gleichungen in ein gemeinsames Koordinatensystem.

I) $x = -2$ II) $y = 4$ III) $x + y = 5$

Die Lösungsmengen sind jeweils Geraden, die wir zeichnen können, sobald wir zwei Punkte dieser Geraden kennen.

Auf der Geraden I liegen zum Beispiel die Punkte $(-2|0)$ und $(-2|1)$. I ist daher parallel zur y-Achse.
Auf der Geraden II liegen zum Beispiel die Punkte $(0|4)$ und $(1|4)$. II ist daher parallel zur x-Achse.
Auf der Geraden III liegen zum Beispiel die Punkte $(5|0)$ und $(0|5)$.

Wir zeichnen die Punkte und die dadurch gegebenen Geraden in ein Koordinatensystem.

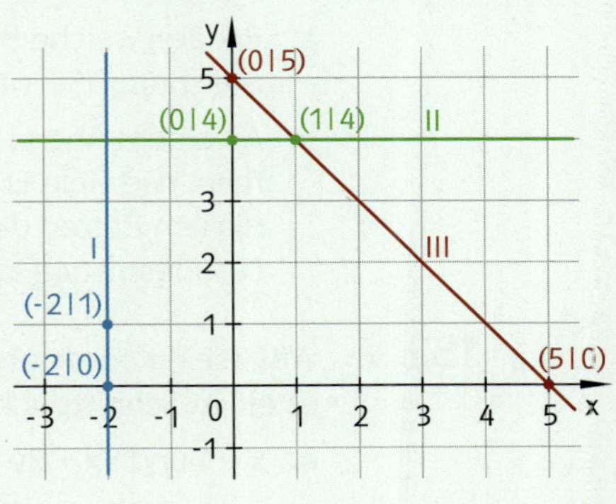

B **176** Zeichne die Lösungsmengen der drei linearen Gleichungen in ein Koordinatensystem.

a. I) $x = 0$ II) $y = 2$ III) $x + 2y = 4$

b. I) $x = 3$ II) $y = 4$ III) $x + y = 1$

c. I) $2s + t = 1$ II) $s + \frac{1}{2}t = 2$ III) $t = 3$

d. I) $\frac{1}{2}a + \frac{1}{3}b = 2$ II) $3a + 2b = 12$ III) $\frac{1}{3}a + \frac{2}{9}b = \frac{4}{3}$

B **177** Schreibe jeweils 5 Punkte der Geraden an, deren Gleichung gegeben ist.

a. $3x - 5y = 12$ **b.** $11x + 12y = 13$ **c.** $3x = 34$ **d.** $\frac{1}{2}x - \frac{4}{3}y = \frac{9}{7}$

A, B, C **178**

eine Textaufgabe lösen, die auf eine Gleichung mit zwei Unbekannten führt

Der Eintritt in eine Schwimmbad kostet für Erwachsene 3 € und für Kinder 1 €. An einem heißen Sommertag wurden 860 € an Eintrittsgeldern kassiert. Wie viele Erwachsene und wie viele Kinder können um dieses Geld das Schwimmbad besucht haben?

a. Gib möglichst viele Lösungen an.

b. Stelle die Menge aller Lösungen graphisch dar.

a. Für e Erwachsene und k Kinder werden insgesamt $3e + 1k$ € Eintrittsgeld bezahlt. Daher ist $3e + 1k = 860$. Wir müssen also die Gleichung

$$3e + k = 860$$

lösen. Eine Lösung der Gleichung ist (0, 860), in diesem Fall hätten nur Kinder das Schwimmbad besucht. Statt 3 Kindern könnte auch ein Erwachsener Eintritt bezahlt haben, also sind auch (1, 857), (2, 854), (3, 851), …, (285, 5), (286, 2) Lösungen.

b. Die Lösungsmenge der Gleichung ist die Gerade durch (0, 860) und (286, 2). Als Lösung der Aufgabe kommen aber nur die Punkte in Frage, deren Koordinaten natürliche Zahlen sind.

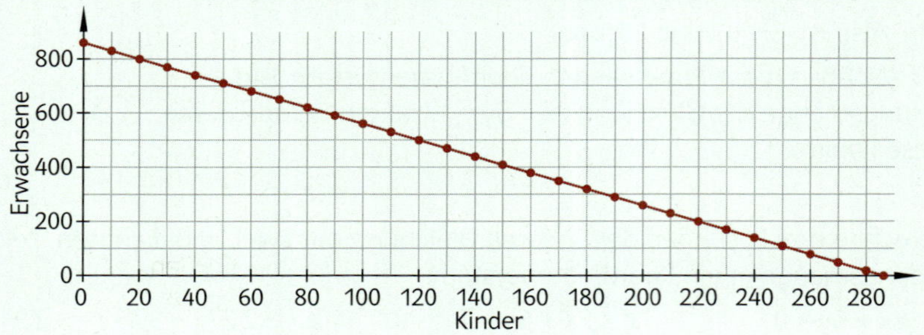

A, B, C **179** In einem Süßwarengeschäft gibt es Schlecker um 1 € und Schokoriegel um 1,50 €. Jakob hat 20 € Zeugnisgeld bekommen, das er komplett in diese Süßwaren investieren will.

a. Zeichne die Lösungsmenge in ein Koordinatensystem und gib vier sinnvolle Lösungen an.

b. Beschreibe, was sich ändert, wenn Jakob nur die Hälfte seines Zeugnisgeldes ausgeben will. Zeichne die Lösungsmenge in ein Koordinatensystem.

A, B, C **180** Ein Bauer verpackt 6 000 Äpfel in 6er-Tassen und Säcke mit 15 Äpfeln.

a. Gib fünf sinnvolle Lösungen an, wie viele Tassen und Säcke er dafür braucht.

b. Beschreibe, was sich an der Menge aller Lösungen ändert, wenn der Bauer im darauffolgenden Jahr nur 5 400 Stück ernten kann.

A, B, C **181** Der Eintritt zu einer Zirkusvorstellung beträgt für Erwachsene 15 € und für Kinder 6 €. An einem Abend besuchten e Erwachsene und k Kinder die Vorstellung.

a. Erkläre, welche Bedeutung in diesem Zusammenhang die Gleichung $15e + 6p = 450$ hat.

b. An einem Abend wurden 810 € an Eintrittsgeld eingenommen. Wie viele Erwachsene und wie viele Kinder können zu diesem Betrag die Vorstellung besucht haben? Zeichne die Lösungsmenge in ein Koordinatensystem. Gib drei mögliche Lösungen explizit an.

B, C **182** Wähle ein Koordinatensystem und zeichne die Lösungsmengen der zwei Gleichungen ein. Gibt es einen Schnittpunkt der zwei Geraden? Wenn ja, lies seine Koordinaten ab.

a. $x = 1$ und $3x + 2y = 9$

b. $t = 4$ und $2s - t = 5$

c. $4r - 5u = 6$ und $2r - \frac{5}{2}u = 8$

d. $\frac{1}{2}a + \frac{1}{2}b = 3$ und $\frac{1}{3}a + \frac{1}{3}b = 2$

B, C **183** Zeichne die Lösungsmengen der linearen Gleichungen mithilfe einer geeigneten Technologie. Wenn diese Geraden einen Schnittpunkt haben, so zeichne diesen ein und lies die Koordinaten ab.

a. $2x + 3y = 4$ und $x = -1$

b. $-3x + y = -5$ und $y = 1$

c. $-2x + 3y = -1$ und $-2x + y = 4$

d. $\frac{1}{3}x + \frac{1}{5}y = 2$ und $\frac{1}{5}x - \frac{1}{3}y = \frac{1}{2}$

ggb/tns nc2f2w

Graphisches Lösen eines linearen Gleichungssystems mit zwei Unbekannten

Wir können lineare Gleichungssysteme mit zwei Gleichungen und zwei Unbekannten auch (näherungsweise) graphisch lösen. Wenn wir zum Beispiel ein Zahlenpaar (a, b) so finden wollen, dass

I) $2a + 3b = 11$ und

II) $3a + b = 6$

ist, dann können wir die zwei Gleichungen zunächst getrennt betrachten.

Die Lösungsmenge von Gleichung I) ist die Gerade durch $\left(\frac{11}{2}\middle|0\right)$ und $\left(0\middle|\frac{11}{3}\right)$. Die Lösungsmenge der Gleichung II) ist die Gerade durch die Punkte (0 | 6) und (2 | 0).

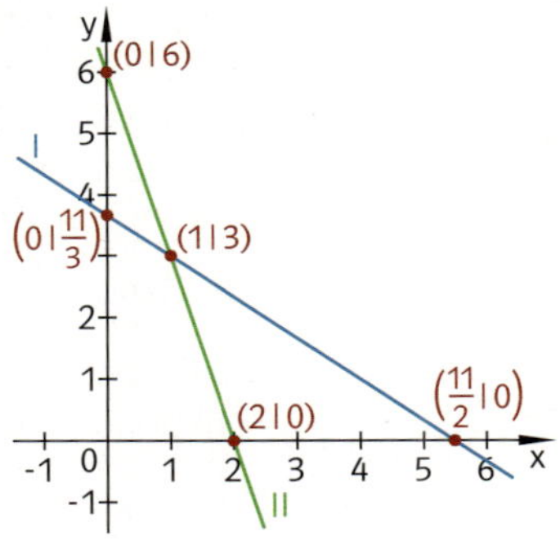

Die gesuchte Lösung muss sowohl in der Lösungsmenge der ersten Gleichung als auch in der Lösungsmenge der zweiten Gleichung enthalten und daher der **Schnittpunkt** dieser zwei Geraden sein.

Wir wählen ein Koordinatensystem und zeichnen beide Geraden ein. Dann können wir die Koordinaten des Schnittpunktes durch Abmessen bestimmen. Im Allgemeinen bekommen wir eine recht gute Näherung dieser zwei Zahlen.
In unserem Beispiel lesen wir (1 | 3) ab, die Probe zeigt, dass wir die Lösung sogar exakt gefunden haben: $2 \cdot 1 + 3 \cdot 3 = 11$ stimmt, $3 \cdot 1 + 1 \cdot 3 = 6$ stimmt auch!

Tipp

Der Vorteil dieses Verfahrens liegt darin, dass man sich in vielen Fällen rasch ein Bild von der Lösung machen kann. Wenn die zwei Geraden gleich sind, gibt es beliebig viele Lösungen. Wenn sie zueinander parallel sind, gibt es keine Lösung.
Der Nachteil ist, dass Abmessen in der Regel keine exakten Ergebnisse bringt.

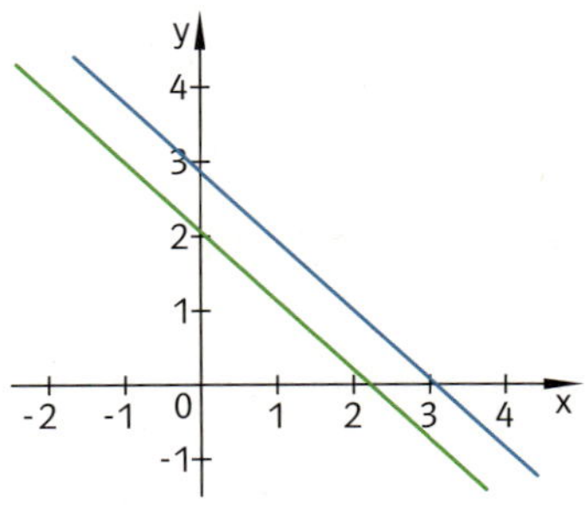

keine Lösung

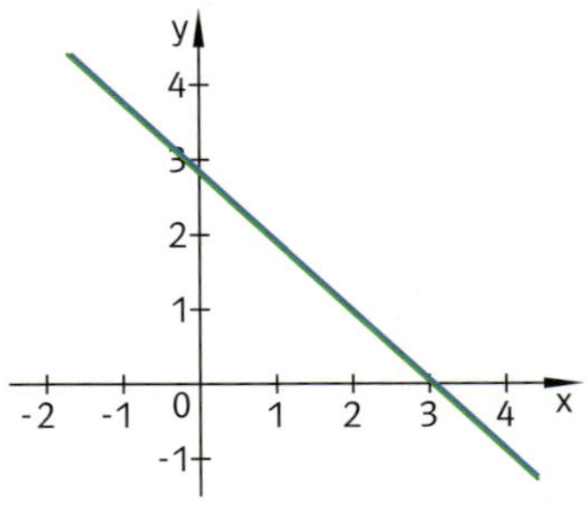

beliebig viele Lösungen

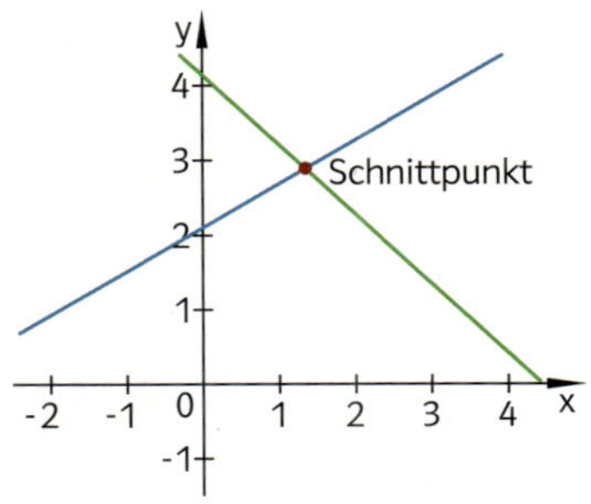

genau eine Lösung

B, C **184**

ein lineares Gleichungssystem graphisch lösen

Löse das lineare Gleichungssystem graphisch und überprüfe dein Ergebnis durch eine Probe.

I) $3x + 2y = 12$

II) $3x - y = 3$

Wählen wir in I) $x = 0$, so erhalten wir den Punkt (0 | 6). Wählen wir $y = 0$, so erhalten wir den Punkt (4 | 0).
Wählen wir in II) $x = 0$, so erhalten wir den Punkt (0 | −3).
Wählen wir $y = 0$, so erhalten wir den Punkt (1 | 0).
So können wir die beiden Geraden leicht zeichnen.
Der Schnittpunkt der beiden Geraden ist (2 | 3).

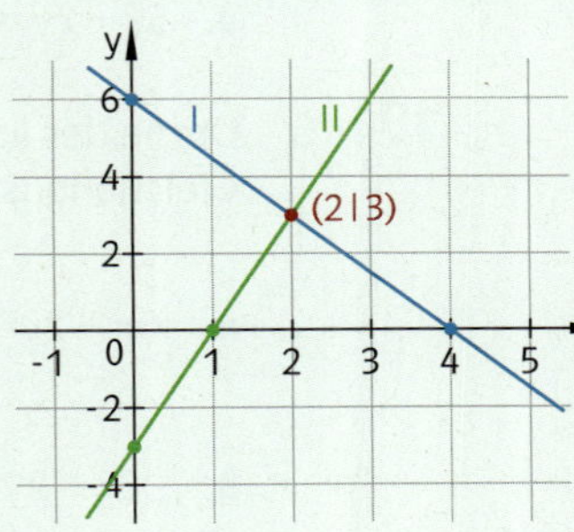

Probe:

I) $3 \cdot 2 + 2 \cdot 3 = 12$ ✓

II) $3 \cdot 2 - 3 = 3$ ✓

Die Lösung des Gleichungssystems ist das Zahlenpaar (2, 3).

B, C **185** Löse das lineare Gleichungssystem graphisch und überprüfe dein Ergebnis durch eine Probe.

a. I) $x - 2y = -4$ II) $3x + 2y = 12$ **b.** I) $x + y = 6$ II) $-4x + y = -4$ **c.** I) $3x - 2y = -12$ II) $-2x - y = -1$ **d.** I) $2x + 6y = 12$ II) $x + 3y = 3$

B, C **186** Löse das lineare Gleichungssystem graphisch und überprüfe dein Ergebnis durch eine Probe.

a. I) $3x + y = 3$ II) $2y = 12$ **b.** I) $x + 4y = 8$ II) $3x = 12$ **c.** I) $3x - 2y = -6$ II) $3y = 18$ **d.** I) $3x - 4y = -12$ II) $2x = 8$

B **187** Löse das Gleichungssystem graphisch und überprüfe das Ergebnis rechnerisch.

a. I) $-\frac{1}{2}x + y = \frac{7}{4}$ II) $\frac{3}{2}x + y = \frac{19}{4}$ **b.** I) $3x - 6y = -10$ II) $3x + 2y = 2$ **c.** I) $-x + 2y = \frac{1}{4}$ II) $9x + 6y = -14{,}25$ **d.** I) $-2x + 3y = \frac{16}{3}$ II) $9x + 6y = 2$

C, D **188** Diskutiere mit deiner Sitznachbarin oder deinem Sitznachbarn die Grenzen der graphischen Methode anhand der folgenden Gleichungssysteme. Löst dann die Aufgabe mithilfe einer geeigneten Technologie. Sind hier Grenzen gesetzt?

a. I) $4{,}67x + 2{,}92y = 1{,}89$ II) $2{,}61x + 3{,}32y = 3{,}84$ **b.** I) $\frac{1}{123}x + y = 1$ II) $\frac{1}{100}x + y = 2$ **c.** I) $x - y = -410$ II) $x + y = 623$

Die Gleichung des Graphen einer linearen Funktion

Im ersten Jahrgang haben wir lineare Funktionen und ihre Graphen kennengelernt. Eine lineare Funktion von $\mathbb{R}$ nach $\mathbb{R}$ ist eine Funktion f mit $f(x) = kx + d$, dabei sind k und d reelle Zahlen.

Der Graph von f ist die Menge

$$\{(x \mid f(x)) \mid x \in \mathbb{R}\} = \{(x \mid kx + d) \mid x \in \mathbb{R}\}.$$

Diese Menge ist die Lösungsmenge der linearen Gleichung $y = kx + d$ bzw. $-kx + y = d$. Auf dieser Geraden liegen die Punkte $(0 \mid d)$ und $(1 \mid k + d)$.

Gleichung (des Graphen) einer Funktion

ggb p28r5b

Eine Gleichung, deren Lösungsmenge der Graph einer Funktion ist, heißt eine **Gleichung (des Graphen) dieser Funktion**. Die Gleichung

$$-kx + y = d \quad \text{oder} \quad y = kx + d$$

ist eine Gleichung der linearen Funktion f mit $f(x) = kx + d$.

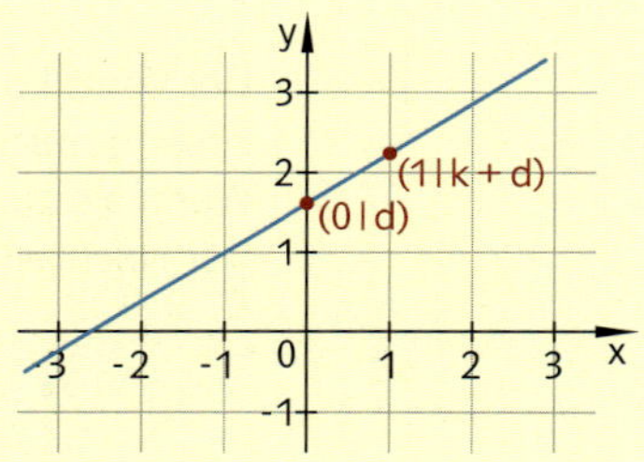

Die Lösungsmenge der linearen Gleichung $ax + by = c$ mit $b \neq 0$ ist auch die Lösungsmenge der linearen Gleichung $\frac{a}{b}x + y = \frac{c}{b}$, also der Graph der linearen Funktion f mit $f(x) = -\frac{a}{b}x + \frac{c}{b}$.

Die Lösungsmenge der lineare Gleichung $ax + 0 \cdot y = c$ mit $a \neq 0$ ist die zur y-Achse parallele Gerade durch $\left(\frac{c}{a} \middle| 0\right)$. Sie kann nicht der Graph einer linearen Funktion sein.

B **189** **eine Funktion mit vorgegebener Gleichung finden**

Gib die lineare Funktion f an, deren Graph die Lösungsmenge von $4x - 5y = 10$ ist.

$$4x - 5y = 10 \quad | : (-5)$$
$$-\frac{4}{5}x + y = -2 \quad | + \frac{4}{5}x$$
$$y = \frac{4}{5}x - 2$$

Die Lösungsmenge von $4x - 5y = 10$ ist der Graph von f mit $f(x) = \frac{4}{5}x - 2$.

B **190** Gib die lineare Funktion an, deren Graph die Lösungsmenge der gegebenen Gleichung ist.

a. $5x + 2y = 8$ **b.** $-3x + 5y = 10$ **c.** $-x + 3y = 9$ **d.** $3x - 4y = 5$

C **191** Ordne der linearen Gleichungen die lineare Funktion f zu, deren Graph die Lösungsmenge der Gleichung ist.

a.	$5x + 2y = 10$	☐
b.	$10x - 2y = 5$	☐

A	$f(x) = -\frac{5}{2}x + 2$
B	$f(x) = 5x - 2{,}5$
C	$f(x) = -\frac{5}{2}x + 5$
D	$f(x) = -5x + \frac{5}{2}$

C **192** entscheiden, ob eine lineare Gleichung Gleichung einer linearen Funktion ist

Entscheide, ob die lineare Gleichung eine Gleichung des Graphen einer linearen Funktion ist.

a. $2y = 6$ **b.** $4x + 5y = 0$ **c.** $3x = 5$

a. $2y = 6$ ist eine Gleichung einer linearen Funktion, weil der Koeffizient bei y nicht 0 ist.

b. $4x + 5y = 0$ ist eine Gleichungen einer linearen Funktion, weil der Koeffizient bei y nicht 0 ist.

c. Die Gleichung $3x = 5$ entspricht $3x + 0y = 5$, daher ist der Koeffizient bei y gleich 0 und die Gleichung kann nicht Gleichung eines Graphen einer linearen Funktion sein. Die Lösungsmenge der Gleichung ist eine Gerade parallel zur y-Achse durch den Punkt $\left(\frac{5}{3} \middle| 0\right)$.

C **193** Entscheide, ob die Aussage „Die gegebene Gleichung ist Gleichung des Graphen einer linearen Funktion" wahr oder falsch ist.

a.	$7x - 3y = 12$	☐ wahr	☐ falsch
b.	$x + y = 0$	☐ wahr	☐ falsch
c.	$3x + 0y = 18$	☐ wahr	☐ falsch
d.	$0x - 4y = 0$	☐ wahr	☐ falsch
e.	$0x + 5y = 20$	☐ wahr	☐ falsch

B **194** eine Gleichung einer Funktion ermitteln

Gib je eine Gleichung der Graphen der linearen Funktion an.

a. p mit $p(x) = \frac{1}{2}x + 3$ **b.** q mit $q(x) = \frac{1}{4}$

a. Eine Gleichung von p ist
$y = \frac{1}{2}x + 3$ oder $-\frac{1}{2}x + y = 3$ oder $-x + 2y = 6$.

b. Eine Gleichung von q ist
$y = \frac{1}{4}$ oder $4y = 1$.

B **195** Ermittle eine Gleichung des Graphen der linearen Funktion f.

a. $f(x) = \frac{1}{4}x + 7$ **b.** $f(x) = 1$ **c.** $f(x) = -\frac{1}{2}x - 3$ **d.** $f(x) = -\frac{1}{7}x + \frac{5}{6}$ **e.** $g(x) = -\frac{2}{9}$

Was habe ich in diesem Abschnitt gelernt?

☐ **Ich kann Lösungen einer linearen Gleichung mit zwei Unbekannten berechnen und ihre Lösungsmenge zeichnen.**

A **196** Fabian hat beim Bäcker und beim Gemüsehändler eingekauft und insgesamt 18 € ausgegeben. Er weiß aber nicht mehr, wie viel er bei jedem bezahlt hat. Zeichne die Lösungsmenge der linearen Gleichung mit zwei Unbekannten in ein Koordinatensystem, aus der alle Möglichkeiten für die Verteilung der 18 € auf den Bäcker und den Gemüsehändler abgelesen werden können.

B **197** Zeichne die Lösungsmenge der linearen Gleichung in ein Koordinatensystem.

a. $5x + 7y = 0$ **b.** $3x - 2y = 0$ **c.** $5x + 7y = 14$ **d.** $3x - 2y = 6$

☐ **Ich kann ein lineares Gleichungssystem graphisch lösen.**

B, C **198** Löse das lineare Gleichungssystem graphisch und überprüfe dein Ergebnis durch eine Probe.

I) $x + 2y = 4$
II) $3x - 2y = -12$

☐ **Ich kenne den Zusammenhang zwischen einer linearen Funktion und einer linearen Gleichung mit zwei Unbekannten.**

C **199** Kreuze an, welche der Gleichungen als Lösungsmenge den Graphen der linearen Funktion f mit $f(x) = \frac{3}{2}x + \frac{1}{4}$ hat.

[A] $3x + 2y = \frac{1}{4}$ [B] $6x + 4y = 1$ [C] $3x + 4y = 2$ [D] $-6x + 4y = 1$ [E] $4x - 6y = 1$

Zusammenfassung

lineares Gleichungssystem mit zwei Gleichungen und zwei Unbekannten

Eine Aufgabe der Art „Finde alle Zahlenpaare (x, y) so, dass

$$2x + 3y = 4{,}60 \quad \text{und}$$
$$3x + y = 3{,}40$$

ist“ nennen wir ein **lineares Gleichungssystem mit zwei Gleichungen und zwei Unbekannten**.

Jedes solche Zahlenpaar (x, y) heißt dann **Lösung** dieses Gleichungssystems. Die Menge aller Lösungen des Gleichungssystems heißt **Lösungsmenge**.
Das Gleichungssystem **lösen** heißt, eine Beschreibung der Lösungsmenge zu finden.
Wenn es nur eine Lösung gibt, bedeutet das einfach, dieses Zahlenpaar zu berechnen.

Die Zahlen, mit denen die Unbekannten multipliziert werden (also im Beispiel oben 2 und 3 in der ersten Gleichung und 3 bzw. 1 in der zweiten Gleichung) nennen wir die **Koeffizienten des Gleichungssystems.**

Äquivalenzumformungen

Ein lineares Gleichungssystem mit zwei Gleichungen und zwei Unbekannten kann **keine, beliebig viele** oder **genau eine** Lösung haben. Wenn es genau eine Lösung gibt, wird diese berechnet, indem das Gleichungssystem durch Äquivalenzumformungen auf die Form

I) $x = a$

und II) $y = b$

gebracht wird. Wichtige **Äquivalenzumformungen** sind:

- Zwei Gleichungen des Gleichungssystems vertauschen.
- Eine Gleichung des Gleichungssystems durch eine dazu äquivalente Gleichung ersetzen.
- Eine Gleichung des Gleichungssystems durch die Summe dieser Gleichung und eines Vielfachen einer anderen Gleichung ersetzen.

Mit der gleichen Vorgangsweise, aber mit größerem Aufwand, können auch lineare Gleichungssysteme mit drei oder mehr Gleichungen und drei oder mehr Unbekannten gelöst werden.

lineare Gleichung mit zwei Unbekannten

Wir nennen die Aufgabe

„Gegeben sind drei Zahlen a, b und c, dabei ist a oder b nicht 0.
Finde eine Beschreibung der Menge aller Zahlenpaare (x, y) mit $ax + by = c$.“

eine **lineare Gleichung mit zwei Unbekannten**. Wir schreiben für diese Aufgabe oft kurz:
„Löse die Gleichung $ax + by = c$.“

Die Lösungsmenge der Gleichung $ax + by = c$ ist eine Gerade.

Eine Gleichung, deren Lösungsmenge der Graph einer Funktion ist, heißt eine **Gleichung (des Graphen) dieser Funktion.**
Die Gleichung

$$-kx + y = d \quad \text{oder} \quad y = kx + d$$

ist eine Gleichung der linearen Funktion f mit $f(x) = kx + d$.

Die Lösungsmenge der linearen Gleichung

$$ax + by = c$$

mit $b \neq 0$ ist auch die Lösungsmenge der linearen Gleichung $\frac{a}{b}x + y = \frac{c}{b}$, also der Graph der linearen Funktion f mit

$$f(x) = -\frac{a}{b}x + \frac{c}{b}.$$

Englisch cz3cb8

Individualisierung x2r75y

Zusammenfassende Aufgaben

B **200** Löse das lineare Gleichungssystem und mach die Probe.

a. I) $x - 3y = 27$
II) $2x + 6y = -24$

b. I) $7x + 9y = 35$
II) $5x + 12y = 64$

c. I) $\frac{3}{4}x + \frac{1}{6}y = 4$
II) $\frac{5}{8}x - \frac{1}{3}y = 9$

d. I) $\frac{5}{6}x - \frac{1}{4}y = \frac{7}{12}$
II) $\frac{2}{3}x + \frac{3}{8}y = 2$

B, C **201** Forme das lineare Gleichungssystem nur so lange um, bis du feststellen kannst, ob es keine, eine oder beliebig viele Lösungen hat.

a. I) $x + 4y + 3z = 8$
II) $3x + 5y - z = 17$
III) $5x + 13y + 5z = 33$

b. I) $8x - 4y + 2z = 6$
II) $28x - 14y + 7z = 21$
III) $-20x + 10y - 5z = -15$

A, B **202** Vor zwei Jahren war Milos doppelt so alt wie Jelena. In vier Jahren ist Jelena doppelt so alt, wie Milos vor 5 Jahren war. Berechne, wie alt die beiden sind.

A, B, C **203** Kerstin möchte neuen Weihnachtsschmuck kaufen. Es gibt blaue Kugeln um 2,50 € pro Stück und schneeweiße Kugeln um 3,50 € pro Stück. Kerstin bezahlt an der Kassa 134 €.

a. Beschreibe das durch eine lineare Gleichung.

b. Wie viele blaue und wie viele schneeweiße Kugeln kann Kerstin gekauft haben? Stelle die Menge aller möglichen Lösungen graphisch dar.

c. Gib eine spezielle sinnvolle Lösung an.

B **204** Löse das Gleichungssystem mithilfe einer geeigneten Technologie.

a. I) $\frac{1}{2}x + \frac{2}{3}y - 5z = \frac{7}{2}$
II) $\frac{1}{5}x - \frac{5}{3}y + \frac{1}{7}z = \frac{1}{4}$
III) $\frac{1}{2}x - \frac{1}{7}y + \frac{5}{3}z = \frac{5}{2}$

b. I) $12\,645x_1 + 26\,854x_2 + 65\,842x_3 + 75\,864x_4 = 5\,701\,548\,613$
II) $35\,104x_1 - 21\,546x_2 - 74\,131x_3 = 189\,432\,181$
III) $65\,471x_2 + 1\,564x_3 - 8\,913x_4 = 76\,514\,653$
IV) $89\,654x_1 + 68\,411x_2 + 69\,824x_3 - 75\,413x_4 = 68\,413\,218$

B **205** Zeichne die Lösungsmenge der linearen Gleichung mit zwei Unbekannten.

a. $7x + 3y = 0$ **b.** $5x - 2y = 3$ **c.** $\frac{1}{4}x + \frac{2}{5}y = 1$

A, B **206** Erich zahlte im letzten Monat für 3 h 50 min Gesprächszeit und 41 SMS 7,72 €. In diesem Monat zahlt er für 4 h 05 min Gesprächszeit und 47 SMS 8,29 €. Berechne, wie viel eine Gesprächsminute und wie viel eine SMS bei seinem Mobilfunkbetreiber kostet.

B **207** Bestimme die Lösungsmenge des Gleichungssystems mithilfe einer geeigneten Technologie.

a. I) $x + y + z + w = 8$
II) $2x - 3y + 4z - w = -11$
III) $3x + 2y + z + w = 22$
IV) $5x - 6y + 2z + 7w = 4$

b. I) $a + b + c + d + e = 6$
II) $2a - d = -1$
III) $6a + 2b - d = 3$
IV) $b - 6c + e = 7$
V) $2c - e = -4$

c. I) $x + y + z + w + v = 17$
II) $y + z - w = 8$
III) $z + w - v = 1$
IV) $w + v = 5$
V) $2w + 2v = 10$

A, B **208** Emily lädt ihre Freundinnen jeden Donnerstag in ein Kaffeehaus ein. Sie genießen immer gemeinsam Kaffee und Kuchen. Letzte Woche hat Emily für 4 Kaffee und 3 Kuchen 17 € bezahlt. Diese Woche bezahlt Emily für 6 Kaffee und 5 Kuchen 26,80 €. Berechne, wie viel ein Kaffee und ein Kuchen kostet.

A, B **209** Jakob nutzt sein Wertkartenhandy, wobei er pro Gesprächsminute 6 ct für ein netzinternes Gespräch und 14 ct für ein Gespräch in fremde Netze bezahlt. Mit seinem Guthaben von 20 € hat Jakob insgesamt 3 h und 20 min telefoniert. Berechne, wie viele Minuten er in fremde Netze telefoniert hat.

A, B **210** Familie Maier und Familie Huber gehen gemeinsam in den Tiergarten. Familie Maier zahlt für 2 Erwachsene und 2 Kinder 44 €, Familie Huber für 3 Erwachsene und 1 Kind 50 € Eintritt. Berechne, wie viel der Eintritt für einen Erwachsenen und wie viel für ein Kind kostet.

B **211** Löse das lineare Gleichungssystem mithilfe einer geeigneten Technologie.

a. I) $0{,}3x + 0{,}7y - 2z = 4{,}9$
II) $1{,}4x - 2y + 0{,}5z = 2{,}5$
III) $1{,}3x - y + 0{,}4z = 4{,}1$

b. I) $0{,}5x - y - 3z = -2{,}5$
II) $1{,}1x - 0{,}3y + 3z = 9{,}9$
III) $2{,}7x - 1{,}8y + 0{,}5z = 12{,}7$

A, B, C **212** Ein Eisverkäufer verkauft Tüten mit 2 Kugeln Eis um 1,30 € und mit 3 Kugeln Eis um 1,90 €. Am Ende des Tages hat er insgesamt 331 € eingenommen. Sein Chef verlangt jetzt von ihm eine Aufstellung, wie viele Kunden 2 Kugeln und wie viele 3 Kugeln Eis bestellt haben. Eigentlich hätte der Eisverkäufer ja eine Strichliste führen sollen. Das hat er allerdings vergessen.

a. Erkläre, ob es möglich ist, das nur anhand der Einnahmen im Nachhinein noch festzustellen. Wenn ja, berechne die gesuchten Zahlen, wenn nein, gib mindestens zwei verschiedene Lösungen an, die zu denselben Einnahmen führen.

b. Der Verkäufer zählt nach und findet heraus, dass er noch insgesamt 86 Eistüten auf Lager hat. Am Beginn des Tages waren es laut Aufdruck auf der Verpackung 300. Überlege, ob sich die vom Chef geforderten Zahlen jetzt ermitteln lassen.

c. Berechne, wie viel Prozent der Kunden 2 Kugeln und wie viel Prozent 3 Kugeln Eis gekauft haben.

A, B **213** Eine Mutter sagt: „Jeder meiner Söhne hat doppelt so viele Geschwister wie Brüder und jede meiner Töchter hat dreimal so viele Geschwister wie Schwestern." Berechne, wie viele Söhne und Töchter die Mutter hat.

B, C **214** Forme das Gleichungssystem nur so lange um, bis du erkennst, ob es keine, eine oder beliebig viele Lösungen hat.

a. I) $2x + 7y = 12$
II) $6x + 21y = 24$

b. I) $\frac{1}{4}x - \frac{5}{2}y = 4$
II) $-\frac{1}{6}x + \frac{5}{3}y = 6$

c. I) $3x + 5y = 24$
II) $4x - 9y = 11$

B **215** Löse das System mit drei Unbekannten mithilfe einer geeigneten Technologie.

a. I) $x + y + z = 6$
II) $2x - y + 3z = 9$
III) $3x - 2y + z = 2$

b. I) $\frac{1}{2}a + \frac{1}{3}b - \frac{1}{5}c = \frac{1}{7}$
II) $\frac{1}{4}a - \frac{1}{5}b + \frac{2}{7}c = \frac{1}{3}$
III) $\frac{2}{3}a - \frac{2}{7}b - \frac{1}{5}c = \frac{1}{9}$

c. I) $1846r + 5897s - 1654t = 1586427$
II) $25487r - 6875s + 8451t = 562471$
III) $6854r + 5876s - 9587t = 987541$

d. I) $\sqrt{7} \cdot z_1 + \sqrt{13} \cdot z_2 + \pi \cdot z_3 = 4\sqrt{3}$
II) $\frac{1}{\sqrt{2}} \cdot z_1 + \frac{1}{\pi} \cdot z_2 - \sqrt{3} \cdot z_3 = \pi$
III) $\sqrt{3} \cdot z_1 - \sqrt{5} \cdot z_2 - z_3 = \frac{1}{\pi}$

A, B **216** Ein Lieferant soll 12 kg billigere und 15 kg teurere Nüsse um insgesamt 192 € liefern. Er verwechselt aber die Mengen der Sorten und hat deshalb 6 € weniger zu kassieren. Ermittle, wie viel die beiden Nusssorten je Kilogramm kosten.

A, B, C **217** Eine Schraubenart wird für das Zusammenbauen von Tischen und Sesseln verwendet. Für einen Tisch werden 8 Stück und für einen Sessel 4 Stück benötigt. Wie viele Tische und Sessel kann man mit einer Packung von 800 Stück zusammenbauen? Gib fünf spezielle Lösungen an.

A, B **218** Der „Twin City Liner" ist ein Linienschiff, das täglich auf der Donau zwischen Wien und Bratislava verkehrt. Ein Blick in den Fahrplan lässt erkennen, dass das Schiff für die Hin- und die Rückfahrt unterschiedlich lange benötigt.
Berechne die durchschnittliche Eigengeschwindigkeit des Schiffes und die durchschnittliche Strömungsgeschwindigkeit der Donau in diesem Bereich, wenn bekannt ist, dass die Entfernung Wien – Bratislava rund 66 km beträgt.

Ab Wien	8:30
An Bratislava	9:45
Ab Bratislava	10:30
An Wien	12:00

3 Matrizenrechnung

3. Semester

3.1 Rechnen mit Zeilen und Spalten

☐ Ich lerne mit Zeilen und Spalten zu rechnen und ich lerne die Rechenregeln dafür kennen.

☐ Ich lerne Alltagsaufgaben, die mithilfe von Zeilen und Spalten beschrieben werden, zu lösen.

Zeilen und Spalten

Ein Händler bietet fünf verschiedene Typen von Handys an. Jeden Tag notiert er, wie viel Stück er von jedem Typ verkauft hat.
Am Montag hat er 3 Handys vom ersten Typ, 7 Handys vom zweiten Typ, 4 Handys vom dritten Typ, keines vom vierten und 1 Handy vom fünften Typ verkauft.
Am Dienstag hat er 5 Handys vom ersten Typ, 1 Handy vom zweiten Typ, kein Handy vom dritten Typ, 6 vom vierten und 3 vom fünften Typ verkauft.

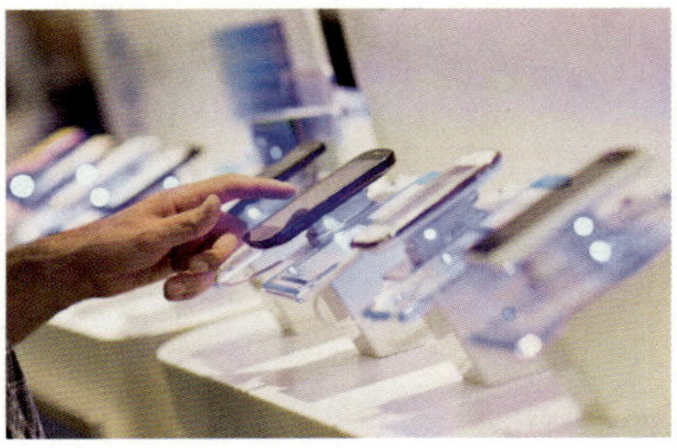

Wie könnte der Händler das in kurzer Form aufschreiben, ohne irgendwelche Daten zu verlieren? Für Montag müssen die Zahlen 0, 1, 3, 4, 7 notiert werden, aber der Händler muss auch wissen, welche Zahl zu welchem Handy-Typ gehört. Das geht am einfachsten, wenn er die Anzahl der Handys vom Typ 1 an die erste Stelle setzt, die der Handys vom Typ 2 an die zweite usw.
Also notiert er am Montag (3, 7, 4, 0, 1) und am Dienstag (5, 1, 0, 6, 3).

Daraus kann er rasch ablesen, dass er zum Beispiel am Montag 4 Handys vom Typ 3 verkauft hat, am Dienstag aber keines.

Zahlenpaar

Zwei Zahlen in einer bestimmten Reihenfolge nennen wir ein **Zahlenpaar** oder kurz **Paar**. Wir schreiben ein Paar in der Form (z_1, z_2). Dann heißt z_1 die **erste Komponente** des Paares und z_2 die **zweite Komponente** des Paares.

Zahlentupel
n-Tupel

Drei, vier, fünf … Zahlen in einer bestimmten Reihenfolge nennen wir ein **Tripel** (oder **3-Tupel**), ein **4-Tupel**, ein **5-Tupel**… Allgemein nennen wir n Zahlen ($n \geq 1$) in einer bestimmten Reihenfolge ein **Zahlentupel mit n Komponenten** oder kurz **n-Tupel.** Die Zahlen in einem n-Tupel nennen wir seine **Komponenten.**

Zeile
Spalte

Wenn wir die Komponenten eines n-Tupels nebeneinander schreiben, dann nennen wir es eine **Zeile** (mit n Komponenten). Schreiben wir sie übereinander, dann nennen wir es eine **Spalte** (mit n Komponenten).

Tipp:

Manchmal wird das Komma zwischen den Komponenten einer Zeile auch weggelassen.
Zum Beispiel wird statt (−2, 4, 1, −1) nur (−2 4 1 −1) geschrieben.

Wir verwenden n-Tupel, um eine Situation mit mehr als einer Zahl beschreiben zu können.

Beispiele:

- (4, 3, 4, −1) ist ein 4-Tupel. Seine zweite Komponente ist 3, seine erste und dritte Komponente ist 4 und seine vierte Komponente ist −1.
- (2, 3, 3, −1, 2) und (5, 3, 2) sind Zahlentupel, die als Zeilen geschrieben sind.
- $\begin{pmatrix} 2 \\ 3 \\ 3 \\ -1 \\ 2 \end{pmatrix}$ und $\begin{pmatrix} 5 \\ 3{,}1 \\ 0{,}2 \end{pmatrix}$ sind Zahlentupel, die als Spalten geschrieben sind.

n-Tupel eingeben

ggb/xls/tns
i87r9w

<table>
<tr><td>GeoGebra</td><td>CAS-Ansicht:
als Zeile: $\{\{a_1, a_2, \ldots, a_n\}\}$
als Spalte: $\{\{a_1\}, \{a_2\}, \ldots, \{a_n\}\}$

Tabellenansicht/Algebraansicht:
„Matrix erzeugen“

Hinweis: Die Zeile bzw. Spalte wird in der Algebraansicht angezeigt.</td><td>CAS-Ansicht:
{{-2, 4, 1, -1}} → $\begin{pmatrix} -2 & 4 & 1 & -1 \end{pmatrix}$
{{-2}, {4}, {1}, {-1}} → $\begin{pmatrix} -2 \\ 4 \\ 1 \\ -1 \end{pmatrix}$

Tabellenansicht/Algebraansicht:
A1: -2, A2: 4, A3: 1, A4: -1 → „Matrix erzeugen“ → Liste $a = \begin{pmatrix} -2 \\ 4 \\ 1 \\ -1 \end{pmatrix}$</td></tr>
<tr><td>Excel</td><td>Eingabe in die Tabelle als Zeile oder Spalte</td><td>A1: -2, B1: 4, C1: 1, D1: -1 oder A1: -2, A2: 4, A3: 1, A4: -1</td></tr>
<tr><td>TI Nspire</td><td>→
Eingabe als Zeile:
Zeilenanzahl: 1
Spaltenanzahl: n

Eingabe als Spalte:
Zeilenanzahl: n
Spaltenanzahl: 1</td><td>$[-2 \ 4 \ 1 \ -1]$ $[-2 \ 4 \ 1 \ -1]$
oder
$\begin{bmatrix} -2 \\ 4 \\ 1 \\ -1 \end{bmatrix}$ $\begin{bmatrix} -2 \\ 4 \\ 1 \\ -1 \end{bmatrix}$</td></tr>
</table>

Wir können Zahlentupel aber nicht nur verwenden, um eine Situation mit mehr als einer Zahl zu beschreiben, wir können mit ihnen auch rechnen.

Wenn der Händler, der sein Verkaufsergebnis am Montag mit (3, 7, 4, 0, 1) und am Dienstag mit (5, 1, 0, 6, 3) beschrieben hat, wissen möchte, wie viele Handys er an beiden Tagen von jedem Typ verkauft hat, rechnet er

$$(3+5, 7+1, 4+0, 0+6, 1+3),$$

und erhält

$$(8, 8, 4, 6, 4).$$

Wir sagen, er hat die 5-Tupel (3, 7, 4, 0, 1) und (5, 1, 0, 6, 3) **(komponentenweise) addiert** und schreiben dafür

$$(3, 7, 4, 0, 1) + (5, 1, 0, 6, 3) = (8, 8, 4, 6, 4).$$

Um für jeden Handy-Typ den „mittleren Umsatz“ dieser zwei Tage zu bestimmen, muss der Händler jede Komponente von (8, 8, 4, 6, 4) mit $\frac{1}{2}$ multiplizieren. Wir schreiben

$$\frac{1}{2} \cdot (8, 8, 4, 6, 4)$$

für diese **komponentenweise Multiplikation** des 5-Tupels mit einer Zahl und rechnen

$$\frac{1}{2} \cdot (8, 8, 4, 6, 4) = \left(\frac{1}{2} \cdot 8, \frac{1}{2} \cdot 8, \frac{1}{2} \cdot 4, \frac{1}{2} \cdot 6, \frac{1}{2} \cdot 4\right) = (4, 4, 2, 3, 2).$$

Summe von Zahlentupeln

Sind $(a_1, a_2, \ldots, a_n)$ und $(b_1, b_2, \ldots, b_n)$ zwei Zahlentupel mit n Komponenten, dann ist

$$(a_1, a_2, \ldots, a_n) + (b_1, b_2, \ldots, b_n) = (a_1 + b_1, a_2 + b_2, \ldots, a_n + b_n)$$

die **Summe** von $(a_1, a_2, \ldots, a_n)$ und $(b_1, b_2, \ldots, b_n)$.

B **219** die Summe zweier Zahlentupel berechnen

Berechne die Summe der Zahlentupel $\begin{pmatrix} -2 \\ 4 \\ 1 \end{pmatrix}$ und $\begin{pmatrix} 1 \\ 0 \\ -3 \end{pmatrix}$.

$$\begin{pmatrix} -2 \\ 4 \\ 1 \end{pmatrix} + \begin{pmatrix} 1 \\ 0 \\ -3 \end{pmatrix} = \begin{pmatrix} -2+1 \\ 4+0 \\ 1+(-3) \end{pmatrix} = \begin{pmatrix} -1 \\ 4 \\ -2 \end{pmatrix}$$

n-Tupel addieren

ggb/xls/tns i87r9w

GeoGebra	<Zahlentupel> + <Zahlentupel>	a = (−2 4 1) b = (1 0 −3) →	a + b → (−1 4 −2)
Excel	= Zellbereich + Zellbereich **Wichtig:** zuerst passenden Zellbereich für das Ergebnis markieren, dann die Tastenkombination [Strg] & [Umschalt] & [Eingabe] drücken	Zeile 1: -2 4 1 Zeile 2: 1 0 -3 Zeile 4: =A1:C1+A2:C2 →	Zeile 1: -2 4 1 Zeile 2: 1 0 -3 Zeile 4: -1 4 -2
TI Nspire	Zahlentupel + Zahlentupel	[-2 4 1]+[1 0 -3]	[-1 4 -2]

Vielfaches eines Zahlentupels

Ist c eine Zahl, dann ist

$$c \cdot (a_1, a_2, \ldots, a_n) = (c \cdot a_1, c \cdot a_2, \ldots, c \cdot a_n)$$

das **c-Fache** des Zahlentupels $(a_1, a_2, \ldots, a_n)$.

B **220** ein n-Tupel mit einer Zahl multiplizieren

Berechne das 3-Fache des Zahlentupels $\begin{pmatrix} -2 \\ 4 \\ 1 \end{pmatrix}$.

$$3 \cdot \begin{pmatrix} -2 \\ 4 \\ 1 \end{pmatrix} = \begin{pmatrix} 3 \cdot (-2) \\ 3 \cdot 4 \\ 3 \cdot 1 \end{pmatrix} = \begin{pmatrix} -6 \\ 12 \\ 3 \end{pmatrix}$$

ein n-Tupel mit einer Zahl multiplizieren

ggb/xls/tns i87r9w

GeoGebra	<Zahl> * <Zahlentupel>	a = (−2 4 1) →	3*a → (−6 12 3)
Excel	= Zahl * Zellbereich **Wichtig:** zuerst passenden Zellbereich für das Ergebnis markieren, dann die Tastenkombination [Strg] & [Umschalt] & [Eingabe] drücken	Zeile 1: -2 4 1 Zeile 3: =3*A1:C1 →	Zeile 1: -2 4 1 Zeile 3: -6 12 3
TI Nspire	Zahl * Zahlentupel	3·[-2 4 1]	[-6 12 3]

B **221** Berechne die Summe der Spalten. Überprüfe das Ergebnis mit einer geeigneten Technologie.

a. $\begin{pmatrix} 19 \\ 7 \\ -2 \end{pmatrix} + \begin{pmatrix} 10 \\ 13 \\ 8 \end{pmatrix} =$ **b.** $\begin{pmatrix} -4 \\ -4 \\ -11 \end{pmatrix} + \begin{pmatrix} -15 \\ -19 \\ 17 \end{pmatrix} =$ **c.** $\begin{pmatrix} -23 \\ 11 \\ 17 \\ 3 \end{pmatrix} + \begin{pmatrix} -24 \\ 20 \\ 1 \\ 16 \end{pmatrix} =$ **d.** $\begin{pmatrix} 7 \\ 12 \\ 10 \\ 19 \end{pmatrix} + \begin{pmatrix} 20 \\ 12 \\ -15 \\ -17 \end{pmatrix} =$

B **222** Berechne die Summe der Zeilen. Überprüfe das Ergebnis mit einer geeigneten Technologie.

a. $(-1, 5, 22, -10) + (24, -12, 24, -11) =$
b. $(-2, 1, 24, 23, -11) + (11, 15, 24, 11, 19) =$
c. $(-5, 5, 11, -1) + (2, -11, -13, -7) =$
d. $\left(-1, \frac{5}{6}, \frac{11}{8}, -\frac{3}{5}\right) + \left(\frac{1}{3}, -2, \frac{1}{4}, -\frac{5}{3}\right) =$

B **223** Berechne und überprüfe das Ergebnis mit einer geeigneten Technologie.

a. $(5, -3, 6, -1) - (4, -2, 3, 2) =$
b. $(3, -4, 7) - (-1, -3, 5) =$
c. $(3, -4, 6, -2, 0) - (2, 1, -3, 4, -1) =$
d. $(-4, 1, -3) - (2, -5, -4) =$

B **224** Berechne das Vielfache der Spalte. Überprüfe das Ergebnis mit einer geeigneten Technologie.

a. $-2 \cdot \begin{pmatrix} 8 \\ -25 \\ -14 \end{pmatrix} =$ **b.** $-4{,}5 \cdot \begin{pmatrix} -9 \\ -16 \\ -19 \\ 2 \\ -10 \end{pmatrix} =$ **c.** $1{,}8 \cdot \begin{pmatrix} 14 \\ -1 \\ 12 \\ 20 \end{pmatrix} =$ **d.** $-\frac{2}{5} \cdot \begin{pmatrix} \frac{2}{3} \\ -\frac{5}{4} \\ \frac{4}{3} \\ \frac{5}{9} \end{pmatrix} =$

B **225** Berechne das Vielfache der Zeile. Überprüfe das Ergebnis mit einer geeigneten Technologie.

a. $9 \cdot (-7, 12, -23) =$ **c.** $-3 \cdot (-6, -19, 8, 23) =$ **e.** $-6 \cdot (-22, 1, 1) =$

b. $2{,}5 \cdot (-1, -1, -12, 9) =$ **d.** $\frac{3}{2} \cdot \left(\frac{1}{5}, -2, \frac{8}{7}\right) =$ **f.** $0{,}13 \cdot (-2{,}2 \cdot 10^2, 10^2, -30, 22) =$

Rechenregeln für Zeilen und Spalten

Am Ende einer Woche schreibt der Händler die Anzahl der verkauften Handys in Form einer Tabelle zusammen.

	Typ 1	Typ 2	Typ 3	Typ 4	Typ 5
Montag	3	7	4	0	1
Dienstag	5	1	0	6	3
Mittwoch	0	1	1	0	0
Donnerstag	2	0	3	4	1
Freitag	5	8	7	5	10
Samstag	8	7	12	10	15

Ein Handy vom Typ 1 kostet 49,90 €, vom Typ 2 74,90 €, vom Typ 3 89,90 €, vom Typ 4 99,90 € und vom Typ 5 149,90 €. Um für jeden Tag die Einnahmen aus dem Handyverkauf zu berechnen, kann er die verkauften Stückzahlen mit dem jeweiligen Preis multiplizieren und diese Produkte dann addieren:

$49{,}90 \cdot 3 + 74{,}90 \cdot 7 + 89{,}90 \cdot 4 + 99{,}90 \cdot 0 + 149{,}90 \cdot 1 = 149{,}70 + 524{,}30 + 359{,}60 + 0 + 149{,}90 = 1183{,}50$

Die Einnahmen aus dem Handyverkauf für Montag betragen also 1183,50 €.

Hier wird nur mit Zahlen gerechnet, es gelten daher die Rechenregeln für Zahlen (Punkt- vor Strichrechnung, Summanden dürfen vertauscht werden …).

Der Händler kann aber auch mit den Spalten der Tabelle rechnen:

$$49{,}90 \cdot \begin{pmatrix} 3 \\ 5 \\ 0 \\ 2 \\ 5 \\ 8 \end{pmatrix} + 74{,}90 \cdot \begin{pmatrix} 7 \\ 1 \\ 1 \\ 0 \\ 8 \\ 7 \end{pmatrix} + 89{,}90 \cdot \begin{pmatrix} 4 \\ 0 \\ 1 \\ 3 \\ 7 \\ 12 \end{pmatrix} + 99{,}90 \cdot \begin{pmatrix} 0 \\ 6 \\ 0 \\ 4 \\ 5 \\ 10 \end{pmatrix} + 149{,}90 \cdot \begin{pmatrix} 1 \\ 3 \\ 0 \\ 1 \\ 10 \\ 15 \end{pmatrix} =$$

$$= \begin{pmatrix} 149{,}70 \\ 249{,}50 \\ 0 \\ 99{,}80 \\ 249{,}50 \\ 399{,}20 \end{pmatrix} + \begin{pmatrix} 524{,}30 \\ 74{,}90 \\ 74{,}90 \\ 0 \\ 599{,}20 \\ 524{,}30 \end{pmatrix} + \begin{pmatrix} 359{,}60 \\ 0 \\ 89{,}90 \\ 269{,}70 \\ 629{,}30 \\ 1078{,}80 \end{pmatrix} + \begin{pmatrix} 0 \\ 599{,}40 \\ 0 \\ 399{,}60 \\ 499{,}50 \\ 999{,}00 \end{pmatrix} + \begin{pmatrix} 149{,}90 \\ 449{,}70 \\ 0 \\ 149{,}90 \\ 1499{,}00 \\ 2248{,}50 \end{pmatrix} = \begin{pmatrix} 1183{,}50 \\ 1373{,}50 \\ 164{,}80 \\ 919{,}00 \\ 3476{,}50 \\ 5249{,}80 \end{pmatrix}$$

Für die Addition von Zeilen und Spalten gelten die gleichen Rechenregeln wie für Zahlen.

Rechenregeln für Zahlentupel

Mit c und d bezeichnen wir beliebige Zahlen. Wir schreiben x für $(x_1, x_2, \dots, x_n)$, y für $(y_1, y_2, \dots, y_n)$, z für $(z_1, z_2, \dots, z_n)$. Dann sind x, y, und z drei Zahlentupel mit n Komponenten $(n > 0)$. Es gelten die folgenden Rechenregeln.

Assoziativgesetz

$(x + y) + z = x + (y + z)$ — Beim mehrfachen Addieren von Zahlentupel kommt es auf die Reihenfolge des Addierens nicht an. Klammern können weggelassen werden.

Kommutativgesetz

$x + y = y + x$ — Beim Addieren von Zahlentupeln dürfen die Summanden vertauscht werden.

$(c \cdot d) \cdot x = c \cdot (d \cdot x)$

$(c + d) \cdot x = (c \cdot x) + (d \cdot x)$

Statt $(c \cdot x) + (d \cdot x)$ schreiben wir einfach $c \cdot x + d \cdot x$.

Punkt- vor Strichrechnung

Auch für das Rechnen mit Zahlentupeln vereinbaren wir:
Punktrechnung (Multiplikation eines Zahlentupels mit einer Zahl) vor Strichrechnung!

B **226** mit Zahlenpaaren rechnen
ggb/xls/tns 633bw7

Berechne $3\cdot(1, 2) + 2\cdot(0, 1) + 3\cdot(2, 1) + 1\cdot(1, 1)$.

$3\cdot(1, 2) + 2\cdot(0, 1) + 3\cdot(2, 1) + 1\cdot(1, 1) = (3, 6) + (0, 2) + (6, 3) + (1, 1) = (10, 12)$

B **227** Berechne.

a. $3\cdot\begin{pmatrix}-22\\1\\6\end{pmatrix} - 2\cdot\begin{pmatrix}-13\\-20\\15\end{pmatrix} + 2\cdot\begin{pmatrix}-23\\24\\4\end{pmatrix} =$ **b.** $4\cdot\begin{pmatrix}\frac{1}{3}\\2\\\frac{5}{6}\end{pmatrix} - 5\cdot\begin{pmatrix}\frac{1}{5}\\\frac{1}{2}\\\frac{2}{5}\end{pmatrix} + \frac{1}{3}\cdot\begin{pmatrix}\frac{1}{4}\\\frac{5}{3}\\4\end{pmatrix} =$ **c.** $1\cdot\begin{pmatrix}24\\-14\\-15\\-25\end{pmatrix} - 2\cdot\begin{pmatrix}4\\1\\23\\9\end{pmatrix} + 2\cdot\begin{pmatrix}16\\8\\8\\1\end{pmatrix} =$

B **228** Berechne mithilfe einer geeigneten Technologie.

a. $\frac{1}{3}\cdot\begin{pmatrix}\frac{1}{2}\\-\frac{2}{3}\\\frac{3}{2}\\\frac{1}{5}\end{pmatrix} + \frac{2}{5}\cdot\begin{pmatrix}1\\-\frac{1}{2}\\\frac{3}{2}\\-\frac{5}{3}\end{pmatrix} - \frac{1}{7}\cdot\begin{pmatrix}\frac{17}{3}\\\frac{21}{5}\\\frac{7}{9}\\\frac{14}{5}\end{pmatrix} =$

b. $5\cdot\left(\frac{1}{3}, \frac{1}{2}, \frac{2}{5}\right) - \frac{1}{3}\cdot(5, 6, 2) =$

c. $10^2\cdot\begin{pmatrix}10^{-2}\\10^5\\0{,}004\end{pmatrix} - \frac{1}{1000}\cdot\begin{pmatrix}100^2\\100\,000\\10^{-4}\end{pmatrix} =$

d. $0{,}4\cdot(17, -23, 20, 4) - 0{,}2\cdot(1, 4, -3, 12) =$

A, B **229** Ein Lehrer führt für jede Schülerin und jeden Schüler eine Punktestatistik in Form einer Tabelle.

	Punkte im 1. Semester				
	September	Oktober	November	Dezember	Jänner
Jasmin	15	38	25	27	14
Benny	16	34	30	27	16
Fabian	11	35	24	30	12

Rechne mit Zeilen und Spalten.

a. Berechne, wie viele Punkte Jasmin, Benny und Fabian jeweils im 1. Semester erreicht haben. Schreibe das Ergebnis als Spalte an.

b. Ermittle, wie viele Punkte der Lehrer pro Monat vergeben hat. Schreibe das Ergebnis als Zeile an.

c. Berechne, wie viele Punkte Jasmin, Benny und Fabian durchschnittlich pro Monat erzielt haben. Schreibe das Ergebnis als Spalte an.

A, B **230**
Material ib45nu

Wie in Aufgabe 229 führt ein Lehrer eine Punktestatistik in Form einer Tabelle, allerdings für die ganze Klasse. Die Datei kann in der Online-Ergänzung zu diesem Buch abgerufen werden. Bearbeite die Tabelle und beantworte die Fragen.

a. Berechne, wie viele Punkte jede Schülerin und jeder Schüler im 1. Semester erreicht hat.

b. Ermittle, wie viele Punkte jedes Monat vom Lehrer vergeben wurden.

c. Berechne, wie viele Punkte die Schülerinnen und Schüler im Schnitt pro Monat erzielt haben.

d. Ermittle, wie viele Punkte jede Schülerin und jeder Schüler hat, wenn der Lehrer in den Monaten Dezember und Jänner die Punkte jeweils um 50 % erhöht.

A, B **231**
Aufgaben hf926k

Ein Unternehmer zeichnet täglich die Stückumsätze seiner drei Produkte in Form einer Tabelle auf.

		Anzahl der verkauften Stücke				
	Preis in €	Montag	Dienstag	Mittwoch	Donnerstag	Freitag
Produkt A	199	28	25	8	15	23
Produkt B	99	23	12	49	33	37
Produkt C	149	24	24	21	34	0

Rechne mit Zeilen und Spalten.

a. Berechne für jeden Wochentag die Anzahl der insgesamt verkauften Produkte.

b. Berechne für jedes Produkt den Wochenstückumsatz.

c. Berechne für jeden Wochentag den Umsatz in Euro.

Was habe ich in diesem Abschnitt gelernt?

☐ **Ich kann mit Zeilen und Spalten rechnen und ich kenne die Rechenregeln dafür.**

B **232** Berechne.

a. $(4, -9, 7) + (3, 2, -8) - (6, 3, -5) =$

b. $7 \cdot (4, 8, -2, 1, 6) =$

B **233** Gegeben sind die Spalten

$a = \begin{pmatrix} 4 \\ 1 \\ -2 \end{pmatrix}, b = \begin{pmatrix} 5 \\ 0 \\ 0 \end{pmatrix}, c = \begin{pmatrix} -3 \\ -2 \\ 1 \end{pmatrix}.$

Berechne.

a. $3 \cdot a + 2 \cdot b + 4 \cdot c =$

b. $5 \cdot a - 4 \cdot b + c =$

B, C **234** Berechne möglichst geschickt, indem du Rechenregeln für Zahlentupel anwendest.

a. $6 \cdot \begin{pmatrix} 4 \\ -9 \\ 7 \end{pmatrix} + 4 \cdot \begin{pmatrix} 4 \\ -9 \\ 7 \end{pmatrix} =$

b. $4 \cdot \begin{pmatrix} 8 \\ -9 \\ 16 \end{pmatrix} - 3 \cdot \begin{pmatrix} 2 \\ -12 \\ 8 \end{pmatrix} + 6 \cdot \begin{pmatrix} 8 \\ -9 \\ 16 \end{pmatrix} + 3 \cdot \begin{pmatrix} 2 \\ -12 \\ 8 \end{pmatrix} =$

☐ **Ich kann Alltagsaufgaben, die mithilfe von Zeilen und Spalten beschrieben werden, lösen.**

B, C **235** Eine Lehrerin macht im Semester vier Tests. Die Punkte, die die Schülerinnen Anna, Bianca und Carina auf diese Tests erhalten haben, listet sie in einer Tabelle auf.

	1. Test	2. Test	3. Test	4. Test
Anna	7	12	9	8
Bianca	4	8	10	12
Carina	5	5	7	9

a. Berechne die Summe der in der Tabelle gegebenen Spalten. Interpretiere die Bedeutung dieses Ergebnisses in Bezug auf die Schülerinnen und die Tests.

b. Berechne die Summe der in der Tabelle gegebenen Zeilen. Interpretiere die Bedeutung dieses Ergebnisses in Bezug auf die Schülerinnen und die Tests.

B, C **236** Ein Hersteller von Selbstbaumöbeln hat eine Packliste für die zum Aufbau der angebotenen Möbel benötigten Schrauben erstellt.

benötigte Schrauben	angebotene Möbel						
	LASSE	OLLE	GUNNAR	ANNIKA	LARS	BJÖRN	TRINE
A	12	8	0	0	4	1	0
B	0	4	0	2	4	0	0
C	0	24	16	14	0	8	0
D	8	2	0	0	0	0	10
E	16	12	8	0	8	0	4

a. Berechne die Summe der in der Tabelle angegebenen Zeilen. Interpretiere die Bedeutung dieses Ergebnisses in Bezug auf die Schrauben und Möbel.

b. Ermittle, wie viel Stück der Schrauben A, B, C, D und E man jeweils benötigt, um von jedem angebotenen Möbelstück ein Stück herzustellen. Erkläre, durch welche Rechnung mit Zeilen und Spalten du auf dieses Ergebnis kommst.

c. Der Möbelhersteller bekommt eine Bestellung über 4 Stück LASSE, 10 Stück OLLE, 8 Stück ANNIKA, 12 Stück BJÖRN und 3 Stück TRINE. Erkläre, wie sich der Gesamtbedarf an den einzelnen Schraubensorten darstellen lässt.

d. Benennt man die in der Tabelle gegebenen Zeilen mit $z_1, z_2, \ldots, z_5$, dann ist $z_1 = (12, 8, 0, 0, 4, 1, 0)$ usw. Berechne $0{,}05 \cdot z_1 + 0{,}03 \cdot z_2 + 0{,}02 \cdot z_3 + 0{,}01 \cdot z_4 + 0{,}04 \cdot z_5$. Interpretiere, was man mit dieser Rechnung ausgerechnet haben könnte. Es sind mehrere Antworten möglich.

3.2 Matrizen

- ☐ Ich lerne Daten übersichtlich mithilfe einer Matrix darzustellen.
- ☐ Ich lerne eine Matrix im jeweiligen Kontext zu interpretieren.
- ☐ Ich lerne Gozintographen zu interpretieren.

Was ist eine Matrix?

Ein Betrieb stellt drei Produkte P_1, P_2 und P_3 her. Dazu werden vier Rohstoffe R_1, R_2, R_3 und R_4 verwendet. Der Bedarf an Rohstoffen für jedes Produkt ist bekannt. Wir beschreiben ihn jeweils durch eine Spalte mit vier Einträgen: Für das Produkt P_1 bedeutet

$$\begin{pmatrix} 3 \\ 2 \\ 4 \\ 2 \end{pmatrix},$$

dass für die Produktion von 1 Stück von P_1, 3 Einheiten von Rohstoff R_1, 2 von Rohstoff R_2, 4 von Rohstoff R_3 und 2 Einheiten von Rohstoff R_4 benötigt werden. Genauso beschreiben die Spalten

$$\begin{pmatrix} 2 \\ 7 \\ 1 \\ 3 \end{pmatrix} \text{ bzw. } \begin{pmatrix} 1 \\ 0 \\ 6 \\ 1 \end{pmatrix}$$

den Bedarf an Rohstoffen für die Produktion von einem Stück von P_2 bzw. P_3. Wir können diese Daten übersichtlicher mithilfe einer Tabelle darstellen. Sobald klar ist, was die Zahlen in der Tabelle bedeuten, können wir die Überschriften und Trennlinien einfach weglassen und viel Schreibarbeit sparen:

	P_1	P_2	P_3
R_1	3	2	1
R_2	2	7	0
R_3	4	1	6
R_4	2	3	1

oder einfach $\begin{pmatrix} 3 & 2 & 1 \\ 2 & 7 & 0 \\ 4 & 1 & 6 \\ 2 & 3 & 1 \end{pmatrix}$

Wir nennen ein derartiges Rechteck aus Zahlen mit 4 Zeilen und 3 Spalten eine **4 × 3-Matrix**. Die Zahl in der i-ten Zeile (i = 1, 2, 3, 4) und j-ten Spalte (j = 1, 2, 3) gibt an, wie viele Einheiten vom Rohstoff R_i für die Produktion eines Stückes von Produkt P_j erforderlich sind.

Beispiel: Der Eintrag in der 4. Zeile und 2. Spalte ist 3, das heißt, für die Produktion eines Stückes von Produkt P_2 sind 3 Einheiten von Rohstoff R_4 erforderlich.

m × n-Matrix

Sind m und n positive ganze Zahlen, dann nennen wir ein Rechteck von Zahlen mit m Zeilen und n Spalten eine **m × n-Matrix**.

i-j-ter Koeffizient

Für die Zahl in der i-ten Zeile und j-ten Spalte einer Matrix M schreiben wir auch kurz M_{ij} und nennen diese Zahl den **i-j-ten Eintrag** oder **i-j-ten Koeffizienten** von M.

Spalten und Zeilen sind auch Matrizen. Eine Spalte mit m Zeilen ist eine m × 1-Matrix und eine Zeile mit n Spalten ist eine 1 × n-Matrix. Zahlen können wir als 1 × 1-Matrizen auffassen.

Beispiele:

- Die Spalte $\begin{pmatrix} 1 \\ 3 \\ -9 \end{pmatrix}$ ist eine 3 × 1-Matrix.
- Die Zeile $(8 \;\; -15 \;\; 0 \;\; 7)$ ist eine 1 × 4-Matrix.

m × n-Matrix eingeben

ggb/xls/tns dx8gx5

GeoGebra	**CAS-Ansicht:** $\{\{A_{11}, A_{12}, \ldots, A_{1n}\}, \{A_{21}, A_{22}, \ldots, A_{2n}\}, \ldots, \{A_{m1}, A_{m2}, \ldots, A_{mn}\}\}$ **Tabellenansicht/Algebraansicht:** „Matrix erzeugen“ Hinweis: Die Matrix wird in der Algebraansicht angezeigt.	**CAS-Ansicht:** A:={{-1, 0, 2}, {3, 4, 1}} → $\begin{pmatrix} -1 & 0 & 2 \\ 3 & 4 & 1 \end{pmatrix}$ **Tabellenansicht/Algebraanischt:** A B C / 1: -1 0 2 / 2: 3 4 1 → → Liste A = $\begin{pmatrix} -1 & 0 & 2 \\ 3 & 4 & 1 \end{pmatrix}$
Excel	Eingabe als Tabelle	A B C / 1: -1 0 2 / 2: 3 4 1
TI Nspire	→ Zeilenanzahl: m Spaltenanzahl: n	$\begin{bmatrix} -1 & 0 & 2 \\ 3 & 4 & 1 \end{bmatrix}$ $\quad$ $\begin{bmatrix} -1 & 0 & 2 \\ 3 & 4 & 1 \end{bmatrix}$

C **237** Koeffizienten einer Matrix ablesen — ggb/tns 2vq8sm

Gegeben ist die Matrix $A = \begin{pmatrix} -1 & 5 & -18 \\ 20 & 0 & 4 \end{pmatrix}$. Gib an, wie viele Zeilen und wie viele Spalten diese Matrix hat und lies die Koeffizienten A_{12}, A_{13} und A_{22} ab.

A hat 2 Zeilen und 3 Spalten, ist also eine 2 × 3-Matrix. $A_{12} = 5$, $A_{13} = -18$ und $A_{22} = 0$.

C **238** Gegeben ist die Matrix

$$A = \begin{pmatrix} 7 & 5 & 6 & 1 \\ 0 & 8 & 3 & 4 \\ 2 & -5 & -7 & 10 \end{pmatrix}.$$

a. Gib an, ob es sich um eine 4 × 3- oder um eine 3 × 4-Matrix handelt.

b. Lies die Koeffizienten A_{13}, A_{21}, A_{32} und A_{34} ab.

c. Lies ab, in welcher Zeile und in welcher Spalte die Koeffizienten 8, 4, und −7 stehen.

B **239** Gib die Matrix an.

a. 3 × 3-Matrix mit den Koeffizienten $A_{12} = 4$, $A_{13} = 5$, $A_{22} = 3$, $A_{32} = 7$; alle übrigen Koeffizienten sind 0.

b. 3 × 3-Matrix mit den Koeffizienten $A_{ij} = 1$, wenn $i = j$, $A_{ij} = 0$, wenn $i < j$ und $A_{ij} = 2$, wenn $i > j$ ist.

B, C, D **240** Eine Verhaltensforscherin beobachtet im Urwald eine Gorilla-Kolonie. Diese Kolonie umfasst insgesamt 13 Tiere, die wir der Einfachheit halber mit G1 bis G13 bezeichnen. In eine Tabelle T hat die Verhaltensforscherin eingetragen, wie oft die entsprechenden Tiere an einem bestimmten Tag miteinander in sozialen Kontakt getreten sind. Diese Tabelle kann als 13 × 13-Matrix aufgefasst werden.

	G1	G2	G3	G4	G5	G6	G7	G8	G9	G10	G11	G12	G13
G1	0	4	0	2	0	0	0	7	12	2	0	0	1
G2	4	0	3	1	0	6	0	0	1	0	3	2	0
G3	0	3	0	0	3	1	3	0	0	8	0	5	2
G4	2	1	0	0	2	0	2	1	0	0	5	0	0
G5	0	0	3	2	0	0	0	0	0	2	0	0	3
G6	0	6	1	0	0	0	0	0	4	0	0	2	0
G7	0	0	3	2	0	0	0	3	0	0	4	0	0
G8	7	0	0	1	0	0	3	0	3	2	0	0	1
G9	12	1	0	0	0	4	0	3	0	0	0	4	0
G10	2	0	8	0	2	0	0	2	0	0	0	0	0
G11	0	3	0	5	0	0	4	0	0	0	0	0	2
G12	0	2	5	0	0	2	0	0	4	0	0	0	0
G13	1	0	2	0	3	0	0	1	0	0	2	0	0

a. Erkläre die Bedeutung des Eintrags T_{78} in dieser Matrix.

b. In dieser Matrix gilt $T_{ij} = T_{ji}$. Warum muss das so sein? Begründe.

c. Berechne die Summe aller Einträge der 9. Zeile. Interpretiere diese Zahl in Bezug auf das Sozialverhalten des Gorillas G9.

d. Gib an, welcher der Gorillas an diesem Tag die meisten Sozialkontakte und welcher die wenigsten hatte.

A, C, D **241** In der Tabelle sind die Entfernungen einiger österreichischer Städte in Kilometer eingetragen. Man kann sie auch als 24 × 24-Matrix A auffassen.

	Berg	Bregenz	Brenner	Bruck/Mur	Drasenhofen	Eisenstadt	Feldkirch	Graz	Innsbruck	Klagenfurt	Krems	Kufstein	Lienz	Liezen	Linz	Nickelsdorf	Salzburg	St. Pölten	Schärding	Spielfeld	Villach	Wels	Wien	Zell/See
Berg		716	554	205	97	72	687	243	520	357	136	464	540	297	238	33	358	121	312	275	397	254	55	435
Bregenz	716		232	577	730	697	34	594	200	537	619	271	387	481	486	608	352	592	483	645	497	467	674	340
Brenner	554	232		415	572	507	202	432	38	369	467	109	219	319	328	31	190	440	282	483	334	309	499	193
Bruck/Mur	205	577	415		240	139	548	53	372	158	165	323	299	98	174	197	223	138	253	104	188	189	165	236
Drasenhofen	97	730	572	240		127	700	269	536	392	133	482	487	307	244	130	374	145	329	310	428	276	77	445
Eisenstadt	72	697	507	139	127		681	168	481	289	129	471	438	236	219	57	339	102	293	202	327	235	50	375
Feldkirch	687	34	202	548	700	681		565	170	501	569	241	351	451	456	725	322	562	453	615	461	437	622	310
Graz	243	594	432	53	269	168	565		394	153	218	358	320	120	202	225	245	191	275	51	193	211	192	258
Innsbruck	520	200	38	372	536	481	170	394		318	425	77	186	274	292	516	158	398	289	458	278	273	458	142
Klagenfurt	357	537	369	158	392	289	501	153	318		323	323	150	182	262	368	231	396	317	154	40	253	334	179
Krems	136	619	467	165	133	129	589	218	425	323		376	464	192	150	141	268	27	240	269	371	155	72	330
Kufstein	464	271	109	323	482	471	241	358	77	323	367		140	226	238	480	88	349	215	396	250	193	409	88
Lienz	540	387	219	299	487	438	351	320	186	150	464	140		222	336	496	174	387	276	290	110	328	462	93
Liezen	297	481	319	98	307	236	451	120	274	182	192	226	222		114	299	125	165	155	171	184	91	225	138
Linz	238	486	328	174	244	219	456	202	292	262	150	238	336	114		277	130	123	79	253	292	29	183	216
Nickelsdorf	33	608	31	197	130	57	725	225	516	368	141	480	496	299	277		374	137	338	260	385	276	71	433
Salzburg	358	352	190	223	374	339	322	245	158	231	268	88	174	125	130	374		243	94	296	204	113	303	84
St. Pölten	121	592	440	138	145	102	562	191	398	396	27	349	387	165	123	137	243		207	242	326	143	66	303
Schärding	312	483	282	253	329	293	453	275	289	317	240	215	276	155	79	338	94	207		326	274	64	267	193
Spielfeld	275	645	483	104	310	202	615	52	458	154	269	396	290	171	253	260	296	242	326		180	262	233	309
Villach	397	497	334	188	428	327	461	193	278	40	371	250	110	184	292	385	204	326	274	180		273	354	139
Wels	254	467	309	189	276	235	437	211	273	253	155	193	328	91	29	276	113	143	64	262	273		203	185
Wien	55	674	499	165	77	50	622	192	458	334	72	409	462	225	183	71	303	66	267	233	354	203		387
Zell/See	435	340	193	236	445	375	310	258	142	179	330	88	93	138	216	433	84	303	193	309	139	185	387	

a. Erkläre, warum die Einträge in der einen Diagonalen fehlen und in der anderen nicht.

b. Lies den Eintrag A_{35} ab und interpretiere ihn.

c. Eva behauptet: „In dieser Matrix gilt für alle Einträge $A_{ij} = A_{ji}$." Hat sie mit ihrer Behauptung recht? Wenn ja, begründe, warum das so sein muss. Wenn nein, nenne ein Gegenbeispiel.

d. Erstelle anhand dieser Tabelle eine Entfernungstabelle für die neun österreichischen Landeshauptstädte.

A **242** Fülle die hier abgebildete Entfernungstabelle mithilfe eines Online-Routenplaners aus. In die letzte Spalte bzw. Zeile trage deine Heimatgemeinde ein. (Alle genannten Orte befinden sich in Österreich.)

	Achau	Bezau	Christkindl	Dingdorf	Ebbs	
Achau						
Bezau						
Christkindl						
Dingdorf						
Ebbs						

Gozintographen

Ein Betrieb stellt aus vier verschiedenen Rohstoffen R_1, R_2, R_3, R_4 drei Produkte P_1, P_2, P_3 her. Die Produktion wird durch die Tabelle

	P_1	P_2	P_3
R_1	2	1	0
R_2	0	4	3
R_3	1	1	0
R_4	3	5	2

oder einfach durch die 4 × 3-Matrix

$$B = \begin{pmatrix} 2 & 1 & 0 \\ 0 & 4 & 3 \\ 1 & 1 & 0 \\ 3 & 5 & 2 \end{pmatrix}$$

beschrieben. Dabei bedeutet zum Beispiel die Zahl 3 in der zweiten Zeile und dritten Spalte, dass für die Produktion von Produkt P_3 3 Einheiten des Rohstoffs R_2 erforderlich sind. Diese Matrix nennt man **Bedarfsmatrix** der Produktion.

Bedarfsmatrix

Der Eintrag in der i-ten Zeile und j-ten Spalte der **Bedarfsmatrix** einer Produktion gibt an, wie viele Einheiten vom i-ten Rohstoff für die Produktion einer Einheit des j-ten Produktes benötigt werden.

Man kann diese Daten auch durch einen **Gozintographen** („Goes-into-Graph") darstellen:

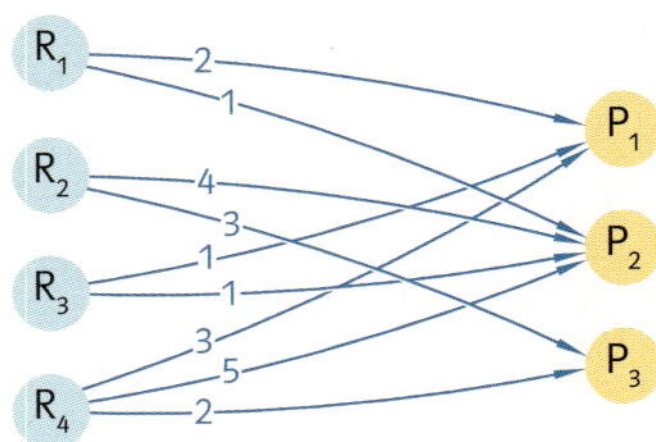

Die Information, dass für die Produktion einer Einheit von P_3 3 Einheiten des Rohstoffs R_2 erforderlich sind, wird durch den Pfeil von R_2 nach P_3 und die darüber geschriebene Zahl 3 dargestellt. Diese Darstellung ist sehr anschaulich, für die Eingabe in einen Computer ist aber die Matrix besser geeignet.

Gozintograph

Mit einem **Gozintographen** kann die Bedarfsmatrix einer Produktion veranschaulicht werden.

A **243** die Bedarfsmatrix eines Gozintographens erstellen

ggb am7bt9

Stelle den Gozintographen in Form einer Bedarfsmatrix dar.

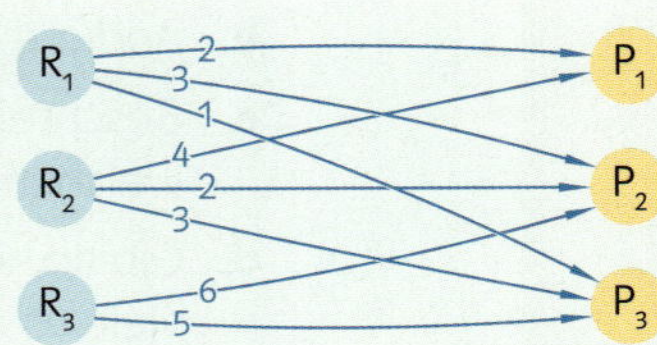

Wir übertragen die Informationen zunächst in eine Tabelle und lassen dann die Zeilen- und Spaltenüberschriften weg. Beachte, dass von R_3 kein Pfeil zu P_1 zeigt. Daher ist der entsprechende Eintrag in der Matrix 0.

	P_1	P_2	P_3
R_1	2	3	1
R_2	4	2	3
R_3	0	6	5

$$B = \begin{pmatrix} 2 & 3 & 1 \\ 4 & 2 & 3 \\ 0 & 6 & 5 \end{pmatrix}$$

A **244** Stelle den Gozintographen in Form einer Matrix dar.

a.

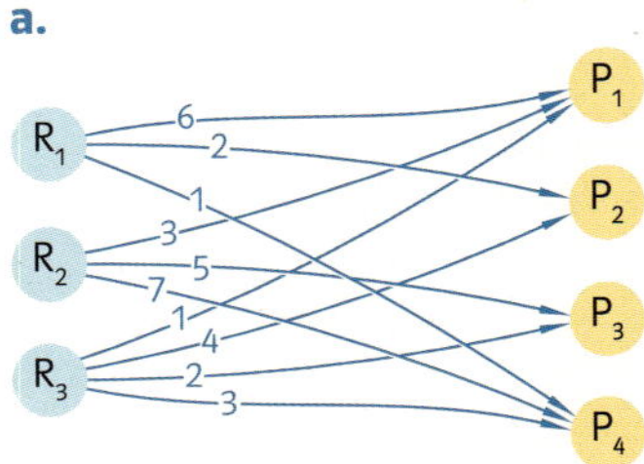

b.

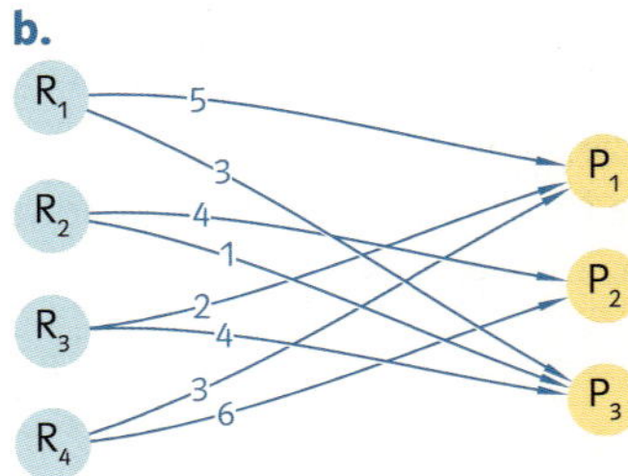

c.

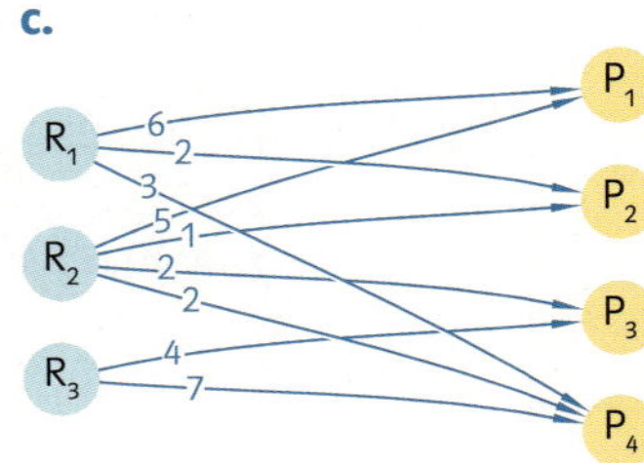

A **245** Die Tabelle gibt an, wie viele Einheiten man jeweils von den Rohstoffen R_1 bis R_4 benötigt, um jeweils ein Stück der Produkte P_1 bis P_3 herzustellen. Zeichne den zugehörigen Gozintographen.

	P_1	P_2	P_3
R_1	2	1	4
R_2	4	3	0
R_3	1	0	3
R_4	0	5	1

A, D **246** Überprüfe, welcher der Gozintographen zur Matrix $\begin{pmatrix} 2 & 1 & 8 & 5 \\ 0 & 4 & 7 & 4 \\ 3 & 2 & 6 & 1 \end{pmatrix}$ passt.

A
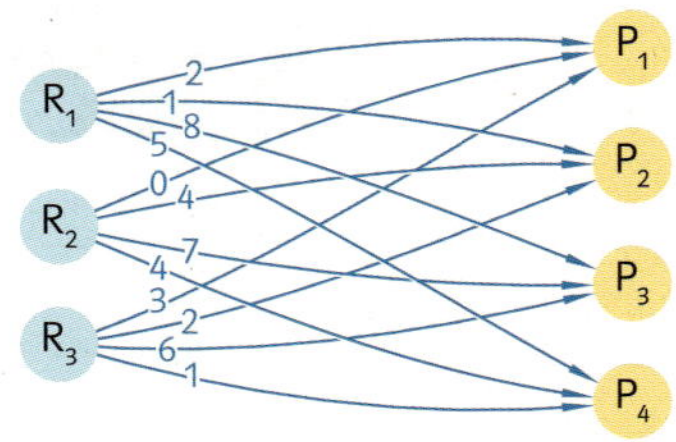

B
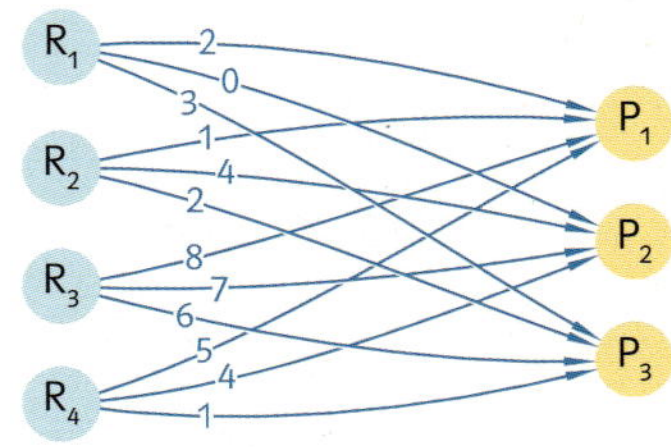

Was habe ich in diesem Abschnitt gelernt?

☐ **Ich kann Daten übersichtlich mithilfe einer Matrix darstellen.**

A **247** Fasse die Zutatenlisten für die Kuchenrezepte in einer geeigneten Matrix zusammen.

Sachertorte:
200 g Butter
170 g Staubzucker
9 Eier
200 g Kochschokolade
170 g Kristallzucker
200 g Mehl

Baumkuchen:
360 g Butter
160 g Staubzucker
10 Eier
260 g Marzipan
130 g Kristallzucker
140 g Mehl
130 g Stärkemehl

Sandkuchen:
300 g Butter
300 g Stärkemehl
190 g Staubzucker
6 Eier
125 g Kristallzucker
50 g Mehl
Zitronenschale gerieben

☐ **Ich kann eine Matrix im jeweiligen Kontext interpretieren.**

C **248** Eine Leihwagenfirma verleiht insgesamt vier verschiedene Automodelle an fünf Standorten. Die Matrix rechts gibt an, wie viel Stück der jeweiligen Modelle zurzeit an den verschiedenen Standorten verfügbar sind. Die Zeilen entsprechen den Standorten, die Spalten den Modellen.

$$\begin{pmatrix} 10 & 8 & 4 & 12 \\ 6 & 7 & 5 & 9 \\ 12 & 4 & 1 & 6 \\ 7 & 2 & 4 & 5 \\ 11 & 6 & 4 & 10 \end{pmatrix}$$

a. Lies ab, wie viel Stück von Modell 2 am 3. Standort verfügbar sind.

b. Addiere die Zahlen aus der 3. Spalte dieser Matrix. Interpretiere das Ergebnis.

c. Beschreibe, welche Rechenoperationen man durchführen muss, um herauszufinden, an welchem Standort sich zurzeit die meisten Autos befinden.

d. Gib an, von welchem Modell die Leihwagenfirma die wenigsten Fahrzeuge besitzt und wie viele es sind.

☐ **Ich kann Gozintographen interpretieren.**

A **249** Der Gozintograph stellt dar, wie viele Einheiten man jeweils von den drei Rohstoffen R_1, R_2 und R_3 benötigt, um ein Stück von Produkt P_1 bzw. P_2 darzustellen. Erstelle die zum Gozintographen passende Bedarfsmatrix.

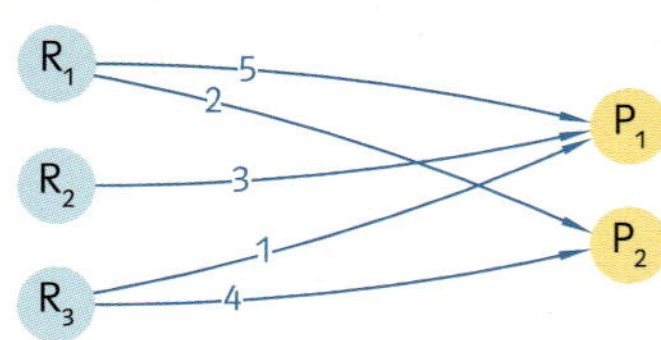

A **250** Die Tabelle gibt an, wie viel man jeweils von den Rohstoffen R_1, R_2, R_3 benötigt, um die Produkte P_1, P_2, P_3 zu produzieren. Zeichne den zugehörigen Gozintographen.

	P_1	P_2	P_3
R_1	0	2	3
R_2	5	0	1
R_3	7	4	0

3.3 Rechnen mit Matrizen

- ☐ **Ich lerne Matrizen zu addieren und mit Zahlen zu multiplizieren.**
- ☐ **Ich lerne zu entscheiden, ob zwei Matrizen multipliziert werden können, und ich lerne gegebenenfalls deren Produkt zu berechnen.**
- ☐ **Ich lerne das Produkt von Matrizen zu verwenden, um Sachsituationen zu modellieren und Textaufgaben zu lösen.**

Addition von Matrizen und Multiplikation einer Matrix mit einer Zahl

Lena und Paul sind im Prüfungsstress und müssen am Wochenende für die Fächer Deutsch, Englisch und Mathematik lernen. Um sich gegenseitig anzuspornen, teilen sie einander jeden Tag mit, wie viele Stunden sie für jedes Fach gelernt haben und halten diese in zwei Tabellen fest.

	Lernstunden am 1. Tag		
	Deutsch	Englisch	Mathe
Lena	2	2	2
Paul	1	2	3

	Lernstunden am 2. Tag		
	Deutsch	Englisch	Mathe
Lena	2	1	3
Paul	2	3	2

Aus diesen zwei Tabellen erhalten sie zwei Matrizen:

Die Matrix E für den ersten Tag: $E = \begin{pmatrix} 2 & 2 & 2 \\ 1 & 2 & 3 \end{pmatrix}$

Die Matrix Z für den zweiten Tag: $Z = \begin{pmatrix} 2 & 1 & 3 \\ 2 & 3 & 2 \end{pmatrix}$

E und Z sind zwei 2×3-Matrizen. Die Zahl 2 in der ersten Zeile (Lena) und dritten Spalte (Mathematik) von E bedeutet, dass Lena am ersten Tag 2 Stunden Mathematik gelernt hat.

Wie stellen Lena und Paul dar, wie viel sie an beiden Tagen gelernt haben? Sie addieren jeden Eintrag in E zum entsprechenden Eintrag in Z:

	Lernstunden insgesamt		
	Deutsch	Englisch	Mathe
Lena	2 + 2	2 + 1	2 + 3
Paul	1 + 2	2 + 3	3 + 2

Wir schreiben dafür

$$E + Z = \begin{pmatrix} 2 & 2 & 2 \\ 1 & 2 & 3 \end{pmatrix} + \begin{pmatrix} 2 & 1 & 3 \\ 2 & 3 & 2 \end{pmatrix} = \begin{pmatrix} 4 & 3 & 5 \\ 3 & 5 & 5 \end{pmatrix}.$$

Wenn wir die Lernzeit in Minuten anstatt in Stunden angeben wollen, müssen wir jeden Eintrag von E und Z mit 60 multiplizieren. Wir schreiben für die neuen Matrizen dann $60 \cdot E$ und $60 \cdot Z$, also

$$60 \cdot E = \begin{pmatrix} 120 & 120 & 120 \\ 60 & 120 & 180 \end{pmatrix} \quad \text{und} \quad 60 \cdot Z = \begin{pmatrix} 120 & 60 & 180 \\ 120 & 180 & 120 \end{pmatrix}.$$

Lena und Paul haben zwei Matrizen **addiert** und **mit einer Zahl multipliziert**. Einen Spezialfall dieser Rechenoperationen kennen wir schon aus Abschnitt 3.1. Dort haben wir zwei Zeilen oder Spalten (mit gleich vielen Einträgen) addiert und Zeilen oder Spalten mit Zahlen multipliziert.

Summe von Matrizen

Wir berechnen die **Summe** zweier $m \times n$-Matrizen, indem wir die entsprechenden Koeffizienten addieren. Sind also A und B zwei $m \times n$-Matrizen, dann ist ihre Summe $A + B$ die $m \times n$-Matrix, deren i-j-ter Koeffizient die Summe $A_{ij} + B_{ij}$ ist, für $i = 1, 2, \ldots, m$ und $j = 1, 2, \ldots, n$.

Beispiel: $\begin{pmatrix} A_{11} & A_{12} \\ A_{21} & A_{22} \end{pmatrix} + \begin{pmatrix} B_{11} & B_{12} \\ B_{21} & B_{22} \end{pmatrix} = \begin{pmatrix} A_{11} + B_{11} & A_{12} + B_{12} \\ A_{21} + B_{21} & A_{22} + B_{22} \end{pmatrix}$

Matrizen addieren

ggb/xls/tns
tn2dy5

GeoGebra	<Matrix> + <Matrix>	$A = \begin{pmatrix} 1 & -4 \\ 3 & 2 \end{pmatrix}$, $B = \begin{pmatrix} 0 & 7 \\ 1 & 6 \end{pmatrix}$ → A + B → $\begin{pmatrix} 1 & 3 \\ 4 & 8 \end{pmatrix}$
Excel	= Zellbereich + Zellbereich **Wichtig:** zuerst passenden Zellbereich für das Ergebnis markieren, dann die Tastenkombination [Strg] & [Umschalt] & [Eingabe] drücken	A1:B2: 1 -4 / 3 2; D1:E2: 0 7 / 1 6; A4: =A1:B2+D1:E2 → A4:B5: 1 3 / 4 8
TI Nspire	Matrix + Matrix	$\begin{bmatrix} 1 & -4 \\ 3 & 2 \end{bmatrix} + \begin{bmatrix} 0 & 7 \\ 1 & 6 \end{bmatrix}$ → $\begin{bmatrix} 1 & 3 \\ 4 & 8 \end{bmatrix}$

Achtung

Wir können zwei Matrizen nur dann addieren, wenn sie gleich viele Zeilen und gleich viele Spalten haben.

Vielfaches einer Matrix

Ist c eine Zahl und A eine m × n-Matrix, dann berechnen wir $c \cdot A$, das **c-Fache** von A, indem wir alle Koeffizienten von A mit c multiplizieren. Also ist $c \cdot A$ die m × n-Matrix, deren i-j-ter Koeffizient $c \cdot A_{ij}$ ist, für i = 1, 2, … m und j = 1, 2, … , n.

Beispiel: $c \cdot \begin{pmatrix} A_{11} & A_{12} \\ A_{21} & A_{22} \end{pmatrix} = \begin{pmatrix} c \cdot A_{11} & c \cdot A_{12} \\ c \cdot A_{21} & c \cdot A_{22} \end{pmatrix}$

eine Matrix mit einer Zahl multiplizieren

ggb/xls/tns
tn2dy5

GeoGebra	<Zahl> * <Matrix>	$A = \begin{pmatrix} 1 & -4 \\ 3 & 2 \end{pmatrix}$ → 2*A → $\begin{pmatrix} 2 & -8 \\ 6 & 4 \end{pmatrix}$
Excel	= Zahl * Zellbereich **Wichtig:** passenden Zellbereich für das Ergebnis markieren, dann die Tastenkombination [Strg] & [Umschalt] & [Eingabe] drücken	A1:B2: 1 -4 / 3 2; A4: =2 * A1:B2 → A4:B5: 2 -8 / 6 4
TI Nspire	Zahl * Matrix	$2 \cdot \begin{bmatrix} 1 & -4 \\ 3 & 2 \end{bmatrix}$ → $\begin{bmatrix} 2 & -8 \\ 6 & 4 \end{bmatrix}$

Es gelten dieselben Rechenregeln wie für das Rechnen mit Zeilen oder Spalten.

Rechenregeln für Matrizen

Wir bezeichnen mit A, B und C drei beliebige m × n-Matrizen. Mit c und d bezeichnen wir beliebige Zahlen. Dann gilt:

Assoziativgesetz	$(A+B)+C = A+(B+C)$	Beim Addieren von Matrizen kommt es auf die Reihenfolge des Addierens nicht an. Klammern können beim Addieren weggelassen werden.
Kommutativgesetz	$A+B = B+A$	Beim Addieren von Matrizen können die Summanden vertauscht werden.
	$(c \cdot d) \cdot A = c \cdot (d \cdot A)$ $(c+d) \cdot A = c \cdot A + d \cdot A$	

Alle diese Rechenregeln können „koeffizientenweise" nachgeprüft werden. Dabei benutzt man, dass diese Rechenregeln für das Rechnen mit Zahlen gelten.

B **251** mit Matrizen rechnen — ggb/xls/tns 778wj6

Gegeben sind die Matrizen $A = \begin{pmatrix} 5 & -1 & 10 & 1 \\ 11 & 7 & 0 & -6 \\ 6 & 8 & 0 & 22 \end{pmatrix}$ und $B = \begin{pmatrix} 5 & 4 & -4 & 12 \\ 3 & -3 & -7 & -6 \\ 1 & 2 & 7 & 11 \end{pmatrix}$. Berechne 3A + B.

$$3A + B = 3 \cdot \begin{pmatrix} 5 & -1 & 10 & 1 \\ 11 & 7 & 0 & -6 \\ 6 & 8 & 0 & 22 \end{pmatrix} + \begin{pmatrix} 5 & 4 & -4 & 12 \\ 3 & -3 & -7 & -6 \\ 1 & 2 & 7 & 11 \end{pmatrix} = \begin{pmatrix} 15 & -3 & 30 & 3 \\ 33 & 21 & 0 & -18 \\ 18 & 24 & 0 & 66 \end{pmatrix} + \begin{pmatrix} 5 & 4 & -4 & 12 \\ 3 & -3 & -7 & -6 \\ 1 & 2 & 7 & 11 \end{pmatrix} = \begin{pmatrix} 20 & 1 & 26 & 15 \\ 36 & 18 & -7 & -24 \\ 19 & 26 & 7 & 77 \end{pmatrix}$$

B, C **252** Gib an, ob man die beiden Matrizen addieren kann. Wenn es möglich ist, addiere sie.

a. $\begin{pmatrix} 2 & 3 \\ 9 & 8 \\ 4 & 6 \\ 1 & 4 \end{pmatrix}; \begin{pmatrix} 1 & 4 \\ 3 & 7 \\ 2 & 1 \\ 5 & 1 \end{pmatrix}$

b. $\begin{pmatrix} 8 & -5 \\ -1 & 0 \\ 0 & -2 \\ 1 & 3 \end{pmatrix}; \begin{pmatrix} 0 & 0 \\ 0 & 2 \\ -2 & 0 \\ 5 & 2 \end{pmatrix}$

c. $\begin{pmatrix} 1 & 0 & -4 & 1 \\ 4 & -3 & 9 & -6 \\ -7 & 8 & 3 & 12 \end{pmatrix}; \begin{pmatrix} 2 & 2 & 2 & 2 \\ 2 & 2 & 2 & 2 \\ 2 & 2 & 2 & 2 \end{pmatrix}$

d. $\begin{pmatrix} 14 & -9 \\ 7 & 11 \\ 12 & 13 \end{pmatrix}; \begin{pmatrix} 21 & -2 & 9 \\ 3 & 0 & 7 \end{pmatrix}$

e. $\begin{pmatrix} 4 & 6 \\ 4 & 2 \\ 2 & 0 \\ 1 & 8 \end{pmatrix}; \begin{pmatrix} 5 & 3 & 2 \\ 9 & 4 & 1 \\ 1 & 6 & 5 \\ 2 & 0 & 1 \end{pmatrix}$

f. $\begin{pmatrix} -\frac{1}{2} & \frac{1}{2} \\ \frac{1}{3} & -\frac{1}{3} \\ -\frac{1}{4} & \frac{3}{4} \end{pmatrix}; \begin{pmatrix} \frac{5}{2} & -\frac{1}{4} \\ \frac{5}{3} & -\frac{7}{2} \\ \frac{1}{5} & -\frac{4}{3} \end{pmatrix}$

B **253** Benütze eine geeignete Technologie, um die Ergebnisse der Aufgabe 252 zu überprüfen.

B **254** Berechne.

a. $3 \cdot \begin{pmatrix} 5 & -4 \\ 1 & 3 \end{pmatrix} =$

b. $2 \cdot \begin{pmatrix} 1 & 0 & -7 \\ 2 & -3 & 6 \end{pmatrix} =$

c. $0 \cdot \begin{pmatrix} 2 & -4 \\ 1 & 0 \\ -3 & -7 \end{pmatrix} =$

B **255** Gegeben sind die Matrizen A, B und C. Berechne sowohl (A + B) + C als auch A + (B + C). Das Resultat sollte in beiden Fällen das gleiche sein. Überprüfe das Ergebnis auch mithilfe einer geeigneten Technologie.

a. $A = \begin{pmatrix} 3 & -2 & 4 \\ 1 & 6 & -5 \end{pmatrix}; B = \begin{pmatrix} 7 & 4 & 12 \\ -8 & 11 & -1 \end{pmatrix}; C = \begin{pmatrix} 2 & 14 & -9 \\ 15 & 8 & 14 \end{pmatrix}$

b. $A = \begin{pmatrix} 5{,}7 & 3{,}8 & 5{,}5 \\ 2{,}1 & -7{,}4 & 2{,}9 \\ -1{,}8 & 4{,}7 & -1{,}6 \end{pmatrix}; B = \begin{pmatrix} 0 & -6{,}8 & 1{,}5 \\ -9{,}1 & -7{,}2 & 5{,}4 \\ 1{,}1 & 2{,}3 & 4 \end{pmatrix}; C = \begin{pmatrix} -2{,}1 & 4{,}9 & 1{,}2 \\ 5{,}4 & 1{,}8 & -4{,}8 \\ 0 & 1 & -7{,}6 \end{pmatrix}$

B **256** Gegeben sind die Zahlen c und d sowie die Matrix A. Berechne sowohl $c \cdot A + d \cdot A$ als auch $(c + d) \cdot A$. Das Resultat sollte in beiden Fällen das gleiche sein. Überprüfe das Ergebnis auch mithilfe einer geeigneten Technologie.

a. $c = 3;\ d = 7;\ A = \begin{pmatrix} 6 & -4 & 9 \\ 1 & 2 & -5 \\ -7 & 6 & 8 \end{pmatrix}$

b. $c = 5;\ d = -3;\ A = \begin{pmatrix} 6{,}2 & 3{,}8 & 4{,}7 \\ -3{,}5 & 7{,}9 & 1{,}2 \\ 0{,}4 & 2{,}3 & 5{,}1 \end{pmatrix}$

c. $c = 7;\ d = 5;\ A = \begin{pmatrix} \frac{1}{3} & \frac{1}{9} & \frac{1}{4} \\ -\frac{2}{9} & \frac{1}{6} & \frac{7}{12} \\ \frac{3}{4} & -\frac{1}{8} & -\frac{1}{2} \end{pmatrix}$

d. $c = \frac{1}{4};\ d = -\frac{2}{3};\ A = \begin{pmatrix} \frac{3}{5} & \frac{8}{15} \\ \frac{9}{10} & -\frac{12}{5} \end{pmatrix}$

B **257** Die Aufgabe, eine Zahl mit einer Matrix zu multiplizieren, lässt sich mithilfe einer geeigneten Technologie schnell lösen. Multipliziere die gegebene Matrix mit einer beliebig gewählten Zahl. Gestalte die Eingabe so, dass die Zahl einfach verändert werden kann.

a. $\begin{pmatrix} 1 & 4 \\ 0 & 1{,}5 \\ -2 & -8 \end{pmatrix}$

b. $\begin{pmatrix} \frac{1}{2} & \frac{1}{3} \\ \frac{2}{3} & \frac{1}{5} \\ -\frac{1}{7} & \frac{2}{5} \end{pmatrix}$

B **258** Gegeben sind eine Zahl c sowie die Matrizen A und B. Berechne sowohl $c \cdot (A + B)$ als auch $c \cdot A + c \cdot B$. Das Resultat sollte in beiden Fällen das gleiche sein. Überprüfe das Ergebnis auch mithilfe einer geeigneten Technologie.

a. $c = 10;\ A = \begin{pmatrix} 3 & 4 \\ -2 & 7 \end{pmatrix}; B = \begin{pmatrix} 8 & -1 \\ 6 & 9 \end{pmatrix}$

b. $c = 7;\ A = \begin{pmatrix} 3 & 6 & 0 \\ 8 & 5 & -1 \end{pmatrix}; B = \begin{pmatrix} -7 & 9 & 11 \\ -6 & 0 & -1 \end{pmatrix}$

c. $c = \frac{1}{4};\ A = \begin{pmatrix} 8 & 5 \\ 7 & 9 \end{pmatrix}; B = \begin{pmatrix} 0 & 3 \\ 7 & 9 \end{pmatrix}$

d. $c = \frac{2}{3};\ A = \begin{pmatrix} 5 & \frac{6}{5} \\ \frac{5}{2} & \frac{9}{4} \end{pmatrix}; B = \begin{pmatrix} 1 & \frac{3}{8} \\ \frac{3}{4} & -\frac{1}{2} \end{pmatrix}$

B, C **259** Eine Firma verkauft vier Produkte in drei verschiedenen Filialen. In den Monaten Jänner, Februar und März wird die jeweils in diesen drei Filialen verkaufte Menge durch 4×3-Matrizen beschrieben:

$$J=\begin{pmatrix}70&86&117\\102&163&224\\65&57&99\\28&48&87\end{pmatrix};\quad F=\begin{pmatrix}63&86&112\\98&154&203\\67&49&88\\19&49&79\end{pmatrix};\quad M=\begin{pmatrix}73&91&107\\113&162&31\\70&57&92\\23&36&84\end{pmatrix}$$

a. Ermittle, wie viel Stück von Produkt 3 im Februar in der Filiale 2 verkauft wurden.

b. Berechne, wie viel Stück von Produkt 1 im März insgesamt verkauft wurden.

c. Interpretiere die Zahl J_{13}.

d. Berechne die Summe der Einträge in der zweiten Spalte von J. Interpretiere diese Zahl.

e. Ermittle die Summe der Einträge in der dritten Zeile von J. Interpretiere diese Zahl.

f. Berechne J + F + M. Erkläre, was man an dieser Matrix ablesen kann.

Multiplikation von Zeilen mit Spalten

In einem Kaufhaus kostet die Ware A pro Stück 4 €, die Ware B pro Stück 2 € und die Ware C pro Stück 3 €. Kauft man 3 Stück von der Ware A, 1 Stück von der Ware B und 4 Stück von der Ware C, dann muss man $3\cdot 4€ + 1\cdot 2€ + 4\cdot 3€ = 26€$ bezahlen.

Wir können das übersichtlich so darstellen: Die Stückpreise von A, B, C schreiben wir untereinander in einer Spalte an, die Anzahl der gekauften Stück von A, B, C nebeneinander in einer Zeile.
Den Preis des Einkaufs erhalten wir dann, indem wir jeden Eintrag in der Zeile mit dem entsprechenden Eintrag in der Spalte multiplizieren und diese drei Produkte dann zusammenzählen:

$$(3\ \ 1\ \ 4)\cdot\begin{pmatrix}4\\2\\3\end{pmatrix}=3\cdot 4+1\cdot 2+4\cdot 3=26$$

Auf dieser Weise haben wir einer Zeile und einer Spalte mit je drei Einträgen eine Zahl zugeordnet, wir nennen sie das **Produkt** der Zeile mit der Spalte. Beachte: Für diese Berechnung war es wichtig, dass die „Einkaufszeile" gleich viele Einträge hatte wie die „Preisspalte".

Produkt einer Zeile mit einer Spalte

Wenn $Z=(Z_1\ Z_2\ \dots\ Z_n)$ eine Zeile mit n Einträgen und $S=\begin{pmatrix}S_1\\S_2\\\vdots\\S_n\end{pmatrix}$ eine Spalte mit ebenfalls n Einträgen ist, dann nennen wir die Zahl

$$Z\cdot S=Z_1S_1+Z_2S_2+\dots+Z_nS_n$$

das **Produkt der Zeile Z mit der Spalte S.**

Achtung

Zur Berechnung des Produktes einer Zeile mit einer Spalte ist es wichtig, dass die Zeile gleich viele Einträge hat wie die Spalte.

A, B **260** eine Textaufgabe durch Multiplikation einer Zeile mit einer Spalte lösen

Ein Busunternehmen besitzt 4 Busse mit 8 Sitzplätzen, 5 Busse mit 22 Sitzplätzen und 2 Busse mit 50 Sitzplätzen. Berechne mithilfe einer geeigneten Multiplikation einer Zeile mit einer Spalte, wie viele Personen das Busunternehmen insgesamt zugleich befördern kann.

Man erhält die Anzahl durch die Rechnung

$$4\cdot 8+5\cdot 22+2\cdot 50.$$

Das entspricht der Multiplikation

$$(4\ \ 5\ \ 2)\cdot\begin{pmatrix}8\\22\\50\end{pmatrix}=242\quad\text{bzw.}\quad(8\ \ 22\ \ 50)\cdot\begin{pmatrix}4\\5\\2\end{pmatrix}=242.$$

Das Busunternehmen kann zugleich 242 Personen befördern.

B **261** Multipliziere die Zeile mit der Spalte.

a. $(7\ 4\ 3)\cdot\begin{pmatrix}2\\1\\4\end{pmatrix}=$ **b.** $(6\ -2\ 5\ 8)\cdot\begin{pmatrix}1\\4\\-2\\0\end{pmatrix}=$ **c.** $(1\ 0)\cdot\begin{pmatrix}0\\1\end{pmatrix}=$ **d.** $(3\ 4\ -5\ 2\ -1)\cdot\begin{pmatrix}2\\-1\\3\\7\\1\end{pmatrix}=$

A, B **262** Ein Pizzaservice hat die Pizzen Margherita (5,50 €), al Diavolo (8,20 €), Salami (6,20 €), Quattro Formaggi (7,60 €) und della Casa (9,50 €) im Angebot. Am heutigen Tag wurden 18 Stück Margherita, 12 Stück al Diavolo, 21 Stück Salami, 11 Stück Quattro Formaggi und 7 Stück della Casa verkauft. Berechne den Tagesumsatz mithilfe einer geeigneten Multiplikation einer Zeile mit einer Spalte.

A, B **263** Ein Verkehrspolizist zieht am Ende seines Arbeitstages Bilanz: Er hat 12 Autofahrerinnen bzw. Autofahrer erwischt, die nicht angeschnallt waren (Organstrafe von je 35 €), 7 haben am Steuer telefoniert (je 50 €), außerdem waren 16 in der 30 km/h-Zone zu schnell unterwegs (je 40 €). Berechne mithilfe einer geeigneten Multiplikation einer Zeile mit einer Spalte, welchen Gesamtbetrag an Bußgeldern der Verkehrspolizist insgesamt kassiert hat.

A, B **264** Ein Campingplatz verlangt folgende Gebühren pro Tag: Stellplatz: 15 €, Erwachsener: 9 €, Kinder unter 10 Jahren: gratis, Jugendliche bis 14 Jahre: 6 €, Stromanschluss: 3 €, Ortstaxe pro Erwachsenem: 1,20 €. Schreibe diese Gebühren in einer Spalte G an. Berechne mithilfe einer geeigneten Multiplikation einer Zeile mit einer Spalte, wie viel Familie Hirter (2 Erwachsene und 5 Kinder im Alter von 3, 5, 11, 13, 16 Jahren) pro Tag bezahlt, wenn sie keinen Strom benötigt.

A, B **265** Eine Firma vermietet Wohnmobile. Sie verlangt pro Tag eine Leihgebühr von 65 € und pro gefahrenen Kilometer zusätzlich 0,08 €.

a. Familie Hofer mietet ein Wohnmobil für eine 14-tägige Deutschland-Rundreise über 3 000 km. Berechne die Kosten für das Wohnmobil mithilfe einer Multiplikation einer Zeile mit einer Spalte.

b. Familie Simon plant einen dreiwöchigen Campingurlaub in Frankreich mit einer zu fahrenden Strecke von 3 800 km. Berechne die Kosten für das gemietete Wohnmobil.

c. Ermittle die Mietkosten für ein Wohnmobil, wenn man damit in insgesamt 10 Tagen von Wien nach Neapel (Italien) und wieder retour fahren möchte.

A, B **266** Ein Obst- und Gemüsehändler kauft am Großmarkt immer ein Sortiment aus Äpfeln (0,85 €/kg), Birnen (1,10 €/kg), Erdäpfeln (0,50 €/kg) und Zwiebel (0,55 €/kg). Löse die Aufgaben durch Multiplikation einer Zeile mit einer Spalte.

a. Montags kauft er 15 kg Äpfel, 5 kg Birnen, 25 kg Erdäpfel und 15 kg Zwiebel. Berechne, wie viel er zu bezahlen hat.

b. Mittwochs kauft er 10 kg Äpfel, 10 kg Erdäpfel und 10 kg Zwiebel. Berechne den Rechnungsbetrag.

A, B **267** Für ein Fest werden 50 Liter Softdrinks, 200 Semmeln und 250 Paar Würstel benötigt. Löse die Aufgabe durch Multiplikation einer Zeile mit einer Spalte.

a. Im Supermarkt A werden 1,80 € pro Liter Softdrink, 0,25 € pro Semmel und 1,10 € je Paar Würstel verrechnet. Berechne, wie viel der Einkauf kostet.

b. Im Supermarkt B werden 1,50 € pro Liter Softdrink, 1,80 € pro 10 Stück Semmeln und 1,15 € je Paar Würstel verrechnet. Berechne, wie viel der Einkauf kostet.

C **268** Der Brennwert von Lebensmitteln wird in kcal (Kilokalorien) gemessen. Eine Möglichkeit, ihn zu bestimmen, besteht darin zu analysieren, wie viel Eiweiß, Fett und Kohlehydrate ein bestimmtes Lebensmittel enthält. Man weiß, dass ein Gramm Eiweiß einen Brennwert von 4 kcal besitzt, ein Gramm Fett 9 kcal und ein Gramm Kohlehydrate ebenfalls 4 kcal. Diese Brennwerte kann man als 1×3-Matrix K anschreiben: $K = (4 \;\; 9 \;\; 4)$

Interpretiere, wie man in diesem Zusammenhang das Produkt $K \cdot \begin{pmatrix} 30 \\ 60 \\ 10 \end{pmatrix}$ deuten kann.

A, B **269** Berechne mithilfe der Aufgabe 268 den Brennwert des gegebenen Lebensmittels in kcal.

a. Eine Tafel Schokolade (250 g); 100 g enthalten 9,2 g Eiweiß, 31,5 g Fett und 54,1 g Kohlehydrate.

b. Eine Portion Vanilleeis (200 ml); 100 ml enthalten 1,3 g Eiweiß, 5,5 g Fett und 12,3 g Kohlehydrate.

c. $\frac{1}{4}$ Liter Milch; 100 ml enthalten 3,4 g Eiweiß, 3,6 g Fett und 4,8 g Kohlehydrate.

d. Eine Scheibe Roggenbrot (80 g); 100 g enthalten 5,9 g Eiweiß, 1,2 g Fett und 36,6 g Kohlehydrate.

e. $\frac{1}{2}$ Liter Bier; 100 ml enthalten 0,5 g Eiweiß, 0 g Fett und 3,2 g Kohlehydrate.

Matrizenmultiplikation

Wir betrachten eine „zweistufige" Produktion: Die Rohstoffe R_1, R_2, R_3, R_4 werden zuerst zu Zwischenprodukten Z_1, Z_2, Z_3 verarbeitet, aus diesen entstehen dann die Endprodukte E_1 und E_2. Die Anzahl der Einheiten der einzelnen Rohstoffe R_1, R_2, R_3, R_4, die für die Zwischenprodukte Z_1, Z_2, Z_3 benötigt werden, bzw. die Anzahl der Einheiten der Zwischenprodukte Z_1, Z_2, Z_3, die zur Erzeugung der Endprodukte E_1 und E_2 benötigt werden, sind durch je einen Gozintographen dargestellt.

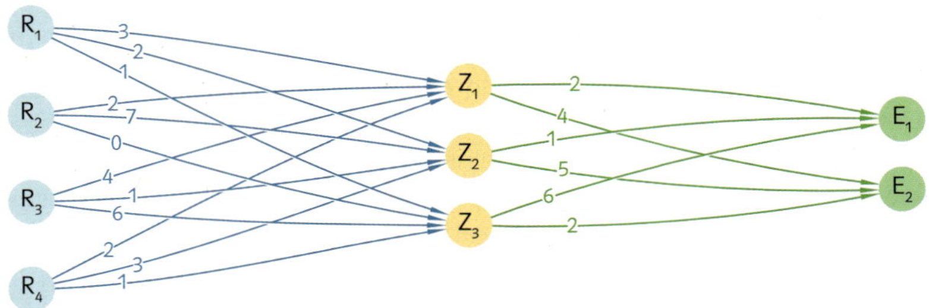

Man spricht von einem **zweistufigen Produktionsprozess**.

Wir fassen die durch die zwei Gozintographen dargestellten Daten in zwei Matrizen zusammen:

$$A = \begin{array}{c} \\ R_1 \\ R_2 \\ R_3 \\ R_4 \end{array}\begin{array}{c} \begin{matrix} Z_1 & Z_2 & Z_3 \end{matrix} \\ \begin{pmatrix} 3 & 2 & 1 \\ 2 & 7 & 0 \\ 4 & 1 & 6 \\ 2 & 3 & 1 \end{pmatrix} \end{array} \qquad B = \begin{array}{c} \\ Z_1 \\ Z_2 \\ Z_3 \end{array}\begin{array}{c} \begin{matrix} E_1 & E_2 \end{matrix} \\ \begin{pmatrix} 2 & 4 \\ 1 & 5 \\ 6 & 2 \end{pmatrix} \end{array}$$

Die 4×3-Matrix A beschreibt die Herstellung der Zwischenprodukte aus den Rohstoffen, die 3×2-Matrix B die Herstellung der Endprodukte aus den Zwischenprodukten.

Wie viele Einheiten von Rohstoff R_1 werden zur Herstellung von einer Einheit von E_1 benötigt? Für die Herstellung einer Einheit von E_1 braucht man 2 Einheiten des Zwischenproduktes Z_1, 1 Einheit von Z_2 und 6 Einheiten von Z_3. Für Z_1 braucht man 3 Einheiten von R_1, für Z_2 2 Einheiten und für Z_3 1 Einheit von R_1. Also sind für die Herstellung einer Einheit von E_1 insgesamt

$$3 \cdot 2 + 2 \cdot 1 + 1 \cdot 6 = 14$$

Einheiten von R_1 nötig. Diese Rechnung entspricht der Multiplikation der 1. Zeile von A mit der 1. Spalte von B:

$$(3 \;\; 2 \;\; 1) \cdot \begin{pmatrix} 2 \\ 1 \\ 6 \end{pmatrix} = 3 \cdot 2 + 2 \cdot 1 + 1 \cdot 6 = 14$$

Analog ergibt das Produkt der 1. Zeile von A mit der 2. Spalte von B die Anzahl der Einheiten des Rohstoffs R_1, die für die Herstellung einer Einheit des Endproduktes E_2 erforderlich sind:

$$(3 \;\; 2 \;\; 1) \cdot \begin{pmatrix} 4 \\ 5 \\ 2 \end{pmatrix} = 3 \cdot 4 + 2 \cdot 5 + 1 \cdot 2 = 24$$

Auf gleiche Weise erhalten wir für $i = 1, 2, 3, 4$ und $j = 1, 2$ die Anzahl D_{ij} der Einheiten des Rohstoffs R_i, die für die Produktion des Endproduktes E_j erforderlich sind, indem wir die die i-te Zeile der Matrix A mit der j-ten Spalte der Matrix B multiplizieren. Wir fassen diese Zahlen D_{ij} zu der 4×3-Matrix

$$D = \begin{pmatrix} 14 & 24 \\ 11 & 43 \\ 45 & 33 \\ 13 & 25 \end{pmatrix}$$

zusammen. Die Matrix D bezeichnen wir als **Produkt der Matrizen A und B** und schreiben kurz:

$$D = A \cdot B = \begin{array}{c} \\ R_1 \\ R_2 \\ R_3 \\ R_4 \end{array}\begin{array}{c} \begin{matrix} Z_1 & Z_2 & Z_3 \end{matrix} \\ \begin{pmatrix} 3 & 2 & 1 \\ 2 & 7 & 0 \\ 4 & 1 & 6 \\ 2 & 3 & 1 \end{pmatrix} \end{array} \cdot \begin{array}{c} \\ Z_1 \\ Z_2 \\ Z_3 \end{array}\begin{array}{c} \begin{matrix} E_1 & E_2 \end{matrix} \\ \begin{pmatrix} 2 & 4 \\ 1 & 5 \\ 6 & 2 \end{pmatrix} \end{array} = \begin{array}{c} \\ R_1 \\ R_2 \\ R_3 \\ R_4 \end{array}\begin{array}{c} \begin{matrix} E_1 & E_2 \end{matrix} \\ \begin{pmatrix} 14 & 24 \\ 11 & 43 \\ 45 & 33 \\ 13 & 25 \end{pmatrix} \end{array}$$

Produkt von zwei Matrizen

Wir bezeichnen mit A eine m × n-Matrix und mit B eine n × p Matrix (m, n, p ∈ ℕ). Das **Produkt** von A und B ist die m × p-Matrix A · B, deren i-j-ter Koeffizient A_{ij} das Produkt

$$A_{i1}B_{1j} + A_{i2}B_{2j} + \ldots + A_{in}B_{nj}$$

der i-ten Zeile von A mit der j-ten Spalte von B ist (i = 1, 2, …, m und j = 1, 2, …, p).

Achtung

Das Produkt von zwei Matrizen ist nur für den Fall definiert, dass die Anzahl der Spalten der ersten Matrix gleich der Anzahl der Zeilen der zweiten Matrix ist.

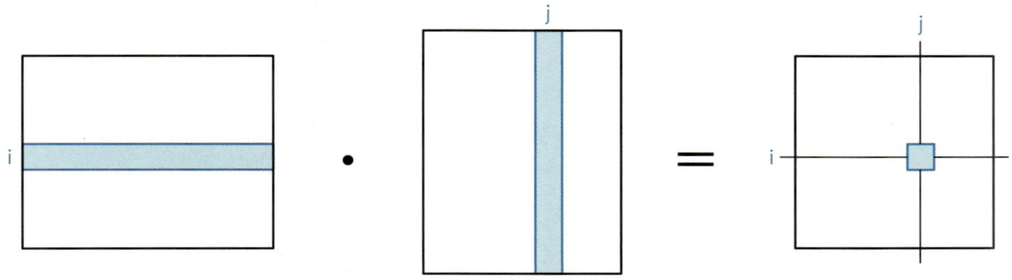

Matrizen multiplizieren

ggb/xls/tns
z998q6

GeoGebra	<Matrix> * <Matrix>	$A = \begin{pmatrix} 1 & -4 \\ 3 & 2 \end{pmatrix}$, $B = \begin{pmatrix} 0 & 7 \\ 1 & 6 \end{pmatrix}$ → A*B → $\begin{pmatrix} -4 & -17 \\ 2 & 33 \end{pmatrix}$
Excel	= MMULT(Matrix1; Matrix2) **Wichtig:** passenden Zellbereich für das Ergebnis markieren, dann die Tastenkombination [Strg] & [Umschalt] & [Eingabe] drücken	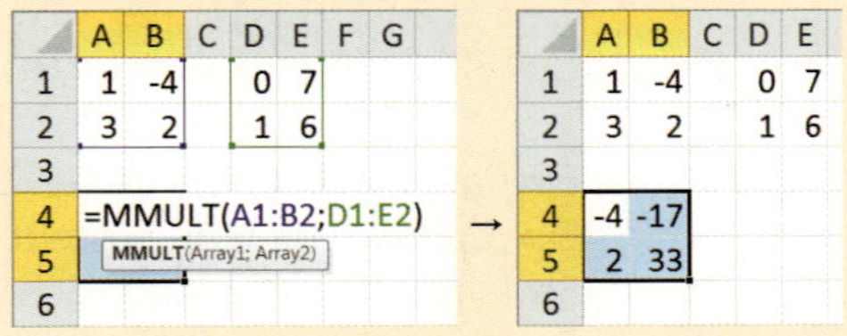
TI Nspire	Matrix * Matrix	$\begin{bmatrix} 1 & -4 \\ 3 & 2 \end{bmatrix} \cdot \begin{bmatrix} 0 & 7 \\ 1 & 6 \end{bmatrix}$ → $\begin{bmatrix} -4 & -17 \\ 2 & 33 \end{bmatrix}$

B **270** das Produkt zweier Matrizen berechnen

ggb/xls/tns
j8h5vz

Berechne das Produkt A · B, wobei $A = \begin{pmatrix} 1 & -5 & 3 \\ 10 & 4 & -1 \end{pmatrix}$ und $B = \begin{pmatrix} 2 & 3 \\ -6 & 1 \\ 0 & -2 \end{pmatrix}$ ist.

$$A \cdot B = \begin{pmatrix} 1 & -5 & 3 \\ 10 & 4 & -1 \end{pmatrix} \cdot \begin{pmatrix} 2 & 3 \\ -6 & 1 \\ 0 & -2 \end{pmatrix} =$$

$$= \begin{pmatrix} 1 \cdot 2 + (-5) \cdot (-6) + 3 \cdot 0 & 1 \cdot 3 + (-5) \cdot 1 + 3 \cdot (-2) \\ 10 \cdot 2 + 4 \cdot (-6) + (-1) \cdot 0 & 10 \cdot 3 + 4 \cdot 1 + (-1) \cdot (-2) \end{pmatrix} = \begin{pmatrix} 32 & -8 \\ -4 & 36 \end{pmatrix}$$

B **271** Multipliziere die Matrix mit der Spalte.

a. $\begin{pmatrix} 3 & 7 \\ 5 & 4 \end{pmatrix} \cdot \begin{pmatrix} 5 \\ 2 \end{pmatrix} =$ **b.** $\begin{pmatrix} 0{,}6 & 0{,}3 \\ 0{,}4 & 0{,}7 \end{pmatrix} \cdot \begin{pmatrix} 4 \\ 9 \end{pmatrix} =$ **c.** $\begin{pmatrix} 2 & 6 & 2 \\ 5 & 3 & 1 \\ 9 & 4 & 8 \end{pmatrix} \cdot \begin{pmatrix} 2 \\ 1 \\ 6 \end{pmatrix} =$ **d.** $\begin{pmatrix} 1 & 6 & -7 \\ 5 & 2 & 3 \\ 3 & 8 & 2 \\ 7 & 0 & 6 \\ -4 & 4 & 1 \end{pmatrix} \cdot \begin{pmatrix} 4 \\ 5 \\ -1 \end{pmatrix} =$

B **272** Multipliziere die Zeile mit der Matrix.

a. $(3\ \ 8) \cdot \begin{pmatrix} 1 & 7 \\ 5 & 2 \end{pmatrix} =$ **b.** $(7\ \ -2\ \ 9) \cdot \begin{pmatrix} 1 & 0 & 0 \\ 0 & 1 & 0 \\ 0 & 0 & 1 \end{pmatrix} =$ **c.** $(7\ \ -2\ \ 9) \cdot \begin{pmatrix} 0 & 0 & 1 \\ 0 & 1 & 0 \\ 1 & 0 & 0 \end{pmatrix} =$ **d.** $(7\ \ -2\ \ 9) \cdot \begin{pmatrix} 0 & 1 & 0 \\ 1 & 0 & 0 \\ 0 & 0 & 1 \end{pmatrix} =$

B **273** Finde eine Matrix A so, dass die Rechnung stimmt.

a. $(7\ \ -2\ \ 9) \cdot A = 7$

b. $(1\ \ 2\ \ 3) \cdot A = 2$

c. $(1\ \ 2\ \ 3) \cdot A = -2$

d. $A \cdot \begin{pmatrix} 1 \\ 2 \\ 3 \end{pmatrix} = \begin{pmatrix} 1 \\ 2 \\ 3 \end{pmatrix}$

e. $A \cdot \begin{pmatrix} 1 \\ 2 \\ 3 \end{pmatrix} = 3$

f. $A \cdot \begin{pmatrix} 2 \\ 5 \\ -3 \end{pmatrix} = \begin{pmatrix} 3 \\ -5 \\ 2 \end{pmatrix}$

B, C **274** Gib an, ob man die beiden Matrizen multiplizieren kann. Wenn es möglich ist, berechne das Produkt. Überprüfe das Ergebnis mit einer geeigneten Technologie.

a. $\begin{pmatrix} 2 & 3 \\ 1 & 5 \end{pmatrix} \cdot \begin{pmatrix} 4 & 1 \\ 2 & 3 \end{pmatrix} =$

b. $\begin{pmatrix} 4 & 2 \\ 3 & 1 \end{pmatrix} \cdot \begin{pmatrix} 1 & 0 \\ 0 & 1 \end{pmatrix} =$

c. $\begin{pmatrix} -4 & -1 \\ 2 & 3 \end{pmatrix} \cdot \begin{pmatrix} 0 & 1 \\ 1 & 0 \end{pmatrix} =$

d. $\begin{pmatrix} 4 & 3 \\ 2 & 6 \\ 1 & 9 \end{pmatrix} \cdot \begin{pmatrix} 2 & 0 \\ 1 & 2 \\ 0 & 1 \end{pmatrix} =$

e. $\begin{pmatrix} 3 & 1 \\ 2 & 4 \end{pmatrix} \cdot \begin{pmatrix} 0{,}4 & -0{,}1 \\ 2 & 0{,}3 \end{pmatrix} =$

f. $\begin{pmatrix} 3 & -4 & 0 \\ -1 & 2 & 2 \\ 2 & 0 & -1 \end{pmatrix} \cdot \begin{pmatrix} 4 & 8 & 0 \\ 3 & 3 & 7 \\ 0 & 1 & 0 \end{pmatrix} =$

g. $\begin{pmatrix} 2 & -3 \\ 4 & 2 \\ 5 & -1 \end{pmatrix} \cdot \begin{pmatrix} 6 & 3 & 1 \\ 4 & -6 & 5 \end{pmatrix} =$

h. $\begin{pmatrix} 5 & -4 \\ 3 & 2 \\ 1 & 0 \end{pmatrix} \cdot \begin{pmatrix} -1 & 2 & 6 & 3 \\ 0 & 4 & -1 & 2 \end{pmatrix} =$

i. $\begin{pmatrix} 4 & 5 & 8 \\ -1 & 3 & 9 \end{pmatrix} \cdot \begin{pmatrix} 4 & 1 \\ 0 & 3 \end{pmatrix} =$

B, C, **275** Gegeben sind zwei Matrizen A und B. Erkläre, welche der Rechenoperationen $A + B$, $A \cdot B$ und $B \cdot A$ sich durchführen lassen. Wenn die Rechenoperationen möglich sind, gib das Ergebnis an.

a. $A = \begin{pmatrix} 3 & 5 \\ 6 & -1 \end{pmatrix}$; $B = \begin{pmatrix} 2 & -4 \\ 0 & 5 \end{pmatrix}$

b. $A = \begin{pmatrix} 3 & 5 & 1 \\ 1 & -2 & 7 \\ 6 & 3 & 0 \end{pmatrix}$; $B = \begin{pmatrix} 2 & 3 & 4 \\ -4 & 0 & 1 \\ 5 & 1 & -2 \end{pmatrix}$

c. $A = \begin{pmatrix} 9 & 2 & 1 \\ 3 & -7 & 6 \end{pmatrix}$; $B = \begin{pmatrix} 2 & 1 \\ 4 & 0 \\ -3 & 5 \end{pmatrix}$

d. $A = \begin{pmatrix} 3 & 1 & 4 \\ 7 & 8 & -9 \\ 12 & -3 & 1 \end{pmatrix}$; $B = \begin{pmatrix} 1 \\ 2 \\ -3 \end{pmatrix}$

B **276** Ergänze die fehlenden Zahlen in den Matrizen.

a. $\begin{pmatrix} 3 & 5 \\ -2 & 1 \end{pmatrix} \cdot \begin{pmatrix} 6 & \square \\ \square & 3 \end{pmatrix} = \begin{pmatrix} 28 & 3 \\ \square & 11 \end{pmatrix}$

b. $\begin{pmatrix} 2 & 1 & \square \\ 4 & 2 & -3 \\ 1 & 2 & 1 \end{pmatrix} \cdot \begin{pmatrix} 2 & 0 & \square \\ 3 & 4 & 1 \\ 1 & \square & 0 \end{pmatrix} = \begin{pmatrix} 7 & 4 & 3 \\ 11 & 2 & \square \\ 9 & 10 & 3 \end{pmatrix}$

A, B, C **277** Ein Café bietet folgende vier Eisbecher an:
Ein „Coupe Danmark" besteht aus 3 Kugeln Vanilleeis, 1 Portion Schlagobers, 3 Portionen Schokosauce und 2 Waffeln.
Ein „Früchtebecher" besteht aus 1 Kugel Vanilleeis, 1 Kugel Erdbeereis, 1 Kugel Zitroneneis, 1 Portion Schlagobers, 1 Portion Fruchtsalat und 2 Waffeln.
Ein „Nussbecher" besteht aus 1 Kugel Vanilleeis, 1 Kugel Haselnusseis, 1 Kugel Schokoladeeis, 1 Portion Schlagobers, 1 Portion Schokosauce und 3 Waffeln.
Ein „Kinderbecher" besteht aus 1 Kugel Vanilleeis und 1 Kugel Schokoladeeis.

Löse die folgenden Aufgaben mithilfe einer geeigneten Technologie.

a. Fasse die benötigten Zutaten in einer solchen Tabelle zusammen:

	Coupe Danmark	Früchtebecher	Nussbecher	Kinderbecher
Vanilleeis				
Erdbeereis				
Zitroneneis				
Haselnusseis				
Schokoladeeis				
Schlagobers				
Schokosauce				
Waffeln				
Fruchtsalat				

b. Ergänze die in Aufgabe **a.** erstellte Tabelle um eine weitere Spalte mit der Überschrift „Gesamtbedarf". In dieser Spalte soll angegeben werden, wie viele Einheiten der einzelnen Zutaten benötigt werden, um die in der nebenstehenden Tabelle aufgezählten Bestellungen herzustellen. Verwende dazu eine geeignete Matrizenmultiplikation.

	Anzahl der Bestellungen
Coupe Danmark	17
Früchtebecher	12
Nussbecher	8
Kinderbecher	14

c. Lies in deiner Tabelle ab, wie viele Kugeln Vanilleeis für diese Bestellungen insgesamt benötigt werden.

A, B **278** Die Scho&Co GmbH erzeugt aus den Zutaten „Schokolade 80%", „Schokolade 10%", „Nougat", „Haselnuss" und „Marzipan" die vier Pralinen Edelbitter, Nougattraum, Black&White und Amadeus. Der Gozintograph zeigt, wie viel Gramm der jeweiligen Zutaten für die Erzeugung eines Stücks dieser vier Sorten nötig sind.

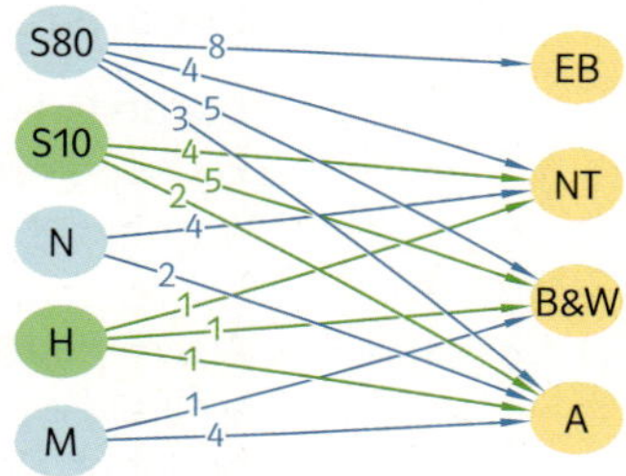

a. Wandle diesen Gozintographen in eine Matrix A um.

b. Es sollen 100 Stück der Sorte Edelbitter, 150 Stück Nougattraum, 80 Stück Black&White und 200 Stück Amadeus hergestellt werden. Berechne mithilfe dieser Matrix A, wie viel man von den jeweiligen Zutaten insgesamt benötigt.

A, B, C **279** Die Scho&Co GmbH verkauft ihre in Aufgabe 278 vorgestellten Pralinen in den zwei verschiedenen Verpackungen Schokogruß und Süßer Dank. Die Tabelle gibt an, wie viel Stück der vier Pralinensorten in den jeweiligen Verpackungen enthalten sind.

	Schokogruß	Süßer Dank
Edelbitter	6	0
Nougattraum	4	5
Black & White	6	5
Amadeus	4	10

a. Zeichne einen zu dieser Tabelle passenden Gozintographen.

b. Gib die zu dieser Tabelle gehörende Matrix B an und berechne mithilfe dieser Matrix B, wie viel Stück man von den einzelnen Pralinensorten benötigt, um 100 Packungen Schokogruß und 200 Packungen Süßer Dank zu produzieren.

c. Berechne, wie viel Gramm der in Aufgabe 278 genannten Zutaten man jeweils zur Herstellung einer Packung Schokogruß benötigt.

d. Berechne das Produkt $A \cdot B$, wobei A die Matrix aus Aufgabe 278 ist. Erkläre die Bedeutung der einzelnen Einträge der Matrix $A \cdot B$.

e. Ermittle, wie viel Gramm der in Aufgabe 278 genannten Zutaten man zur Herstellung von 10 Packungen Schokogruß und 20 Packungen Süßer Dank benötigt.

B, C **280** Ein Konditor verwendet drei Grundmassen, die er anschließend zu seinen berühmten Tortenkreationen weiterverarbeitet. Die Rezepte für diese Grundmassen wurden in einer Tabelle zusammengefasst. Die Zahlen dieser Tabelle bilden die Matrix M.

	Sandmasse	Biskuitmasse	Schokomasse
Butter (g)	300	50	200
Stärkemehl (g)	300	125	0
Mehl (g)	50	125	200
Staubzucker (g)	190	0	170
Kristallzucker (g)	125	250	170
Eier (Stk.)	6	8	9
Kochschokolade (g)	0	0	200

Die nächste Tabelle gibt an, wie viele Einheiten der jeweiligen Grundrezepte man für die vier Tortenkreationen benötigt. Die Zahlen dieser Tabelle bilden die Matrix T.

	Torte 1	Torte 2	Torte 3	Torte 4
Sandmasse	0	1	0,5	0,5
Biskuitmasse	0,5	0	0,5	0,2
Schokomasse	2	1	1	1,5

a. Multipliziere die Matrix M mit der zweiten Spalte von T. Interpretiere das Ergebnis.

b. Bilde das Produkt $M \cdot T$. Ergänze die erhaltene Matrix mit entsprechenden Zeilen- und Spaltenüberschriften zu einer Tabelle. Erkläre, was die Einträge dieser Tabelle bedeuten.

A **281** Wir betrachten noch einmal die beiden Matrizen M und T aus Aufgabe 280. Der Konditor erhält einen Auftrag über 4 Stück von Torte 1, 8 Stück von Torte 2, 2 Stück von Torte 3 und 10 Stück von Torte 4. Fasse diesen Auftrag in einer „Auftragsspalte" A zusammen.

a. Gib an, welche Rechnung man mit M, T und A ausführen muss, um herauszubekommen, wie viele Einheiten der Konditor für diesen Auftrag jeweils von den drei Grundmassen benötigt.

b. Gib an, welche Rechnung man mit M, T und A ausführen muss, um herauszubekommen, welche Mengen an Zutaten er jeweils insgesamt für diesen Auftrag benötigt.

Bedarfsmatrix, Produktionsvektor und Nachfragevektor

Die Bedarfsmatrix einer Produktion haben wir bereits im Abschnitt „Matrizen und Gozintographen" kennengelernt. Jetzt lernen wir, wie man mit ihrer Hilfe zu einer gegebenen Nachfrage die Anzahl der dazu benötigten Einheiten jedes Rohstoffes berechnet.

Bedarfsmatrix

Aus m Rohstoffen $R_1, R_2, \ldots, R_m$ werden n verschiedene Produkte $P_1, P_2, \ldots, P_n$ hergestellt. Zur Herstellung einer Einheit des Produktes P_j $(1 \leq j \leq n)$ werden B_{ij} Einheiten des Rohstoffs R_i $(1 \leq i \leq m)$ benötigt. Dann heißt die $m \times n$-Matrix B (mit den Einträgen B_{ij}) die **Bedarfsmatrix** dieser Produktion.

B =

	P_1		P_i		P_n
R_1	B_{11}	…	⋮	…	B_{1n}
	⋮		⋮		
R_j	⋯	⋯	B_{ij}		
	⋮				
R_m	B_{m1}	…	…	…	B_{mn}

Nachfragevektor

Wenn $N_1, N_2, \ldots, N_n$ Einheiten der Produkte $P_1, P_2, \ldots, P_n$ produziert werden sollen, so benötigt man dafür

$$X_i = B_{i1}N_1 + B_{i2}N_2 + \ldots + B_{in}N_n$$

Einheiten des Rohstoffs R_i $(1 \leq i \leq m)$. Die Zahl $X_i = B_{i1}N_1 + B_{i2}N_2 + \ldots + B_{in}N_n$ ist das Produkt der i-ten Zeile der Bedarfsmatrix B mit der Spalte

$$N = \begin{pmatrix} N_1 \\ N_2 \\ \vdots \\ N_n \end{pmatrix}.$$

Die Spalte N nennen wir den **Nachfragevektor**.

Produktionsvektor

Die Spalte

$$X = B \cdot N$$

nennen wir den **Produktionsvektor**. Der i-te Eintrag X_i von X ist die Anzahl der Einheiten, die vom Rohstoff R_i gebraucht werden, um die Nachfrage N zu erfüllen.

B, C **282** **Koeffizienten einer Bedarfsmatrix interpretieren**

Von einem Produktionsprozess kennt man die Bedarfsmatrix

$$B = \begin{pmatrix} 3 & 1 & 4 \\ 2 & 5 & 1 \end{pmatrix}.$$

a. Interpretiere den Koeffizienten B_{13} dieser Bedarfsmatrix.

b. Es sollen 10 Stück vom ersten Produkt, 5 Stück vom zweiten Produkt und 20 Stück vom dritten Produkt hergestellt werden. Gib den Nachfragevektor N an und berechne den zugehörigen Produktionsvektor X. Interpretiere anschließend dein Ergebnis.

a. $B_{13} = 4$

Das bedeutet, dass für die Herstellung des dritten Produktes 4 Einheiten des ersten Rohstoffs nötig sind.

b. Der Nachfragevektor ist

$$N = \begin{pmatrix} 10 \\ 5 \\ 20 \end{pmatrix}.$$

Der Produktionsvektor X ist das Produkt von B und N,

$$X = B \cdot N = \begin{pmatrix} 3 & 1 & 4 \\ 2 & 5 & 1 \end{pmatrix} \cdot \begin{pmatrix} 10 \\ 5 \\ 20 \end{pmatrix} = \begin{pmatrix} 115 \\ 65 \end{pmatrix}.$$

Man benötigt also 115 Einheiten vom ersten Rohstoff und 65 Einheiten vom zweiten Rohstoff, um 10 Stück vom ersten, 5 Stück vom zweiten und 20 Stück vom dritten Produkt herzustellen.

B, C **283** Von einem Produktionsprozess kennt man die Bedarfsmatrix $B = \begin{pmatrix} 5 & 1 & 3 \\ 3 & 4 & 2 \end{pmatrix}$.

Es sollen 80 Stück vom ersten, 50 Stück vom zweiten und 100 Stück vom dritten Produkt hergestellt werden. Gib den Nachfragevektor N an und berechne den zugehörigen Produktionsvektor X. Interpretiere anschließend dein Ergebnis.

B, C **284** Von einem Produktionsprozess kennt man die Bedarfsmatrix B und den Nachfragevektor N:

$$B = \begin{pmatrix} 1 & 0 & 2 & 0 \\ 2 & 1 & 0 & 3 \\ 0 & 2 & 4 & 1 \end{pmatrix}, N = \begin{pmatrix} 10 \\ 15 \\ 30 \\ 20 \end{pmatrix}$$

a. Gib an, wie viele Rohstoffe hier zu wie vielen Produkten verarbeitet werden.

b. Interpretiere den Koeffizienten B_{33} der Bedarfsmatrix.

c. Berechne den Produktionsvektor X und interpretiere das Ergebnis.

A, B, C **285** Der Gozintograph gibt an, wie viel von den Rohstoffen R_1, R_2 und R_3 nötig ist, um die Produkte P_1 und P_2 herzustellen.

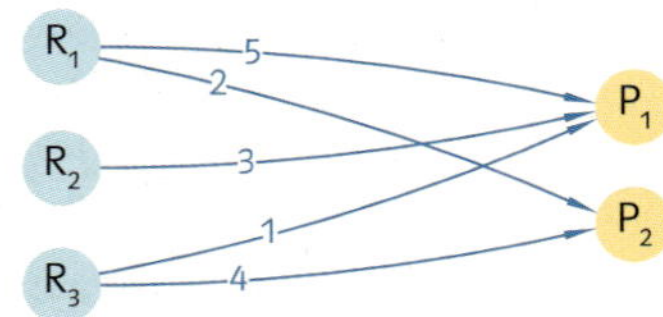

a. Erstelle die zugehörige Bedarfsmatrix.

b. Es sollen 200 Stück von P_1 und 150 Stück von P_2 hergestellt werden. Gib den zugehörigen Nachfragevektor an.

c. Berechne den zugehörigen Produktionsvektor und interpretiere das Ergebnis.

A, B **286** Ein Produktionsprozess wird durch einen Gozintographen beschrieben.

I.

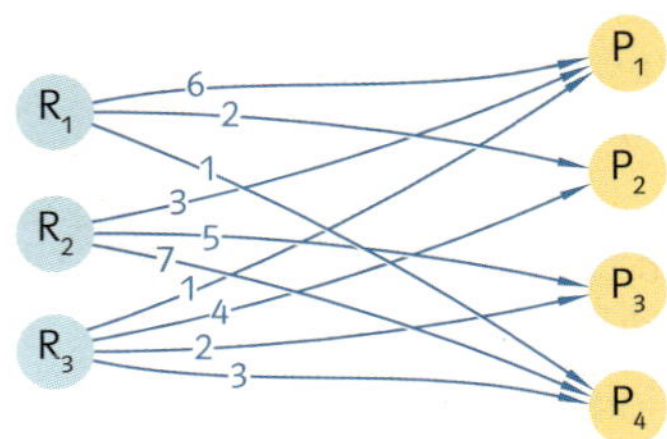

II.

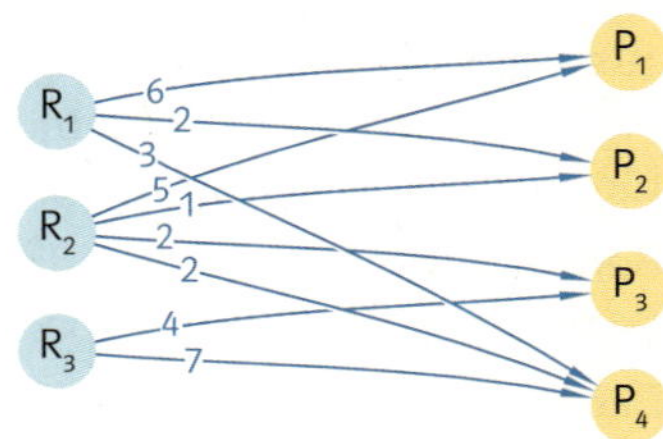

a. Gib die Bedarfsmatrix B an.

b. Es sollen 100 Stück von P_1, 200 Stück von P_2, 120 Stück von P_3 und 160 Stück von P_4 hergestellt werden. Berechne, wie viele Einheiten der jeweiligen Rohstoffe dadurch verbraucht werden.

A, B **287**
Bedarfsmatrizen und Rohstoffverbrauch eines zweistufigen Produktionsprozesses berechnen

Von einem zweistufigen Produktionsprozess sind die Gozintographen bekannt.

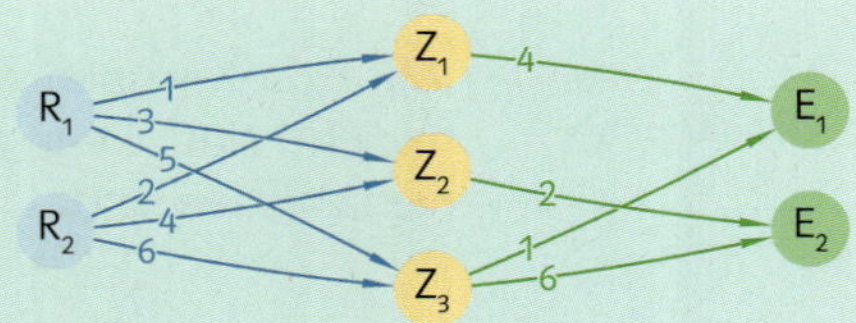

a. Bestimme die Bedarfsmatrizen RZ für die Produktion der Zwischenprodukte aus den Rohstoffen und ZE für die Produktion der Endprodukte aus den Zwischenprodukten. Berechne damit die Bedarfsmatrix RE für die Produktion der Endprodukte aus den Rohstoffen.

b. Es sollen 100 Stück von E_1 und 200 Stück von E_2 produziert werden. Berechne, wie viel Einheiten der Rohstoffen R_1 und R_2 dafür verbraucht werden.

a. RZ und ZE entnehmen wir direkt aus den Gozintographen:

$$RZ = \begin{pmatrix} 1 & 3 & 5 \\ 2 & 4 & 6 \end{pmatrix}, ZE = \begin{pmatrix} 4 & 0 \\ 0 & 2 \\ 1 & 6 \end{pmatrix}$$

RE erhalten wir durch Multiplikation von RZ mit ZE:

$$RE = RZ \cdot ZE = \begin{pmatrix} 1 & 3 & 5 \\ 2 & 4 & 6 \end{pmatrix} \cdot \begin{pmatrix} 4 & 0 \\ 0 & 2 \\ 1 & 6 \end{pmatrix} = \begin{pmatrix} 9 & 36 \\ 14 & 44 \end{pmatrix}$$

b. Wir multiplizieren die Bedarfsmatrix RE mit dem Nachfragevektor $\begin{pmatrix} 100 \\ 200 \end{pmatrix}$:

$$\begin{pmatrix} 9 & 36 \\ 14 & 44 \end{pmatrix} \cdot \begin{pmatrix} 100 \\ 200 \end{pmatrix} = \begin{pmatrix} 8100 \\ 10\,200 \end{pmatrix}$$

Es werden 8100 Einheiten von R_1 und 10 200 Einheiten von R_2 verbraucht.

A **288** Von einem zweistufigen Produktionsprozess kennt man die Matrizen RZ und ZE:

$$RZ = \begin{pmatrix} 2 & 1 \\ 1 & 5 \\ 3 & 2 \end{pmatrix}, ZE = \begin{pmatrix} 2 & 2 & 3 \\ 1 & 3 & 1 \end{pmatrix}.$$

Stelle diesen Produktionsprozess mithilfe von Gozintographen dar.

A, B **289**

Von einem zweistufigen Produktionsprozess sind die Gozintographen bekannt.

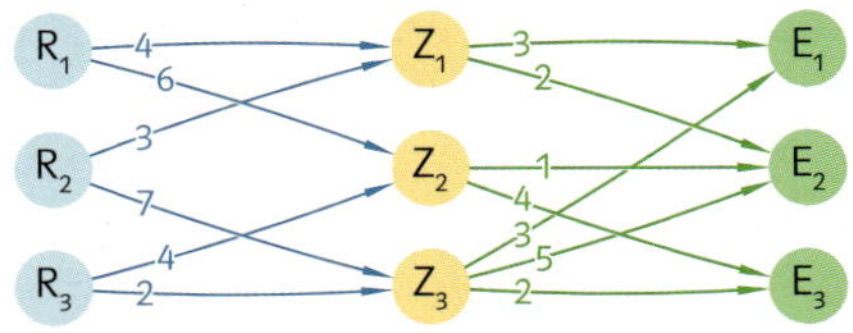

a. Bestimme die Bedarfsmatrizen RZ und ZE und berechne die Bedarfsmatrix RE.

b. Es sollen 200 Stück von E_1, 100 Stück von E_2 und 100 Stück von E_3 produziert werden. Berechne, wie viel Einheiten der Rohstoffe R_1 und R_2 dafür verbraucht werden.

A, B, C **290**

Zur Herstellung von Goldschmuck werden Rotgold, Gelbgold und Weißgold verwendet. Diese erhält man, indem man entsprechende Anteile von Gold, Silber, Kupfer und Palladium mischt. Den Bedarf dieser Edelmetalle in Gramm für jeweils 1 g dieser Goldsorten kann dem Gozintographen entnommen werden.

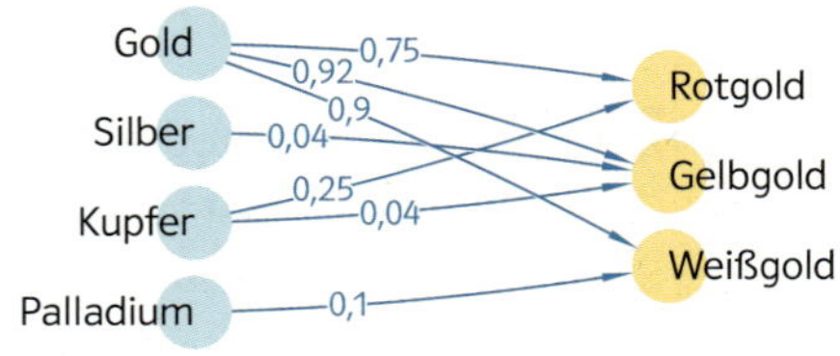

a. Stelle die zu diesem Gozintographen gehörende Bedarfsmatrix A auf.

b. Ein Juwelier fertigt in einer Schmuckserie Ringe und Armbänder an. Die Ringe werden aus 1 g Rotgold, 3 g Gelbgold und 3 g Weißgold gefertigt, die Armbänder aus 5 g Rotgold, 10 g Gelbgold und 30 g Weißgold. Erstelle die Bedarfsmatrix B, die den Bedarf an Rotgold, Gelbgold und Weißgold für die Ringe und Armbänder angibt.

c. Berechne das Produkt A · B. Interpretiere die Zahl in der ersten Zeile der zweiten Spalte dieses Produktes.

d. Der Juwelier erhält einen Auftrag über 20 Ringe und 15 Armbänder. Berechne mithilfe der Matrizenrechnung, wie viel Gramm Gold, Silber, Kupfer und Palladium für die Produktion benötigt werden.

Rechenregeln für die Matrizenmultiplikation

n-te Einheitsmatrix

Mit E_n bezeichnen wir die **n-te Einheitsmatrix**, das ist die n × n- Matrix, deren Koeffizienten gleich 1 sind, wenn der Zeilenindex gleich dem Spaltenindex ist, und 0 sind, wenn diese Indizes verschieden sind.

$$E_n = \begin{pmatrix} 1 & 0 & 0 & 0 & 0 \\ 0 & 1 & 0 & 0 & 0 \\ & & \ddots & & \\ 0 & 0 & 0 & 0 & 1 \end{pmatrix}$$

Rechenregeln für die Matrizenmultiplikation

Für positive ganze Zahlen m, n, p und q bezeichnen wir mit A eine m × n-Matrix, mit B und B' n × p-Matrizen, mit C eine p × q-Matrix. Dann gilt:

	$E_m \cdot A = A$ und $A \cdot E_n = A$	Multipliziert man eine Matrix mit einer Einheitsmatrix, ändert sich nichts.
Assoziativgesetz	$(A \cdot B) \cdot C = A \cdot (B \cdot C)$	Beim Multiplizieren von Matrizen können wir die Klammern weglassen.
Distributivgesetz	$A \cdot (B + B') = A \cdot B + A \cdot B'$ $(B + B') \cdot C = B \cdot C + B' \cdot C$	Addiert man zuerst zwei Matrizen und multipliziert dann die Summe mit einer dritten, erhält man dieselbe Matrix, wie wenn man zuerst jede der zwei Matrizen mit der dritten multipliziert und dann diese Produkte addiert.

Den Übergang von $A \cdot (B + B')$ zu $A \cdot B + A \cdot B'$ nennen wir **ausmultiplizieren**, den von $A \cdot B + A \cdot B'$ zu $A \cdot (B + B')$ **herausheben**.

Um diese Rechenregeln nachzurechnen, benutzt man die entsprechenden Regeln für das Rechnen mit Zahlen.

Achtung

Das Rechnen mit Matrizen ist in vieler Hinsicht dem Rechnen mit ganzen Zahlen ähnlich. Es gibt aber einen wichtigen Unterschied: Bei Matrizen darf man die Reihenfolge der Faktoren eines Produktes nicht vertauschen. Auch wenn sowohl A·B als auch B·A berechnet werden können, sind diese zwei Matrizen im Allgemeinen nicht gleich.

Beispiel: Es ist $\begin{pmatrix}0&0\\1&0\end{pmatrix}\cdot\begin{pmatrix}0&1\\0&0\end{pmatrix}=\begin{pmatrix}0&0\\0&1\end{pmatrix}$, aber $\begin{pmatrix}0&1\\0&0\end{pmatrix}\cdot\begin{pmatrix}0&0\\1&0\end{pmatrix}=\begin{pmatrix}1&0\\0&0\end{pmatrix}$!

B **291** Berechne (A·B)·C und A·(B·C) und vergleiche die beiden Ergebnisse.

tns iu8yx6

a. $A=\begin{pmatrix}2&4\\1&3\end{pmatrix}$; $B=\begin{pmatrix}1&2\\0&5\end{pmatrix}$; $C=\begin{pmatrix}0&1\\2&4\end{pmatrix}$ **b.** $A=\begin{pmatrix}1&2&0\\0&1&4\\2&0&1\end{pmatrix}$; $B=\begin{pmatrix}1&0&2\\1&2&1\\1&2&0\end{pmatrix}$; $C=\begin{pmatrix}2&4&3\\1&1&0\\3&0&1\end{pmatrix}$

B **292** Berechne (A + B)·C und A·C + B·C und vergleiche die beiden Ergebnisse.

a. $A=\begin{pmatrix}1&2\\3&-1\end{pmatrix}$; $B=\begin{pmatrix}2&-2\\-1&3\end{pmatrix}$; $C=\begin{pmatrix}1&2\\2&-1\end{pmatrix}$ **b.** $A=\begin{pmatrix}1&2&0\\0&1&-3\\2&0&1\end{pmatrix}$; $B=\begin{pmatrix}2&0&2\\1&1&1\\-1&2&0\end{pmatrix}$; $C=\begin{pmatrix}1&-2&3\\1&1&0\\2&1&-1\end{pmatrix}$

B **293** Gegeben sind die Matrizen A, B und C. Berechne A·B + A·C und A·(B + C).

a. $A=\begin{pmatrix}1&0\\0&2\end{pmatrix}$; $B=\begin{pmatrix}2&1\\1&3\end{pmatrix}$; $C=\begin{pmatrix}2&4\\1&2\end{pmatrix}$ **b.** $A=\begin{pmatrix}2&1&3\\3&4&-2\\0&3&1\end{pmatrix}$; $B=\begin{pmatrix}0&2&1\\1&0&1\\-3&2&0\end{pmatrix}$; $C=\begin{pmatrix}0&-1&0\\1&0&2\\0&1&1\end{pmatrix}$

A, B, C **294** Berechne das Produkt $A\cdot(k\cdot E_n)$. Dabei ist E_n die n-te Einheitsmatrix. Sieh dir das Ergebnis genau an und finde eine einfachere Rechenoperation, die auf das gleiche Ergebnis führt.

a. $A=\begin{pmatrix}3&5\\2&7\end{pmatrix}$; $k=2$ **b.** $A=\begin{pmatrix}2&5&4\\3&1&0\\2&0&3\end{pmatrix}$; $k=5$

Rohstoffkosten

Rohstoffkosten

Die Bedarfsmatrix B und der Nachfragevektor N für eine Produktion von n Produkten aus m Rohstoffen sind bekannt. Eine Einheit des i-ten Rohstoffs kostet K_i GE ($1 \leq i \leq m$). Wir fassen die Kosten der Rohstoffe $R_1, \ldots, R_m$ in einer Zeile $K = (K_1\ K_2\ \ldots\ K_m)$ zusammen. Das Produkt

K·B

ist eine Zeile, deren j-ter Eintrag die **Kosten für alle Rohstoffe für eine Einheit des j-ten Produktes** angibt.

Gesamtrohstoffkosten

Das Matrizenprodukt

K·B·N

ist eine 1×1-Matrix. Ihr Eintrag gibt die **Gesamtkosten** (in GE) für alle Rohstoffe, die zur Erfüllung der Nachfrage nötig sind, an.

A, B **295** Rohstoffkosten berechnen

Ein Betrieb stellt aus den Rohstoffen R_1, R_2, R_3 die Produkte P_1, P_2, P_3 her. Der Bedarf an Rohstoffen wird durch die Bedarfsmatrix

$$B=\begin{pmatrix}2&4&1\\0&3&2\\1&0&5\end{pmatrix}$$

angegeben. Der Rohstoffpreis beträgt pro Einheit für R_1 4 €, für R_2 9 € und für R_3 6 €. Berechne die gesamten Rohstoffkosten, wenn 100 Stück von P_1, 200 Stück von P_2 und 20 Stück von P_3 produziert werden.

Wir fassen die Rohstoffkosten in der Zeile K und die Nachfrage in der Spalte N zusammen:

$$K=(4\ \ 9\ \ 6),\ N=\begin{pmatrix}100\\200\\50\end{pmatrix}$$

Dann betragen die gesamten Rohstoffkosten

$$K\cdot B\cdot N=(4\ \ 9\ \ 6)\cdot\begin{pmatrix}2&4&1\\0&3&2\\1&0&5\end{pmatrix}\cdot\begin{pmatrix}100\\200\\50\end{pmatrix}=(14\ \ 43\ \ 52)\cdot\begin{pmatrix}100\\200\\50\end{pmatrix}=12\,600\ €.$$

Aus der Zeile (14 43 52) können wir außerdem noch ablesen, dass die Rohstoffkosten für 1 Stück von P_1 14 €, für 1 Stück von P_2 43 € und für 1 Stück von P_3 52 € betragen.

A, B **296** Ein Betrieb stellt aus den Rohstoffen R_1, R_2, R_3 die Produkte P_1, P_2, P_3, P_4 her. Der Bedarf an den Rohstoffen wird durch die Bedarfsmatrix

$$B = \begin{pmatrix} 1 & 2 & 0 & 3 \\ 0 & 1 & 2 & 1 \\ 4 & 0 & 5 & 0 \end{pmatrix}$$

angegeben. Der Rohstoffpreis beträgt pro Einheit für R_1 8 €, für R_2 5 € und für R_3 9 €. Ermittle die gesamten Rohstoffkosten, wenn 500 Stück von P_1, 800 Stück von P_2, 600 Stück von P_3 und 1000 Stück von P_4 produziert werden.

A, B, C **297** Ein Juwelier stellt für eine Schmuckserie Ringe, Armbänder und Halsketten her. Um diese anzufertigen, werden die Rohstoffe Gold, Silber, Kupfer und Palladium benötigt. Der Bedarf an diesen Rohstoffen kann der Tabelle entnommen werden.

	Ring	Armband	Halsketten
Gold	6,21 g	39,95 g	18,01 g
Silber	0,12 g	0,4 g	0,32 g
Kupfer	0,37 g	1,65 g	2,07 g
Palladium	0,3 g	3 g	0,6 g

a. Es sollen 15 Ringe, 10 Armbänder und 20 Halsketten hergestellt werden. Kreuze an, mit welcher der Matrizenmultiplikationen der Rohstoffbedarf berechnet wird.

A $\begin{pmatrix} 6{,}21 & 39{,}95 & 18{,}01 \\ 0{,}12 & 0{,}4 & 0{,}32 \\ 0{,}37 & 1{,}65 & 2{,}07 \\ 0{,}3 & 3 & 0{,}6 \end{pmatrix} \cdot \begin{pmatrix} 15 \\ 10 \\ 20 \end{pmatrix}$

B $(15 \quad 10 \quad 20) \cdot \begin{pmatrix} 6{,}21 & 39{,}95 & 18{,}01 \\ 0{,}12 & 0{,}4 & 0{,}32 \\ 0{,}37 & 1{,}65 & 2{,}07 \\ 0{,}3 & 3 & 0{,}6 \end{pmatrix}$

b. Die Marktpreise (Stand Dezember 2014) für die verwendeten Rohstoffe liegen bei 30,90 € für 1 g Gold, 0,43 € für 1 g Silber, 0,005 € für 1 g Kupfer und 20,55 € für 1 g Palladium. Berechne die gesamten Rohstoffkosten für die Produktion von 15 Ringen, 10 Armbänder und 20 Halsketten.

A, B, C **298** Ein Produzent von Energydrinks verwendet für die Herstellung seiner Limonaden neben Wasser noch vier weitere streng geheime Zutaten Z_1, Z_2, Z_3, Z_4. Die benötigten Mengen dieser Zutaten für jeweils eine Dose von „Flying Bull" bzw. „Red Horse" können der Tabelle entnommen werden.

	Flying Bull	Red Horse
Z_1	0,4 g	0,8 g
Z_2	2 g	1 g
Z_3	5 g	7 g
Z_4	18 g	22 g

Die Kosten in Cent für jeweils 1 g dieser Zutaten betragen für Z_1 14 ct, für Z_2 8 ct, für Z_3 2 ct und für Z_4 0,1 ct. Der Produzent erhält einen Auftrag über 10 000 Dosen Flying Bull und 15 000 Dosen Red Horse. Berechne die Gesamtkosten (in €) der für diese Bestellung benötigten Zutaten.

A, B **299** Der Produktionsprozess in einem Betrieb lässt sich durch die Bedarfsmatrix B und den Nachfragevektor N beschreiben.

$$B = \begin{pmatrix} 2 & 1 & 3 & 0 & 1 \\ 0 & 4 & 1 & 2 & 0 \\ 0 & 0 & 5 & 1 & 3 \\ 2 & 0 & 0 & 4 & 1 \end{pmatrix}, \; N = \begin{pmatrix} 80 \\ 50 \\ 20 \\ 30 \\ 90 \end{pmatrix}$$

Die Kosten in Euro pro Einheit der vier für diese Produktion verwendeten Rohstoffe werden in der Zeile $K = (5 \quad 1 \quad 7 \quad 4)$ zusammengefasst. Berechne die gesamten Rohstoffkosten dieser Produktion.

B, C **300** Aus 3 Rohstoffen R_1, R_2, R_3 werden die beiden Produkte P_1, P_2 hergestellt. Die zugehörige Bedarfsmatrix B und der Nachfragevektor N sind gegeben. Zwei Lieferanten L_1 und L_2 verlangen für jeweils eine Einheit der Rohstoffe R_1, R_2, R_3 unterschiedliche Preise, die in der Matrix L zusammengefasst sind. Dabei gibt der Eintrag L_{ij} an, wie viel GE eine Einheit von R_j beim Händler L_i kostet.

$$B = \begin{pmatrix} 2 & 5 \\ 1 & 3 \\ 4 & 1 \end{pmatrix}, \; N = \begin{pmatrix} 90 \\ 50 \end{pmatrix}, \; L = \begin{pmatrix} 4{,}5 & 2 & 5 \\ 3 & 2{,}5 & 6 \end{pmatrix}$$

a. Berechne $L \cdot B$ und interpretiere die Einträge dieser Matrix.

b. Berechne $L \cdot B \cdot N$ und interpretiere die Einträge dieser Matrix.

c. Entscheide, bei welchem der beiden Lieferanten die Rohstoffe für die Nachfrage nach 90 Stück P_1 und 50 Stück P_2 billiger sind.

Was habe ich in diesem Abschnitt gelernt?

☐ **Ich kann Matrizen addieren und mit Zahlen multiplizieren.**

B **301** Gegeben sind die Matrizen $A = \begin{pmatrix} 2 & 3 & 0 \\ 1 & \frac{1}{2} & 7 \end{pmatrix}$ und $B = \begin{pmatrix} 3{,}2 & -1{,}7 & 5{,}8 \\ 0{,}3 & \frac{3}{7} & 0{,}02 \end{pmatrix}$.
Berechne $3A - 2B$.

☐ **Ich kann entscheiden, ob zwei Matrizen multipliziert werden können, und ich kann gegebenenfalls deren Produkt berechnen.**

C **302** Kreuze an, welche der Rechenoperationen mit den gegebenen Matrizen durchgeführt werden können.

		A + B	A · B	B · A
a.	$A = \begin{pmatrix} 1 & 3 \\ 5 & 2 \end{pmatrix}, B = \begin{pmatrix} 1 & 2 \\ 3 & 4 \\ 6 & 2 \end{pmatrix}$	A	B	C
b.	$A = \begin{pmatrix} 4 & 2 & 8 & 0 \\ 5 & 9 & 2 & 4 \\ 3 & 9 & 5 & 0 \end{pmatrix}, B = \begin{pmatrix} 1 & 1 & 9 & 5 \\ 2 & 0 & 1 & 3 \\ 0 & 4 & 4 & 8 \end{pmatrix}$	A	B	C
c.	$A = (9 \;\; 6 \;\; 3), B = \begin{pmatrix} 1 & 0 & 0 \\ 0 & 1 & 0 \\ 0 & 0 & 1 \end{pmatrix}$	A	B	C

B **303** Berechne A · B und B · A.

a. $A = \begin{pmatrix} 3 & 1 \\ 4 & 2 \end{pmatrix}, B = \begin{pmatrix} 2 & 5 \\ 1 & 3 \end{pmatrix}$

b. $A = \begin{pmatrix} 1 & 3 & 2 \\ 5 & 1 & 0 \\ 0 & 2 & 1 \end{pmatrix}, B = \begin{pmatrix} 1 & 1 & 0 \\ 0 & 1 & 1 \\ 1 & 0 & 1 \end{pmatrix}$

☐ **Ich kann das Produkt von Matrizen verwenden, um Sachsituationen zu modellieren und Textaufgaben zu lösen.**

A, B, D **304** Ein neu gegründeter Tischtennisverein soll ausgestattet werden. Um Sponsorenverträge zu bekommen, müssen alle Artikel vom selben Hersteller bezogen werden. Die drei Hersteller Jaalo, Frosch und Stega stehen zur Wahl. In der Tabelle werden die Kosten für das Material bei den einzelnen Herstellern angeführt.

	Tisch	Netz	Schläger	Ball
Jaalo	399 €	27 €	72 €	0,66 €
Frosch	270 €	31 €	62 €	0,95 €
Stega	328 €	25 €	99 €	1,3 €

a. Zeige, wie man mithilfe der Matrizenrechnung die Gesamtkosten für t Tische, n Netze, s Schläger und b Bälle bei jedem der drei Hersteller berechnet.

b. Es sollen insgesamt 6 Tische, 6 Netze, 20 Schläger und 200 Bälle gekauft werden. Berechne, wie viel dafür bei den einzelnen Herstellern zu bezahlen ist.

A, B, C **305** Ein Produktionsprozess stellt aus den Rohstoffen R_1, R_2, R_3 die Produkte P_1, P_2, P_3, P_4 her. Er wird durch die Bedarfsmatrix B beschrieben. Die Kosten für jeweils eine Einheit des Rohstoffs betragen für R_1 12 €, für R_2 5 € und für R_3 10 €. Die Nachfrage wird durch den Nachfragevektor N beschrieben.

$$B = \begin{pmatrix} 2 & 1 & 0 & 3 \\ 0 & 4 & 2 & 1 \\ 4 & 3 & 1 & 5 \end{pmatrix}, N = \begin{pmatrix} 100 \\ 150 \\ 80 \\ 200 \end{pmatrix}$$

a. Ermittle den Produktionsvektor X und interpretiere den Eintrag X_3.

b. Berechne die Gesamtkosten der für diese Produktion benötigten Rohstoffe.

3.4 Lineare Gleichungssysteme in Matrizenform

- ☐ Ich lerne zu entscheiden, ob eine 2×2-Matrix invertierbar ist, und gegebenenfalls ihre inverse Matrix zu berechnen.
- ☐ Ich lerne lineare Gleichungssysteme in Matrizenform darzustellen und mithilfe von Technologie zu lösen.
- ☐ Ich lerne Produktionsprozesse mit verflochtenen Teilbereichen durch eine Verflechtungsmatrix zu beschreiben und damit Probleme zu lösen.

Inverse Matrix

Lineare Gleichungssysteme haben wir in Kapitel 2 kennengelernt. Mithilfe von Matrizen können wir Gleichungssysteme kürzer anschreiben.

Das System linearer Gleichungen

$$3x_1 + 4x_2 = 7$$
$$2x_1 - x_2 = 1$$

können wir kürzer so anschreiben:

$$\begin{pmatrix} 3 & 4 \\ 2 & -1 \end{pmatrix} \cdot \begin{pmatrix} x_1 \\ x_2 \end{pmatrix} = \begin{pmatrix} 7 \\ 1 \end{pmatrix}$$

Oder noch kürzer: $A \cdot x = b$, dabei ist A die 2×2 Matrix $\begin{pmatrix} 3 & 4 \\ 2 & -1 \end{pmatrix}$, b die Spalte $\begin{pmatrix} 7 \\ 1 \end{pmatrix}$ mit 2 Zeilen und x die Spalte $\begin{pmatrix} x_1 \\ x_2 \end{pmatrix}$ mit 2 Zeilen.

Wir können dann neu definieren, was ein lineares Gleichungssystem ist.

lineares Gleichungssystem
Koeffizientenmatrix

Ein **lineares Gleichungssystem mit m Gleichungen und n Unbekannten** ist die folgende Aufgabe: Gegeben sind eine $m \times n$-Matrix A und eine Spalte b mit m Zeilen. Gesucht ist eine Beschreibung der Menge aller Spalten x (mit n Zeilen) mit der Eigenschaft $\mathbf{A \cdot x = b}$.

Die Matrix A wird auch als **Koeffizientenmatrix** des linearen Gleichungssystems bezeichnet.

Wenn A und b jeweils nur einen Eintrag haben, also Zahlen sind, und A nicht 0 ist, dann ist die eindeutig bestimmte Lösung der Gleichung $A \cdot x = b$ gleich $A^{-1} \cdot b$.
Ist das für Matrizen mit mehr als einer Zeile und Spalte auch möglich? Was bedeutet dann A^{-1}?

Ist z eine reelle Zahl, dann ist z^{-1} die Zahl mit der Eigenschaft $z^{-1} \cdot z = 1 = z \cdot z^{-1}$.

invertierbar
inverse Matrix

Für eine $n \times n$-Matrix A definieren wir daher A^{-1} als eine Matrix mit der Eigenschaft

$$\mathbf{A^{-1} \cdot A = E_n = A \cdot A^{-1}},$$

dabei ist E_n die n-te Einheitsmatrix.

Wenn zu A eine solche Matrix A^{-1} existiert, dann heißt A **invertierbar** und A^{-1} die zu A **inverse Matrix.**

Tipp

Eine inverse Matrix zu einer Matrix A kann nur dann existieren, wenn A gleich viele Zeilen wie Spalten hat.

Nicht alle Matrizen sind invertierbar: Zum Beispiel ist $\begin{pmatrix} 0 & 0 \\ 1 & 0 \end{pmatrix}$ nicht invertierbar, denn für alle 2×2-Matrizen $\begin{pmatrix} a & b \\ c & d \end{pmatrix}$ ist

$$\begin{pmatrix} 0 & 0 \\ 1 & 0 \end{pmatrix} \cdot \begin{pmatrix} a & b \\ c & d \end{pmatrix} = \begin{pmatrix} 0 & 0 \\ a & b \end{pmatrix},$$

also können wir nie die Einheitsmatrix E_2 erhalten. Daher ist die Matrix $\begin{pmatrix} 0 & 0 \\ 1 & 0 \end{pmatrix}$ nicht invertierbar.

Wie findet man nun die inverse Matrix zu einer gegebenen Matrix A? Für den Fall, dass es sich bei A um eine 2×2-Matrix handelt, ist dieses Problem relativ leicht zu lösen. Denn berechnen wir das Produkt der Matrizen $A = \begin{pmatrix} a & b \\ c & d \end{pmatrix}$ und $B = \begin{pmatrix} d & -b \\ -c & a \end{pmatrix}$, so erhalten wir:

$$A \cdot B = \begin{pmatrix} ad - bc & -ab + ab \\ cd - cd & ad - bc \end{pmatrix} = \begin{pmatrix} ad - bc & 0 \\ 0 & ad - bc \end{pmatrix}$$

$$B \cdot A = \begin{pmatrix} ad - bc & bd - bd \\ -ac + ac & ad - bc \end{pmatrix} = \begin{pmatrix} ad - bc & 0 \\ 0 & ad - bc \end{pmatrix}$$

Das ist beide Male ein Vielfaches der Einheitsmatrix. Genauer:

$$A \cdot B = B \cdot A = (ad - bc) \cdot \begin{pmatrix} 1 & 0 \\ 0 & 1 \end{pmatrix}$$

Wir haben somit eine einfache Methode entdeckt, mit der wir die zu einer 2×2 Matrix inverse Matrix erhalten können:

inverse Matrix einer 2×2-Matrix

Wenn $ad - bc \neq 0$ ist, ist

$$\mathbf{A^{-1} = \frac{1}{ad - bc} \cdot \begin{pmatrix} d & -b \\ -c & a \end{pmatrix}}$$

die zur 2×2-Matrix $A = \begin{pmatrix} a & b \\ c & d \end{pmatrix}$ **inverse Matrix.**

Wenn $ad - bc = 0$ ist, gibt es keine zu A inverse Matrix.

Für n×n-Matrizen mit n > 2 lässt sich die Berechnung der inversen Matrix leider nicht so einfach und schnell durchführen. Daher verwenden wir dazu eine geeignete Technologie.

inverse Matrix berechnen

ggb/xls/tns j867tv

GeoGebra	Invertiere[<Matrix>]	$A = \begin{pmatrix} 0 & 4 & 1 \\ 3 & 1 & 0 \\ 2 & 5 & 1 \end{pmatrix}$	Invertiere[A] → $\begin{pmatrix} 1 & 1 & -1 \\ -3 & -2 & 3 \\ 13 & 8 & -12 \end{pmatrix}$
Excel	= MINV(Matrix) **Wichtig:** zuerst passenden Zellbereich für das Ergebnis markieren, dann die Tastenkombination [Strg] & [Umschalt] & [Eingabe] drücken	A1:C3: 0 4 1 / 3 1 0 / 2 5 1; A5: =MINV(A1:C3)	A1:C3: 0 4 1 / 3 1 0 / 2 5 1; A5:C7: 1 1 -1 / -3 -2 3 / 13 8 -12
TI Nspire	Matrix^(−1)	$\begin{bmatrix} 0 & 4 & 1 \\ 3 & 1 & 0 \\ 2 & 5 & 1 \end{bmatrix}^{-1}$	$\begin{bmatrix} 1 & 1 & -1 \\ -3 & -2 & 3 \\ 13 & 8 & -12 \end{bmatrix}$

B **306** die inverse Matrix berechnen — ggb/xls/tns 7m5y3a

Berechne, falls es möglich ist, die zur gegebenen 2×2-Matrix A inverse Matrix A^{-1}. Kontrolliere das Ergebnis, indem du $A^{-1} \cdot A$ berechnest.

a. $A = \begin{pmatrix} 4 & 2 \\ 1 & 5 \end{pmatrix}$ **b.** $A = \begin{pmatrix} 3 & -2 \\ -9 & 6 \end{pmatrix}$

a. $4 \cdot 5 - 2 \cdot 1 \neq 0$, daher ist

$$A^{-1} = \frac{1}{4 \cdot 5 - 2 \cdot 1} \cdot \begin{pmatrix} 5 & -2 \\ -1 & 4 \end{pmatrix} = \frac{1}{18} \cdot \begin{pmatrix} 5 & -2 \\ -1 & 4 \end{pmatrix} = \begin{pmatrix} \frac{5}{18} & -\frac{1}{9} \\ -\frac{1}{18} & \frac{2}{9} \end{pmatrix}$$

Kontrolle: $\begin{pmatrix} \frac{5}{18} & -\frac{1}{9} \\ -\frac{1}{18} & \frac{2}{9} \end{pmatrix} \cdot \begin{pmatrix} 4 & 2 \\ 1 & 5 \end{pmatrix} = \begin{pmatrix} 1 & 0 \\ 0 & 1 \end{pmatrix}$

b. $3 \cdot 6 - (-2) \cdot (-9) = 0$, daher gibt es keine zu A inverse Matrix.

B **307** Berechne, falls es möglich ist, die zur gegebenen 2×2-Matrix A inverse Matrix A^{-1}. Kontrolliere das Ergebnis, indem du $A \cdot A^{-1}$ berechnest.

a. $A = \begin{pmatrix} 5 & 2 \\ 1 & 0 \end{pmatrix}$ **b.** $A = \begin{pmatrix} 8 & 2 \\ 1 & -6 \end{pmatrix}$

B, C **308** Berechne in den Fällen, wo dies möglich ist, die inverse Matrix A^{-1} zur gegebenen 2×2-Matrix A. Kontrolliere das Ergebnis, indem du $A^{-1} \cdot A$ berechnest. Sollte die inverse Matrix A^{-1} nicht existieren, so gib an, woran man das erkennt.

a. $\begin{pmatrix} 1 & 4 \\ 2 & 3 \end{pmatrix}$ **d.** $\begin{pmatrix} 2 & 5 \\ 6 & -1 \end{pmatrix}$ **g.** $\begin{pmatrix} 3 & -2 \\ 6 & -4 \end{pmatrix}$ **j.** $\begin{pmatrix} 0{,}4 & -1{,}9 \\ -2{,}3 & 1{,}8 \end{pmatrix}$

b. $\begin{pmatrix} 1 & 0 \\ 0 & 1 \end{pmatrix}$ **e.** $\begin{pmatrix} 7 & 1 \\ 2 & 0 \end{pmatrix}$ **h.** $\begin{pmatrix} 5 & -2 \\ -1 & 3 \end{pmatrix}$ **k.** $\begin{pmatrix} \frac{1}{2} & -\frac{1}{4} \\ 5 & \frac{1}{3} \end{pmatrix}$

c. $\begin{pmatrix} 3 & -2 \\ -4 & 1 \end{pmatrix}$ **f.** $\begin{pmatrix} 8 & -5 \\ 0 & 0 \end{pmatrix}$ **i.** $\begin{pmatrix} 0 & 1 \\ 1 & 0 \end{pmatrix}$ **l.** $\begin{pmatrix} \frac{1}{6} & \frac{2}{5} \\ \frac{1}{8} & -\frac{4}{9} \end{pmatrix}$

B **309** Berechne die inverse Matrix mithilfe einer geeigneten Technologie.

a. $A = \begin{pmatrix} 8 & -3 \\ 1 & 5 \end{pmatrix}$ **c.** $C = \begin{pmatrix} 0 & -1 & -1 \\ 0 & 2 & 5 \\ 2 & 2 & 0 \end{pmatrix}$ **e.** $E = \begin{pmatrix} 2 & 3 & -8 & 4 \\ 1 & -5 & 2 & 0 \\ 3 & 6 & 7 & 1 \\ -4 & 0 & 0 & 3 \end{pmatrix}$

b. $B = \begin{pmatrix} 7 & 9 & -4 \\ 6 & 3 & 1 \\ 2 & 0 & -1 \end{pmatrix}$ **d.** $D = \begin{pmatrix} -3 & 3 & -1 & 1 \\ 2 & 1 & -2 & -1 \\ 5 & 4 & -1 & -1 \\ 4 & 2 & -2 & -3 \end{pmatrix}$ **f.** $F = \begin{pmatrix} 7 & 2 & 4 & -4 & 2 \\ 8 & 1 & 5 & 3 & -1 \\ -1 & 4 & -11 & 0 & 1 \\ 3 & -3 & 7 & 0 & 4 \\ -5 & 0 & 2 & 1 & -7 \end{pmatrix}$

Lösen eines linearen Gleichungssystems mithilfe der Matrizenrechnung

Lösung eines linearen Gleichungssystems

Wenn die Koeffizientenmatrix A invertierbar ist, besitzt das Gleichungssystem $A \cdot x = b$ für jede Spalte b eine eindeutige Lösung. Diese ist

$\mathbf{A^{-1} \cdot b}$.

B **310** **ein Gleichungssystem in Matrizenform lösen**

ggb/xls 2j8i3f

Löse das lineare Gleichungssystem $\begin{pmatrix} 3 & 4 \\ 2 & -1 \end{pmatrix} \cdot \begin{pmatrix} x_1 \\ x_2 \end{pmatrix} = \begin{pmatrix} 7 \\ 1 \end{pmatrix}$.

Die inverse Matrix ist

$$A^{-1} = \frac{1}{-1 \cdot 3 - (-2) \cdot (-4)} \cdot \begin{pmatrix} -1 & -4 \\ -2 & 3 \end{pmatrix} = -\frac{1}{11} \cdot \begin{pmatrix} -1 & -4 \\ -2 & 3 \end{pmatrix} = \begin{pmatrix} \frac{1}{11} & \frac{4}{11} \\ \frac{2}{11} & -\frac{3}{11} \end{pmatrix}.$$

$$A^{-1} \cdot b = \begin{pmatrix} \frac{1}{11} & \frac{4}{11} \\ \frac{2}{11} & -\frac{3}{11} \end{pmatrix} \cdot \begin{pmatrix} 7 \\ 1 \end{pmatrix} = \begin{pmatrix} 1 \\ 1 \end{pmatrix}$$

Die Lösung dieses Gleichungssystems ist daher $\begin{pmatrix} 1 \\ 1 \end{pmatrix}$, also $x_1 = 1$ und $x_2 = 1$.

B **311** Löse das in Matrizenform $A \cdot x = b$ gegebene lineare Gleichungssystem, indem du die inverse Matrix von A berechnest.

a. $\begin{pmatrix} 3 & 8 \\ 2 & 7 \end{pmatrix} \cdot \begin{pmatrix} x_1 \\ x_2 \end{pmatrix} = \begin{pmatrix} 36 \\ 29 \end{pmatrix}$ **c.** $\begin{pmatrix} 4 & 9 \\ 2 & 7 \end{pmatrix} \cdot \begin{pmatrix} x_1 \\ x_2 \end{pmatrix} = \begin{pmatrix} 1{,}4 \\ 0{,}2 \end{pmatrix}$ **e.** $\begin{pmatrix} -2 & 2 \\ 6 & 4 \end{pmatrix} \cdot \begin{pmatrix} x_1 \\ x_2 \end{pmatrix} = \begin{pmatrix} 1{,}5 \\ -2 \end{pmatrix}$

b. $\begin{pmatrix} 3 & 2 \\ 7 & -2 \end{pmatrix} \cdot \begin{pmatrix} x_1 \\ x_2 \end{pmatrix} = \begin{pmatrix} 2 \\ -3 \end{pmatrix}$ **d.** $\begin{pmatrix} 1 & 3 \\ -2 & 5 \end{pmatrix} \cdot \begin{pmatrix} x_1 \\ x_2 \end{pmatrix} = \begin{pmatrix} 14 \\ 11 \end{pmatrix}$ **f.** $\begin{pmatrix} 2 & 2 \\ 6 & 4 \end{pmatrix} \cdot \begin{pmatrix} x_1 \\ x_2 \end{pmatrix} = \begin{pmatrix} 1{,}5 \\ -2 \end{pmatrix}$

B **312** Löse das in Matrizenform $A \cdot x = b$ gegebene lineare Gleichungssystem, indem du die inverse Matrix von A berechnest.

a. $\begin{pmatrix} 4 & 1 \\ 3 & 2 \end{pmatrix} \cdot \begin{pmatrix} x \\ y \end{pmatrix} = \begin{pmatrix} 5 \\ -5 \end{pmatrix}$ **b.** $\begin{pmatrix} 4 & 10 \\ -2 & -6 \end{pmatrix} \cdot \begin{pmatrix} x \\ y \end{pmatrix} = \begin{pmatrix} 0{,}5 \\ 4{,}2 \end{pmatrix}$ **c.** $\begin{pmatrix} 4 & 9 \\ 2 & 7 \end{pmatrix} \cdot \begin{pmatrix} x \\ y \end{pmatrix} = \begin{pmatrix} 1{,}4 \\ 0{,}2 \end{pmatrix}$

B **313** Löse das in Matrizenform gegebene lineare Gleichungssystem, indem du mithilfe einer geeigneten Technologie die inverse Matrix der Koeffizientenmatrix berechnest.

a. $\begin{pmatrix} 2 & 0 & 3 \\ 1 & -1 & 0 \\ 5 & 2 & 1 \end{pmatrix} \cdot \begin{pmatrix} x \\ y \\ z \end{pmatrix} = \begin{pmatrix} -17 \\ -9 \\ -13 \end{pmatrix}$ **c.** $\begin{pmatrix} 4 & 1 & 5 & 3 \\ 2 & -1 & 0 & 3 \\ 5 & 2 & -3 & 0 \\ 6 & 2 & 1 & -2 \end{pmatrix} \cdot \begin{pmatrix} s \\ t \\ u \\ v \end{pmatrix} = \begin{pmatrix} 52 \\ 13 \\ -5 \\ 25 \end{pmatrix}$

b. $\begin{pmatrix} 4 & 3 & 1 \\ 2 & 5 & -2 \\ 1 & 0 & 3 \end{pmatrix} \cdot \begin{pmatrix} x \\ y \\ z \end{pmatrix} = \begin{pmatrix} 11 \\ 34 \\ 72 \end{pmatrix}$ **d.** $\begin{pmatrix} 11 & -2 & 0 & 7 \\ 4 & -7 & 1 & 2 \\ 0 & 1 & 2 & -1 \\ 3 & 1 & 9 & -4 \end{pmatrix} \cdot \begin{pmatrix} s \\ t \\ u \\ v \end{pmatrix} = \begin{pmatrix} -71 \\ -16 \\ 19 \\ 76 \end{pmatrix}$

B **314** ein Gleichungssystem in Matrizenform lösen

ggb/xls/tns kz5w9k

Schreibe das lineare Gleichungssystem in Matrizenform $A \cdot u = b$ an und löse es, indem du die inverse Matrix von A berechnest.

I) $x + 3y + 5z = 18$
II) $2x + 4y + 6z = 22$
III) $3x + 2y - 4z = -20$

Die Koeffizientenmatrix dieses Gleichungssystems ist

$$A = \begin{pmatrix} 1 & 3 & 5 \\ 2 & 4 & 6 \\ 3 & 2 & -4 \end{pmatrix}$$

und

$$b = \begin{pmatrix} 18 \\ 22 \\ -20 \end{pmatrix}.$$

Mithilfe einer geeigneten Technologie erhalten wir

$$A^{-1} = \begin{pmatrix} -2{,}8 & 2{,}2 & -0{,}2 \\ 2{,}6 & -1{,}9 & 0{,}4 \\ -0{,}8 & 0{,}7 & -0{,}2 \end{pmatrix}$$

Die Lösung des Gleichungssystems $A \cdot u = b$ ist

$$u = A^{-1} \cdot b = \begin{pmatrix} -2{,}8 & 2{,}2 & -0{,}2 \\ 2{,}6 & -1{,}9 & 0{,}4 \\ -0{,}8 & 0{,}7 & -0{,}2 \end{pmatrix} \cdot \begin{pmatrix} 18 \\ 22 \\ -20 \end{pmatrix} = \begin{pmatrix} 2 \\ -3 \\ 5 \end{pmatrix}.$$

Daher ist

$x = 2, y = -3, z = 5.$

B **315** Schreibe das lineare Gleichungssystem in Matrizenform $A \cdot u = b$ an und löse dieses, indem du die inverse Matrix von A berechnest.

a. I) $x + 4y = -5$
II) $2x + 3y = 0$

b. I) $3x - 2y = 15$
II) $-4x + y = -10$

c. I) $2x + 5y = 6$
II) $6x - y = -14$

B **316** Wenn man mehrere Gleichungssysteme lösen muss, die sich jeweils nur in der rechten Seite unterscheiden, muss man die zur Koeffizientenmatrix inverse Matrix nur einmal berechnen. Löse die folgenden Gleichungssysteme mit möglichst wenig Rechenaufwand.

a. I. I) $7x - 3y = -11$
II) $2x + y = 8$

II. I) $7x - 3y = -23$
II) $2x + y = -1$

III. I) $7x - 3y = 56$
II) $2x + y = 3$

b. I. I) $8x + 9y = -29$
II) $7x + 4y = -26$

II. I) $8x + 9y = 107$
II) $7x + 4y = 51$

III. I) $8x + 9y = -12$
II) $7x + 4y = -6$

B **317** Wandle das lineare Gleichungssystem in Matrizenform um und löse es mithilfe einer geeigneten Technologie.

a. I) $4x + 5y = 1$
II) $3x + 7y = -9$

b. I) $5r - 9s + 4t = 110$
II) $7r + 11s + 3t = -53$
III) $-8r + s + 5t = 11$

c. I) $1{,}23x - 7{,}11y = -18{,}4443$
II) $15{,}1x + 4{,}32y = -7{,}4696$

d. I) $4a + 2c + d = -13{,}5$
II) $5a - b + 3c + 7d = -69{,}2$
III) $8b - 6c + 5d = -25{,}1$
IV) $9a + 2b + c + 3d = -32{,}3$

B **318** Wandle das lineare Gleichungssystem in Matrizenform um und löse es mithilfe einer geeigneten Technologie.

a. I) $4x - 5y + 8z = -19{,}1$
II) $3x + 7y - 2z = 22{,}15$
III) $5x + y - 3z = 9{,}85$

b. I) $7x_1 + 4x_2 - 5x_3 + x_4 = 63{,}5$
II) $4x_1 + 3x_2 + x_3 = 32$
III) $x_1 - 5x_2 - 3x_4 = -18{,}5$
IV) $2x_1 + x_2 - 4x_3 + 5x_4 = 47{,}5$

c. I) $4x_1 + 0{,}4x_2 - 1{,}2x_3 = 1{,}52$
II) $0{,}7x_1 + 1{,}8x_2 + 7x_4 = -5{,}6$
III) $x_1 - x_2 + x_3 - x_4 = 8{,}4$
IV) $2x_1 - 3x_2 + 4x_3 - 1{,}5x_4 = 27{,}1$

d. I) $2a + 4b - c + 0{,}5d - 7e = 19{,}7$
II) $0{,}8a - 0{,}4b + 2c - 3d + e = -8{,}35$
III) $b - 4e = 10{,}7$
IV) $a - b + 8c = -11{,}8$
V) $5a - 0{,}6b + 4c - 0{,}4d + 2e = -17{,}02$

B, D **319** Aus vier Rohstoffen R_1, R_2, R_3, R_4 können gemäß der abgebildeten Matrix vier Produkte hergestellt werden. Die erste Spalte zeigt zum Beispiel, welche Rohstoffe für das Produkt P_1 benötigt werden.

$$B = \begin{pmatrix} 5 & 4 & 1 & 1 \\ 2 & 2 & 4 & 0 \\ 3 & 1 & 2 & 2 \\ 1 & 3 & 0 & 5 \end{pmatrix}$$

a. Die Spalte L gibt an, wie viel Einheiten der Rohstoffe R_1, R_2, R_3, R_4 auf Lager liegen.

$$L = \begin{pmatrix} 318 \\ 172 \\ 188 \\ 195 \end{pmatrix}$$

Wie viel Stück muss man von den Produkten P_1, P_2, P_3, P_4 produzieren, sodass der Vorrat komplett aufgebraucht wird? Löse dazu die Gleichung $B \cdot x = L$.

b. Argumentiere, welche besondere Eigenschaft die Matrix B haben muss, damit Aufgabe **a.** eindeutig lösbar ist.

Produktionsprozesse mit verflochtenen Teilbereichen

Eine Stadt betreibt ein Elektrizitätswerk und ein Gaswerk und sichert damit die Gas- und Stromversorgung der Stadt. Für den Betrieb benötigen beide Werke sowohl Strom als auch Gas. Für die Produktion einer Mengeneinheit (ME) Strom braucht das Elektrizitätswerk 0,1 ME Strom und 0,2 ME Gas. Für die Produktion einer Mengeneinheit Gas braucht das Gaswerk 0,15 ME Strom und 0,3 ME Gas. Wir stellen diese wechselseitige Abhängigkeit durch eine Tabelle dar.

	an E-Werk	an Gaswerk
von E-Werk	0,1 ME	0,2 ME
von Gaswerk	0,15 ME	0,3 ME

Für die Versorgung der Stadt werden täglich 10 ME Strom und 12 ME Gas benötigt. Wir berechnen nun, wie viel Strom und wie viel Gas dazu insgesamt bereitgestellt werden muss.

Für die Produktion von X_1 ME Strom und X_2 ME Gas verbrauchen die zwei Werke gemeinsam $0{,}1\,X_1 + 0{,}2\,X_2$ ME Strom und $0{,}15\,X_1 + 0{,}3\,X_2$ ME Gas. Auf den Markt kommen also nur $Y_1 = X_1 - (0{,}1\,X_1 + 0{,}2\,X_2)$ ME Strom und $Y_2 = X_2 - (0{,}15\,X_1 + 0{,}3\,X_2)$ ME Gas. In Matrizenschreibweise:

$$\begin{pmatrix} X_1 \\ X_2 \end{pmatrix} - \begin{pmatrix} 0{,}1 & 0{,}2 \\ 0{,}15 & 0{,}3 \end{pmatrix} \cdot \begin{pmatrix} X_1 \\ X_2 \end{pmatrix} = \begin{pmatrix} Y_1 \\ Y_2 \end{pmatrix}$$

oder kurz $X - V \cdot X = y$, dabei ist V die **Verflechtungsmatrix**

$$V = \begin{pmatrix} 0{,}1 & 0{,}2 \\ 0{,}15 & 0{,}3 \end{pmatrix}.$$

Ist E_2 die 2×2-Einheitsmatrix, dann ist $X = E_2 \cdot X$ und $X - V \cdot X = E_2 \cdot X - V \cdot X = (E_2 - V) \cdot X$. Wir müssen also das Gleichungssystem $(E_2 - V) \cdot X = Y$ mit

$$Y = \begin{pmatrix} Y_1 \\ Y_2 \end{pmatrix} = \begin{pmatrix} 10 \\ 12 \end{pmatrix}$$

lösen. Es ist

$$E_2 - V = \begin{pmatrix} 1 & 0 \\ 0 & 1 \end{pmatrix} - \begin{pmatrix} 0{,}1 & 0{,}2 \\ 0{,}15 & 0{,}3 \end{pmatrix} = \begin{pmatrix} 0{,}9 & -0{,}2 \\ -0{,}15 & 0{,}7 \end{pmatrix}.$$

Da $0{,}9 \cdot 0{,}7 - 0{,}2 \cdot 0{,}15 = 0{,}6 \neq 0$ ist, ist $E_2 - V$ invertierbar und daher

$$X = (E_2 - V)^{-1} \cdot Y = \begin{pmatrix} 0{,}1 & -0{,}2 \\ -0{,}15 & 0{,}7 \end{pmatrix}^{-1} \cdot \begin{pmatrix} 10 \\ 12 \end{pmatrix} = \begin{pmatrix} \frac{0{,}7}{0{,}6} & \frac{0{,}2}{0{,}6} \\ \frac{0{,}15}{0{,}6} & \frac{0{,}9}{0{,}6} \end{pmatrix} \cdot \begin{pmatrix} 10 \\ 12 \end{pmatrix} = \begin{pmatrix} \frac{47}{3} \\ \frac{41}{2} \end{pmatrix} \approx \begin{pmatrix} 15{,}67 \\ 20{,}5 \end{pmatrix}$$

Die zwei Werke müssen also 15,67 ME Strom und 20,5 ME Gas erzeugen, um den Eigenbedarf (5,67 ME Strom und 8,5 ME Gas) und den des Marktes (10 ME Strom und 12 ME Gas) zu decken.

Hat man allgemein mehrere Produktionszweige, die wie in diesem Beispiel voneinander abhängig sind, so sind die Begriffe Verflechtungsmatrix, Nachfragevektor und Produktionsvektor wie folgt definiert:

Verflechtungsmatrix

Die gegenseitige Abhängigkeit von n Teilbereichen eines Produktionsprozesses kann durch eine **Verflechtungsmatrix V** dargestellt werden. Dabei gibt der Eintrag V_{ij} an, wie viele der vom Teilbereich i hergestellten Einheiten für die Herstellung einer Einheit im Teilbereich j gebraucht werden.

Nachfragevektor

Die Nachfrage nach den in den einzelnen Teilbereichen hergestellten Einheiten am Markt wird durch einen **Nachfragevektor N** (eine Spalte mit n Einträgen) dargestellt.

Produktionsvektor

Der **Produktionsvektor X** (eine Spalte mit n Einträgen) gibt an, wie viele Einheiten die einzelnen Teilbereiche herstellen müssen, um die Nachfrage des Marktes zu erfüllen. Es ist

$$\mathbf{X = (E_n - V)^{-1} \cdot N}.$$

A, B, C **320** den Produktionsvektor einer Produktion mit verflochtenen Teilbereichen berechnen

Ein Stadtwerk stellt Strom (S), Müllentsorgung (M) und Fernwärme (F) für die Versorgung einer Stadt bereit. Die Tabelle gibt an, wie viele Mengeneinheiten die einzelnen Sparten voneinander beziehen müssen, um jeweils selbst 1 ME produzieren zu können.

	an S	an M	an F
von S	0,1	0,2	0,2
von M	0,1	0,1	0,8
von F	0,2	0	0,2

Es werden täglich 20 ME von S, 5 ME von M und 10 ME von F für die Versorgung der Stadt benötigt. Berechne den Produktionsvektor X und interpretiere das Ergebnis.

Wir schreiben die Verflechtungsmatrix V und den Nachfragevektor N an und berechnen $E_3 - V$:

$$V = \begin{pmatrix} 0,1 & 0,2 & 0,2 \\ 0,1 & 0,1 & 0,8 \\ 0,2 & 0 & 0,2 \end{pmatrix}, \quad N = \begin{pmatrix} 20 \\ 5 \\ 10 \end{pmatrix}$$

$$E_3 - V = \begin{pmatrix} 1 & 0 & 0 \\ 0 & 1 & 0 \\ 0 & 0 & 1 \end{pmatrix} - \begin{pmatrix} 0,1 & 0,2 & 0,2 \\ 0,1 & 0,1 & 0,8 \\ 0,2 & 0 & 0,2 \end{pmatrix} = \begin{pmatrix} 0,9 & -0,2 & -0,2 \\ -0,1 & 0,9 & -0,8 \\ -0,2 & 0 & 0,8 \end{pmatrix}$$

Mithilfe einer geeigneten Technologie erhalten wir daraus den Produktionsvektor

$$X = (E_3 - V)^{-1} \cdot N \approx \begin{pmatrix} 1,277 & 0,284 & 0,603 \\ 0,426 & 1,206 & 1,312 \\ 0,319 & 0,071 & 1,401 \end{pmatrix} \cdot \begin{pmatrix} 20 \\ 5 \\ 10 \end{pmatrix} \approx \begin{pmatrix} 32,98 \\ 27,66 \\ 20,74 \end{pmatrix}.$$

Es müssen also ca. 33 ME Strom, 27,7 ME Müllentsorgung und 20,7 ME Fernwärme bereitgestellt werden.

A, B **321**

Drei Teilbereiche eines Unternehmens stellen je ein Produkt P_1, P_2 und P_3 her. Zur Herstellung einer Mengeneinheit (ME) seines Produktes braucht jeder Teilbereich die Produkte der anderen zwei. Diese Verflechtung wird durch die Verflechtungsmatrix V dargestellt:

$$V = \begin{pmatrix} 0 & 0,2 & 0,3 \\ 0,1 & 0 & 0,2 \\ 0,2 & 0,1 & 0 \end{pmatrix}$$

Am Markt besteht Nachfrage nach 100 ME von Produkt P_1, 100 ME von Produkt P_2 und 80 ME von Produkt P_3. Berechne mithilfe einer geeigneten Technologie, wie viele ME von P_1, P_2 und P_3 dafür insgesamt produziert werden müssen.

A, B **322**

Eine Volkswirtschaft wird in drei Bereiche Landwirtschaft (L), Industrie (I) und Dienstleistungen (D) unterteilt. Die folgende Tabelle gibt an, welche Leistungen in Geldeinheiten (GE) von L, I und D jeder Bereich benötigt, um selbst Leistungen im Wert von 1 GE erbringen zu können.

	an L	an I	an D
von L	0,1	0,1	0,1
von I	0,2	0,2	0
von D	0,3	0,2	0,1

Am Markt besteht Nachfrage nach Leistungen im Wert von 50 GE vom Sektor Landwirtschaft, von 100 GE vom Sektor Industrie und von 50 GE vom Sektor Dienstleistungen. Berechne mithilfe einer geeigneten Technologie, welche Leistungen von jedem der drei Sektoren dafür insgesamt erbracht werden müssen.

A, B, C **323**
Verflechtungsmatrix eines zweistufigen Produktionsprozesses mit übersprungener Zwischenstufe

Ein zweistufiger Produktionsprozess wird durch die abgebildeten Gozintographen beschrieben. Mit R_i, Z_i, E_i sind Rohstoffe, Zwischenprodukte und Endprodukte gemeint.

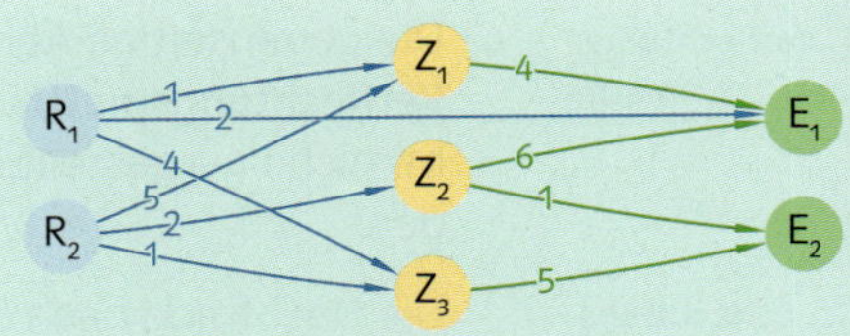

a. Gib die Verflechtungsmatrix V dieses zweistufigen Produktionsprozesses an.

b. Für den Markt sollen 120 ME von E_1, 160 ME von E_2 und 270 ME des Zwischenproduktes Z_3 produziert werden. Berechne den Produktionsvektor und interpretiere seine Einträge.

a. Wir fassen nun R_i, Z_i, E_i als Teilbereiche eines Unternehmens auf, das diese Rohstoffe, Zwischenprodukte und Endprodukte produziert. Die Verflechtung dieser 7 Teilbereiche stellen wir in folgender Tabelle dar und erhalten daraus direkt die Verflechtungsmatrix V:

	R_1	R_2	Z_1	Z_2	Z_3	E_1	E_2
R_1	0	0	1	0	4	2	0
R_2	0	0	5	2	1	0	0
Z_1	0	0	0	0	0	4	0
Z_2	0	0	0	0	0	6	1
Z_3	0	0	0	0	0	0	5
E_1	0	0	0	0	0	0	0
E_2	0	0	0	0	0	0	0

$$V=\begin{pmatrix}0&0&1&0&4&2&0\\0&0&5&2&1&0&0\\0&0&0&0&0&4&0\\0&0&0&0&0&6&1\\0&0&0&0&0&0&5\\0&0&0&0&0&0&0\\0&0&0&0&0&0&0\end{pmatrix}$$

b. Wir berechnen zunächst die Matrix E_7-V, wobei E_7 die 7×7-Einheitsmatrix ist. Anschließend berechnen wir mit einer geeigneten Technologie die dazu inverse Matrix $(E_7-V)^{-1}$.

$$E_7-V=\begin{pmatrix}1&0&-1&0&-4&2&0\\0&1&-5&-2&-1&0&0\\0&0&1&0&0&-4&0\\0&0&0&1&0&-6&-1\\0&0&0&0&1&0&-5\\0&0&0&0&0&1&0\\0&0&0&0&0&0&1\end{pmatrix}\quad(E_7-V)^{-1}=\begin{pmatrix}1&0&1&0&4&6&20\\0&1&5&2&1&32&7\\0&0&1&0&0&4&0\\0&0&0&1&0&6&1\\0&0&0&0&1&0&5\\0&0&0&0&0&1&0\\0&0&0&0&0&0&1\end{pmatrix}$$

Beim Nachfragevektor müssen wir berücksichtigen, dass dieser ebenfalls 7 Zeilen besitzt. Allerdings werden nur E_1, E_2 und Z_3 nachgefragt. Daher sind alle anderen Einträge 0.

Es ist dann

$$N=\begin{pmatrix}0\\0\\0\\0\\270\\120\\160\end{pmatrix}\text{ und }X=(E_7-V)^{-1}\cdot N=\begin{pmatrix}1&0&1&0&4&6&20\\0&1&5&2&1&32&7\\0&0&1&0&0&4&0\\0&0&0&1&0&6&1\\0&0&0&0&1&0&5\\0&0&0&0&0&1&0\\0&0&0&0&0&0&1\end{pmatrix}\cdot\begin{pmatrix}0\\0\\0\\0\\270\\120\\160\end{pmatrix}=\begin{pmatrix}5000\\5230\\480\\880\\1070\\120\\160\end{pmatrix}$$

Um die Nachfrage zu erfüllen, werden 5 000 Einheiten von R_1 und 5 230 Einheiten von R_2 benötigt. Es werden 480 Einheiten des Zwischenproduktes Z_1, 880 Einheiten von Z_2 und 1070 Einheiten von Z_3 hergestellt. Vom Endprodukt E_1 werden 120 Einheiten und von E_2 160 Einheiten hergestellt.

Tipp

Wir haben ganz ähnliche Aufgaben bereits im Kapitel 3.3 im Abschnitt „Bedarfsmatrix, Produktionsvektor und Nachfragevektor" gelöst. Der Grund, warum wir hier anstelle der Bedarfsmatrix mit der Verflechtungsmatrix arbeiten, liegt darin, dass jetzt einzelne der Rohstoffe direkt in die Endprodukte einfließen und einzelne Zwischenprodukte direkt in den Verkauf gehen. Man nennt das auch einen **Produktionsprozess mit übersprungenen Zwischenstufen.**

A **324** Gib zu den Gozintographen eines zweistufigen Produktionsprozesses die entsprechende Verflechtungsmatrix an.

a.

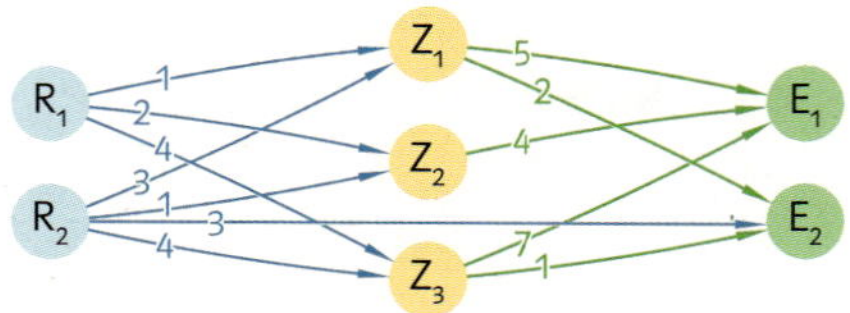

b.

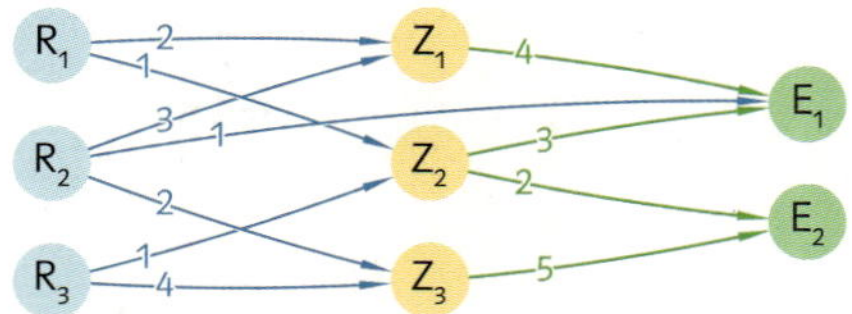

A **325** Zeichne die Gozintographen des zweistufigen Produktionsprozesses, der der durch die Tabelle gegebenen Verflechtungsmatrix entspricht.

a.

	R_1	R_2	Z_1	Z_2	Z_3	E_1	E_2
R_1	0	0	1	3	5	2	0
R_2	0	0	2	4	6	0	0
Z_1	0	0	0	0	0	4	0
Z_2	0	0	0	0	0	0	2
Z_3	0	0	0	0	0	1	6
E_1	0	0	0	0	0	0	0
E_2	0	0	0	0	0	0	0

b.

	R_1	R_2	R_3	Z_1	Z_2	Z_3	E_1	E_2	E_3
R_1	0	0	0	4	6	0	0	0	0
R_2	0	0	0	3	0	7	2	0	0
R_3	0	0	0	0	4	2	0	0	0
Z_1	0	0	0	0	0	0	3	2	0
Z_2	0	0	0	0	0	0	0	1	4
Z_3	0	0	0	0	0	0	3	5	2
E_1	0	0	0	0	0	0	0	0	0
E_2	0	0	0	0	0	0	0	0	0
E_3	0	0	0	0	0	0	0	0	0

A, B, C **326** Von einem zweistufigen Produktionsprozess sind die Verflechtungsmatrix V und der Nachfragevektor N bekannt, wobei V durch die folgende Tabelle gegeben ist.

	R_1	R_2	R_3	Z_1	Z_2	Z_3	E_1	E_2
R_1	0	0	0	4	2	1	0	0
R_2	0	0	0	5	0	2	0	2
R_3	0	0	0	0	2	1	0	0
Z_1	0	0	0	0	0	0	2	1
Z_2	0	0	0	0	0	0	4	3
Z_3	0	0	0	0	0	0	1	1
E_1	0	0	0	0	0	0	0	0
E_2	0	0	0	0	0	0	0	0

$$, N = \begin{pmatrix} 0 \\ 0 \\ 0 \\ 0 \\ 0 \\ 180 \\ 90 \\ 130 \end{pmatrix}$$

a. Lies ab, welcher der Rohstoffe auch direkt in eines der Endprodukte einfließt. Gib an, welches der Zwischenprodukte zu wie vielen ME auch direkt in den Verkauf geht.

b. Ermittle mit einer geeigneten Technologie die Matrix $(E_8 - V)^{-1}$.

c. Berechne $(E_8 - V)^{-1} \cdot N$ und interpretiere das Ergebnis.

A, B **327** Ein zweistufiger Produktionsprozess wird durch die abgebildeten Gozintographen beschrieben.

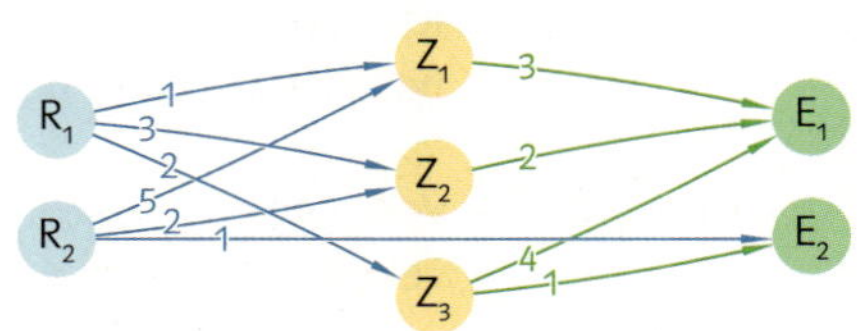

a. Gib die Verflechtungsmatrix V an.

b. Berechne, wie viele ME von jedem der 7 Teilbereiche produziert werden müssen, damit 300 ME von E_1, 240 ME von E_2 und 50 ME von Z_2 für den Markt geliefert werden können.

A, B, C **328** In einem zweistufigen Produktionsprozess werden 3 Rohstoffe R_1, R_2, R_3 zu 2 Zwischenprodukten Z_1, Z_2 und 3 Endprodukten E_1, E_2, E_3 verarbeitet. Die Verflechtungsmatrix V modelliert diesen Zusammenhang.

$$V = \begin{pmatrix} 0 & 0 & 0 & 3 & 1 & 0 & 0 & 1 \\ 0 & 0 & 0 & 4 & 2 & 1 & 1 & 0 \\ 0 & 0 & 0 & 4 & 5 & 0 & 0 & 0 \\ 0 & 0 & 0 & 0 & 0 & 1 & 2 & 1 \\ 0 & 0 & 0 & 0 & 0 & 2 & 0 & 1 \\ 0 & 0 & 0 & 0 & 0 & 0 & 0 & 0 \\ 0 & 0 & 0 & 0 & 0 & 0 & 0 & 0 \\ 0 & 0 & 0 & 0 & 0 & 0 & 0 & 0 \end{pmatrix}$$

a. Zeichne die zugehörigen Gozintographen.

b. Berechne den Produktionsvektor, wenn 90 ME (Mengeneinheiten) von E_1, 70 ME von E_2, 120 ME von E_3, sowie 100 ME von Z_1 und 250 ME von Z_2 in den Verkauf gelangen sollen und interpretiere das Ergebnis.

A, C, D **329** In einem zweistufigen Produktionsprozess werden 3 Rohstoffe R_1, R_2, R_3 zu 2 Zwischenprodukten Z_1, Z_2 und 2 Endprodukten E_1, E_2 verarbeitet. Dieser Produktionsprozess kann durch den abgebildeten Gozintographen beschrieben werden. Für die zugehörige Verflechtungsmatrix V gilt:

$$(E_7 - V)^{-1} = \begin{pmatrix} 1 & 0 & 0 & 4 & 1 & 22 & 17 \\ 0 & 1 & 0 & 2 & 3 & 17 & 18 \\ 0 & 0 & 1 & 1 & 2 & 11 & 11 \\ 0 & 0 & 0 & 1 & 0 & 5 & 3 \\ 0 & 0 & 0 & 0 & 1 & 2 & 4 \\ 0 & 0 & 0 & 0 & 0 & 1 & 0 \\ 0 & 0 & 0 & 0 & 0 & 0 & 1 \end{pmatrix}$$

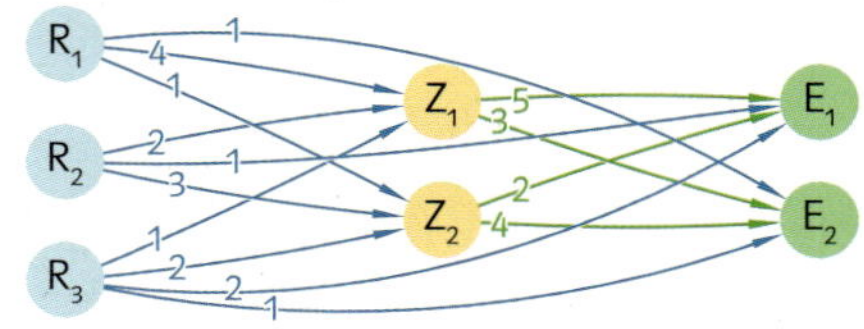

a. Diese Matrix $(E_7 - V)^{-1}$ lässt sich theoretisch auch direkt aus dem Gozintographen ermitteln, ohne dass eine inverse Matrix berechnet werden muss. Überlegt euch, wie man aus dem Gozintographen direkt die Koeffizienten dieser Matrix erhält. Achtet beispielsweise darauf, auf wie vielen unterschiedlichen Wegen der Rohstoff R_1 in das Endprodukt E_2 gelangen kann, und dokumentiert, wie man dabei auf die Zahl 17 kommt

b. Ermittelt auf diese Weise auch die übrigen Einträge der Matrix $(E_7 - V)^{-1}$.

c. Überprüft eure Theorie, indem ihr Aufgabe 327 **b.** direkt löst, ohne zuerst die Verflechtungsmatrix anzugeben.

Was habe ich in diesem Abschnitt gelernt?

☐ **Ich kann entscheiden, ob eine 2 × 2-Matrix invertierbar ist, und gegebenenfalls ihre inverse Matrix berechnen.**

B **330** Gib an, ob die 2 × 2-Matrix eine inverse Matrix besitzt und berechne diese gegebenenfalls.

a. $\begin{pmatrix} 3 & 8 \\ 2 & 7 \end{pmatrix}$ **b.** $\begin{pmatrix} 4 & -6 \\ -2 & 3 \end{pmatrix}$ **c.** $\begin{pmatrix} 4 & 9 \\ 2 & 7 \end{pmatrix}$

☐ **Ich kann lineare Gleichungssysteme in Matrizenform darstellen und mithilfe von Technologie lösen.**

B **331** Schreibe das lineare Gleichungssystem in Matrizenform an. Löse es mithilfe der inversen Matrix und einer geeigneten Technologie.

a. I) $5x + 3y = -62$
II) $7x + 10y = 41$

b. I) $4x + 5y + 2z = 0{,}2$
II) $8x - z = 10$
III) $2y + 6z = 8$

☐ **Ich kann Produktionsprozesse mit verflochtenen Teilbereichen durch eine Verflechtungsmatrix beschreiben und damit Probleme lösen.**

A, B, C **332** Von einem zweistufigen Produktionsprozess sind die Verflechtungsmatrix V und der Nachfragevektor N bekannt. V ist dabei durch die folgende Tabelle gegeben.

	R_1	R_2	R_3	Z_1	Z_2	E_1	E_2	E_3
R_1	0	0	0	3	1	0	1	0
R_2	0	0	0	6	2	0	0	0
R_3	0	0	0	1	4	0	0	2
Z_1	0	0	0	0	0	5	1	0
Z_2	0	0	0	0	0	2	3	1
E_1	0	0	0	0	0	0	0	0
E_2	0	0	0	0	0	0	0	0
E_3	0	0	0	0	0	0	0	0

$$, N = \begin{pmatrix} 0 \\ 0 \\ 0 \\ 100 \\ 0 \\ 200 \\ 300 \\ 500 \end{pmatrix}$$

a. Lies ab, welche der Rohstoffe auch direkt in eines der Endprodukte einfließen. Gib an, welche der Zwischenprodukte zu wie vielen ME auch direkt in den Verkauf gehen.

b. Ermittle die Matrix $(E_8 - V)^{-1}$. (E_8 bezeichnet die 8. Einheitsmatrix.)

c. Berechne $(E_8 - V)^{-1} \cdot N$ und interpretiere das Ergebnis.

Zusammenfassung

Matrix

Ein Rechteck von Zahlen

$$M = \begin{pmatrix} M_{11} & M_{12} & \dots & M_{1n} \\ M_{21} & M_{22} & \dots & M_{2n} \\ \vdots & \vdots & \ddots & \vdots \\ M_{m1} & M_{m2} & \dots & M_{mn} \end{pmatrix}$$

nennen wir eine **m × n-Matrix** oder Matrix mit m Zeilen und n Spalten. M_{ij} nennen wir den **i-j-ten Eintrag** oder **i-j-ten Koeffizienten** von M.

Rechnen mit Matrizen

Die **Summe zweier n × m-Matrizen** berechnen wir, indem wir die entsprechenden Koeffizienten addieren. Ist c eine Zahl, dann berechnen wir das **c-Fache einer m × n-Matrix**, indem wir alle Koeffizienten von A mit c multiplizieren. Beispiele:

$$\begin{pmatrix} A_{11} & A_{12} \\ A_{21} & A_{22} \end{pmatrix} + \begin{pmatrix} B_{11} & B_{12} \\ B_{21} & B_{22} \end{pmatrix} = \begin{pmatrix} A_{11}+B_{11} & A_{12}+B_{12} \\ A_{21}+B_{21} & A_{22}+B_{22} \end{pmatrix} \qquad c \cdot \begin{pmatrix} A_{11} & A_{12} \\ A_{21} & A_{22} \end{pmatrix} = \begin{pmatrix} c \cdot A_{11} & c \cdot A_{12} \\ c \cdot A_{21} & c \cdot A_{22} \end{pmatrix}$$

Das **Produkt** einer m × n-Matrix A und einer n × p-Matrix B ist die m × p-Matrix A · B, deren i-j-ter Koeffizient A_{ij} das Produkt

$$A_{i1}B_{1j} + A_{i2}B_{2j} + \dots + A_{in}B_{nj}$$

der i-ten Zeile von A mit der j-ten Spalte von B ist (i = 1, 2, …, m und j = 1, 2, …, p).
Bei der Matrizenmultiplikation darf man die Reihenfolge der Faktoren nicht vertauschen.
Im Allgemeinen ist $A \cdot B \neq B \cdot A$.

Gleichungssysteme in Matrizenform

Die Matrix $A = \begin{pmatrix} a & c \\ b & d \end{pmatrix}$ ist genau dann invertierbar, wenn $ad - bc \neq 0$ ist. Dann ist

$$A^{-1} = \frac{1}{ad - bc} \cdot \begin{pmatrix} d & -c \\ -b & a \end{pmatrix}$$

die zu A **inverse Matrix**. Es ist $A \cdot A^{-1} = A^{-1} \cdot A = E$.

Ein System von zwei Gleichungen mit zwei Unbekannten

I) $3x_1 + 4x_2 = 7$
II) $2x_1 - 1x_2 = 1$

können wir auch in der Form $\begin{pmatrix} 3 & 4 \\ 2 & -1 \end{pmatrix} \cdot \begin{pmatrix} x_1 \\ x_2 \end{pmatrix} = \begin{pmatrix} 7 \\ 1 \end{pmatrix}$ bzw. kürzer als $A \cdot x = b$ anschreiben.

Wenn A invertierbar ist, dann ist $\mathbf{A^{-1} \cdot b}$ die einzige Lösung des Gleichungssystems.

Bedarfsmatrix

Aus m Rohstoffen $R_1, R_2, \dots, R_m$ werden n verschiedene Produkte $P_1, P_2, \dots, P_n$ hergestellt. Zur Herstellung einer Einheit des Produktes P_j $(1 \leq j \leq n)$ werden B_{ij} Einheiten des Rohstoffs R_i $(1 \leq i \leq m)$ benötigt. Dann heißt die m × n-Matrix B (mit den Einträgen B_{ij}) die **Bedarfsmatrix** dieser Produktion.

Nachfragevektor

Der Nachfragevektor $N = \begin{pmatrix} N_1 \\ N_2 \\ \vdots \\ N_n \end{pmatrix}$ gibt an, wie viele Einheiten der Produkte $P_1, P_2, \dots, P_n$ produziert werden sollen.

Produktionsvektor

Die Spalte

$$X = B \cdot N$$

nennen wir den **Produktionsvektor**. Der i-te Eintrag X_i von X ist die Anzahl der Einheiten, die vom Rohstoff R_i verwendet werden müssen, um die Nachfrage N zu erfüllen.

Englisch d87k8v

Individualisierung b2m5un

Zusammenfassende Aufgaben

B **333** Schreibe das lineare Gleichungssystem in Matrizenform an und löse es mithilfe der inversen Matrix.

a. I) $8x + 3y = 36$
II) $7x + 2y = 29$

b. I) $2x + 7y = 0{,}2$
II) $4x + 9y = 1{,}4$

c. I) $4x + 6y = -2$
II) $2x - 2y = 1{,}5$

A, B **334** In einer Konditorei werden verschiedene Kuchen hergestellt. Dafür werden die notwendigen Zutaten in einer Tabelle festgehalten.

	Biskuit	Schokokuchen	Nusskuchen
Eier (Stk)	6	4	5
Mehl (dag)	18	10	10
Zucker (dag)	18	15	22
Butter (dag)	0	15	20
Schokolade (dag)	0	20	0
Nüsse (dag)	0	10	40

a. Die Rezepte stammen aus Großmutters Kochbuch. In der Konditorei werden immer mindestens fünf Stück hergestellt. Berechne die für fünf Stück von jedem Kuchen relevanten Mengenangaben.

b. Ermittle, wie viele Eier für jeweils zehn Stück der drei Kuchen benötigt werden.

A, B, C **335** Ein zweistufiger Produktionsprozess wird durch die abgebildeten Gozintographen beschrieben.

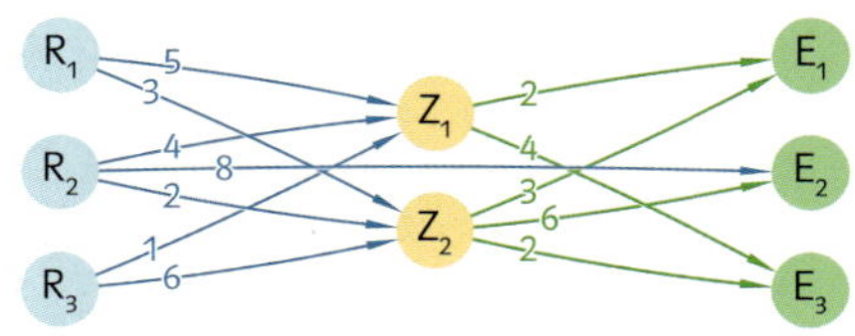

a. Gib an, ob Rohstoffe direkt (ohne zuerst in einem Zwischenprodukt verarbeitet zu werden) zur Produktion eines Endproduktes verwendet werden. Wenn ja, welche?

b. Stelle die Verflechtungsmatrix V auf.

c. Von E_1 sollen 100 ME, von E_2 200 ME, von E_3 80 ME und von Z_1 500 ME geliefert werden. Berechne den Produktionsvektor und interpretiere das Ergebnis.

B **336** Berechne A·B und, wenn möglich, B·A.

a. $A = \begin{pmatrix} 2 & 1 \\ -5 & 3 \end{pmatrix}$; $B = \begin{pmatrix} 3 & 0 \\ 1 & 2 \end{pmatrix}$

b. $A = \begin{pmatrix} 1 & -4 & 0 \\ 2 & -3 & 1 \\ 3 & 2 & 0 \end{pmatrix}$; $B = \begin{pmatrix} 2 & 1 & 2 \\ 1 & -4 & 1 \\ 0 & 7 & -3 \end{pmatrix}$

c. $A = \begin{pmatrix} 4 & -1 & 0 \\ 1 & 4 & 0 \\ -2 & 3 & 7 \\ 3 & 2 & 0 \\ 0 & 5 & 5 \end{pmatrix}$; $B = \begin{pmatrix} 1 & 0 & 2 & 0 & 5 \\ 0 & -3 & 0 & 1 & 2 \\ 2 & 1 & 0 & 3 & 0 \end{pmatrix}$

d. $A = \begin{pmatrix} \frac{1}{2} & -\frac{1}{4} & 1 \\ 0 & -2 & 3 \\ 2 & 0 & -\frac{3}{2} \end{pmatrix}$; $B = \begin{pmatrix} \frac{3}{4} & -\frac{3}{32} & \frac{5}{16} \\ \frac{3}{2} & -\frac{11}{16} & -\frac{3}{8} \\ 1 & -\frac{1}{8} & -\frac{1}{4} \end{pmatrix}$

B, C **337** In einem Konzern werden an drei verschiedenen Standorten jeweils vier verschiedene Produkte gefertigt. Für die Monate April, Mai und Juni werden die Fertigungszahlen in drei Matrizen beschrieben:

$A = \begin{pmatrix} 500 & 300 & 800 \\ 320 & 300 & 750 \\ 430 & 400 & 300 \\ 170 & 200 & 500 \end{pmatrix}$ $M = \begin{pmatrix} 550 & 320 & 860 \\ 350 & 320 & 780 \\ 450 & 400 & 320 \\ 190 & 250 & 550 \end{pmatrix}$ $J = \begin{pmatrix} 500 & 350 & 760 \\ 300 & 280 & 790 \\ 400 & 300 & 350 \\ 200 & 300 & 450 \end{pmatrix}$

a. Berechne, wie viel Stück von Produkt 4 im Juni am 1. Standort produziert wurden.

b. Ermittle, wie viel Stück von Produkt 2 im Mai insgesamt produziert wurden.

c. Interpretiere die Zahl A_{32}.

d. Berechne die Summe der Einträge der 3. Spalte von M. Interpretiere diese Zahl.

e. Berechne A + M + J. Erkläre, was in dieser Matrix zu lesen ist.

A, B **338** Ein Händler verkauft drei verschiedene Produkte und listet die verkauften Stück jeden Tag in einer Verkaufswoche in nachfolgender Matrix:

$$\begin{pmatrix} 52 & 12 & 102 \\ 53 & 14 & 98 \\ 65 & 18 & 145 \\ 72 & 22 & 138 \\ 86 & 27 & 127 \\ 75 & 11 & 107 \end{pmatrix}$$

Für das erste Produkt verlangt der Händler 9,90 €, für das zweite 29,80 € und für das dritte 6,90 €.

a. Berechne für jeden Wochentag den Umsatz pro Produkt.

b. Berechne den gesamten Tagesumsatz.

c. Berechne den Wochenumsatz.

A, B, C **339** In einem zweistufigen Produktionsprozess werden zuerst aus fünf Rohstoffen sechs Zwischenprodukte hergestellt und anschließend aus den sechs Zwischenprodukten vier Endprodukte. Die Matrix RZ gibt den Bedarf an Rohstoffen R_1 bis R_5 für die Zwischenprodukte Z_1 bis Z_6 an. Die Matrix ZE gibt den Bedarf an Zwischenprodukten Z_1 bis Z_6 für die Endprodukte E_1 bis E_4 an.

$$RZ = \begin{pmatrix} 2 & 3 & 1 & 0 & 1 & 3 \\ 0 & 2 & 0 & 4 & 1 & 0 \\ 1 & 1 & 2 & 0 & 0 & 1 \\ 0 & 0 & 0 & 3 & 2 & 0 \\ 2 & 3 & 1 & 1 & 0 & 2 \end{pmatrix} \quad ZE = \begin{pmatrix} 1 & 1 & 2 & 1 \\ 2 & 0 & 2 & 0 \\ 1 & 2 & 1 & 3 \\ 1 & 1 & 0 & 2 \\ 0 & 2 & 1 & 0 \\ 0 & 0 & 2 & 1 \end{pmatrix}$$

a. Erkläre, welche Bedeutung die Zahlen RZ_{35} und ZE_{34} haben.

b. Stelle den Produktionsprozess mithilfe von Gozintographen dar.

c. Berechne die Matrix RZ · ZE. Interpretiere die Bedeutung der ersten Zeile dieser Matrix. Interpretiere die Bedeutung der zweiten Spalte.

d. Es werden 15 Einheiten von E_1, 20 Einheiten von E_2, 10 Einheiten von E_3 und 30 Einheiten von E_4 bestellt. Berechne, wie viele Einheiten der Rohstoffe R_1 bis R_5 für diese Bestellung verarbeitet werden. Gib das Ergebnis als Spalte an.

A, B **340** In einem zweistufigen Produktionsprozess werden zuerst aus vier Rohstoffen drei Zwischenprodukte hergestellt und anschließend aus den drei Zwischenprodukten zwei Endprodukte. Der zweistufige Produktionsprozess wird durch die folgenden Gozintographen dargestellt.

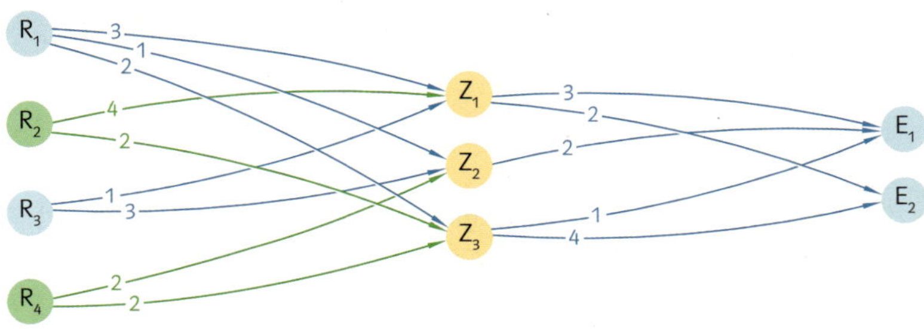

a. Gib den Bedarf an Rohstoffen R_1 bis R_4 für die Zwischenprodukte Z_1 bis Z_3 in Form einer Matrix RZ an.

b. Gib den Bedarf an Zwischenprodukten Z_1 bis Z_3 für die Endprodukte E_1 und E_2 in Form einer Matrix ZE an.

c. Erkläre, welche Rechenoperation man mit RZ und ZE durchführen muss, um den Gesamtbedarf an Rohstoffen R_1 bis R_4 für die Produktion von E_1 und E_2 in Matrixform zu erhalten. Führe diese Operation durch.

d. Es werden 20 Stück von E_1 und 35 Stück von E_2 bestellt. Wir schreiben diese Bestellung in Form einer Spalte an: $b = \begin{pmatrix} 20 \\ 35 \end{pmatrix}$. Erkläre, welche Rechenoperation man mit den Matrizen RZ, ZE und b durchführen muss, um den Gesamtbedarf an den Rohstoffen R_1 bis R_4 für diese Bestellung zu berechnen. Führe diese Rechenoperation durch.

B **341** Berechne ohne Technologieeinsatz die inverse Matrix.

a. $A=\begin{pmatrix}0&2\\4&0\end{pmatrix}$ **b.** $B=\begin{pmatrix}4&1\\2&3\end{pmatrix}$ **c.** $C=\begin{pmatrix}-6&5\\8&7\end{pmatrix}$ **d.** $D=\begin{pmatrix}\frac{1}{2}&2\\4&\frac{1}{4}\end{pmatrix}$

A **342** Verwandle die Matrix in einen Gozintographen.

a. $\begin{pmatrix}6&2&0&1\\3&0&5&7\\1&4&2&3\end{pmatrix}$ **b.** $\begin{pmatrix}2&5&0\\0&3&4\\3&1&0\\1&4&6\end{pmatrix}$

B, C **343** In einem Betrieb mit verschiedenen Kostenträgern wird eine Tabelle zur Aufteilung der Gemeinkosten erstellt.

Kostenart	Kantine	Material	Fertigung	Verwaltung	Vertrieb
Akkordlöhne			111 000 €		
Fertigungsmaterial		115 000 €			
Gehälter	10 000 €	22 000 €	112 000 €	94 000 €	65 000 €
Betriebsmittelkosten	4 000 €	10 000 €	94 000 €	14 000 €	8 600 €
Mieten	1 800 €	4 000 €	15 400 €	2 100 €	560 €
Energie	1 000 €	1 800 €	18 000 €	1 400 €	420 €

a. Gib die Gehälter im Bereich Fertigung an.
b. Ermittle die Mieten für den Bereich Verwaltung.
c. Berechne die Summe der Gemeinkosten für die Kantine.
d. Ermittle, welcher Bereich die höchsten Gemeinkosten hat.

A **344** Schreibe die 4 × 4-Matrix M an, für deren Koeffizienten M_{ij} die folgenden Bedingungen gelten.

a. $M_{ij}=5$, wenn $i>j$ ist; $M_{ij}=0$, wenn $i<j$ ist; $M_{ij}=i$, wenn $i=j$ ist
b. $M_{ij}=0$, wenn $i<j$ ist; $M_{ij}=5$, wenn $i=j$ ist; $M_{ij}=j$, wenn $i>j$ ist
c. $M_{ij}=i+j$, wenn $i<j$ ist; $M_{ij}=i^2$, wenn $i=j$ ist; $M_{ij}=i\cdot j$, wenn $i>j$ ist

A **345** Frau Maier, Frau Müller und Herr Huber arbeiten in einer Firma. Alle drei sind an insgesamt vier Projekten beteiligt. Frau Maier arbeitet zu 20 % an Projekt A, zu 40 % an Projekt B und den Rest seiner Arbeitszeit an Projekt C. Frau Müller arbeitet jeweils zu 10 % an Projekt B und D, den Rest ihrer Zeit wendet sie für Projekt C auf. Herr Huber arbeitet zu gleichen Teilen an allen vier Projekten. Stelle diesen Sachverhalt durch eine Matrix dar.

A, B, C **346** Die abgebildeten Gozintographen stellen einen zweistufigen Produktionsprozess dar.

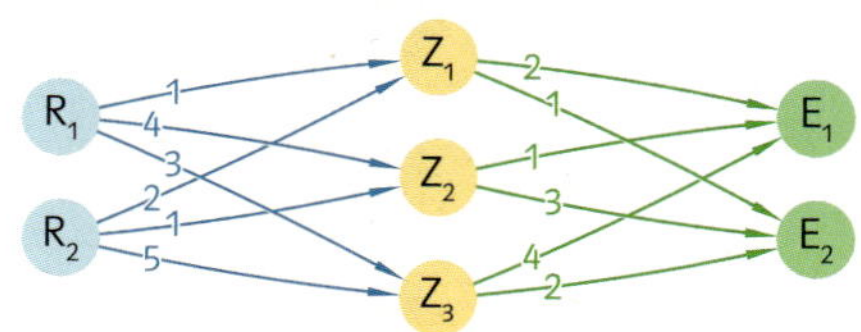

a. Berechne die Bedarfsmatrix RE, die angibt, wie viel von den Rohstoffen R_1 und R_2 für die Herstellung von E_1 und E_2 benötigt wird.
b. Es sollen 800 Stück von E_1 und 750 Stück von E_2 produziert werden. Gib den Nachfragevektor an und berechne den Produktionsvektor. Interpretiere die Einträge des Produktionsvektors.
c. Eine Einheit des Rohstoffs R_1 kostet 5 € und eine Einheit von R_2 7 €. Gib an, durch welche Rechnung mit Matrizen man die gesamten Rohstoffkosten für eine Produktion von 800 Stück E_1 und 750 Stück E_2 erhält.

B **347** Berechne

$$\left(\begin{pmatrix}3&0&-1\\5&2&1\\0&1&0\end{pmatrix}+\begin{pmatrix}-4&1&0\\0&2&-2\\3&0&1\end{pmatrix}\right)\cdot\begin{pmatrix}2&0&0\\0&-1&0\\0&0&7\end{pmatrix}=$$

A **348** Stelle die Zahl als Produkt einer Zeile mit einer Spalte dar. Es gibt dazu zwei Möglichkeiten.

a. $7\cdot4+3\cdot5$ **b.** $6\cdot4+2\cdot5+3\cdot7-5\cdot6$

Was habe ich in diesem Semester gelernt?

3. Semester

Algebra und Geometrie

☐ Aufgaben x6qn83

Ich kann die Potenzschreibweise mit rationalen Exponenten beschreiben, die damit zusammenhängenden Rechengesetze anwenden und begründen. ► Abschnitt 1.1

B **349** Schreibe als eine einzige Potenz.

a. $a^{\frac{1}{4}} \cdot a^{\frac{2}{3}} =$ **b.** $\frac{x^{\frac{3}{4}}}{x^{\frac{1}{2}}} =$ **c.** $\left(y^{\frac{2}{3}}\right)^{\frac{3}{4}} =$ **d.** $\frac{c^{\frac{1}{2}} \cdot c^{\frac{2}{3}}}{c^{\frac{5}{12}}} =$

D **350** Erkläre mithilfe der Rechenregel $(a^m)^n = a^{m \cdot n}$, warum es sinnvoll ist, $a^{\frac{1}{2}}$ als $\sqrt{a}$ zu definieren.

☐ Aufgaben f8wx56

Ich kann Potenz- und Wurzelschreibweise ineinander überführen.
► Abschnitt 1.1

C **351** Kreuze die richtige Lösung an.

a.	$x^{\frac{3}{4}} =$	A $\frac{3}{x^4}$	B $\sqrt[4]{x^3}$	C $\frac{4}{x^3}$	D $\sqrt[3]{x^4}$	E $\frac{3}{\sqrt[4]{x}}$
b.	$x^{-5} =$	A $\sqrt[5]{x^{-1}}$	B $\frac{1}{\sqrt{x^5}}$	C $\frac{1}{x^5}$	D $\frac{x}{5}$	E $\frac{1}{\sqrt[5]{x}}$
c.	$x^{-\frac{1}{3}} =$	A $\frac{1}{\sqrt[3]{x}}$	B $-\frac{1}{x^3}$	C $\frac{1}{\sqrt{x^3}}$	D $\frac{x}{3}$	E $\sqrt[-1]{x^3}$

B **352** Schreibe die Wurzel als rationale Potenz.

a. $\sqrt{x} =$ **b.** $\sqrt[4]{a} =$ **c.** $\sqrt[5]{p^3} =$ **d.** $\frac{1}{\sqrt{b}} =$

B **353** Schreibe die rationale Potenz als Wurzel.

a. $a^{\frac{1}{3}} =$ **b.** $b^{\frac{3}{4}} =$ **c.** $c^{-\frac{1}{4}} =$ **d.** $d^{-\frac{2}{7}} =$

B **354** Schreibe als eine einzige rationale Potenz. Gib das Ergebnis auch als Wurzel an.

a. $\sqrt[4]{x^3} \cdot \sqrt[6]{x} =$ **b.** $\sqrt[3]{u} \cdot \sqrt[4]{u} \cdot \sqrt[6]{u} =$ **c.** $\frac{\sqrt[8]{z^7}}{\sqrt[6]{z^5}} =$ **d.** $\frac{\sqrt[8]{a^5} \cdot \sqrt[6]{a^5}}{\sqrt[4]{a^3} \cdot \sqrt{a}} =$

☐ Aufgaben n9s4fn

Ich kann in Formeln, die auch Potenzen mit rationalen Exponenten enthalten, die gegenseitige Abhängigkeit der Größen interpretieren, erklären und nach einer variablen Größe explizieren.
► Abschnitt 1.2

B, D **355** Das Volumen eines Drehzylinders mit dem Durchmesser d und der Höhe h ist $V = \frac{d^2 \pi h}{4}$.

a. Forme diese Formel nach d um.

b. Argumentiere, wie man bei gleichbleibender Höhe den Durchmesser ändern muss, damit sich das Volumen halbiert.

B, D **356** Die Schwingungsdauer T eines Fadenpendels in Sekunden wird durch die Formel $T = 2\pi\sqrt{\frac{l}{g}}$ beschrieben. Dabei ist l die Länge des Pendels in m und $g \approx 10\,m/s^2$ die Erdbeschleunigung.

a. Forme diese Formel nach l um.

b. Argumentiere, wie die Länge verändert werden muss, damit sich die Schwingungsdauer verdoppelt.

c. Argumentiere, wie sich die Schwingungsdauer verändert, wenn die Länge halbiert wird.

☐ Aufgaben ww3hx5

Ich kann lineare Gleichungssysteme in zwei Variablen für Aufgaben aus den Bereichen Prozentrechnung und Bewegung aufstellen. ► Abschnitt 2.2

A, C **357** Ein Schiff benötigt für eine 80 km lange Fahrt auf einem Fluss stromabwärts (das heißt in Strömungsrichtung des Flusses) 2 Stunden und 30 Minuten und stromaufwärts (das heißt gegen die Strömung) 3 Stunden und 15 Minuten. Entscheide, welches der fünf Gleichungssysteme den Sachverhalt richtig modelliert. Dabei steht f für die Strömungsgeschwindigkeit des Flusses in km/h und s für die Eigengeschwindigkeit des Schiffs in km/h. Kreuze die richtige Antwort an.

A	B	C	D	E
I) $s + f = 2{,}5$	I) $2{,}5s + 3{,}25f = 80$	I) $s + f = \frac{80}{2{,}5}$	I) $s + f = \frac{80}{3{,}15}$	I) $80(s + f) = 2{,}30$
II) $s - f = 3{,}25$	II) $s - f = 0{,}75$	II) $s - f = \frac{80}{3{,}25}$	II) $s - f = \frac{80}{2{,}30}$	II) $80(s - f) = 3{,}15$

A **358** Herr Moser hat sich vor zwei Monaten ein Heimkinosystem bestehend aus einem Großbildfernseher und einem Surround-Sound-System um insgesamt 2 284 € gekauft. Heute hätte er den Fernseher um 15 % und das Sound-System um 20 % billiger bekommen und sich dadurch 370,35 € sparen können. Stelle ein Gleichungssystem auf, mit dem man den ursprünglichen Preis des Fernsehers und den ursprünglichen Preis des Sound-Systems berechnen kann.

☐ Aufgaben ht58me

Ich kann verschiedene Lösungsverfahren für lineare Gleichungssysteme in zwei Variablen anführen. ► Abschnitte 2.1, 2.4, 3.4

B, C **359** Löse das Gleichungssystem **a.** durch Umformen, **b.** graphisch, **c.** mithilfe der inversen Matrix der Koeffizientenmatrix.

I) $2x + 3y = 5$
II) $3x - 2y = 1$

☐ Aufgaben 9f4q6x

Ich kann lineare Gleichungssysteme in zwei Variablen lösen.
► Abschnitt 2.1

B, C **360** Löse das lineare Gleichungssystem ohne technische Hilfsmittel und dokumentiere deinen Rechenweg.

a. I) $8x - 9y = 83$
II) $6x + 4y = 30$

b. I) $x = y - 3$
II) $4x + 7y = 120$

☐ Aufgaben zf7kg9

Ich kann die Lösungsmenge linearer Gleichungssysteme interpretieren, dokumentieren (auch graphisch) und in Bezug auf die Aufgabenstellung argumentieren. ► Abschnitte 2.2, 2.3, 2.4

C, D **361** Von den vier gegebenen linearen Gleichungssystemen (**A**, **B**, **C**, **D**) hat eines keine Lösung und eines unendlich viele Lösungen. Finde heraus, welche und begründe deine Wahl.

a.	Dieses Gleichungssystem hat keine Lösung.	☐
b.	Dieses Gleichungssystem hat unendlich viele Lösungen.	☐

A	I) $4x + 3y = 13$ II) $12x + 9y = 39$
B	I) $5x + 2y = 17$ II) $5x - 2y = 23$
C	I) $2x = 27$ II) $x + y = 12$
D	I) $2x + 5y = 11$ II) $4x + 10y = 14$

B, D **362** Zeichne die Lösungsmengen der Gleichungen I) $x-2y=3$ und II) $-\frac{x}{2}+y=2$ in ein Koordinatensystem. Argumentiere geometrisch, dass das Gleichungssystem

I) $x-2y=3$
II) $-\frac{x}{2}+y=2$

keine Lösung haben kann.

☐ Aufgaben 9cd3wx

Ich kann Probleme aus verschiedenen Anwendungsbereichen in lineare Gleichungssysteme mit mehreren Variablen übersetzen, mithilfe von Technologieeinsatz lösen und das Ergebnis in Bezug auf die Problemstellung interpretieren und argumentieren. ► Abschnitte 2.2, 2.3

A, B **363** Für eine Firmenfeier kauft ein Mitarbeiter im Supermarkt Dekoration und Lebensmittel und zahlt dafür insgesamt 290,60 €. Laut Rechnung beträgt der Nettopreis 254,00 €. Berechne den Nettopreis für die Dekorationsartikel alleine, wenn bekannt ist, dass die Umsatzsteuer für diese 20 % beträgt und für Lebensmittel nur 10 %.

A, B, C **364** In einem Ferienclub gibt es für einen einwöchigen All-inclusive-Urlaub einen Tarif für Erwachsene, einen für Jugendliche und einen für Kinder. Familie Anzinger (2 Erwachsene und 1 Kind) zahlt 2 860 €, Familie Berghuber (2 Erwachsene, 1 Jugendlicher und 2 Kinder) 4 395 € und Familie Chormayr (3 Erwachsene und 1 Jugendlicher) 4 200 €.

a. Stelle ein lineares Gleichungssystems auf, mit dem sich jeweils der Preis eines einwöchigen Aufenthalts für einen Erwachsenen, für einen Jugendlichen und für ein Kind in diesem Ferienclub ermitteln lässt.

b. Löse dieses Gleichungssystem mithilfe einer geeigneten Technologie.

c. Gib an, wie viel Familie Drauwald (2 Erwachsene, 1 Jugendlicher und 1 Kind) für diesen Urlaub bezahlen müsste.

☐ Aufgaben wz84si

Ich kann die Matrizenschreibweise als Darstellungsform nennen, die Matrixelemente interpretieren und deuten. ► Abschnitte 3.1, 3.2

A, C **365** Der Verfassungsschutz überwacht seit einem Monat die Mobiltelefone von drei Verdächtigen V_1, V_2 und V_3. Es stellt sich heraus, dass in diesem Zeitraum V_1 12-mal V_2 und 8-mal V_3 angerufen hat. V_2 hat 3-mal V_1 und 5-mal V_3 angerufen, während V_3 nur 2-mal V_2 angerufen hat.

a. Stelle diesen Sachverhalt mithilfe einer Matrix A dar, wobei der Koeffizient A_{ij} angibt, wie oft V_i bei V_j angerufen hat.

b. Im Folgemonat erhält man nach derselben Vorgangsweise die Matrix $B=\begin{pmatrix}0 & 17 & 12\\ 4 & 0 & 9\\ 3 & 6 & 0\end{pmatrix}$.

Lies den Koeffizienten B_{23} ab und interpretiere ihn in Bezug auf den Sachverhalt.

☐ Aufgaben qy5jz2

Ich kann lineare Gleichungssysteme in Matrizenschreibweise darstellen, mithilfe der Matrizenrechnung umformen und technologieunterstützt lösen. ► Abschnitt 3.4

A, B **366** Stelle das lineare Gleichungssystem in Matrizenschreibweise dar und löse es mithilfe der Matrizenrechnung und einer geeigneten Technologie.

I) $4a+6b-2c+d=28$
II) $a+2b+c+3d=3$
III) $6a+b-c+4d=-2$
IV) $a+b+c+d=6$

☐ Aufgaben aa7b5e

Ich kann Addition, Subtraktion, Multiplikation sowie die Berechnung der Inversen von Matrizen mithilfe der Technologie durchführen. ► Abschnitt 3.3

B **367** Führe mit den Matrizen $A=\begin{pmatrix}1 & 4 & 8\\ 2 & 4 & 5\\ 1 & 2 & 2\end{pmatrix}$ und $B=\begin{pmatrix}5 & 3 & 4\\ 6 & 2 & 1\\ 0 & 2 & 5\end{pmatrix}$ die folgenden Rechenoperationen durch.

a. $A+B=$ **b.** $5A+2B=$ **c.** $B-A=$ **d.** $4A-2B=$ **e.** $A\cdot B=$ **f.** $B\cdot A=$

B **368** Berechne mithilfe einer geeigneten Technologie die Inversen der Matrizen A und B aus Aufgabe 367.

☐ Aufgaben nn43f2

Ich kann die Matrizenrechnung auf wirtschaftliche Aufgabenstellungen anwenden und Gozintographen deuten. ► Abschnitte 3.3, 3.4

A, B **369** Aus den Rohstoffen R_1, R_2 und R_3 werden die Produkte P_1, P_2, P_3 und P_4 hergestellt. Wie viel von jedem Rohstoff für jedes Produkt benötigt wird, ist im abgebildeten Gozintographen dargestellt.

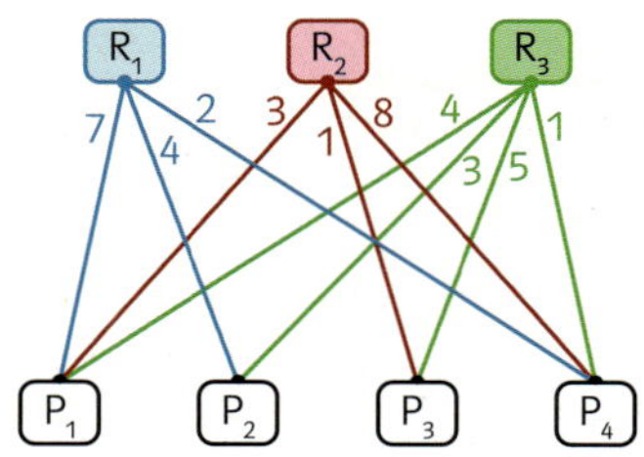

a. Stelle die zugehörige Bedarfsmatrix RP auf.

b. Es liegt eine Bestellung über 12 Stück P_1, 8 Stück P_2, 13 Stück P_3 und 7 Stück P_4 vor, die mithilfe der Spalte

$$b = \begin{pmatrix} 12 \\ 8 \\ 13 \\ 7 \end{pmatrix}$$

dargestellt wird. Berechne mithilfe von RP und b den Bedarf an Rohstoffen, der für die Erfüllung dieser Bestellung notwendig ist.

A, B **370** Aus den Rohstoffen R_1, R_2, R_3 und R_4 werden zunächst die Zwischenprodukte Z_1, Z_2 und Z_3 hergestellt. Die zugehörige Bedarfsmatrix ist RZ. Anschließend werden aus den drei Zwischenprodukten zwei Endprodukte E_1 und E_2 hergestellt, die entsprechende Bedarfsmatrix ist ZE.

$$RZ = \begin{pmatrix} 4 & 1 & 3 \\ 2 & 0 & 5 \\ 3 & 6 & 1 \\ 4 & 4 & 2 \end{pmatrix}; \; ZE = \begin{pmatrix} 4 & 1 \\ 3 & 5 \\ 2 & 4 \end{pmatrix}$$

a. Zeichne die Gozintographen, die den gesamten Produktionsprozess von den Rohstoffen über die Zwischenprodukte bis hin zu den Endprodukten darstellen.

b. Es herrscht eine Nachfrage nach 200 Stück E_1 und 120 Stück E_2. Berechne, wie viel man von den einzelnen Rohstoffen benötigt, um diese Nachfrage zu erfüllen.

Funktionale Zusammenhänge

☐ Aufgaben q4324n

Ich kann den Zusammenhang zwischen linearer Funktion und linearer Gleichung in zwei Variablen beschreiben. ► Abschnitt 2.4

C **371** Ordne den zwei angegebenen linearen Gleichungen jeweils diejenige lineare Funktion f zu, deren Graph die Lösungsmenge der die Gleichung ist.

a.	$3x + 2y = 6$	☐
b.	$6x - 2y = 3$	☐

A	$f(x) = -\frac{3}{2}x + 3$
B	$f(x) = 6x - 3$
C	$f(x) = 3x - \frac{3}{2}$
D	$f(x) = -\frac{3}{2}x + 6$

☐ Aufgaben 3gj7tp

Ich kann die Lösungsmenge eines linearen Gleichungssystems in zwei Variablen als Schnittpunkt zweier Geraden interpretieren. ► Abschnitt 2.4

B, C **372** Zeichne die Lösungsmengen der Gleichung I) und der Gleichung II) in ein Koordinatensystem und lies die Koordinaten des Schnittpunkts der beiden Geraden ab. Erkläre die Bedeutung der Koordinaten dieses Schnittpunkts für das Gleichungssystem.

I) $3x + 4y = 28$
II) $x - 2y = -4$

4 Quadratische Gleichungen und quadratische Funktionen

4. Semester

4.1 Quadratische Gleichungen

- ☐ Ich lerne quadratische Gleichungen zu lösen.
- ☐ Ich lerne zu entscheiden, ob eine quadratische Gleichung keine, eine oder zwei Lösungen hat, und ich lerne diese Entscheidung zu begründen.
- ☐ Ich lerne Textaufgaben zu lösen, die auf quadratische Gleichungen führen.

Quadratische Gleichungen lösen

Herr Gruber zahlt 10 000 € auf ein Sparbuch ein, zahlt nach einem Jahr noch weitere 60 000 € ein und lässt dieses Kapital samt Zinsen für das erste Jahr dann noch ein zweites Jahr liegen. Er vereinbart mit der Bank, dass er pro Jahr denselben Zinssatz p % bekommt. Die Bank bietet an, Herrn Gruber zu Beginn des dritten Jahres 71 604 € auszuzahlen. Herr Gruber möchte wissen, welchem jährlichen Zinssatz dieses Angebot entspricht.

Schreiben wir q für den „Aufzinsungsfaktor" $1 + \frac{p}{100}$, dann beträgt Herrn Grubers Kapital nach einem Jahr 10 000q und nach einem weiteren Jahr

$$(10\,000q + 60\,000)q\ €.$$

Herr Gruber weiß also, dass

$$10\,000q^2 + 60\,000q = 71\,604$$

ist. Zur Vereinfachung dividiert er auf beiden Seiten des Gleichheitszeichens durch 10 000 und erhält

$$q^2 + 6q = 7{,}1604.$$

Erinnern wir uns an die binomischen Formeln: Es ist

$$q^2 + 6q + 9 = (q + 3)^2.$$

Wir addieren deshalb auf beiden Seiten der Gleichung die Zahl 9.

$$\begin{aligned} q^2 + 6q &= 7{,}1604 && \mid +9 \\ q^2 + 6q + 9 &= 16{,}1604 && \mid \text{binomische Formel} \\ (q + 3)^2 &= 16{,}1604 \end{aligned}$$

Weil 16,1604 eine positive Zahl ist, können wir daraus die Wurzel ziehen:

$$\sqrt{16{,}1604} = 4{,}02.$$

Beachte, dass auch $(-4{,}02)^2 = 16{,}1604$ ist. Daher ist

$$q + 3 = 4{,}02 \quad \text{oder} \quad q + 3 = -4{,}02.$$

Daraus folgt

$$q = 1{,}02 \quad \text{oder} \quad q = -7{,}04.$$

Da für den Aufzinsungsfaktor q nur positive Zahlen in Frage kommen, muss $q = 1{,}02$ sein. Wegen

$$1{,}02 = 1 + \frac{2}{100}$$

ist der jährliche Zinssatz

$$p\,\% = 2\,\%.$$

Die Aufgabe, die Herr Gruber gelöst hat, nennt man eine **quadratische Gleichung**.

quadratische Gleichung

Eine **quadratische Gleichung** ist die folgende Aufgabe: Gegeben sind drei Zahlen a, b, c mit $a \neq 0$, sie heißen die **Koeffizienten** der Gleichung. Gesucht sind alle Zahlen x mit der Eigenschaft

$$ax^2 + bx + c = 0.$$

Diese Zahlen heißen **Lösungen** der quadratischen Gleichung.
Die Menge aller Lösungen der Gleichung heißt **Lösungsmenge**.

Wir verwenden oft die Kurzschreibweise
„Löse die Gleichung $ax^2 + bx + c = 0$".
Dabei kann statt x auch jedes andere Symbol gewählt werden.

Tipp

Weil a nicht 0 ist, können wir alle Koeffizienten durch a dividieren und dann ist jede Lösung von $ax^2 + bx + c = 0$ auch eine Lösung von

$$x^2 + \frac{b}{a}x + \frac{c}{a} = 0$$

und umgekehrt.

quadratisches Ergänzen

Um die quadratische Gleichung $ax^2 + bx + c = 0$ zu lösen, formen wir sie zuerst zu $x^2 + px + q = 0$ (dabei ist $p = \frac{b}{a}$ und $q = \frac{c}{a}$) um. Dann führen wir folgende Umformungen durch:

$$\begin{aligned} x^2 + px + q &= 0 && \mid -q \\ x^2 + px &= -q && \mid +\left(\frac{p}{2}\right)^2 \\ x^2 + px + \left(\frac{p}{2}\right)^2 &= -q + \left(\frac{p}{2}\right)^2 && \mid \text{binomische Formel} \\ \left(x + \frac{p}{2}\right)^2 &= -q + \left(\frac{p}{2}\right)^2 \\ \left(x + \frac{p}{2}\right)^2 &= \frac{p^2}{4} - q \end{aligned}$$

Wenn $\frac{p^2}{4} - q < 0$ ist, gibt es keine Lösung, da das Quadrat einer reellen Zahl nicht negativ sein kann. Wenn $\frac{p^2}{4} - q \geq 0$ ist, können wir die Wurzel ziehen:

$$x + \frac{p}{2} = +\sqrt{\frac{p^2}{4} - q} \quad \text{oder} \quad x + \frac{p}{2} = -\sqrt{\frac{p^2}{4} - q}.$$

In diesem Fall gibt es daher **zwei** Lösungen:

$$x_1 = -\frac{p}{2} + \sqrt{\frac{p^2}{4} - q} \quad \text{und} \quad x_2 = -\frac{p}{2} - \sqrt{\frac{p^2}{4} - q}.$$

Da $x^2 + px$ dabei durch Addition von $\left(\frac{p}{2}\right)^2$ zum Quadrat $\left(x + \frac{p}{2}\right)^2$ ergänzt wird, nennt man diese Umformung **quadratisches Ergänzen.**

Dieses Ergebnis wird als **„kleine Lösungsformel für quadratische Gleichungen"** so formuliert:

kleine Lösungsformel

Wenn $\frac{p^2}{4} - q \geq 0$ ist, dann hat die Gleichung $x^2 + px + q = 0$ die Lösungen

$$x_1 = -\frac{p}{2} + \sqrt{\frac{p^2}{4} - q} \quad \text{und} \quad x_2 = -\frac{p}{2} - \sqrt{\frac{p^2}{4} - q}.$$

Wir schreiben dafür kurz:

$$\mathbf{x_{1,2} = -\frac{p}{2} \pm \sqrt{\frac{p^2}{4} - q}.}$$

Tipp

Wer die Gleichung $ax^2 + bx + c = 0$ nicht durch a dividieren möchte, kann in den Lösungen

$$-\frac{p}{2} \pm \sqrt{\frac{p^2}{4} - q}$$

von $ax^2 + px + q = 0$ die Zahlen p und q durch $\frac{b}{a}$ und $\frac{c}{a}$ ersetzen und erhält nach Umformungen die **„große Lösungsformel"**:

große Lösungsformel

Wenn $b^2 - 4ac \geq 0$ ist, dann hat die Gleichung $ax^2 + bx + c = 0$ die Lösungen

$$\mathbf{x_{1,2} = \frac{-b \pm \sqrt{b^2 - 4ac}}{2a}}.$$

eine Gleichung lösen

ggb/tns 7ng3ds

GeoGebra	Löse[<Gleichung>, <Variable>]	1 Löse[z^2 - 3z + 2 = 0, z] → {z = 1, z = 2}
TI Nspire	solve(Gleichung, Var)	solve($z^2-3\cdot z+2=0,z$) $z=1$ or $z=2$

B **373** eine quadratische Gleichung lösen

ggb/tns qn67yi

Ermittle die Lösungsmenge der quadratischen Gleichung $x^2 - 5x + 6 = 0$ und mach die Probe.

$$x^2 - 5x + 6 = 0 \qquad | -6$$
$$x^2 - 5x = -6 \qquad | +\left(\frac{5}{2}\right)^2$$
$$x^2 - 5x + \left(\frac{5}{2}\right)^2 = -6 + \left(\frac{5}{2}\right)^2 \qquad | \text{ binomische Formel}$$
$$(x - 2{,}5)^2 = 0{,}25$$

Da sowohl $(\sqrt{0{,}25})^2 = 0{,}5^2 = 0{,}25$ als auch $(-\sqrt{0{,}25})^2 = (-0{,}5)^2 = 0{,}25$ ist, ist

$$x - 2{,}5 = \pm 0{,}5$$

Es gibt zwei Lösungen, nämlich

$$x_1 = +0{,}5 + 2{,}5 = 3 \quad \text{und} \quad x_2 = -0{,}5 + 2{,}5 = 2.$$

Somit ist {2, 3} die Lösungsmenge.

Probe: $2^2 - 5 \cdot 2 + 6 = 4 - 10 + 6 = 0$ stimmt!
$3^2 - 5 \cdot 3 + 6 = 9 - 15 + 6 = 0$ stimmt!

B **374** Kontrolliere durch eine Probe, ob die angegebene Menge L die Lösungsmenge der quadratischen Gleichung ist.

a. $x^2 - 10x + 21 = 0$; L = {3; 7}
b. $x^2 - x - 30 = 0$; L = {−5; 8}
c. $x^2 + 3x - 7 = 0$; L = {4; 7}
d. $x^2 + 6x - 16 = 0$; L = {−8; 2}
e. $5x^2 - 24{,}5x + 25{,}5 = 0$; L = {1,5; 3,4}
f. $10x^2 - 80x + 143{,}1 = 0$; L = {−4,8; −2,7}

B, C **375** tns 364s9w

Ordne die durch quadratisches Ergänzen erhaltene Gleichung zu.

I.

a.	$x^2 + 8x - 7 = 0$	☐
b.	$x^2 + 8x + 7 = 0$	☐

A	$(x + 7)^2 = 64$
B	$(x + 8)^2 = 7 + 64$
C	$(x + 4)^2 = -7 + 16$
D	$(x + 4)^2 = 7 + 16$

II.

a.	$x^2 - 6x + 4 = 0$	☐
b.	$x^2 - 12x + 4 = 0$	☐

A	$(x - 6)^2 = -4 + 36$
B	$(x - 12)^2 = -4 - 144$
C	$(x - 3)^2 = -4 + 9$
D	$(x - 6)^2 = -4 - 36$

B **376** Ermittle die Lösungsmenge der quadratischen Gleichung und mach die Probe.

a. $x^2 + 8x - 48 = 0$
b. $x^2 - 14x + 24 = 0$
c. $x^2 - 3x - 28 = 0$
d. $x^2 + 17x + 60 = 0$
e. $x^2 + x - 42 = 0$
f. $x^2 - x - 20 = 0$

B **377** eine quadratische Gleichung lösen

ggb/tns zd8s9m

Löse die quadratische Gleichung $2x^2 + 16x + 38 = 0$.

$$2x^2 + 16x + 38 = 0 \qquad |:2$$
$$x^2 + 8x + 19 = 0 \qquad | -19$$
$$x^2 + 8x = -19 \qquad | +\left(\frac{8}{2}\right)^2$$
$$x^2 + 8x + 16 = -19 + 16 \qquad | \text{ binomische Formel}$$
$$(x + 4)^2 = -3$$

Da es keine reelle Zahl gibt, deren Quadrat −3 ist, hat diese Gleichung keine reelle Lösung.
Die Lösungsmenge ist also leer, wir schreiben dafür

L = { }.

B, D **378** Ermittle die Lösungsmenge der quadratischen Gleichung. Sollte die Gleichung keine Lösung haben, begründe das.

a. $x^2 + 4x - 12 = 0$
b. $x^2 + 6x - 27 = 0$
c. $x^2 - 8x + 7 = 0$
d. $x^2 - 16x + 28 = 0$
e. $x^2 + 11x + 28 = 0$
f. $x^2 - x - 42 = 0$

B, D **379** Löse die quadratische Gleichung. Sollte die Gleichung keine Lösung haben, begründe das.

a. $4x^2 - 8x - 60 = 0$
b. $7x^2 + 63x + 98 = 0$
c. $5x^2 - 65x + 180 = 0$
d. $4x^2 + 7x - 10 = 0$
e. $7x^2 - 13x + 9 = 0$
f. $6x^2 + 5x - 13 = 0$

B **380** **eine quadratische Gleichung lösen**

ggb/tns u4c2k9

Löse diese speziellen quadratischen Gleichungen.

a. $2x^2 - 10 = 0$ **b.** $4x^2 + 3x = 0$

a.
$$\begin{aligned} 2x^2 - 10 &= 0 \quad &| +10 \\ 2x^2 &= 10 \quad &|:2 \\ x^2 &= 5 \quad &|\sqrt{\ } \\ x_{1,2} &= \pm\sqrt{5} \end{aligned}$$

Die Lösungsmenge ist also $\{-\sqrt{5}, \sqrt{5}\}$.

b.
$$\begin{aligned} 4x^2 + 3x &= 0 \quad &| \text{ x herausheben} \\ x(4x + 3) &= 0 \end{aligned}$$

Das Produkt zweier Zahlen ist genau dann 0, wenn eine der beiden Zahlen 0 ist. Daher ist

$x = 0$ oder $4x + 3 = 0$, also $x = -\frac{3}{4}$

Die Lösungsmenge ist also $\{-\frac{3}{4}, 0\}$.

B **381** Löse die quadratische Gleichung.

a. $x^2 = 0$ **b.** $x^2 - 4 = 0$ **c.** $x^2 - \frac{4}{9} = 0$ **d.** $x^2 + 9 = 0$ **e.** $2x^2 - \frac{1}{2} = 0$ **f.** $4x^2 + 3 = 0$ **g.** $10^5x^2 - 10^9 = 0$ **h.** $10^7x^2 + 10^4 = 0$

B **382** Löse die quadratische Gleichung.

a. $x^2 + 2x = 0$ **b.** $x^2 - \frac{1}{2}x = 0$ **c.** $2z^2 - 3z = 0$ **d.** $\frac{1}{2}z^2 + \frac{1}{2}z = 0$ **e.** $4y^2 - \frac{1}{2}y = 0$ **f.** $\frac{1}{9}y^2 - 4y = 0$ **g.** $10^5t^2 - 10^2t = 0$ **h.** $10^3t^2 + \frac{1}{10}t = 0$

B **383** Löse die Gleichung.

a. $(4x - 3)^2 - 5(3 + 5x)^2 = 16x$
b. $(3y - 5)^2 - 4(2 + 5y)^2 = 27y$
c. $(5z - 2)^2 - 3(4 - 3z)^2 = 15(z - 4)^2$
d. $(2x - 4)^2 - 7(1 + 3x)^2 = 11x$
e. $(3y - 5)^2 - 6(2 + 3y)^2 = 2y$
f. $(2z + 3)^2 - 2(z + 3)^2 = 7(z - 5)^2$

B **384** Löse die Gleichung.

a. $(2x - 3)^2 - 5(3 + 5x)^2 = 4(x - 1)$
b. $(8x - 7)\cdot(4x + 3) = 5(x + 9)^2$
c. $(2x - 4)(2x + 4) - (3x - 5)^2 = (2x - 7)^2 - (2 + 5x)(2x - 3) - 186$
d. $(4x - 5)^2(x + 1) - (x^2 - 3)\cdot 7x = (3x + 2)^2(x - 5) + 4(x - 3)^2$

B **385** Löse die Gleichung.

a. $(6x - 9)(5x + 7) - (4x + 7)(3x - 6) = 429$
b. $(3x - 6)^2 - (2x - 1)^2 = 3x + 5$
c. $3(2x - 2)^2 + (4x - 6)^2 = 7(3x - 4)^2$
d. $(x + 1)(x + 2) - (x - 3)(4 - x) = 22$
e. $6(4x + 3)(5x - 2) + (x - 4)^2 = 8x - 17$
f. $(3x - 6)^2 + (2x - 1)^2 = 3x + 5$

C **386** Leite die „große Lösungsformel" für die quadratische Gleichung $ax^2 + bx + c = 0$ her, indem du in der „kleinen Lösungsformel" p durch $\frac{b}{a}$ und q durch $\frac{c}{a}$ ersetzt.

C **387** Ordne der Gleichung die richtige Lösung zu.

a.	$3x^2 - 5x + 2 = 0$	☐
b.	$3x^2 + 5x - 2 = 0$	☐

A	$\frac{-5 \pm \sqrt{-25 + 4\cdot5\cdot3}}{2\cdot3}$
B	$\frac{-5 \pm \sqrt{25 + 4\cdot3\cdot2}}{2\cdot3}$
C	$\frac{5 \pm \sqrt{25 - 4\cdot3\cdot2}}{2\cdot3}$
D	$\frac{5 \pm \sqrt{9 - 4\cdot3\cdot5}}{-2\cdot3}$

B **388** Löse die quadratische Gleichung mithilfe eines CAS.

ggb/tns a9396g

a. $0{,}32x^2 + 2x + 1 = 0$ **b.** $7{,}83x^2 - 4x - 1 = 0$ **c.** $0{,}834x^2 - 0{,}087x - 2{,}993 = 0$ **d.** $0{,}731u^2 - 4{,}081u - 1{,}007 = 0$ **e.** $67{,}99y^2 + 11{,}64y + 13{,}22 = 0$ **f.** $23{,}98s^2 + 78{,}61s + 5{,}09 = 0$

B **389** Löse die Gleichung mithilfe eines CAS.

ggb/tns kx3ku3

$$\frac{(8{,}11t - 9{,}62)(7{,}77t + 3{,}43)}{9{,}02} = \frac{19{,}07 - (1{,}95t + 3{,}19)(5{,}72t - 0{,}24)}{9{,}03}$$

Anzahl der Lösungen einer quadratischen Gleichung

Diskriminante

Die Zahl

$$\mathbf{D = \frac{p^2}{4} - q}$$

heißt die **Diskriminante** der quadratischen Gleichung $x^2 + px + q = 0$.

Aus der Diskriminante kann man ablesen, wie viele Lösungen diese quadratische Gleichung besitzt.

- Wenn $D < 0$ ist, dann gibt es **keine** Lösung.
- Wenn $D = 0$ ist, dann ist $-\frac{p}{2}$ die **einzige** Lösung.
- Wenn $D > 0$ ist, dann gibt es **zwei Lösungen**, nämlich

$$x_{1,2} = -\frac{p}{2} \pm \sqrt{D}.$$

C, D **390** Anzahl der Lösungen einer quadratischen Gleichung bestimmen

Gib an, wie viele Lösungen die quadratische Gleichung hat. Begründe.

a. $x^2 - 8x + 16 = 0$ **b.** $3x^2 + 4x + 13 = 0$

a. Die Diskriminante ist

$$D = \frac{(-8)^2}{4} - 16 = 0.$$

Die Gleichung hat genau eine Lösung, da ihre Diskriminante 0 ist.

b. Wir formen $3x^2 + 4\,x + 13 = 0$ zu

$$x^2 + \frac{4}{3}x + \frac{13}{3} = 0$$

um. Die Diskriminante ist

$$D = \frac{\left(\frac{4}{3}\right)^2}{4} - \frac{13}{3} = -\frac{35}{9} < 0.$$

Die Gleichung hat keine Lösung, da ihre Diskriminante kleiner als 0 ist.

C **391** Gib an, wie viele Lösungen (keine, eine oder zwei) die quadratische Gleichung hat.

a. $x^2 - 7 = 0$ **c.** $x^2 + 5 = 0$ **e.** $x^2 + x - 7 = 0$ **g.** $x^2 + 5x - 5 = 0$

b. $x^2 - 25 = 0$ **d.** $x^2 + 16 = 0$ **f.** $x^2 - x - 25 = 0$ **h.** $x^2 + 5x + 16 = 0$

C, D **392** Gib an, wie viele Lösungen die quadratische Gleichung hat. Begründe.

a. $3x^2 + x = 0$ **d.** $y^2 - 2y + 1 = 0$ **g.** $\frac{1}{4}z^2 - \frac{1}{2}z - 3 = 0$

b. $4x^2 - \frac{1}{2}x = 0$ **e.** $2y^2 - y + 5 = 0$ **h.** $10^2z^2 + 10 - 3z + 10^3 = 0$

c. $2x^2 + 3x + 1 = 0$ **f.** $\frac{1}{2}y^2 + \frac{1}{4}y + \frac{1}{2} = 0$ **i.** $10^{-2}z^2 + \frac{1}{10}z - 10^2 = 0$

B, C **393** Entscheide, ob die Gleichung eine, zwei oder keine Lösung hat.

a. $32x^2 + 45x + 6 = 0$ **c.** $17x^2 - x - 2 = 0$ **e.** $17x^2 - x + 2 = 0$

b. $3x^2 + 2x - 2 = 0$ **d.** $2x^2 + 6x + 11 = 0$ **f.** $-5x^2 + 4x + 5 = 0$

B **394** ggb/tns u45476

Bestimme die Zahl a so, dass die Gleichung $ax^2 - \frac{5}{2}x + \frac{25}{4} = 0$ genau eine Lösung hat. Dabei ist a nicht 0.

Eine quadratische Gleichung hat genau dann genau eine Lösung, wenn ihre Diskriminante gleich 0 ist. Wir dividieren die Gleichung durch a und erhalten:

$$x^2 - \frac{5}{2a}x + \frac{25}{4a} = 0$$

Die Diskriminante ist also $\frac{\left(-\frac{5}{2a}\right)^2}{4} - \frac{25}{4a} = \frac{25}{16a^2} - \frac{25}{4a}$. Wir müssen also die folgende Gleichung lösen:

$$\frac{25}{16a^2} - \frac{25}{4a} = 0 \quad | \cdot 16a^2$$

$$25 - 100a = 0 \quad | + 100a$$

$$25 = 100a \quad | : 100$$

$$a = \frac{1}{4}$$

A, B **395** Ergänze eine geeignete Zahl, sodass die quadratische Gleichung genau eine Lösung hat.

a. $x^2 + 12x + \_\_\_\_\_ = 0$ **c.** $x^2 - 13x + \_\_\_\_\_ = 0$ **e.** $3x^2 - 21x + \_\_\_\_\_ = 0$

b. $x^2 - 14x + \_\_\_\_\_ = 0$ **d.** $2x^2 - 8x + \_\_\_\_\_ = 0$ **f.** $5x^2 - 11x + \_\_\_\_\_ = 0$

B, C **396** Gib an, für welche Zahl t die Gleichung $x^2 - 7x + t = 0$ genau eine Lösung besitzt.

B, C **397** Bestimme eine Zahl $a \neq 0$ so, dass die Gleichung $ax^2 - \frac{3}{2}x + \frac{9}{4} = 0$ genau eine Lösung hat.

B, C **398** Ermittle die Zahl b so, dass die Gleichung $3x^2 + bx + 0{,}75 = 0$ genau eine Lösung hat.

D **399** Kreuze an, welche Aussagen für die Gleichung $x^2 + 2x + c = 0$ stimmen.

[A] Wenn $c < 1$ ist, dann hat die Gleichung keine Lösung.

[B] Wenn $c = 1$ ist, dann hat die Gleichung genau eine Lösung.

[C] Wenn $c > 1$ ist, dann hat die Gleichung 2 Lösungen.

[D] Wenn $c \leqslant 1$ ist, dann hat die Gleichung Lösungen.

D **400** Begründe mithilfe der „großen Lösungsformel": Die quadratische Gleichung $ax^2 + bx + c = 0$ hat genau dann mindestens eine Lösung, wenn $b^2 \geqslant 4ac$ ist.

Textaufgaben

Im 1. Jahrgang haben wir Textaufgaben betrachtet, die zu linearen Gleichungen in einer Unbekannten führen. Wir können jetzt auch Probleme lösen, die auf quadratische Gleichungen führen. Beim Übersetzen eines Textes in eine quadratische Gleichung gehen wir ähnlich vor. Wenn ein Problem durch einen Text beschrieben ist, müssen wir zuerst herausfinden, was vom Text für die Lösung des Problems wichtig ist und was wir weglassen können.

Tipp

Beim Übersetzen eines Texts in eine quadratische Gleichung gehen wir so vor:

1. Zuerst stellen wir fest, was gesucht wird. In den folgenden Aufgaben ist das immer eine bestimmte Zahl.
2. Dieser Zahl geben wir einen Namen, zum Beispiel z (für „Zahl").
3. Wir suchen im Text alle Bedingungen, die für z gelten, und schreiben diese möglichst kurz und übersichtlich an.

In den folgenden Aufgaben erhalten wir auf diese Weise immer eine quadratische Gleichung mit einer Unbekannten.

Diese quadratische Gleichung können wir lösen. Wenn wir zwei Lösungen erhalten, müssen wir entscheiden, welche davon die gesuchte Zahl ist, oder ob beide in Frage kommen.
Dann überlegen wir, ob das Rechenergebnis sinnvoll ist. In diesem Fall formulieren wir eine Antwort auf die im Text gestellte Frage.

A, B **401**
eine Textaufgabe, die auf eine quadratische Gleichung führt, lösen
ggb/tns 35sd4b

Die Seite eines Quadrats wird um 3 cm verlängert und die andere um 4 cm verkürzt. Das entstehende Rechteck hat einen um 22 % kleineren Flächeninhalt. Berechne, wie lang die Seite des Quadrats ist.

1. Was ist gesucht? Gesucht ist die Seitenlänge (in cm) des ursprünglichen Quadrats.
2. Wir wählen einen Namen für diese Zahl: s
3. Das entstehende Rechteck hat die Seitenlängen $s + 3$ und $s - 4$. Sein Flächeninhalt ist daher $(s + 3)(s - 4)$. Dieser ist um 22 % kleiner als s^2.
   Diese Bedingung für s können wir kurz so anschreiben:
   $(s + 3)(s - 4) = 0{,}78s^2$
   Wir multiplizieren aus und formen diese Bedingung zu
   $0{,}22s^2 - s - 12 = 0$
   um. Diese quadratische Gleichung lösen wir und erhalten zwei Lösungen 10 und $-\frac{60}{11}$.
   Eine Seitenlänge muss positiv sein, also kommt nur 10 für die Antwort in Frage.
   Wir formulieren: Die Seite des Quadrates ist 10 cm lang.

A, B **402** Das 4-Fache einer Zahl multipliziert mit der um 6 verminderten Zahl ergibt 64. Gibt es eine solche Zahl und wenn ja, welche? Stelle eine geeignete Gleichung auf und berechne die Lösung.

A, B **403** Multipliziert man das 3-Fache einer positiven Zahl mit der um 2 verminderten Zahl, so erhält man 24. Berechne die Zahl.

A, B **404** Die Seite eines Quadrates wird um 4 cm und die andere um 6 cm verlängert. Das entstehende Rechteck hat einen um 56 % größeren Flächeninhalt als das Quadrat. Berechne die Seitenlänge des Quadrats.

A, B **405** Verlängert man bei einem Quadrat die eine Seite um 2 m und die andere Seite um 3 m, so entsteht ein Rechteck, dessen Flächeninhalt doppelt so groß ist, wie der Flächeninhalt des ursprünglichen Quadrats. Berechne die Seitenlänge dieses Quadrats.

A, B **406** Verkürzt man bei einem quadratischen Grundstück die eine Seite um 9 m und die darauf normal stehende Seite um 12 m, so hat das entstehende rechteckige Grundstück genau den halben Flächeninhalt des ursprünglichen Quadrats. Berechne die Seitenlänge und den Flächeininhalt des quadratischen Grundstücks.

A, B **407** eine Textaufgabe lösen

ggb/tns sh77ug

Die Fahrkosten eines Reisebusses von insgesamt 364 € sollen auf die Reisegruppe gleichmäßig aufgeteilt werden. Leider erkranken 2 Personen, woraufhin der Preis für die Reisenden um 1 € pro Person ansteigt. Berechne, wie viele Personen ursprünglich an der Reise teilnehmen wollten, und wie viel sie für die Fahrt bezahlt hätten.

Wir nehmen an, es waren ursprünglich x Personen in der Reisegruppe. Dann hätten jede $\frac{364}{x}$ € bezahlen müssen. x − 2 Personen zahlen jeweils um 1 € pro Person mehr, also $\frac{364}{x} + 1$ €. Multipliziert mit der Anzahl der Personen muss das den ursprünglichen Gesamtpreis von 364 € ergeben:

$$(x-2)\cdot\left(\frac{364}{x}+1\right)=364$$

$$364 + x - \frac{728}{x} - 2 = 364 \qquad |-364$$

$$x - 2 - \frac{728}{x} = 0 \qquad |\cdot x$$

$$x^2 - 2x - 728 = 0$$

Diese quadratische Gleichung hat die Lösungen

−26 und 28.

Die Anzahl der Personen ist eine positive Zahl, also kommt als Lösung nur 28 in Frage. Es waren ursprünglich 28 Personen, die jeweils

$$\frac{364}{28} = 13\,€$$

bezahlt hätten.

A, B **408** Die Fahrtkosten eines Reisebusses von 432 € werden gleichmäßig auf die Reisegruppe aufgeteilt. In letzter Sekunde erscheinen noch 3 weitere Personen, wodurch alle Reisenden um 2 € weniger bezahlen müssen. Berechne, wie viele Personen ursprünglich an der Reise teilnehmen wollten und wie viel sie für die Fahrt bezahlt hätten.

A, B **409** Ein Betrag von 10 000 € soll in gleichen Teilen auf eine gewisse Anzahl von Mitarbeitern aufgeteilt werden. Nach einer Leistungsbeurteilung der Mitarbeiter stellen sich aber 10 Mitarbeiter als nicht prämienberechtigt heraus. Dadurch erhält jeder der verbleibenden Mitarbeiter um 50 € mehr als ursprünglich vorgesehen. Berechne, wie viele Mitarbeiter eine Prämie erhalten.

A, B **410** Max sagt zu seinem Freund Moritz: „Wir bekommen gleich viel Taschengeld. Würde ich 3 € mehr bekommen und du 3 € weniger, so würde das Produkt unserer Taschengelder genau 16 ergeben." Berechne, wie viel Taschengeld Max bekommt.

A, B **411** Für jede positive ganze Zahl n ist die Summe der Zahlen von 1 bis n gleich $\frac{n \cdot (n+1)}{2}$. Berechne, wie groß n mindestens gewählt werden muss, dass diese Summe größer als 1 Million ist.

A, B **412** Frau Matt zahlt 20 000 € auf ein Sparbuch ein, lässt dieses Kapital samt Zinsen für das erste Jahr dann noch ein zweites Jahr liegen und zahlt nach dem ersten Jahr noch weitere 40 000 € ein. Über die gesamte Laufzeit bleibt der Jahreszinssatz gleich. Am Ende des zweiten Jahres erhält Frau Matt inklusive Zinsen 61 204,50 €. Berechne den Jahreszinssatz p %.

A, B **413** Herr Schild zahlt zu Beginn des ersten Jahres 100 000 € auf ein Sparbuch und zu Beginn des zweiten Jahres weitere 50 000 €. Am Ende des zweiten Jahres erhält er dafür inklusive aller Zinsen 156 312,50 €. Berechne, mit welchen Jahreszinssatz sein Kapital verzinst wurde.

A, B **414** Daniel lässt einen kleinen Stein in einen tiefen Brunnen fallen und hört den Aufprall am Boden erst nach 5 Sekunden. Daniel kann sich nun ausrechnen, wie tief der Brunnen ist. Aus der Physik weiß er: Wenn der Stein x Sekunden lang fällt, dann hat er ca. $4{,}91x^2$ Meter zurückgelegt. Daniel hört den Aufprall aber erst, nachdem der Schall vom Boden wieder heraufgekommen ist. Der Schall war $5 - x$ Sekunden unterwegs. Die Schallgeschwindigkeit ist ca. 330 m/s, nach $5 - x$ Sekunden hat der Schall $330(5 - x)$ Meter zurückgelegt. Der Stein und der Schall haben den gleichen Weg zurückgelegt. Daher ist $4{,}91x^2 = 330(5 - x)$. Der Brunnen ist dann $4{,}91x^2$ Meter tief. Berechne x und die Tiefe des Brunnens.

Was habe ich in diesem Abschnitt gelernt?

☐ **Ich kann quadratische Gleichungen lösen.**

B **415** Löse die quadratische Gleichung und mach die Probe.

a. $x^2 - 16x - 225 = 0$

b. $3x^2 - 11x + 5 = 0$

c. $(x - 7)(3x + 2) - (2x + 5)^2 = 3(x - 2)(x + 2)$

☐ **Ich kann entscheiden, ob eine quadratische Gleichung keine, eine oder zwei Lösungen hat, und ich kann diese Entscheidung begründen.**

C, D **416** Entscheide und begründe, wie viele Lösungen die Gleichung hat, ohne diese zu berechnen.

a. $x^2 - 6x + 11 = 0$

b. $x^2 + 8x + 16 = 0$

c. $x^2 - 5x + 3 = 0$

d. $x^2 + 2x - 1 = 0$

e. $2x^2 - 5x + 13 = 0$

f. $3x^2 + 7x - 5 = 0$

☐ **Ich kann Textaufgaben lösen, die auf quadratische Gleichungen führen.**

A, B **417** Eine Seite eines Rechtecks ist um 3,5 cm länger als die andere. Der Flächeninhalt des Rechtecks beträgt 30 cm². Ermittle die Länge der kürzeren Seite.

A, B **418** Frau Hirscher legt am Beginn des ersten Jahres 5 000 € auf ein Sparbuch, am Beginn des zweiten Jahres weitere 8 000 €. Am Ende des zweiten Jahres erhält sie dafür von der Bank inklusive Zinsen insgesamt 13 325,62 €. Der Jahreszinssatz ist in beiden Jahren gleich. Berechne, mit welchem Jahreszinssatz ihre Spareinlagen verzinst wurden.

4.2 Quadratische Funktionen

- ☐ Ich lerne quadratische Funktionen kennen und in Scheitelform darzustellen.
- ☐ Ich lerne den Graphen einer quadratischen Funktion zu zeichnen.
- ☐ Ich lerne aus den Koeffizienten einer quadratischen Funktion Eigenschaften ihres Graphen abzulesen.
- ☐ Ich lerne die Nullstellen einer quadratischen Funktion durch Lösen einer quadratischen Gleichung zu bestimmen.
- ☐ Ich lerne den Zusammenhang zwischen der Lösungsmenge einer quadratischen Gleichung und den Nullstellen einer quadratischen Funktion zu interpretieren und damit zu argumentieren.

In der Beschreibung der technischen Daten ihres neuen Autos liest Frau Hofer, dass dieses bei einer Geschwindigkeit von x km/h für 100 gleichmäßig gefahrene Kilometer ungefähr

$$0{,}0005x^2 - 0{,}04x + 5$$

Liter Benzin verbraucht. (Diese technische Angabe gilt allerdings nur für Geschwindigkeiten, die größer als etwa 10 km/h sind.) Jeder Geschwindigkeit (zwischen 10 km/h und 150 km/h) wird der Benzinverbrauch (in Litern) zugeordnet. Dieser Zusammenhang zwischen Geschwindigkeit und Benzinverbrauch wird durch die Funktion

$$f\colon [10; 150] \to \mathbb{R} \text{ mit } f(x) = 0{,}0005x^2 - 0{,}04x + 5$$

beschrieben.

Da wir f(x) für jede Zahl x berechnen können, können wir auch annehmen, dass diese Funktion auf ganz $\mathbb{R}$ definiert ist. Bei der Berechnung von f(x) muss das Quadrat (aber keine höhere Potenz) von x berechnet werden. Daher nennt man f eine **quadratische Funktion**.

quadratische Funktion

Eine **quadratische Funktion** ist eine Funktion

$$f\colon \mathbb{R} \to \mathbb{R} \text{ mit } f(x) = ax^2 + bx + c,$$

dabei sind a, b, c reelle Zahlen und $a \neq 0$. Diese drei Zahlen heißen **Koeffizienten** der quadratischen Funktion f. Der Koeffizient a heißt **Leitkoeffizient** von f.

Beispiel: $f\colon \mathbb{R} \to \mathbb{R}$ mit $f(x) = 3x^2 + 2x + 1$ ist eine quadratische Funktion mit Leitkoeffizient 3.

Der Graph der Funktion g mit $g(x) = x^2$

Die Funktion

$$g\colon \mathbb{R} \to \mathbb{R} \text{ mit } g(x) = x^2$$

ordnet jeder Zahl ihr Quadrat zu. Sie ist eine quadratische Funktion mit den Koeffizienten $a = 1$, $b = 0$ und $c = 0$. Ihr Graph ist die Menge $\{(x \mid x^2) \mid x \in \mathbb{R}\}$. Der Graph einer linearen Funktion war eine Gerade, der Graph von g ist aber keine Gerade. Wir überlegen uns nun, wie man diesen Graphen zeichnet.

Wenn wir eine Wertetabelle von g erstellen, können wir mit den berechneten Zahlenpaaren einzelne Punkte des Graphen von g in einem Koordinatensystem zeichnen. Welche Punkte aber zwischen zwei bekannten Punkten des Graphen liegen, können wir vorerst nur vermuten.

x	g(x)
−2	4
−1	1
0	0
1	1
2	4
3	9

Betrachten wir dazu das nebenstehende Bild: Zwar ist es naheliegend, die Punkte (1|1) und (3|9) „direkt" zu verbinden (durchgezogene Linie), aber auch ein anderer Verlauf des Graphen von g zwischen diesen beiden Punkten ist denkbar (gestrichelte Linie).

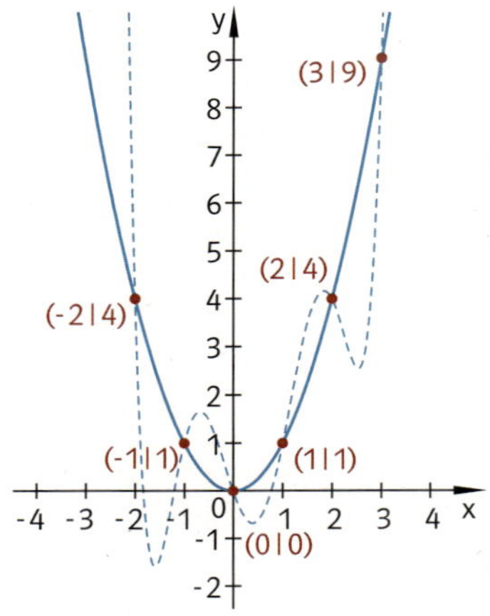

Um den Graphen von g zeichnen zu können, überlegen wir uns, ob wir Eigenschaften der Funktion finden können, die etwas über das „Aussehen" ihres Graphen aussagen.

Für zwei beliebige positive Zahlen a und b mit $a < b$ folgt aus $a < b$, dass

$$a \cdot a < a \cdot b \quad \text{und} \quad a \cdot b < b \cdot b$$

ist. Daher ist

$$g(a) = a^2 < b^2 = g(b).$$

streng monoton wachsend

Wir nennen eine Funktion f von $\mathbb{R}$ nach $\mathbb{R}$ auf einer Teilmenge M von $\mathbb{R}$ **streng monoton wachsend**, wenn für alle Zahlen a, b in M aus $\mathbf{a < b}$ folgt, dass auch $\mathbf{f(a) < f(b)}$ ist.

Wir haben oben gezeigt, dass die Funktion g mit $g(x) = x^2$ auf der Halbgeraden $\mathbb{R}^+$ streng monoton wachsend ist. Ist das auf der Halbgeraden $\mathbb{R}^-$ auch so?

Wenn a und b beliebige negative Zahlen sind und $a < b$ ist, folgt aus $a < b$, dass

$$a \cdot a > a \cdot b \quad \text{und} \quad a \cdot b > b \cdot b$$

ist. Daher ist

$$g(a) = a^2 > b^2 = g(b).$$

streng monoton fallend

Wir nennen eine Funktion f von $\mathbb{R}$ nach $\mathbb{R}$ auf einer Teilmenge M von $\mathbb{R}$ **streng monoton fallend**, wenn für alle Zahlen a, b in M aus $\mathbf{a < b}$ folgt, dass $\mathbf{f(a) > f(b)}$ ist.

Die Funktion g mit $g(x) = x^2$ ist auf der Halbgeraden $\mathbb{R}^-$ streng monoton fallend.

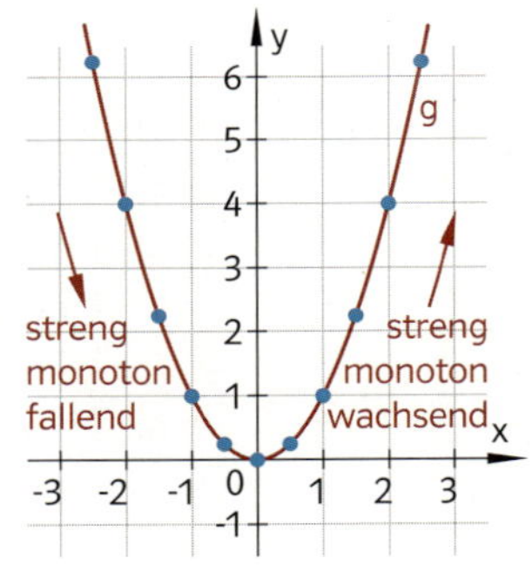

Damit erhalten wir schon ein recht gutes Bild des Graphen von g. Wir können zum Zeichnen auch benutzen, dass für alle Zahlen x die Funktionswerte von x und −x bezüglich g, also die Quadrate von x und von −x, gleich sind.

Wir haben zum Zeichnen des Graphen von g noch eine andere Eigenschaft verwendet: Man kann den Graphen dieser Funktion „in einem Zug, ohne abzusetzen" mit einem Bleistift zeichnen.

D **419** zeigen, dass eine Funktion streng monoton wachsend ist

Zeige, dass die Funktion f mit $f(x) = 3x + 1$ auf $\mathbb{R}$ streng monoton wachsend ist.

Mit a und b bezeichnen wir zwei reelle Zahlen, für die $a < b$ gilt. Wir müssen zeigen, dass $f(a) < f(b)$ ist.

$$a < b \quad | \cdot 3$$
$$3a < 3b \quad | +1$$
$$3a + 1 < 3b + 1$$

Also ist

$$f(a) = 3a + 1 < 3b + 1 = f(b).$$

Daher ist die Funktion f auf $\mathbb{R}$ streng monoton wachsend.

D **420** Zeige, dass die lineare Funktion f mit $f(x) = 5x - 4$ auf $\mathbb{R}$ streng monoton wachsend ist.

D **421** Zeige, dass die lineare Funktion f mit $f(x) = -2x + 1$ auf $\mathbb{R}$ streng monoton fallend ist.

D **422** Wie kann man aus der Änderungsrate k einer linearen Funktion erkennen, ob diese Funktion streng monoton wachsend oder streng monoton fallend ist? Begründe.

B, C **423** Zeichne mithilfe eines CAS den Graphen der Funktion f. Gib anschließend alle Intervalle an, auf denen die Funktion f streng monoton wachsend ist.

a. $f(x) = 0{,}1x^3 - 0{,}3x^2 - 2{,}4x + 2$ **b.** $f(x) = \frac{1}{40}x^4 - \frac{1}{15}x^3 - \frac{11}{20}x^2 + \frac{6}{5}x + 1$

C **424** Kennzeichne jene Bereiche, auf denen die Funktion, deren Graph abgebildet ist, streng monoton fallend ist.

a.

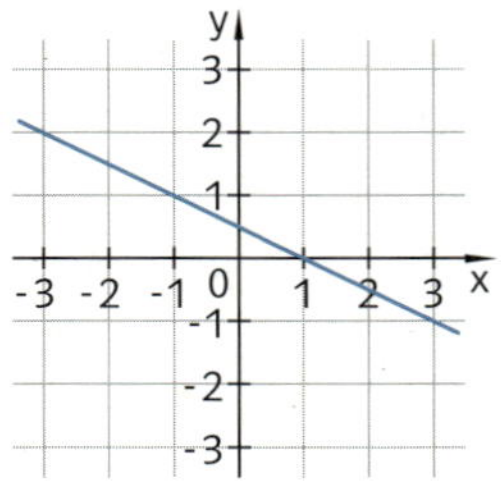

b.

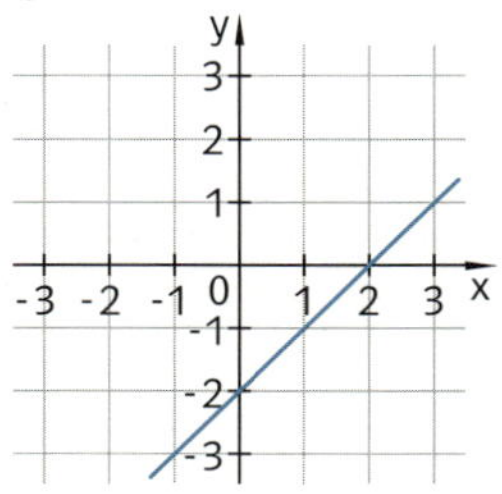

c.

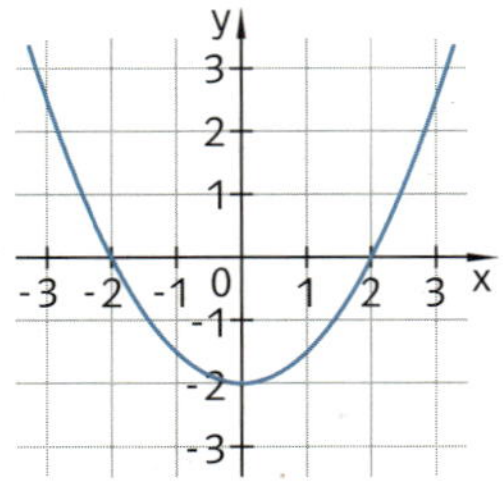

d.

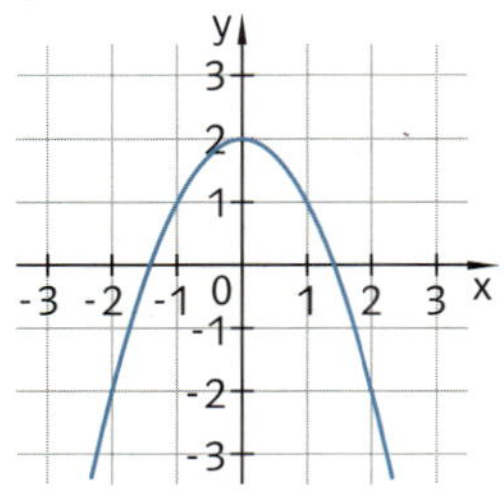

e.

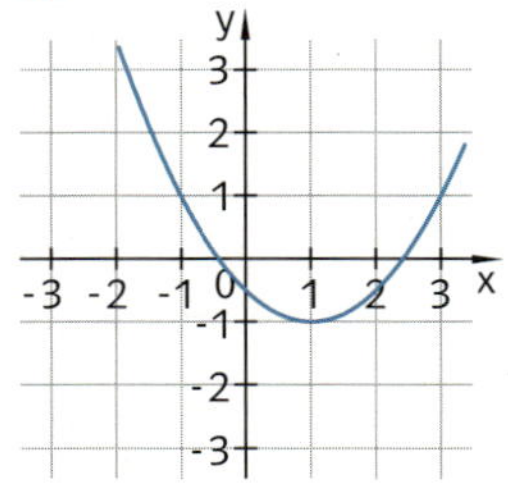

f.

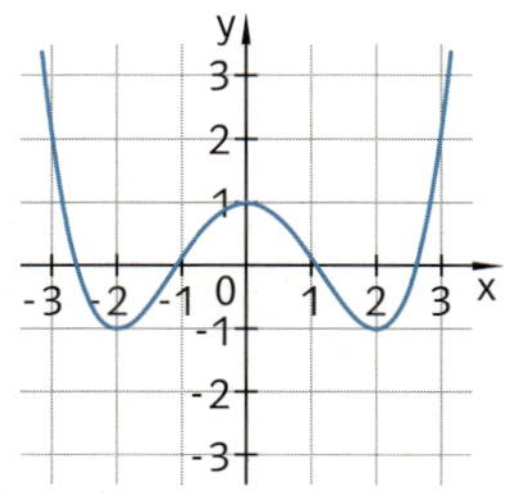

C **425** Kreuze an, welche der Aussagen für die Funktion f richtig sind.

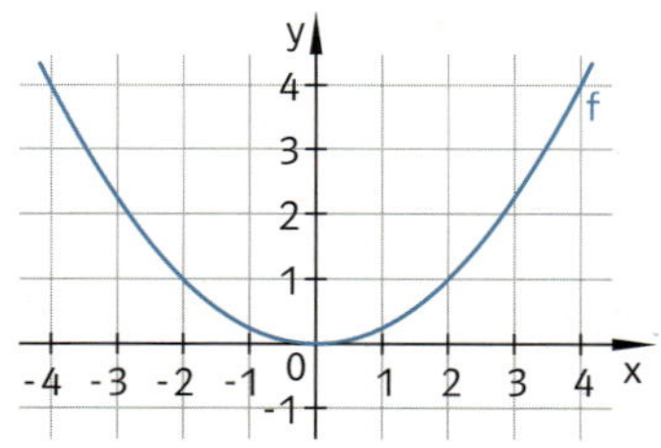

- [A] Die Funktion f ist auf $\mathbb{R}$ streng monoton wachsend.
- [B] Die Funktion f ist auf $\mathbb{R}$ streng monoton fallend.
- [C] Die Funktion f ist auf $\mathbb{R}^+$ streng monoton wachsend.
- [D] Die Funktion f ist auf $\mathbb{R}^+$ streng monoton fallend.
- [E] Die Funktion f ist auf $\mathbb{R}^-$ streng monoton wachsend.
- [F] Die Funktion f ist auf $\mathbb{R}^-$ streng monoton fallend.

D **426** Ein Bauer verkauft am Markt Erdäpfel. Nach seiner Preisgestaltung befragt, sagt er nur „Je mehr man kauft, desto mehr zahlt man".

a. Erkläre, welche in diesem Abschnitt besprochene Eigenschaft die Funktion p von $\mathbb{R}^+$ nach $\mathbb{R}$ haben muss, die jeder positiven Zahl a den Preis (in Euro) von a kg Erdäpfeln bei diesem Bauern zuordnet.

b. Erkläre, ob man aus der Aussage des Bauern schließen kann, dass 2 kg Erdäpfel doppelt so viel kosten wie 1 kg.

Der Graph der Funktion f mit $f(x) = ax^2 + c$

ggb/tns 23t363

Wie verändert sich der Graph von g mit $g(x) = x^2$, wenn wir zur Funktion $a \cdot g$ mit $(a \cdot g)(x) = a \cdot x^2$ übergehen?

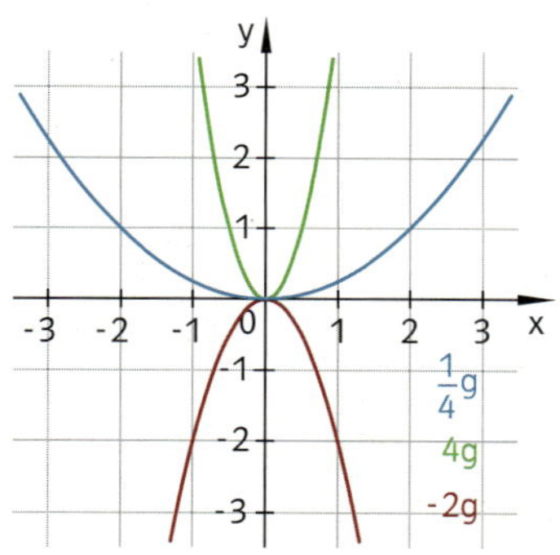

- $a \cdot g$ ist auf der Halbgeraden $\mathbb{R}^+$ genau dann streng monoton wachsend, wenn a positiv ist, und streng monoton fallend, wenn a negativ ist.
- $a \cdot g$ ist auf der Halbgeraden $\mathbb{R}^-$ genau dann streng monoton fallend, wenn a positiv ist, und streng monoton wachsend, wenn a negativ ist.

Weiters wird

- der Graph von g „gestreckt", wenn $|a| > 1$ ist.
- der Graph von g „gestaucht", wenn $0 < |a| < 1$ ist.

Wie verändert sich der Graph von $a \cdot g$, wenn wir zur Funktion f mit $f(x) = (a \cdot g)(x) + c = a \cdot x^2 + c$ übergehen?

Graph von f mit $f(x) = ax^2 + c$

Für reelle Zahlen a und c mit $a \neq 0$ ist der Graph von f mit $f(x) = ax^2 + c$ die Menge
$\{(x \mid ax^2 + c) \mid c \in \mathbb{R}\}$.
Wir erhalten ihn, indem wir bei allen Punkten des Graphen von $a \cdot g$ mit $(a \cdot g)(x) = ax^2$ zur zweiten Komponente die Zahl c addieren. Geometrisch bedeutet das, dass wir den Graphen so verschieben, dass der Punkt $(0 \mid 0)$ in den Punkt $(0 \mid c)$ verschoben wird.

B **427** den Graphen einer quadratischen Funktion zeichnen

ggb/tns t6g6hb

Beschreibe, wie man den Graph der Funktion f mit $f(x) = 2x^2 + 1$ aus dem Graphen von g mit $g(x) = x^2$ erhält.

Der Graph von f ist die Menge
$\{(x \mid 2x^2 + 1) \mid x \in \mathbb{R}\}$,
der Graph von g ist die Menge
$\{(x \mid x^2) \mid x \in \mathbb{R}\}$.

Um den Graphen von f zu erhalten, müssen wir zuerst die zweite Koordinate jedes Punktes des Graphen von g mit 2 multiplizieren und dann den so erhaltenen Graphen so verschieben, dass der Punkt $(0 \mid 0)$ in den Punkt $(0 \mid 1)$ verschoben wird.

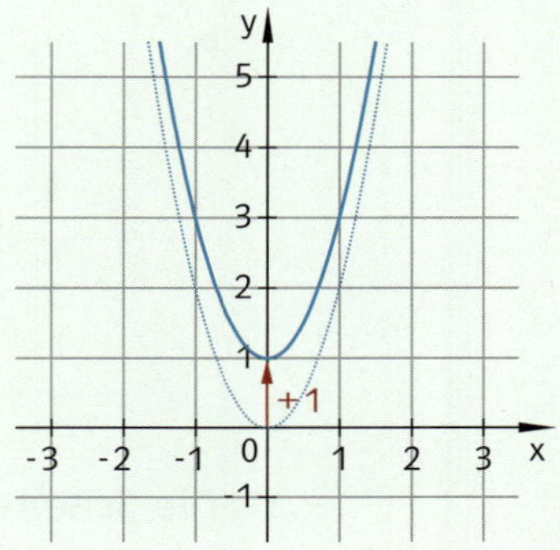

B, C **428** Zeichne die Graphen der Funktionen g mit $g(x) = x^2$, f mit $f(x) = x^2 + 2$, h mit $h(x) = x^2 - 3$ in ein Koordinatensystem. Beschreibe, wie man die Graphen aus f und h aus dem Graphen von g erhält.

B, C **429** Zeichne die Graphen der Funktionen g mit $g(x) = x^2$, f mit $f(x) = \frac{1}{2}x^2$, h mit $h(x) = 2x^2$ und k mit $k(x) = 0{,}25x^2$ in ein Koordinatensystem. Beschreibe, wie man die Graphen aus f, h und k aus dem Graphen von g erhält.

B, C **430** Zeichne die Graphen der Funktionen g mit $g(x) = x^2$, f mit $f(x) = \frac{1}{2}x^2 + 3$ und h mit $h(x) = 2x^2 - 5$ in ein Koordinatensystem. Beschreibe, wie man die Graphen aus f und h aus dem Graphen von g erhält.

B, C **431** Zeichne mit einem Tabellenkalkulationsprogramm oder einer DGS Funktionen der Art f mit $f(x) = ax^2 + c$.

a. Gestalte die Eingabe so, dass a und c flexibel gewählt werden können. Arbeite dabei zum Beispiel mit einem Schieberegler.

b. Untersuche für $a \in [-5; 5]$ und $c \in [-5; 5]$ die Veränderungen des Graphen.

c. Dokumentiere die Ergebnisse und vergleiche diese mit den Angaben aus dem Theorieteil.

C **432** Kreuze an, welche der Aussagen für die Funktion $f: \mathbb{R} \to \mathbb{R}$, mit $f(z) = az^2 + c$ richtig sind.

- A f ist für $a > 0$ streng monoton wachsend auf $\mathbb{R}^+$.
- B Für $a < 0$ ist f streng monoton wachsend auf $\mathbb{R}^-$.
- C Wenn $|a| > 1$ ist, dann wird der Graph von g mit $g(z) = z^2$ gestreckt.
- D Ist c positiv, so erhält man den Graphen von f, indem man den Graphen von h mit $h(z) = az^2$ um c Einheiten in Richtung der positiven y-Achse verschiebt.

C **433** Ordne den Graphen die zugehörige Funktion f zu.

A $f(x) = x^2 - 2$ **B** $f(x) = x^2 + 2$ **C** $f(x) = -\frac{1}{2}x^2 + 2$ **D** $f(x) = -\frac{1}{2}x^2 - 2$

a. ☐
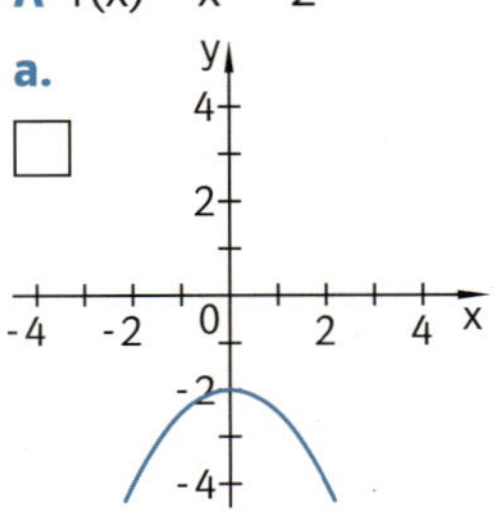

b. ☐
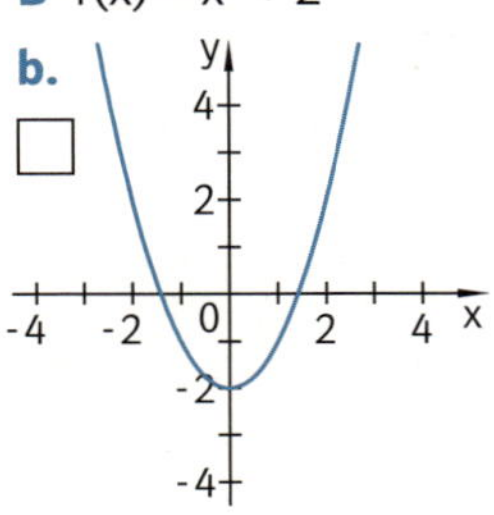

c. ☐
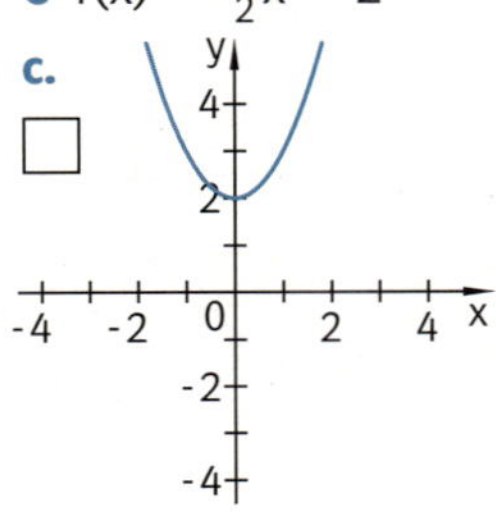

d. ☐
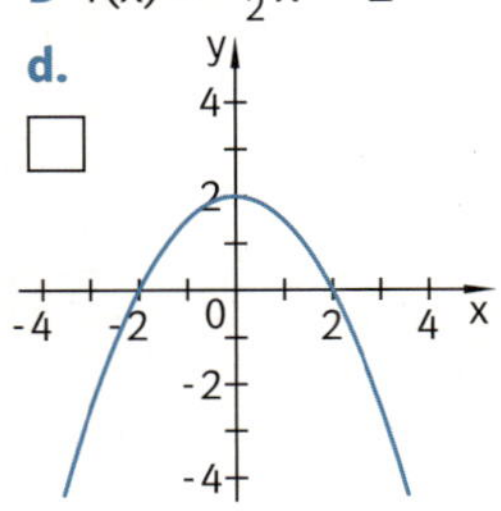

A **434** Gib die Funktion f mit $f(x) = ax^2 + c$ an, deren Graph abgebildet ist.

a.

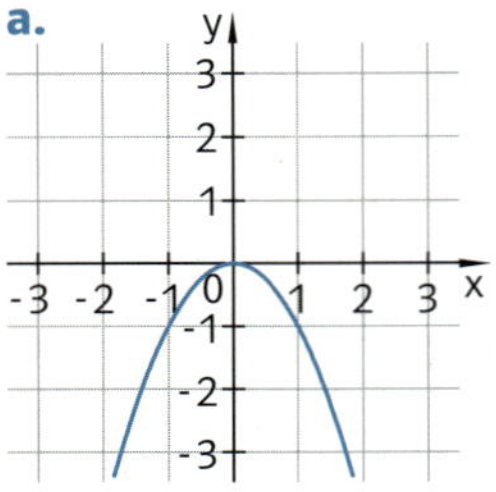

c.

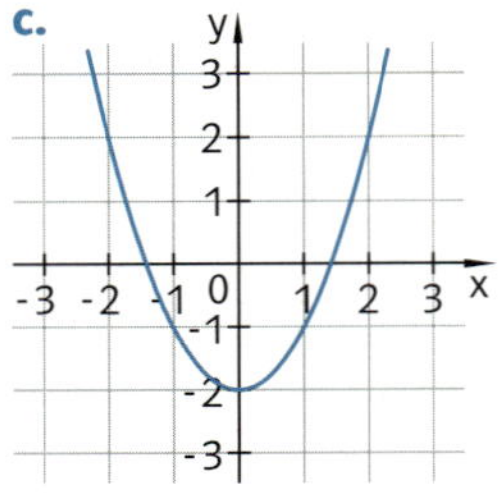

e.

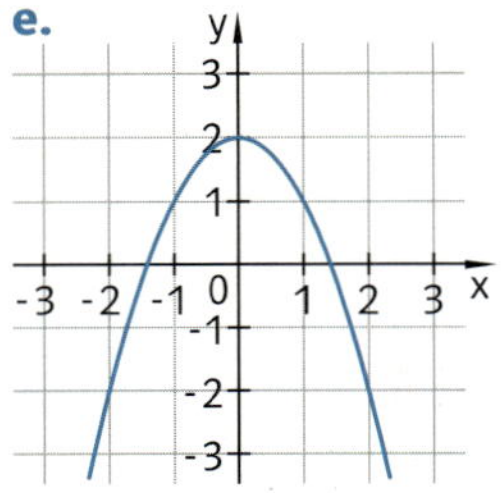

b.

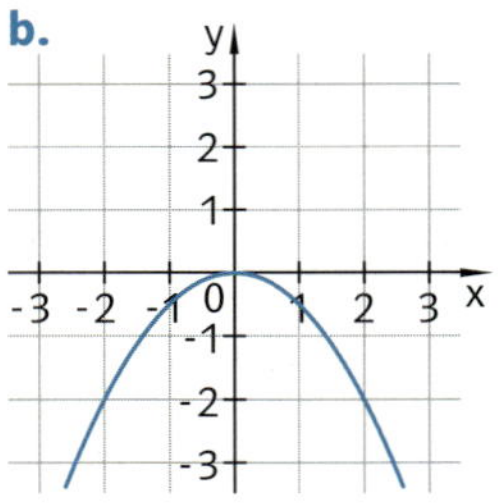

d.

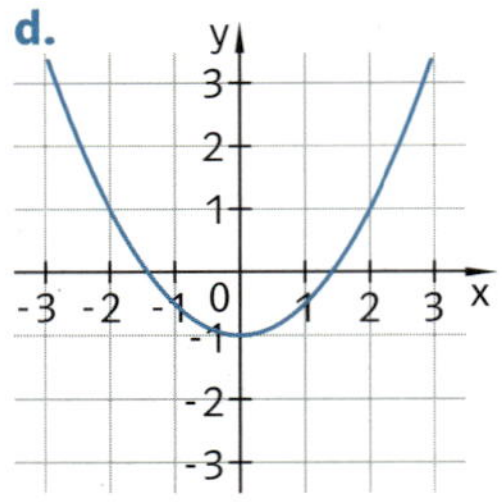

f.

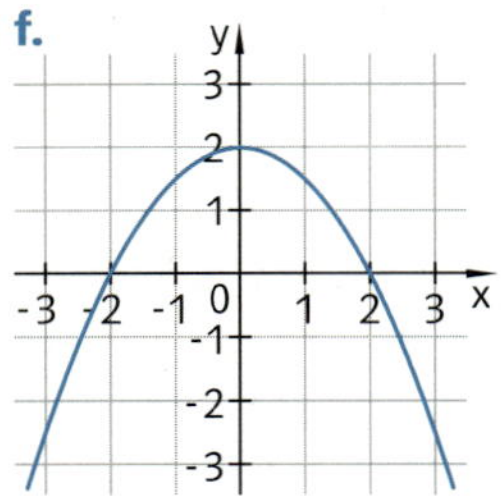

Die Scheitelform einer quadratischen Funktion

Für alle reellen Zahlen s und t ist die Funktion

$$f: \mathbb{R} \to \mathbb{R} \text{ mit } f(x) = a(x-s)^2 + t$$

eine quadratische Funktion, denn:

$$a(x-s)^2 + t = ax^2 - 2asx + as^2 + t = ax^2 + (-2as)x + (as^2 + t),$$

also ist f die quadratische Funktion mit den Koeffizienten a, $b = -2as$ und $c = as^2 + t$.

Umgekehrt können wir jede quadratische Funktion f mit $f(x) = ax^2 + bx + c$ so darstellen:

Wir wählen dazu s und t so, dass $b = -2as$ und $c = as^2 + t$ ist. Also: $s = \frac{-b}{2a}$ und $t = c - \frac{b^2}{4a}$

Scheitelform

ggb tz7e9w

Die Darstellung einer quadratischen Funktion f mit $f(x) = ax^2 + bx + c$ als f mit

$$f(x) = a(x-s)^2 + t$$

heißt ihre **Scheitelform**.

Scheitel

Der Punkt **(s | t)** liegt dann auf dem Graphen der quadratischen Funktion f und heißt **Scheitel**. Anstatt „Scheitel des Graphen von f" sagen wir oft kurz „Scheitel von f".

Wenn a und s reelle Zahlen sind, dann ist der Graph der Funktion f mit $f(x) = a(x-s)^2$ die Menge

$$\{(x \mid a(x-s)^2) \mid x \in \mathbb{R}\}.$$

Schreiben wir z für $x - s$, dann ist $x = z + s$ und

$$\{(x \mid a(x-s)^2) \mid x \in \mathbb{R}\} = \{(z + s \mid az^2) \mid z \in \mathbb{R}\}.$$

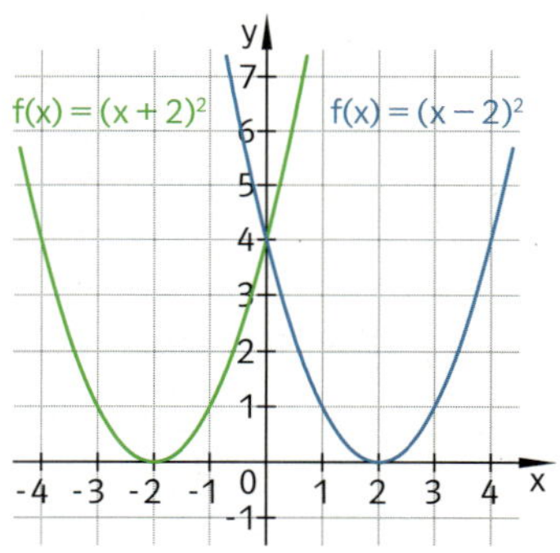

Das bedeutet:

Graph einer quadratischen Funktion

Den Graphen der Funktion f mit $f(x) = a(x-s)^2$ erhalten wir, indem wir den Graphen von h mit $h(x) = ax^2$ so verschieben, dass der Punkt (0 | 0) in den Punkt (s | 0) verschoben wird.

Damit können wir den Graphen jeder quadratischen Funktion f mit $f(x) = ax^2 + bx + c$ zeichnen:

- Zuerst schreiben wir f in Scheitelform an, das heißt, wir berechnen Zahlen s und t so, dass $f(x) = a(x-s)^2 + t$ ist.
- Dann zeichnen wir den Graphen von h mit $h(x) = ax^2$.
- Schließlich verschieben wir diesen so, dass der Punkt (0 | 0) in den Scheitel (s | t) verschoben wird.

Tipp

Aus dem Graphen einer quadratischen Funktion f können wir seine Scheitelform $f(x) = a(x - s)^2 + t$ ablesen, also die Zahlen a, s und t ermitteln: Wir lesen zuerst den Scheitel $(s \mid t)$ ab.
Dann lesen wir $f(s + 1)$ ab. Weil

$$f(s+1) = a(s+1-s)^2 + t = a + t$$

ist, ist

$$a = f(s+1) - t.$$

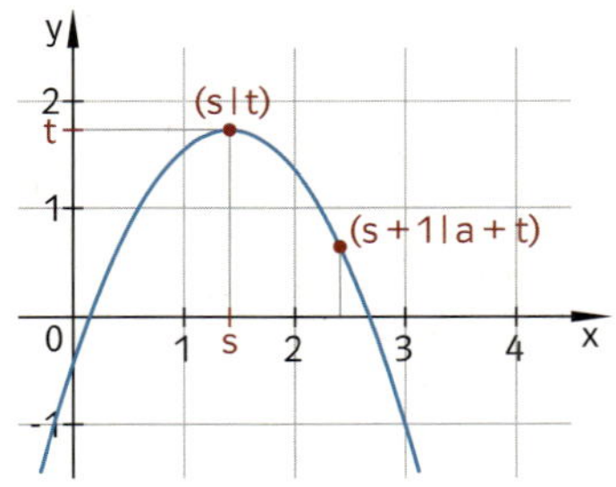

B, C **435**

eine quadratische Funktion in Scheitelform darstellen und ihren Graphen zeichnen

tns g2b2jy

Stelle die quadratische Funktion f mit $f(x) = 2x^2 + 5x - 3$ in Scheitelform dar und beschreibe, wie man ihren Graphen aus dem von g mit $g(x) = x^2$ erhält.

$$f(x) = 2x^2 + 5x - 3 = 2(x - s)^2 + t = 2(x^2 - 2xs + s^2) + t = 2x^2 - 4sx + 2s^2 + t$$

Wir wählen daher s und t so, dass

$$5 = -4s$$

und

$$-3 = 2s^2 + t$$

ist. Also

$$s = -\frac{5}{4}$$

und

$$t = -3 - 2s^2 = -3 - 2\left(-\frac{5}{4}\right)^2 = -\frac{49}{8}.$$

Der Scheitel ist $\left(-\frac{5}{4} \,\middle|\, -\frac{49}{8}\right)$, die Scheitelform ist f mit

$$f(x) = 2 \cdot \left(x + \frac{5}{4}\right)^2 - \frac{49}{8}.$$

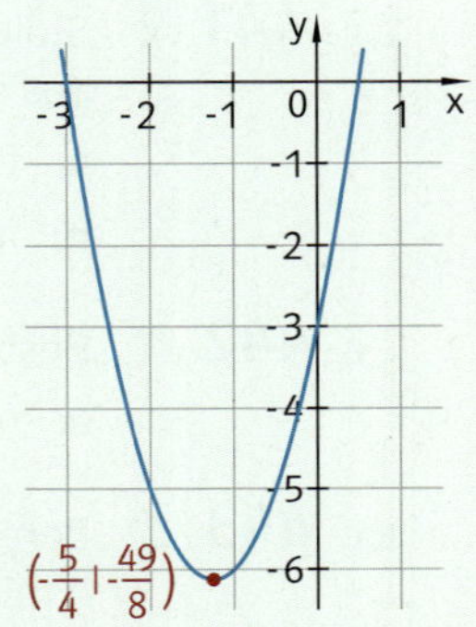

Wir erhalten den Graphen von f, indem wir zunächst die zweite Koordinate aller Punkte des Graphen von g mit 2 multiplizieren und anschließend den so erhaltenen neuen Graphen so verschieben, dass der Punkt $(0 \mid 0)$ im Scheitel $\left(-\frac{5}{4} \,\middle|\, -\frac{49}{8}\right)$ zu liegen kommt.

Scheitel berechnen

ggb d4aa9q

GeoGebra Scheitel[<Kegelschnitt>]

1 Scheitel[y = 2x^2 + 5x - 3]
≈ **(−1.25, −6.13)**

B **436** Gib die Koordinaten des Scheitels der Funktion f an.

a. $f(x) = x^2 - 5$ **b.** $f(x) = -x^2 + \frac{3}{2}$ **c.** $f(x) = (x + 3)^2 - 5$ **d.** $f(x) = \frac{1}{2}\left(x - \frac{1}{4}\right)^2 + 1$

B **437** Gib die Koordinaten des Scheitels der Funktion f an.

a. $f(x) = 2(0{,}5 - x)^2 + 4$ **b.** $f(x) = \frac{5}{6}(8 + x)^2 - \frac{1}{6}$ **c.** $f(x) = x^2 + 1$

C **438** Untersuche, die Graphen welcher Funktionen f den Scheitel $(2 \mid 1)$ haben.

[A] $f(x) = \frac{1}{2}(x + 2)^2 - 1$ [B] $f(x) = \frac{1}{4}(x + 2)^2 - 1$ [C] $f(x) = \frac{1}{2}(x - 2)^2 + 1$ [D] $f(x) = \frac{1}{4}(x - 2)^2 + 1$

C **439** Gib an, auf welche der hier abgebildeten Funktionsgraphen die Beschreibung zutrifft.

a. $f(x) = a(x - s)^2 + t$ mit $s < 0$
b. $f(x) = a(x - s)^2 + t$ mit $t \leq 0$
c. $f(x) = a(x - s)^2 + t$ mit $t > 0$
d. $f(x) = a(x - s)^2 + t$ mit $s = 0$

A

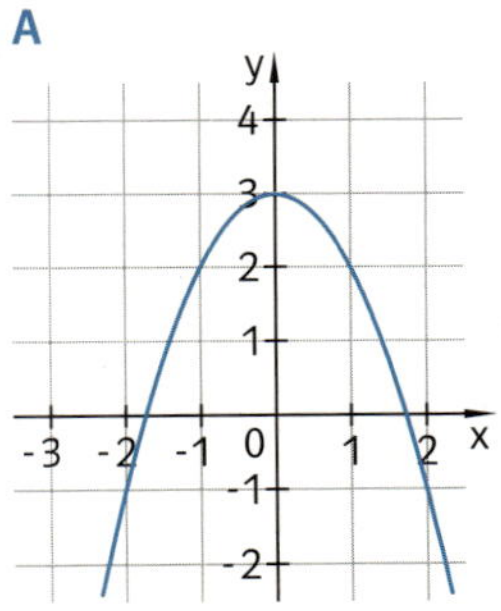

B

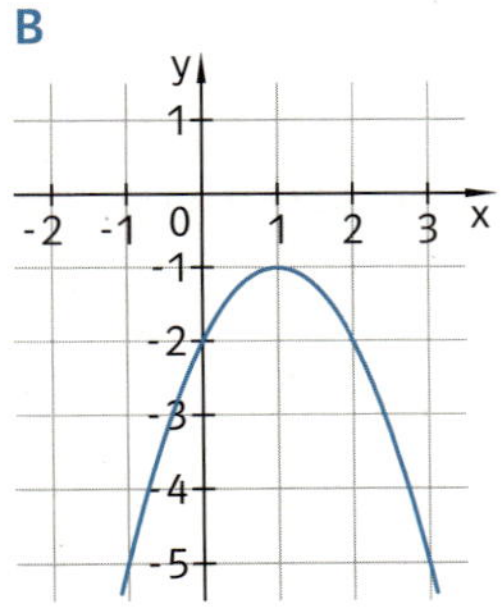

C

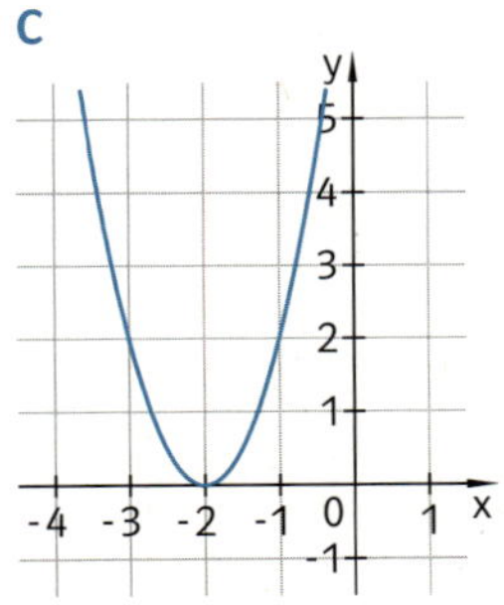

D

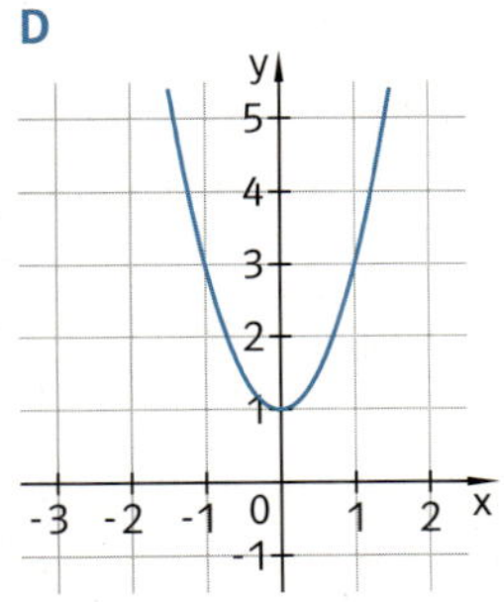

C **440** Gib an, auf welche der hier abgebildeten Funktionsgraphen die Beschreibung zutrifft.

a. $f(x) = ax^2 + bx + c$ mit $a > 0$
b. $f(x) = ax^2 + bx + c$ mit $a < 0$ und $c > 0$
c. $f(x) = ax^2 + bx + c$ mit $|a| < 1$
d. $f(x) = ax^2 + bx + c$ mit $b = 0$

A **B** **C** **D**

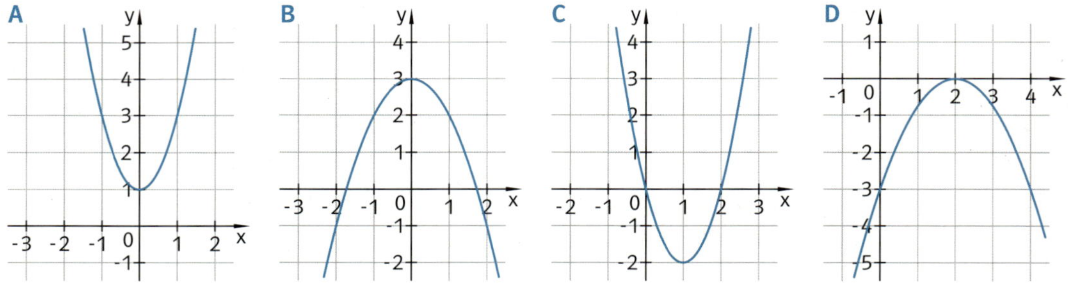

B, C **441** Stelle die quadratische Funktion f in Scheitelform dar. Beschreibe, wie man den Graphen von f aus dem Graphen von g mit $g(x) = x^2$ erhält.

a. $f(x) = x^2 - 8x + 14$
b. $f(x) = x^2 + 10x + 22$
c. $f(x) = 2x^2 + 8x + 11$
d. $f(x) = 3x^2 + 6x + 7$
e. $f(x) = -x^2 + 8x - 18$
f. $f(x) = 4x^2 - 5x + 3$

B **442** Bestimme den Scheitel des Graphen der quadratischen Funktion f.

a. $f(x) = x^2 + 2x + 2$ **b.** $f(u) = u^2 - 8u + 19$ **c.** $f(t) = t^2 - t + 1$ **d.** $f(s) = \frac{1}{2}s^2 + s + 1$

B, C **443** Berechne die Scheitelform der quadratischen Funktionen f mit $f(x) = x^2$, g mit $g(x) = x^2 + x$, h mit $h(x) = x^2 - 2x$, i mit $i(x) = x^2 + 2x$ und zeichne ihre Graphen. Beschreibe, was dir auffällt.

B, C **444** Berechne die Scheitelform der quadratischen Funktionen f mit $f(x) = x^2$, g mit $g(x) = x^2 + 2x + 1$, h mit $h(x) = x^2 - 2x + 1$, i mit $i(x) = x^2 + 4x + 4$ und zeichne ihre Graphen. Beschreibe, was dir auffällt.

B **445** Welche der Scheitelformen ist die Scheitelform der Funktion f mit $f(x) = \frac{1}{2}x^2 + 2x + 5$? Berechne.

A $f(x) = \frac{1}{2}(x - 2)^2 + 3$ B $f(x) = \frac{1}{2}(x + 2)^2 + 3$ C $f(x) = \frac{1}{2}(x - 2)^2 + 5$ D $f(x) = \frac{1}{2}(x + 2)^2 + 5$

B **446** **a.** Berechne den Scheitel der quadratischen Funktion f mit **I.** $f(x) = x^2 + p \cdot x + q$, **II.** $f(x) = a \cdot x^2 + b \cdot x + c$.

b. Berechne den Scheitel von f mit $f(x) = x^2 + 6x - 4$, indem du im Ergebnis von **a. I.** $p = 6$ und $q = -4$ wählst.

c. Berechne den Scheitel von f mit $f(x) = 4x^2 + 5x + 2$, indem du im Ergebnis von **a. II.** $a = 4$, $b = 5$ und $c = 2$ wählst.

C **447** Ordne den Graphen die richtige Scheitelform zu.

A $f(x) = \frac{1}{2}(x + 2)^2 + 1$ **B** $f(x) = -\frac{1}{2}(x + 2)^2 + 1$ **C** $f(x) = (x - 1)^2 - 2$ **D** $f(x) = (x + 1)^2 - 2$

a. ☐ **b.** ☐ **c.** ☐ **d.** ☐

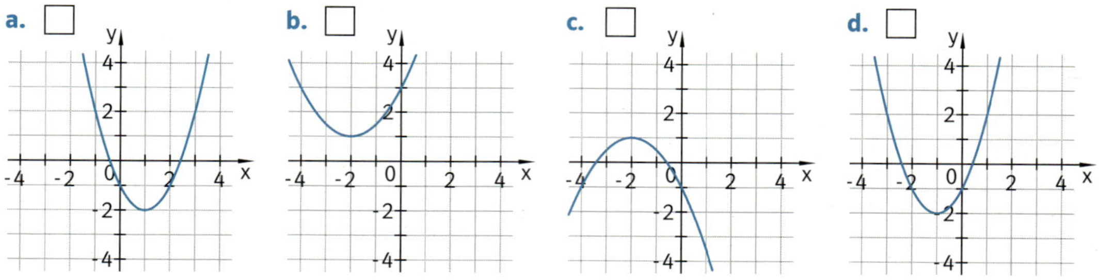

C **448** Gib an, welche der quadratischen Funktionen f gleich sind.

a.
☐ $f(x) = x^2 + 4x + 7$ **A** $f(x) = (x - 2)^2 + 3$
☐ $f(x) = x^2 + 8x + 15$ **B** $f(x) = (x + 2)^2 + 3$
☐ $f(x) = x^2 - 4x + 7$ **C** $f(x) = (x + 4)^2 - 1$
☐ $f(x) = x^2 - 8x + 17$ **D** $f(x) = (x - 4)^2 + 1$

b.
☐ $f(x) = \frac{1}{4}x^2 + 2x + 5$ **A** $f(x) = \frac{1}{2}(x - 2)^2 + 3$
☐ $f(x) = \frac{1}{4}x^2 - 2x + 5$ **B** $f(x) = \frac{1}{2}(x + 2)^2 + 3$
☐ $f(x) = \frac{1}{2}x^2 + 2x + 5$ **C** $f(x) = \frac{1}{4}(x + 4)^2 + 1$
☐ $f(x) = \frac{1}{2}x^2 - 2x + 5$ **D** $f(x) = \frac{1}{4}(x - 4)^2 + 1$

Größte oder kleinste Funktionswerte einer quadratischen Funktion

Für f mit $f(x) = ax^2 + bx + c = a(x-s)^2 + t$ ist

$$f(s) = a(s-s)^2 + t = a \cdot 0^2 + t = t$$

und für jede Zahl z ist

$$f(z) = a(z-s)^2 + t = a(z-s)^2 + f(s).$$

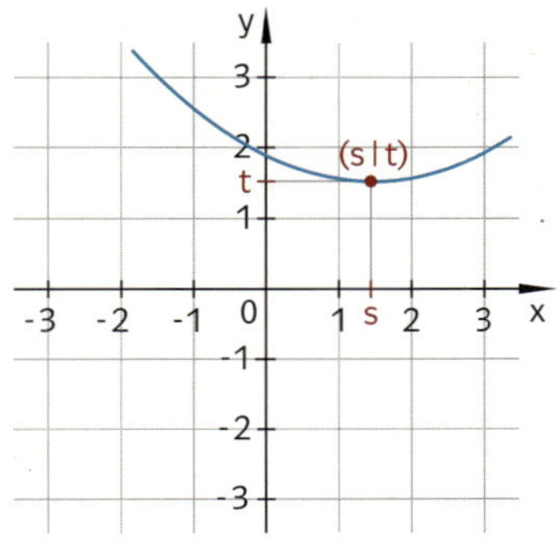

Wenn a positiv ist, dann ist $a(z-s)^2$ für alle Zahlen z positiv oder 0 (weil das Quadrat einer Zahl nie negativ sein kann). Das bedeutet: Der Funktionswert f(z) ist größer oder gleich f(s). Daher ist s das Argument mit dem kleinstmöglichen Funktionswert bezüglich f.

Wenn a negativ ist, dann ist $a(z-s)^2$ für alle Zahlen z negativ oder 0. Das bedeutet: Der Funktionswert f(z) ist kleiner oder gleich f(s). Daher ist s das Argument mit dem größtmöglichen Funktionswert bezüglich f.

Funktionswerte einer quadratischen Funktion

Die Funktionswerte der quadratischen Funktion f mit $f(x) = a(x-s)^2 + t = ax^2 + bx + c$ sind alle…
- … kleiner oder gleich t, wenn a negativ ist.
- … größer oder gleich t, wenn a positiv ist.

Anders formuliert:
- Wenn a negativ ist, hat die Funktion f den größten Funktionswert an der Stelle s.
- Wenn a positiv ist, hat die Funktion f den kleinsten Funktionswert an der Stelle s.

A, B, C **449** **eine Extremwertaufgabe lösen** ggb/tns r8pd2b

Das Auto von Frau Hofer braucht für 100 km, die mit gleichbleibender Geschwindigkeit x km/h gefahren werden, $0{,}0005x^2 - 0{,}04x + 5$ Liter Benzin. Zeichne den Graphen der Funktion $f: [10; 150] \to \mathbb{R}$ mit $f(x) = 0{,}0005x^2 - 0{,}04x + 5$ und berechne, bei welcher Geschwindigkeit der Benzinverbrauch am kleinsten ist. Interpretiere das Ergebnis.

Es ist

$$f(x) = 0{,}0005(x^2 - 80x + 10\,000) = 0{,}0005(x-40)^2 + 4{,}2.$$

Der Scheitel des Graphen von f ist (40 | 4,2).
Der Leitkoeffizient ist $0{,}0005 > 0$, also ist der Benzinverbrauch bei 40 km/h am kleinsten. Die Funktion ist im Intervall [40; 150] streng monoton wachsend, daher steigt der Benzinverbrauch ab 40 km/h mit wachsender Geschwindigkeit.

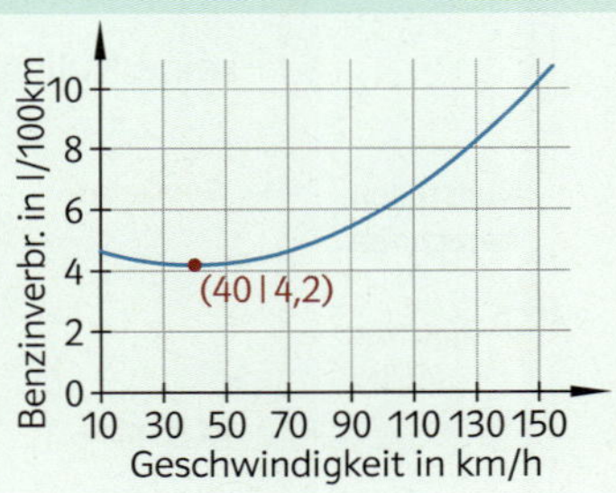

A, B **450** Der Benzinverbrauch eines Kleinwagens auf 100 km bei einer Geschwindigkeit von x km/h kann durch die Funktion b mit $b(x) = 0{,}0008x^2 - 0{,}06x + 4{,}5$ ermittelt werden. Dabei ist $x \in [10; 140]$.

a. Ermittle den Benzinverbrauch bei einer Geschwindigkeit von 100 km/h.

b. Berechne, bei welcher Geschwindigkeit der Benzinverbrauch am geringsten ist.

A, B **451** Eva möchte im Garten ein rechteckiges Beet anlegen, das sie mit Randsteinen begrenzen möchte. Sie hat Randsteine für 10 m Rand gekauft und kann damit Rechtecke mit den Seitenlängen x m und (5 – x) m anlegen. Dabei ist x eine Zahl mit $0 < x < 5$. Berechne, wie Eva die Zahl x wählen muss, damit der Flächeninhalt $x(5-x)\,m^2$ des Beetes möglichst groß wird.

A, B **452** Die Flugbahn eines Balles kann durch den Graphen der Funktion h mit $h(x) = -\frac{1}{25}x^2 + \frac{22}{25}x$ beschrieben werden. Dabei wird der Ball im Punkt (0 | 0) abgeworfen und h(x) gibt die Höhe des Balles in Metern in einer horizontalen Entfernung von x Metern vom Abwurfpunkt an. Berechne, in welcher Entfernung vom Abwurfpunkt der Ball seine maximale Flughöhe erreicht und gib an, wie hoch diese ist.

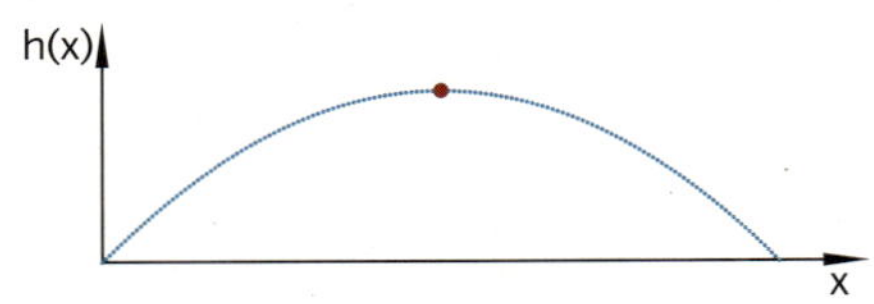

A, B **453** Martin schießt zu Silvester eine Feuerwerksrakete ab. Ihre Flughöhe (in Meter) nach t Sekunden kann durch die Funktion $h(t) = -5t^2 + 35t$ angegeben werden. Berechne, nach welcher Flugdauer die Rakete ihre maximale Höhe erreicht hat und wie hoch sie dabei gestiegen ist.

Nullstellen von quadratischen Funktionen

Nullstelle einer Funktion

Wir nennen eine reelle Zahl a eine **Nullstelle** einer Funktion f von ℝ nach ℝ, wenn f(a) = 0 ist.

Eine Zahl a ist genau dann eine Nullstelle von f, wenn (a | 0) ein Punkt des Graphen von f ist.
Der Punkt (a | 0) ist dann ein Schnittpunkt des Graphen von f mit der x-Achse.

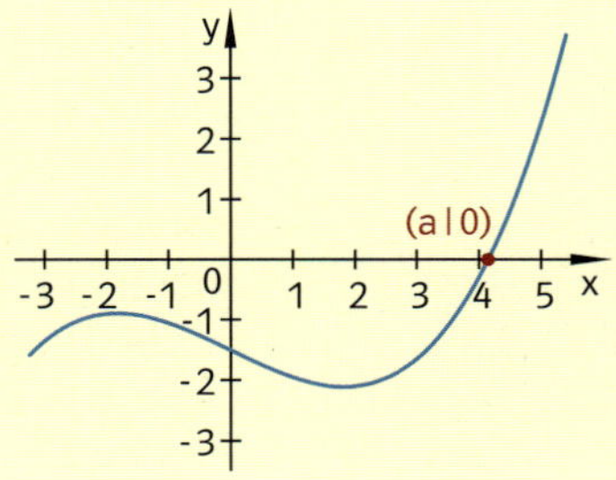

Nullstellen einer quadratischen Funktion

Die **Nullstellen der quadratischen Funktion** f mit $f(x) = ax^2 + bx + c$ **berechnen** heißt also:
Finde alle Zahlen x, für die $ax^2 + bx + c = 0$ ist.
Diese Aufgabe ist eine quadratische Gleichung.
Da eine quadratische Gleichung höchstens zwei Lösungen hat, hat der Graph einer quadratischen Funktion höchstens zwei Schnittpunkte mit der x-Achse.

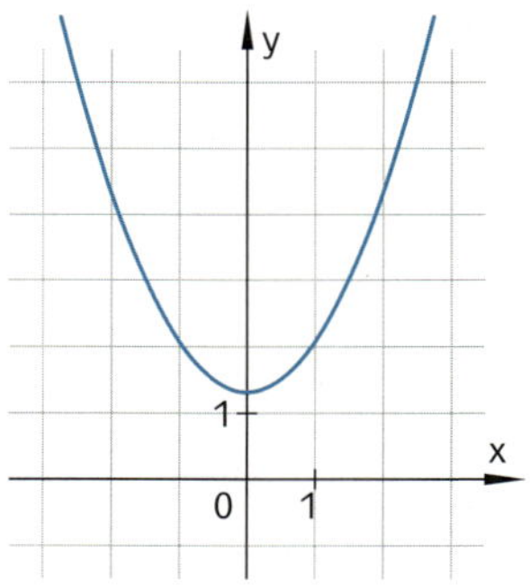

keine Nullstelle

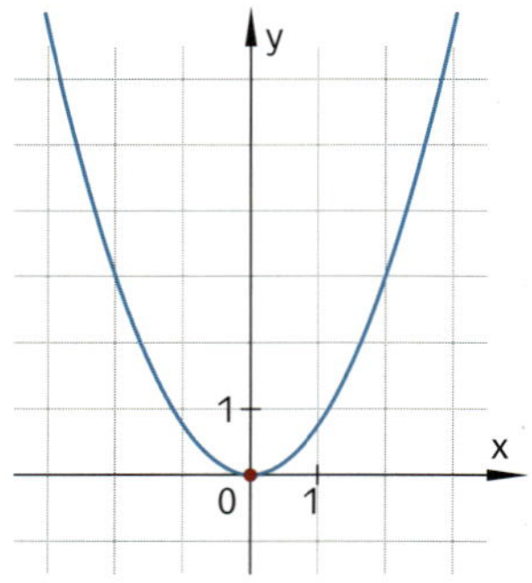

eine Nullstelle

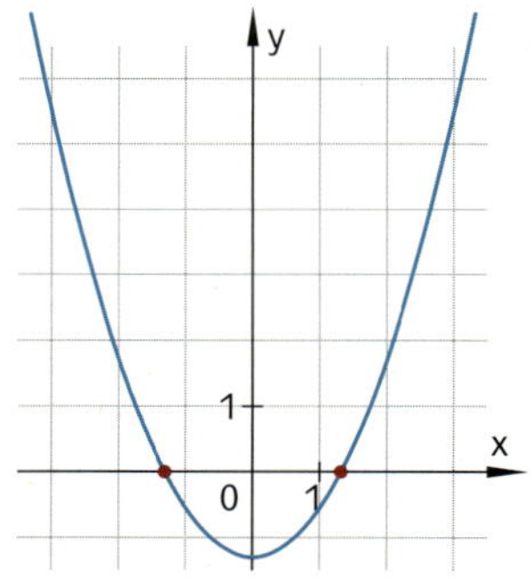

zwei Nullstellen

Nullstellen berechnen

ggb/tns qi69r5

GeoGebra	Nullstelle[<Polynom>]	1 Nullstelle[8x^2 + x - 4.5] ≈ **{x = −0.82, x = 0.69}**
TI Nspire	zeros(Ausdr, Var)	$\text{zeros}(8 \cdot x^2 + x - 4.5, x)$ $\{-0.82, 0.69\}$

B **454** die Nullstellen einer quadratischen Funktion berechnen

ggb/tns 9e7n27

Berechne alle Nullstellen der quadratischen Funktion f mit $f(x) = 2x^2 - 18$.

Für eine Nullstelle x von f muss f(x) = 0 sein.

$$f(x) = 2x^2 - 18 = 0 \quad | : 2$$
$$x^2 - 9 = 0 \quad | + 9$$
$$x^2 = 9$$

Also sind $\sqrt{9} = 3$ und $-\sqrt{9} = -3$ die Nullstellen von f.

C **455** Der Graph der Funktion f mit $f(x) = ax^2 + c$ ist gegeben. Bestimme die Zahlen a und c und gib dann die Nullstellen der Funktion durch Ablesen aus dem Graphen an.

a.

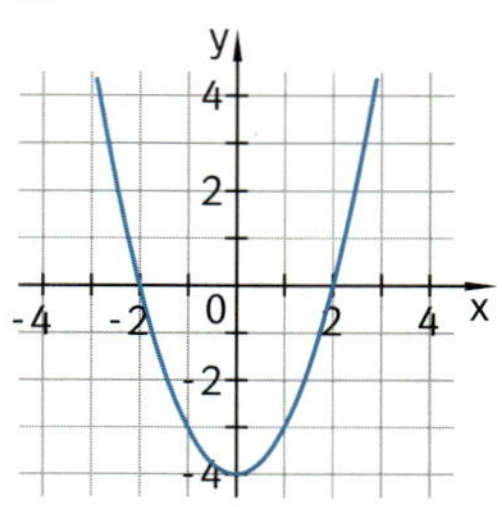

b.

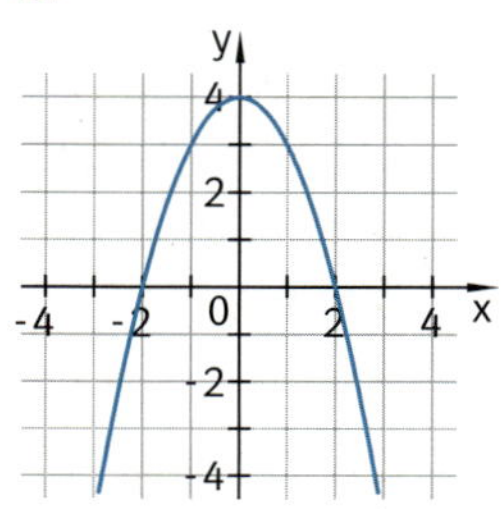

c.

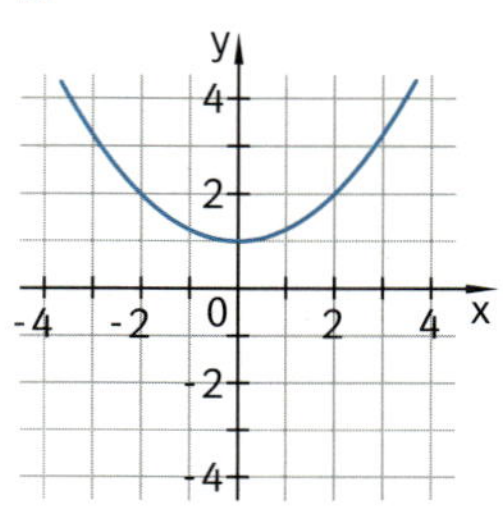

d.

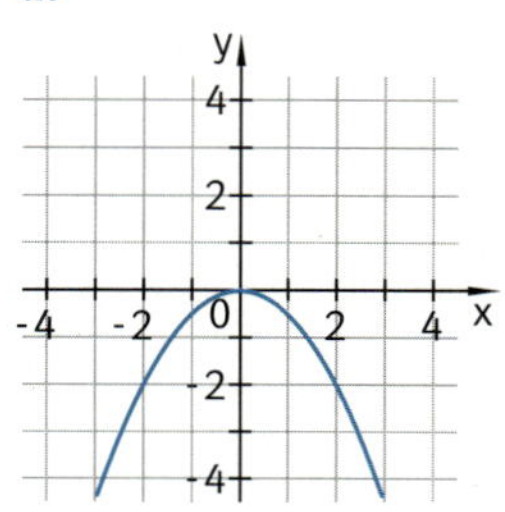

B **456** Berechne alle Nullstellen der quadratischen Funktion f.

a. $f(x) = x^2$ **d.** $f(x) = x^2 + 9$ **g.** $f(x) = 10^5x^2 - 10^9$
b. $f(x) = x^2 - 4$ **e.** $f(x) = 2x^2 - \frac{1}{2}$ **h.** $f(x) = 10^7x^2 + 10^4$
c. $f(x) = x^2 - \frac{4}{9}$ **f.** $f(x) = 4x^2 + 3$ **i.** $f(x) = 10^8x^2 - 10^{10}$

B **457** Berechne die Nullstellen der quadratischen Funktion f.

a. $f(x) = x^2 + 2x - 3$ **f.** $f(y) = \frac{1}{4}y^2 + \frac{3}{5}y + \frac{2}{3}$
b. $f(x) = 2x^2 - 3x + 6$ **g.** $f(t) = 10^6t^2 + 10^4t - 10^0$
c. $f(x) = \frac{1}{2}x^2 + \frac{1}{2}x - 2$ **h.** $f(t) = 10^{-3}t^2 - 10^9t - 10^3$
d. $f(y) = -\frac{1}{4}y^2 - \frac{1}{2}y + 2$ **i.** $f(t) = 10^3t^2 - 10^2t + 10$
e. $f(y) = \frac{1}{6}y^2 + \frac{1}{3}y - 9$ **j.** $f(t) = 10^5t^2 - 10^3t + 10$

B **458** Berechne, falls es eine gibt, die Nullstelle der linearen Funktion f mit $f(z) = kz + d$, von der wir die angegebenen Daten kennen, und zeichne den Graphen von f.

a. $k = 2;\ d = -3$ **b.** $f(2) = -2;\ f(5) = 1$ **c.** $k = 1;\ f(3) = 3$ **d.** $k = 0;\ d = 1$

D **459** Begründe: Wenn k nicht 0 ist, hat die lineare Funktion f mit $f(z) = kz + d$ genau eine Nullstelle in $\mathbb{R}$, und zwar $-\frac{d}{k}$.

D **460** Gib an, wie viele Nullstellen die quadratische Funktion f hat. Begründe.

a. $f(x) = x^2 - 7$ **b.** $f(x) = x^2 - 25$ **c.** $f(x) = x^2 + 5$ **d.** $f(x) = x^2$

B, C **461** Zeichne mithilfe eines CAS den Graphen der quadratischen Funktion f. Markiere die Schnittpunkte des Graphen mit der x-Achse und den Scheitel und lies deren Koordinaten ab.

a. $f(x) = x^2 + 2x - 1$ **b.** $f(x) = -x^2$ **c.** $f(x) = x^2 + 6x + 9$ **d.** $f(x) = x^2 + 2x - 3$

A **462** Gib eine quadratische Funktion mit dem Scheitel $(1 | 2)$ an, die zwei Nullstellen hat.

A, C **463** Gib mindestens fünf verschiedene quadratische Funktionen in Scheitelform an, die genau eine Nullstelle haben. Gibt es eine Gemeinsamkeit der Zuordnungsvorschriften? Wenn ja, welche? Dokumentiere das Ergebnis in deinem Heft.

A, D **464** **a.** Zeige: Die Funktion f mit $f(x) = (x - 2)(x + 3)$ ist eine quadratische Funktion mit den Nullstellen 2 und −3.

b. Gib eine quadratische Funktion g an, die die Nullstellen 3 und −5 besitzt.

D **465** Kreuze an, welche der Aussagen richtig sind.

- [A] Alle quadratischen Funktionen haben mindestens eine Nullstelle.
- [B] Alle quadratischen Funktionen mit Scheitel auf der x-Achse haben genau eine Nullstelle.
- [C] Alle quadratische Funktionen, die einen Scheitel mit positiver zweiter Koordinate haben, haben keine Nullstelle.
- [D] Alle quadratischen Funktionen, die einen Scheitel mit negativer zweiter Koordinate und positiven Leitkoeffizienten haben, haben genau 2 Nullstellen.

C, D **466** Ordne dem Graphen der quadratischen Funktionen f die richtigen Aussagen zu.

A Alle Zahlen > −1 sind Funktionswerte von f.
B Alle Zahlen < −1 sind Funktionswerte von f.
C Alle Zahlen ≤ 0 sind Funktionswerte von f.
D f hat keine Nullstelle.
E f hat eine Nullstelle.
F f hat zwei Nullstellen.

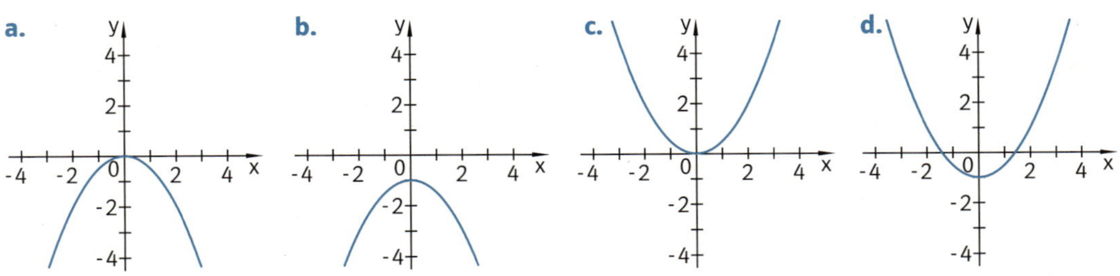

Was habe ich in diesem Abschnitt gelernt?

☐ **Ich kenne quadratische Funktionen und kann sie in Scheitelform darstellen.**

B **467** Stelle die Funktion f mit $f(x) = 2x^2 - 5x + 3$ in Scheitelform dar und gib ihren Scheitel an.

☐ **Ich kann den Graphen einer quadratischen Funktion zeichnen.**

B, C **468** Erkläre, wie man aus dem Graphen der Funktion g mit $g(x) = x^2$ den Graphen der Funktion f mit $f(x) = (x-3)^2 - 4$ erhält, und zeichne anschließend diesen Graphen.

☐ **Ich kann aus den Koeffizienten einer quadratischen Funktion Eigenschaften ihres Graphen ablesen.**

C **469** Gib an, auf welche der hier abgebildeten Funktionsgraphen die Beschreibung zutrifft.

a. $f(x) = ax^2 + bx + c$ mit $a > 0$

b. $f(x) = ax^2 + bx + c$ mit $a < 0$

c. $f(x) = ax^2 + bx + c$ mit $c > 0$

d. $f(x) = ax^2 + bx + c$ mit $c = 0$ und $a < 1$

e. $f(x) = a(x-s)^2 + t$ mit $s > 0$

f. $f(x) = a(x-s)^2 + t$ mit $t < 0$

g. $f(x) = a(x-s)^2 + t$ mit $s = 0$

h. $f(x) = a(x-s)^2 + t$ mit $s < 0$ und $t > 0$

A

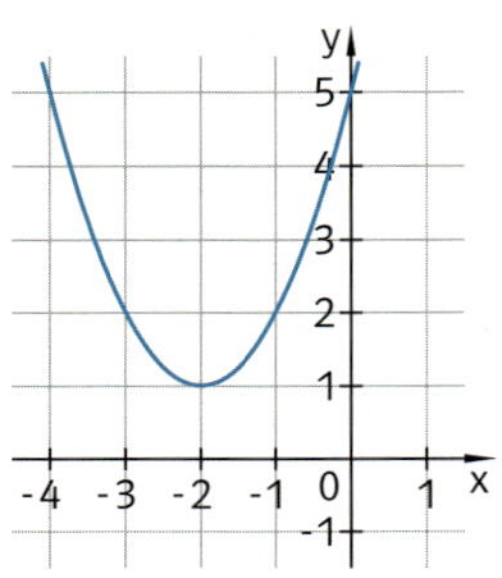

B

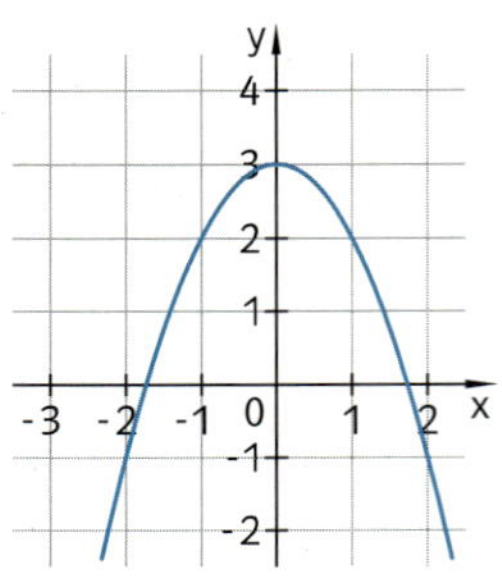

C

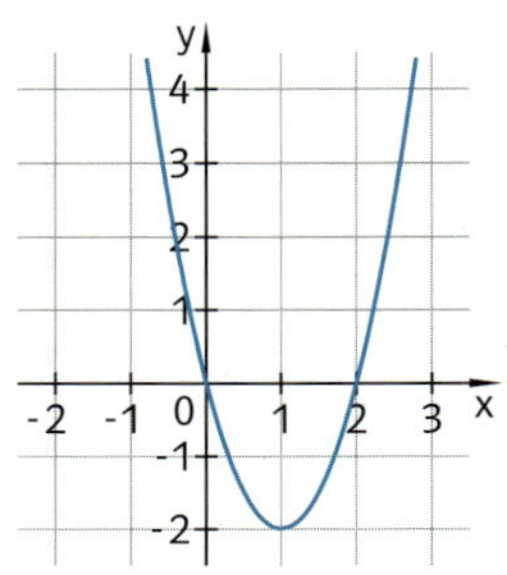

D

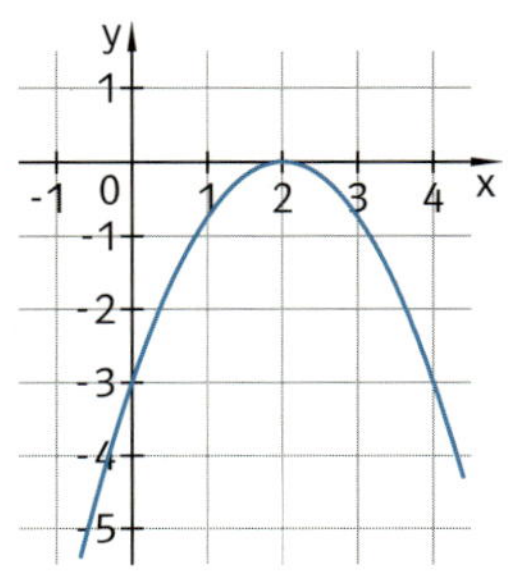

C, D **470** Gegeben ist die quadratische Funktion f mit $f(x) = -3x^2 + 6x + 21$. Löse ohne zu rechnen:

a. Entscheide und begründe, ob f einen größten oder einen kleinsten Funktionswert hat.

b. Entscheide und begründe, ob f keine, eine oder zwei Nullstellen hat.

☐ **Ich kann die Nullstellen einer quadratischen Funktion durch Lösen einer quadratischen Gleichung bestimmen.**

B **471** Berechne die Nullstellen der quadratischen Funktion f mit $f(x) = 0{,}5x^2 - 3x + 1$.

B **472** Berechne die Schnittpunkte des Graphen der quadratischen Funktion f mit $f(x) = x^2 - 5x + 6$ mit der x-Achse.

☐ **Ich kann den Zusammenhang zwischen der Lösungsmenge einer quadratischen Gleichung und den Nullstellen einer quadratischen Funktion interpretieren und damit argumentieren.**

C **473** Erkläre mithilfe des Graphen einer quadratischen Funktion, warum eine quadratische Gleichung nur keine, eine oder zwei Nullstellen besitzen kann.

C, D **474** Ergänze die Aussage über die quadratische Funktion f mit der Scheitelform $f(x) = a(x-s)^2 + t$, mit einer der Bedingungen [A], [B], …, [F], sodass die Aussage richtig ist. Begründe deine Entscheidung jeweils mit einer passenden Skizze des Graphen von f.

a. f hat zwei Nullstellen, wenn…

b. f hat genau eine Nullstelle, wenn…

c. f hat keine Nullstelle, wenn…

[A] … $t > 0$ ist. [C] … $t = 0$ ist. [E] … a und t gleiche Vorzeichen haben.

[B] … $t < 0$ ist. [D] … $s > 0$ ist. [F] … a und t verschiedene Vorzeichen haben.

4.3 Modellieren mit quadratischen Funktionen

- ☐ **Ich lerne die Koeffizienten einer quadratischen Funktion zu berechnen, wenn ich drei Punkte ihres Graphen oder den Scheitel und einen weiteren Punkt des Graphen kenne.**
- ☐ **Ich lerne das Modell der quadratischen Funktion in unterschiedlichen Kontexten, insbesondere mit Wirtschaftsbezug, anzuwenden.**

Quadratische Funktionen finden

ggb d2m57h

Wenn wir einen kleinen Ball senkrecht in die Höhe werfen, dann steigt er zuerst schnell, wird dann langsamer, bleibt schließlich stehen und fällt dann immer schneller wieder nach unten. Der Graph der Funktion h: $\mathbb{R} \to \mathbb{R}$, die jedem Zeitpunkt (in Sekunden gemessen) die Höhe (in Metern) des Balles zuordnet, wird daher ungefähr so aussehen wie in der Abbildung rechts. Dieser Graph sieht aus wie der Graph einer quadratischen Funktion.

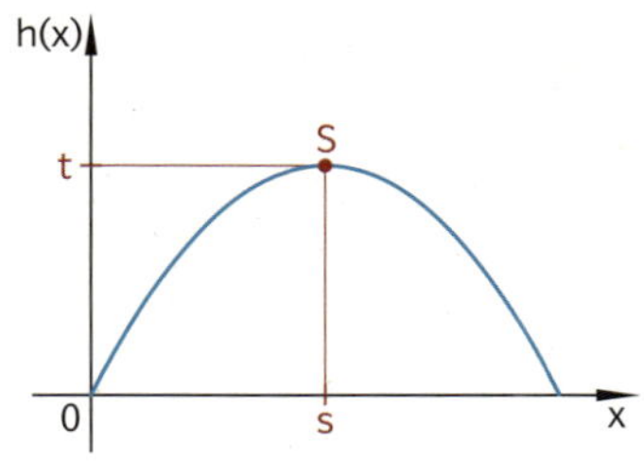

Es liegt daher nahe, dass die Funktion h eine quadratische Funktion ist, also für alle x ist

$$h(x) = ax^2 + bx + c$$

für geeignete reelle Zahlen a, b und c. Wir entscheiden uns für diese Annahme und müssen nur noch die Koeffizienten von h bestimmen. Dazu müssen wir etwas über h wissen. Wenn wir die Höhe nach 0, 1 und 2 Sekunden zu 0 Meter, 15 Meter und 20 Meter gemessen haben, erhalten wir:

für h(0): $c = 0$
für h(1): $a + b + c = 15$
für h(2): $4a + 2b + c = 20$

Um die Zahlen a, b, c zu berechnen, lösen wir dieses System von drei linearen Gleichungen mit drei Unbekannten und erhalten

$a = -5$, $b = 20$ und $c = 0$,

also $h(x) = -5x^2 + 20x$.

Nun können wir die Höhe des Balles zu einem beliebigen Zeitpunkt berechnen. Nach drei Sekunden befindet er sich in

$$h(3) = -5 \cdot 3^2 + 20 \cdot 3 = 15$$

Meter Höhe.

Wann ist er wieder am Boden? Dazu müssen wir eine Zahl z so finden, dass $h(z) = 0$ ist.
Die Nullstellen von h mit

$$h(x) = -5x^2 + 20x = -5x(x - 4)$$

sind 0 und 4. Also ist der Ball nach 4 Sekunden wieder am Boden.

Geometrisch hätten wir diese Aufgabe so formulieren können: In einem Koordinatensystem sind die drei Punkte (0 | 0), (1 | 15) und (2 | 20) gegeben. Die ersten Koordinaten der drei Punkte sind paarweise verschieden. Gesucht ist eine quadratische Funktion, deren Graph alle drei Punkte enthält.

Wir haben uns zur Beschreibung des gegebenen Zusammenhangs für eine quadratische Funktion entschieden. Man sagt, dass wir für diese Situation ein **quadratisches Modell** gewählt haben.

Tipp

Wir müssen dann die Koeffizienten a, b und c dieser quadratischen Funktion f mit

$f(x) = ax^2 + bx + c$

aus dem, was wir über die Funktion f wissen, bestimmen.
Wenn wir die Funktionswerte von f zu drei Argumenten z_1, z_2, z_3 kennen, dann können wir a, b und c durch Lösen des Systems linearer Gleichungen mit drei Unbekannten a, b, c berechnen:

I) $z_1^2 a + z_1 b + c = f(z_1)$
II) $z_2^2 a + z_2 b + c = f(z_2)$
III) $z_3^2 a + z_3 b + c = f(z_3)$

A, B **475** **eine quadratische Funktion berechnen, von deren Graphen drei Punkte bekannt sind**

ggb/tns w8hu52

Berechne die quadratische Funktion, deren Graph die drei Punkte (−1 | 10), (2 | 4) und (3 | 14) enthält.

Da der Graph den Punkt (−1 | 10) enthält, muss f(−1) = 10 sein. Da er außerdem (2 | 4) und (3 | 14) enthält, muss auch f(2) = 4 und f(3) = 14 sein. Wir erhalten daraus die folgenden drei Gleichungen:

I) $(-1)^2 a + (-1)b + c = 10$
II) $2^2 a + 2b + c = 4$
III) $3^2 a + 3b + c = 14$

Wir lösen dieses Gleichungssystem und erhalten:

$a = 3, b = -5, c = 2$

Daher ist die gesuchte quadratische Funktion f mit

$f(x) = 3x^2 - 5x + 2.$

B **476** Berechne die quadratische Funktion, deren Graph die gegebenen drei Punkte enthält.

a. (0 | −1), (1 | 2), (−2 | −1)
b. (−2 | 7), (0 | 1), (2 | −1)
c. (2 | 1), (4 | 4), (5 | 4,75)
d. (−2 | 12), (0 | −1), (2 | −6)

B **477** Berechne die quadratische Funktion f, deren Funktionswerte an drei Stellen vorgegeben sind.

a. f(2) = 1, f(3) = −1, f(−1) = 3
b. f(2) = 3, f(3) = −2, f(−1) = 5
c. f(0) = 0, f(4) = 0, f(−2) = 0
d. f(−1) = 1, f(−2) = −1, f(3) = 3
e. f(−3) = 3, f(0) = 0, f(1) = −1
f. f(1) = 5, f(2) = 5, f(3) = 5

B **478** Verwende ein CAS, um jene quadratische Funktion zu bestimmen, deren Funktionswerte an den folgenden drei Stellen vorgegeben sind.

a. f(0) = −3, f(4) = −11, f(−1) = −6
b. f(0) = −4, f(6) = 2, f(−3) = 2
c. f(1) = 2, f(−1) = 1, f(3) = 19
d. $f(-1) = -\frac{1}{2}$, $f(-4) = -5$, $f(2) = -\frac{1}{2}$

D **479** Beurteile, ob der Graph der Funktion f die Punkte (−2 | 0), (2 | −4) und (6 | 0) enthält.

A $f(x) = (x + 2)(x - 6)$
B $f(x) = \frac{1}{4}(x + 2)(x - 6)$
C $f(x) = \frac{1}{4}x^2 + x - 3$
D $f(x) = \frac{1}{4}x^2 - x - 3$

B **480** Verwende ein CAS, um jene quadratische Funktion zu bestimmen, deren Graph die gegebenen drei Punkte enthält.

a. (−1 | −8), (0 | −4) und (2 | 10)
b. (−2 | 7), (0 | 1) und $\left(3 \middle| -\frac{1}{2}\right)$
c. (−3 | −10), (1 | −2) und (0,5 | 0,5)
d. (−4 | −1), (0 | −5) und (5 | 1,25)

A, B **481** **eine quadratische Funktion berechnen, von deren Graphen ein Punkt und der Scheitel bekannt sind**

Der Graph einer quadratischen Funktion enthält den Punkt (1 | 3) und hat den Scheitel (3 | 5). Ermittle die quadratische Funktion f.

Da der Graph von f den Scheitel (3 | 5) hat, ist

$f(x) = a \cdot (x - 3)^2 + 5.$

Da der Funktionsgraph den Punkt (1 | 3) enthält, ist f(1) = 3 und somit

$3 = a \cdot (1 - 3)^3 + 5 = a \cdot (-2)^2 + 5 = 4a + 5.$

Daher ist a = −0,5. Also ist gesuchte Funktion f mit

$f(x) = -0{,}5(x - 3)^2 + 5 = -0{,}5x^2 + 3x + 0{,}5.$

A, B **482** Der Graph einer quadratischen Funktion hat den Scheitel (10 | 2) und enthält den Punkt (20 | 12). Ermittle die quadratische Funktion.

B **483** Von einer quadratischen Funktion kennt man den Scheitel (1 | –4) und weiß, dass 3 eine Nullstelle ist. Bestimme diese quadratische Funktion.

A, B **484** Von einer quadratischen Funktion weiß man, dass sie ihren größten Funktionswert, der 6 ist, an der Stelle 5 annimmt. Eine ihrer beiden Nullstellen ist 7. Berechne diese quadratische Funktion.

B **485** Gegeben ist eine quadratische Funktion f. Verschiebe ihren Graphen so, dass der verschobene Graph die angegebenen Punkte enthält. Berechne die quadratische Funktion, die diesem Graphen entspricht.

a. $f(x) = x^2$, $P_1 = (2|3)$, $P_2 = (3|6)$

b. $f(x) = \frac{1}{2}x^2$, $P_1 = (-2|4{,}5)$, $P_2 = (0|2)$

c. $f(x) = -2x^2$, $P_1 = (-1|6)$, $P_2 = (2|-3)$

d. $f(x) = -\frac{1}{3}x^2$, $P_1 = \left(-2\middle|\frac{4}{3}\right)$, $P_2 = \left(1\middle|-\frac{2}{3}\right)$

A, B **486** Wird ein Seil locker zwischen zwei 2 m entfernten gleich hohen Punkten aufgehängt, so hängt es in der Mitte 25 cm durch. Bestimme mithilfe der Näherung mit einer quadratischen Funktion, wie weit das Seil 20 cm von der Befestigung entfernt durchhängt.

A, B **487** Der obere Rand einer Hängebrücke sieht ungefähr wie der Graph einer quadratischen Funktion aus. Eine Hängebrücke verbindet zwei gleich hohe Punkte, die 120 m voneinander entfernt sind. In der Mitte zwischen den beiden Punkten hängt die Brücke 5 m durch.

a. Stelle den Verlauf der Hängebrücke mithilfe einer quadratischen Funktion dar.

b. Gib an, wie weit die Brücke in 10, 20, 30, 40 und 50 m vom Anfangspunkt entfernt durchhängt.

A, B, C, D **488** Der Kraftstoffverbrauch eines KFZ hängt unter anderem von der Geschwindigkeit ab. Messungen an einem PKW haben ergeben, dass der Kraftstoffverbrauch bei 30 km/h 5,9 l/100 km war, bei 55 km/h 5,2 l/100km und bei 120 km/h sogar 6,3 l/100 km betrug.

a. Wir nehmen an, dass die Funktion, die jeder Geschwindigkeit den Kraftstoffverbrauch bei dieser Geschwindigkeit zuordnet, eine quadratische Funktion ist.
Berechne diese Funktion.
Rechne auf 4 Nachkommstellen genau.

b. Erstelle ein Diagramm und lies aus dem Diagramm den Kraftstoffverbrauch für eine Geschwindigkeit von 40 km/h, 80 km/h und 150 km/h ab.

c. Überprüfe die Ergebnisse aus Aufgabe **b.** durch Rechnung.

d. Ist das gewählte Modell realistisch? Recherchiere im Internet mithilfe der Schlagworte „Kraftstoffverbauch, minimale Geschwindigkeit" und beurteile die Ergebnisse.

A, B **489** ggb/tns v2cf53 Die Einfahrt in einen Tunnel sieht manchmal wie der Graph einer quadratischen Funktion aus. Eine solche Einfahrt ist 3,70 m hoch und auf Straßenhöhe 4 m breit. Berechne, wie hoch ein 2,30 m breites Wohnmobil maximal sein darf, damit es den Tunnel theoretisch benützen kann.

A, B **490** Ein Körper, der aus der Höhe h_0 Meter im freien Fall fällt, befindet sich nach t Sekunden noch in $h(t) = h_0 - \frac{1}{2}g \cdot t^2$ Metern Höhe. Dabei ist g die Erdbeschleunigung ($g \approx 9{,}81\,m/s^2$). Jemand lässt von der Aussichtsplattform des Stratosphere Tower in Las Vegas (Höhe 270 m über dem Boden) einen Apfel fallen.

a. Zeichne einen Graphen für die Funktion h, die jeder positiven Zahl t die Höhe h(t) des Apfels nach t Sekunden freien Falls zuordnet.

b. Ermittle, wie lange der Apfel braucht, bis er am Boden aufschlägt.

c. Wie lange braucht der Apfel für die erste Hälfte der Strecke, wie lange für die zweite? Berechne.

Quadratische Kostenfunktionen

Im 1. Jahrgang haben wir bereits den Begriff Kostenfunktion kennen gelernt. Wir erinnern uns:

Kostenfunktion
Die **Kostenfunktion** für die Erzeugung eines Produktes ordnet der Anzahl der produzierten Einheiten die Gesamtkosten für diese Produktion zu.

Erlös
Verkauft ein Betrieb eine Einheit seiner Ware zum Preis p, so ist der beim Verkauf von x Einheiten erzielte **Erlös**

$\mathbf{E(x) = p \cdot x}$ („Erlös ist Preis mal Menge").

Gewinn
Unter dem **Gewinn** bei x Einheiten versteht man den Erlös abzüglich der Kosten:

$\mathbf{G(x) = E(x) - K(x)}$ („Gewinn ist Erlös minus Kosten").

Break-Even-Point
Der **Break-Even-Point** ist die kleinste Anzahl der Einheiten einer Ware, bei der der Erlös und die Kosten gleich sind. Ist x der Break-Even-Point, dann gilt:

$\mathbf{E(x) = K(x)}$ bzw. $\mathbf{E(x) - K(x) = 0}$ bzw. $\mathbf{G(x) = 0}$.

Mengeneinheit
In der Kostentheorie ist es üblich, die Produktionsmenge nicht in Stück anzugeben, sondern in Mengeneinheiten. Eine **Mengeneinheit (ME)** steht dabei zum Beispiel für 1000 Stück, ein Dutzend, eine Palette …

Geldeinheit
Die Kosten selbst werden nicht in Euro angegeben, sondern in Geldeinheiten. Eine **Geldeinheit (GE)** steht dabei zum Beispiel für 1000 €, 10 000 $ …

Achtung
Die Verkaufspreise beziehen sich in diesem Fall auch jeweils auf eine Mengeneinheit, weshalb der Verkaufspreis in **Geldeinheiten pro Mengeneinheit (GE/ME)** angegeben werden muss.

Aus der betriebswirtschaftlichen Praxis ist bekannt, dass Produktionskosten nicht immer linear verlaufen. Eine Erhöhung der Produktionsmenge ist oft auch mit teuren Überstunden und der Zumietung von Maschinen verbunden, wodurch die Kosten bei zunehmender Produktionsmenge immer stärker anwachsen. Einen solchen Kostenverlauf nennt man **progressiv**.

Die Erhöhung der Produktionsmenge kann aber auch dazu führen, dass die Kosten der Produktion immer schwächer anwachsen. Einen solchen Kostenverlauf nennt man **degressiv**. In jedem Fall ist die Kostenfunktion streng monoton wachsend.

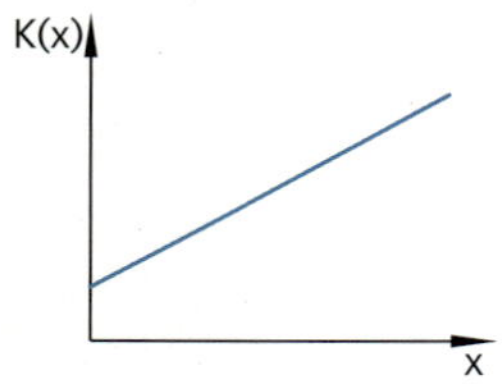

linearer Kostenverlauf:
Jedes produzierte Stück verursacht die gleichen Kosten.

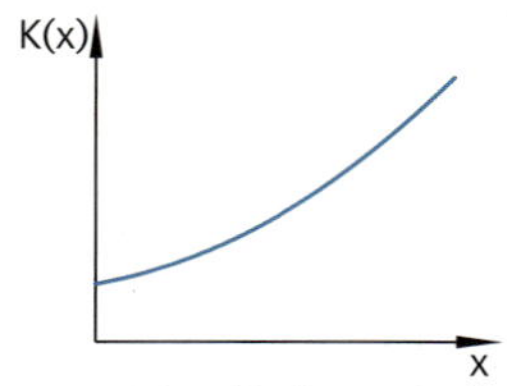

progressiver Kostenverlauf:
Erhöht man die Produktionsmenge, steigen die Kosten immer stärker an.

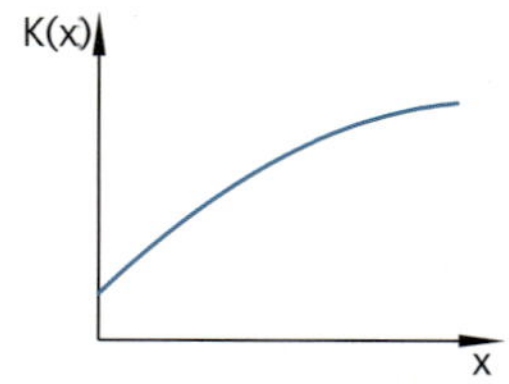

degressiver Kostenverlauf:
Erhöht man die Produktionsmenge, steigen die Kosten immer schwächer an.

Die einfachste Funktion, mit der ein progressiver Kostenverlauf modelliert werden kann, ist eine quadratische Funktion.

Wenn wir davon ausgehen, dass die Erlöse (Verkaufspreis mal Menge) durch eine lineare Funktion beschrieben werden können, so tritt bei einem progressiven Kostenverlauf das folgende Phänomen auf: Zunächst sind die Kosten, bedingt durch die Fixkosten, höher als der Erlös. Ab einer bestimmten Produktionsmenge, die wir bereits als **Break-Even-Point** kennengelernt haben, werden die Erlöse größer als die Kosten, sodass man einen Gewinn erzielt. Da die Kosten aber immer stärker anwachsen, übertreffen sie die Erlöse wieder ab einer bestimmten Produktionsmenge, die man **Gewinngrenze** nennt. Liegt die Produktionsmenge zwischen Break-Even-Point und Gewinngrenze, so wird Gewinn erzielt, ansonsten macht man Verlust.

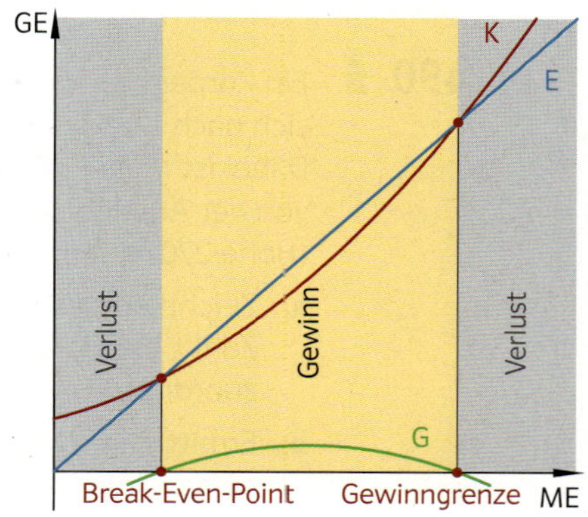

A, B **491** **eine quadratische Kostenfunktion berechnen** ggb/tns 5e7h4q

Ein Betrieb hat monatliche Fixkosten von 5 000 €. Bei einer Produktion von 100 Stück fallen Kosten in der Höhe von 6 300 € an, bei einer Produktion von 200 Stück betragen die Kosten 8 100 €. Wir nehmen an, dass die Kostenfunktion eine quadratische Funktion ist.

a. Berechne die quadratische Kostenfunktion K, die jeder Zahl x die Gesamtkosten für die Produktion von x Stück des Produktes zuordnet.

b. Berechne, wie viel Stück maximal produziert werden können, wenn die Kosten eine Höhe von 10 000 € nicht übersteigen dürfen.

a. K ist eine quadratische Funktion. Daher gilt $K(x) = ax^2 + bx + c$.
Um die Zahlen a, b und c zu bestimmen, lösen wir ein System von drei Gleichungen, die wir direkt aus der Angabe herauslesen.

$$\text{I)}\ K(0) = 5000 \Rightarrow a \cdot 0^2 + b \cdot 0 + c = 5000$$
$$\text{II)}\ K(100) = 6300 \Rightarrow a \cdot 100^2 + b \cdot 100 + c = 6300$$
$$\text{III)}\ K(200) = 8100 \Rightarrow a \cdot 200^2 + b \cdot 200 + c = 8100$$

Die Lösung des Gleichungssystems ist $a = 0{,}025$, $b = 10{,}5$ und $c = 5000$.
Die gesuchte Kostenfunktion ist daher K mit

$$K(x) = 0{,}025x^2 + 10{,}5x + 5000.$$

b. Die Kostenfunktion K auf $\mathbb{R}^+$ ist streng monoton wachsend, daher müssen wir die Gleichung $K(x) = 10000$ lösen.

$$0{,}025x^2 + 10{,}5x + 5000 = 10000 \quad | -10000$$
$$0{,}025x^2 + 10{,}5x - 5000 = 0$$

Diese quadratische Gleichung hat die beiden Lösungen

$$284{,}06 \quad \text{und} \quad -704{,}06.$$

Eine negative Zahl kommt als Lösung nicht in Frage. Außerdem muss das Ergebnis eine ganze Zahl sein. Die maximal mögliche Produktionsmenge ist daher 284 Stück.

A, B **492** In der Tabelle sind für verschiedene Produktionsmengen in Stück die zugehörigen Kosten in Euro festgehalten. Ermittle die quadratische Kostenfunktion, die den drei Produktionsmengen die angegebenen Kosten zuordnet.

Produktionsmenge	Kosten
2 000 Stück	14 928 €
3 000 Stück	22 092 €
5 000 Stück	44 820 €

A **493** In der Tabelle sind für verschiedene Produktionsmengen in ME die zugehörigen Kosten in GE festgehalten. Wir nehmen an, dass sich die Kosten von x ME durch eine quadratische Kostenfunktion K beschreiben lassen.
Gib ein lineares Gleichungssystem an, mit dessen Hilfe sich die Koeffizienten von K berechnen lassen.

ME	GE
10	300
35	500
60	800

A, B **494** Ein Kleinbetrieb stellt aufblasbare Werbesäulen für Produktpräsentationen her. Die monatlichen Kosten bei der Produktion von x Stück lassen sich durch eine quadratische Kostenfunktion K mit $K(x) = 0{,}26x^2 + 92x + 4000$ beschreiben.

a. Der Betrieb erhält in diesem Monat einen Auftrag über 60 Stück solcher Werbesäulen. Berechne die dadurch anfallenden Produktionskosten.

b. Ermittle, wie viele Werbesäulen im Monat produziert werden können, wenn die Kosten eine Höhe von 20 000 € nicht übersteigen dürfen.

A, B **495** Ein Unternehmen erzeugt Schneekanonen für Skigebiete. Die monatlichen Fixkosten betragen dabei 80 000 €. Bei einer Produktion von 4 Stück betragen die Kosten 128 640 €, bei einer Produktion von 10 Stück sind es 204 000 €. Wir nehmen an, dass die Kostenfunktion eine quadratische Funktion ist.

a. Ermittle die quadratische Kostenfunktion K, die jeder Zahl x die Kosten für die Produktion von x Schneekanonen zuordnet.

b. Berechne die Kosten für die Produktion von 20 Schneekanonen.

c. Ermittle, wie viele Schneekanonen maximal produziert werden können, wenn die Produktionskosten 400 000 € nicht übersteigen dürfen.

A, B **496**
Erlösfunktion, Gewinnfunktion und Break-Even-Point berechnen
ggb/tns 6gh6v4

Von einem Betrieb ist die Kostenfunktion K mit $K(x) = 0{,}25x^2 + 7{,}5x + 50$ bekannt. Die produzierte Ware kann zu einem Preis von 20 GE/ME verkauft werden.

a. Stelle die Erlösfunktion auf.

b. Stelle die Gewinnfunktion auf.

c. Berechne den Break-Even-Point und die Gewinngrenze.

d. Ermittle, bei wie viel verkauften Mengeneinheiten der Betrieb den maximalen Gewinn erzielt und wie groß dieser ist.

a. Erlös = Preis mal verkaufte Mengeneinheiten
$E(x) = 20x$

b. Gewinn = Erlös – Kosten
$G(x) = 20x - (0{,}25x^2 + 7{,}5x + 50) = -0{,}25x^2 + 12{,}5x - 50$

c. Im Break-Even-Point und in der Gewinngrenze ist der Gewinn gleich 0.
$-0{,}25x^2 + 12{,}5x - 50 = 0$
Diese Gleichung hat die Lösungen 4,38 und 45,62
Die kleinere dieser beiden Zahlen ist der Break-Even-Point, die größere die Gewinngrenze.
Also liegt der Break-Even-Point bei 4,38 ME und die Gewinngrenze bei 45,62 ME.

d. Wenn eine quadratische Funktion einen negativen Leitkoeffizienten hat, dann ist ihr größtmöglicher Funktionswert die zweite Koordinate des Scheitels ihres Graphen.
Seine erste Koordinate ist dann die Zahl, deren Funktionswert größtmöglich ist. Es ist
$-0{,}25x^2 + 12{,}5x - 50 = -0{,}25(x^2 - 50x + 200) = -0{,}25(x - 25)^2 + 106{,}25,$
also ist 25 die erste Koordinate des Scheitels.
Den maximalen Gewinn erzielt man bei einer Produktion von 25 ME, dieser ist
$-0{,}25 \cdot 25^2 + 12{,}5 \cdot 50 - 50 = 106{,}25$ GE.
Den maximalen Gewinn von 106,25 GE erzielt man bei einer Produktion von 25 ME.

A, B **497**

Herr Li stellt handgefertigte Tischtennisschläger für Profispieler her. Seine Produktionskosten in Euro für x Schläger lassen sich durch die Kostenfunktion K mit $K(x) = 1{,}2x^2 + 20x + 1500$ beschreiben. Er kann für seine Schläger einen Preis von 270 € pro Stück verlangen.

a. Stelle die Erlösfunktion auf.

b. Stelle die Gewinnfunktion auf.

c. Berechne den Break-Even-Point und die Gewinngrenze.

d. Ermittle, wie viele Tischtennisschläger Herr Li produzieren muss, um den maximalen Gewinn zu erzielen. Gib den maximalen Gewinn an.

A, B **498**

Von einem Betrieb ist die Kostenfunktion K mit $K(x) = 0{,}015x^2 + 12x + 2\,000$ bekannt. Die Erlösfunktion ist E mit $E(x) = 40x$. Löse die folgenden Aufgaben mithilfe eines CAS.

a. Stelle die Kosten- und die Erlösfunktion in einem geeigneten Koordinatensystem dar.

b. Ermittle aus der Zeichnung den Break-Even-Point und die Gewinngrenze.

A, B **499**

Die Produktionskosten für x ME eines bestimmten Produktes betragen $K(x) = 0{,}1x^2 + 4{,}5x + 75$ GE. Der Verkaufspreis für dieses Produkt beträgt 20 GE/ME.

a. Ermittle die Gewinnfunktion dieses Betriebes.

b. Berechne den Break-Even-Point und die Gewinngrenze.

c. Berechne, für welche Produktionsmenge der Betrieb den maximalen Gewinn erzielt, und gib diesen Gewinn an.

A, B, C **500**

Ein Betrieb hat Fixkosten von 90 GE. Bei einer Produktion von 50 ME ergeben sich Kosten von 1240 GE, bei einer Produktion von 100 ME betragen die Kosten 3 890 GE.

a. Nimm an, dass die Kostenfunktion dieses Betriebes quadratisch ist, und berechne sie.

b. Der Verkaufspreis beträgt 32 GE/ME. Ermittle die Gewinnfunktion.

c. Stelle die Gewinnfunktion graphisch dar und lies ab, wie viele ME produziert werden müssen, um den maximalen Gewinn zu erzielen. Berechne den maximalen Gewinn.

A, B **501** Die Fixkosten eines Betriebes belaufen sich auf 20 GE. Bei einer Produktion von 50 ME ergeben sich Kosten in der Höhe von 1470 GE. Für 150 ME betragen die Kosten 11870 GE. Der Verkaufspreis beträgt 20 GE/ME. Nimm an, dass die Kostenfunktion quadratisch ist.

a. Stelle die quadratische Kostenfunktion auf.

b. Stelle die Gewinnfunktion auf.

c. Ermittle den Gewinnbereich.

d. Berechne, für welche Produktionsmenge man den maximalen Gewinn erzielt und wie hoch dieser ist.

A, B **502** Ein Betrieb hat monatliche Fixkosten von 30 GE. Bei einer Produktion von 20 ME betragen die Gesamtkosten 310 GE, bei einer Produktion von 50 ME betragen die Gesamtkosten 1030 GE.

a. Nimm an, dass die Kostenfunktion dieses Betriebes quadratisch ist. Berechne sie.

b. Gib an, mit welchen Kosten der Betrieb rechnen muss, wenn 30 ME erzeugt werden sollen.

c. Ermittle, wie viele ME höchstens produziert werden dürfen, damit die Gesamtkosten unter 900 GE bleiben.

d. Der Verkaufspreis beträgt 20 GE/ME. Berechne die Erlösfunktion E.

e. Stelle die Kosten- und die Erlösfunktion für $x \in [0; 50]$ in einem gemeinsamen Koordinatensystem dar und kennzeichne in der Zeichnung den Gewinnbereich.

f. Gib die Gewinnfunktion an und stelle sie in einem neuen Koordinatensystem dar.

g. Berechne, wie viele ME der Betrieb produzieren muss, um den maximalen Gewinn zu erzielen. Berechne die Höhe dieses Gewinns.

D **503** Welche der quadratischen Funktionen K können keine Kostenfunktionen sein? Begründe deine Antwort. Hinweis: Stelle den Funktionsgraphen mit einem CAS in einem Koordinatensystem dar und achte genau auf den Verlauf des Graphen.

A $K(x) = 0{,}25x^2 + 25x + 2500$	C $K(x) = 0{,}04x^2 - 6{,}8x + 900$	E $K(x) = 0{,}1x^2 + 3x - 15$
B $K(x) = -0{,}04x^2 - 2x + 8000$	D $K(x) = 0{,}009x^2 + 18x + 4$	F $K(x) = x^2 + x + 1$

A, B, C **504** Ein Betrieb stellt Trachtenfiguren für Souvenirläden her. Die monatlichen Fixkosten betragen 2000 €. Bei einer Produktion von 100 Stück betragen die Kosten 4000 €, bei einer Produktion von 200 Stück sind es bereits 8000 €. Es wird angenommen, dass die Kostenfunktion quadratisch ist.

a. Ermittle die quadratische Kostenfunktion dieses Betriebes.

b. Diese Trachtenfiguren werden zu einem Preis von 50 € pro Stück verkauft. Stelle die Gewinnfunktion auf.

c. Berechne den Break-Even-Point und die Gewinngrenze. Erkläre die Bedeutung dieser beiden Zahlen.

d. Berechne, zu welchem Preis man die Trachtenfiguren verkaufen müsste, damit bereits ab 40 verkauften Figuren die Kosten gedeckt sind.

A, B, C **505** Von einem Betrieb ist die quadratische Kostenfunktion K mit $K(x) = 0{,}2x^2 + 5x + 2880$ bekannt.

a. Stelle den Graphen der Kostenfunktion mithilfe eines CAS in einem geeigneten Koordinatensystem dar.

b. Die produzierte Ware wird zu einem Preis von p GE/ME verkauft. Erstelle einen Schieberegler für den Preis p mit einem Wertebereich von 0 bis 100 GE/ME und stelle den Graphen der Erlösfunktion E im gleichen Koordinatensystem dar.

c. Betätige den Schieberegler und beobachte die Lage von Break-Even-Point und Gewinngrenze. Beschreibe deine Beobachtungen, wenn der Verkaufspreis 65 GE/ME beträgt und wenn er 40 GE/ME beträgt.

d. Ermittle mithilfe des Schiebereglers, zu welchem Preis man die Ware mindestens verkaufen muss, sodass man keinen Verlust erzielt. Lies ab, bei welchem Preis und bei wie vielen produzierten Mengeneinheiten das erstmals der Fall ist.

e. Ermittle, bei welchem Verkaufspreis der Break-Even-Point genau bei 40 ME liegt.

Erlös bei einer vom Preis abhängigen Nachfrage

Ein neuer Schokoriegel soll auf dem Markt eingeführt werden. Die Verkaufsleitung überlegt, bei welchem Preis man den maximalen Erlös erzielen kann. Zu diesem Zweck wurde an zwei Standorten ein Testverkauf gestartet, was zu folgendem Ergebnis führte:

Bei einem Preis von 1,80 € wurden an einem Tag 52 Schokoriegel verkauft, bei einem Preis von 1,40 € waren es sogar 84 Stück.

Wir nehmen der Einfachheit wegen an, dass zwischen Preis und Nachfrage ein linearer Zusammenhang besteht. Bezeichnet man mit p(x) jenen Verkaufspreis, bei dem x Stück verkauft werden können, so gilt

$$p(52) = 1{,}80 \quad \text{und} \quad p(84) = 1{,}40.$$

Da wir annehmen, dass es sich bei p um eine lineare Funktion handelt, muss $p(x) = k \cdot x + d$ sein. Die beiden Zahlen k und d erhalten wir als Lösung des linearen Gleichungssystems

$$\text{I)}\ k \cdot 52 + d = 1{,}8$$
$$\text{II)}\ k \cdot 84 + d = 1{,}4.$$

Daraus folgt

$$k = -\tfrac{1}{80},\ d = 2{,}45.$$

Somit können wir den Verkaufspreis, bei dem x Stück abgesetzt werden, durch die Preisfunktion p mit

$$p(x) = -\tfrac{1}{80}x + 2{,}45$$

ermitteln. Der Erlös, der beim Verkauf von x Stück erzielt wird, beträgt

$$E(x) = p(x) \cdot x = \left(-\tfrac{1}{80}x + 2{,}45\right) \cdot x = -\tfrac{1}{80}x^2 + 2{,}45x = -\tfrac{1}{80}(x - 98)^2 + 120{,}05.$$

Der Scheitel der Erlösfunktion E ist also (98 | 120,05). Das bedeutet, dass der maximale Erlös 120,05 € beträgt, wenn der Verkaufspreis so gewählt wird, dass 98 Schokoriegel verkauft werden. Der Verkaufspreis muss daher

$$p(98) = -\tfrac{1}{80} \cdot 98 + 2{,}45 = 1{,}225 \approx 1{,}23\ €$$

betragen.

Nimmt man an, dass zwischen Verkaufspreis und Nachfrage nach einem Produkt ein linearer Zusammenhang besteht, so lässt sich der Verkaufspreis als lineare Preisfunktion p mit $p(x) = k \cdot x + d$ angeben. Die zugehörige Erlösfunktion E mit $E(x) = p(x) \cdot x$ ist dann eine quadratische Funktion.

A, B **506** **den Verkaufspreis mit maximalem Erlös berechnen**

ggb/tns gh2nh2

Der Verkaufspreis, bei dem in einer Kantine pro Tag x Menüs verkauft werden können, lässt sich durch die lineare Preisfunktion p mit $p(x) = -0{,}04x + 8{,}40$ beschreiben.

a. Berechne, zu welchem Preis man 50 Menüs verkaufen kann.

b. Ermittle, bei welchem Verkaufspreis man den maximalen Erlös erzielt.

a. $$p(50) = 6{,}4$$

Daher kann man bei einem Preis von 6,40 € 50 Menüs verkaufen.

b. Wir bestimmen den Scheitel des Graphen der Erlösfunktion:

$$E(x) = p(x) \cdot x = -0{,}04x^2 + 8{,}4x = -0{,}04(x - s)^2 + t = -0{,}04x^2 + 0{,}08sx - 0{,}04s^2 + t$$

Daraus folgt

$$8{,}4 = 0{,}08s,$$

also

$$s = \tfrac{8{,}4}{0{,}08} = 105$$

und

$$0 = -0{,}04s^2 + t = -0{,}04 \cdot 105^2 + t = -441 + t,$$

also

$$t = 441.$$

Der Scheitel ist S = (105 | 441). Bei 105 verkauften Menüs erzielt man den maximalen Erlös von 441 €. Der zugehörige Verkaufspreis ist dabei

$$p(105) = 4{,}20\ € \text{ pro Menü.}$$

Man erhält diesen Preis auch durch die Division $\tfrac{441}{105} = 4{,}2$.

A, B, C **507** Der Verkaufspreis, bei dem pro Tag x Flaschen eines Erfrischungsgetränkes verkauft werden können, lässt sich durch die Preisfunktion p mit $p(x) = -0{,}005x + 2{,}8$ beschreiben.

a. Berechne, bei welchem Preis man pro Tag 100 Flaschen verkaufen kann.

b. Stelle die Erlösfunktion E auf.

c. Berechne den Scheitel des Graphen der Erlösfunktion und interpretiere seine beiden Koordinaten.

d. Ermittle den Verkaufspreis, der zum maximalen Erlös führt.

A, B **508** Der Preis, bei dem ein Skiverleih pro Tag x Paar Ski verleihen kann, lässt sich durch die lineare Funktion p mit $p(x) = -0{,}2x + 50$ beschreiben.

a. Berechne, bei welchem Preis man pro Tag 40 Paar Ski verleihen kann.

b. Ermittle, bei welchem Preis man den maximalen Erlös erzielt, und gib den maximalen Erlös an.

A, B **509** Bei einem Preis von 2,80 € werden an einem Eisstand 100 Eistüten verkauft. Beträgt der Preis hingegen 1,80 €, so sind es 200 Eistüten. Nimm an, dass zwischen dem Preis und der verkauften Menge ein linearer Zusammenhang besteht.

a. Ermittle die lineare Preisfunktion p, die angibt, zu welchem Preis x Eistüten verkauft werden können.

b. Stelle die quadratische Erlösfunktion E auf.

c. Berechne, bei welchem Verkaufspreis man den maximalen Erlös erzielt. Gib an, wie viele Eistüten man in diesem Fall verkauft und wie hoch der maximale Erlös ist.

Was habe ich in diesem Abschnitt gelernt?

☐ **Ich kann die Koeffizienten einer quadratischen Funktion berechnen, wenn ich drei Punkte ihres Graphen oder den Scheitel und einen weiteren Punkt des Graphen kenne.**

A, B **510** Der Graph einer quadratischen Funktion enthält die Punkte (2 | 4), (4 | 16) und (6 | 32). Ermittle die Koeffizienten dieser quadratischen Funktion.

A, B **511** Der Graph einer quadratischen Funktion hat den Scheitel (3 | 8) und schneidet die x-Achse im Punkt (1 | 0). Ermittle diese quadratische Funktion.

☐ **Ich kann das Modell der quadratischen Funktion in unterschiedlichen Kontexten, insbesondere mit Wirtschaftsbezug, anwenden.**

A, B **512** In der Tabelle sind für verschiedene Produktionsmengen in ME die zugehörigen Kosten in GE angegeben. Nimm an, dass sich der Zusammenhang zwischen Produktionsmenge und Kosten durch eine quadratische Kostenfunktion beschreiben lässt.

Produktionsmenge x in ME	Kosten K(x) in GE
5	100
30	300
50	550

a. Ermittle die quadratische Kostenfunktion K, die den drei gegebenen Produktionsmengen die entsprechenden Kosten zuordnet.

b. Berechne mithilfe der Kostenfunktion K die Kosten für die Produktion von 80 ME.

A, B, C **513** Ein Betrieb erzeugt Gitarren, die er zu einem Preis von 1980 € verkauft werden. Die monatlichen Kosten für die Produktion von x Gitarren betragen $K(x) = 32x^2 + 250x + 2\,500$ Euro.

a. Ermittle die Gewinnfunktion dieses Betriebes.

b. Berechne den Break-Even-Point und die Gewinngrenze.

c. Erkläre, welche Bedeutung die Gewinngrenze für den Betrieb hat.

d. Berechne, wie viele Gitarren monatlich produziert werden müssen, damit der Betrieb den maximalen Gewinn erzielt, und gib diesen Gewinn an.

4.4 Polynomfunktionen

☐ **Ich lerne Polynomfunktionen und einige ihrer Eigenschaften kennen.**

☐ **Ich lerne Potenzfunktionen und einige ihrer Eigenschaften kennen.**

Ein Autohändler überlegt sich ein Teilzahlungsangebot für ein Auto, das 15 000 € kostet. Die Käuferin oder der Käufer zahlt 5 000 € an und nach einem, zwei und drei Jahren je 2 500 €. Nach vier Jahren ist die Restzahlung fällig. Diese berechnet der Autohändler so: Er nimmt einen gleichbleibenden Jahreszinssatz von p % an und schreibt q für den Aufzinsungsfaktor $1+\frac{p}{100}$. Zu Beginn des zweiten Jahres schuldet ihm die Käuferin oder der Käufer

$$10\,000q - 2\,500\,€,$$

zu Beginn des dritten Jahres

$$(10\,000q - 2\,500)q - 2\,500\,€$$

und zu Beginn des vierten Jahres

$$((10\,000q - 2\,500)q - 2\,500)q - 2\,500\,€.$$

Die Restzahlung zu Beginn des vierten Jahres beträgt bei einem Aufzinsungsfaktor q also

$$R(q) = (((10\,000q - 2\,500)q - 2\,500)q - 2\,500)q\,€.$$

Verlangt der Autohändler keine Zinsen, ist $q = 1$ und die Restzahlung ist $R(1) = 2\,500$ €.
Bei einem Jahreszinssatz von 2 % ist $q = 1{,}02$ und die Restzahlung ist $R(1{,}02) = 3\,020{,}30$ €.
Bei einem Jahreszinssatz von 3 % ist $q = 1{,}03$ und die Restzahlung ist $R(1{,}03) = 3\,296{,}02$ €.
Die „Restzahlungsfunktion" R mit

$$R(q) = (((10\,000q - 2\,500)q - 2\,500)q - 2\,500)q = 10\,000q^4 - 2\,500q^3 - 2\,500q^2 - 2\,500q$$

ordnet jeder reellen Zahl $q = 1+\frac{p}{100}$ den Betrag der Restzahlung in Euro bei einem Jahreszinssatz von p% zu. Der Funktionswert R(q) von R an der Stelle q kann durch einige Subtraktionen, Additionen und Multiplikationen berechnet werden. Solche Funktionen nennt man **Polynomfunktionen**.

Polynomfunktion

Sind Zahlen $c_0, c_1, c_2, \dots c_{n-1}, c_n$ gegeben, dann nennt man die Funktion $p: \mathbb{R} \to \mathbb{R}$ mit

$$p(x) = c_n x^n + c_{n-1} x^{n-1} + \dots c_2 x^2 + c_1 x + c_0$$

eine **Polynomfunktion** oder kurz ein **Polynom**.
Die Zahlen $c_0, c_1, c_2, \dots c_{n-1}, c_n$ heißen **Koeffizienten** des Polynoms. c_0 ist der **nullte**, c_1 der **erste**, c_n der **n-te Koeffizient**.

Man kann zeigen, dass die Koeffizienten einer Polynomfunktion eindeutig bestimmt sind. Daher können wir jeder Polynomfunktion eine natürliche Zahl, ihren **Grad**, zuordnen.

Grad
Leitkoeffizient

Den größten Exponenten, der bei der Polynomfunktion p auftritt, nennen wir den **Grad** von p, kurz gr(p). Den entsprechenden Koeffizienten $c_{gr(p)}$ nennen wir den **Leitkoeffizienten** von p.

Oft verwenden wir anstelle von $c_0, c_1, c_2, \dots$ auch andere Buchstaben.

Beispiele:

- Die konstante Funktion f mit $f(x) = c$ $(c \neq 0)$ ist eine Polynomfunktion mit Grad 0.
- Die lineare Funktion f mit $f(x) = kx + d$ $(k \neq 0)$ ist eine Polynomfunktion mit Grad 1.
- Die quadratische Funktion f mit $f(x) = ax^2 + bx + c$ $(a \neq 0)$ ist eine Polynomfunktion mit Grad 2.

Tipp

Eine wichtige Eigenschaft von Polynomfunktionen ist, dass es einfach ist, ihre Funktionswerte zu berechnen. Es genügt dazu Additionen, Subtraktionen und Multiplikationen von reellen Zahlen auszuführen. Das ist ein Grund, der dafür spricht, sich bei der Modellierung von diversen Zusammenhängen für Polynomfunktionen zu entscheiden.

B, C **514** **Grad und Leitkoeffizient eines Polynoms bestimmen**

Bestimme den Grad, den Leitkoeffizienten und die anderen Koeffizienten des Polynoms p mit $p(x) = 3(x-1)x^2(x+1) + x^2 + x + 1$.

Ausmultiplizieren ergibt

$p(x) = 3x^4 - 2x^2 + x + 1,$

also ist der Grad von p

$gr(p) = 4$

und die Koeffizienten sind

$c_4 = 3, c_3 = 0, c_2 = -2, c_1 = 1, c_0 = 1.$

Der Leitkoeffizient ist

$c_4 = 3.$

B, C **515** Gib den Grad und alle Koeffizienten des Polynoms p an.

a. $p(x) = \frac{x^3}{4} - 3x$ **b.** $p(x) = \frac{x^4}{80} - \frac{x^2}{2}$ **c.** $p(x) = -\frac{x^3}{4} + 2x^3 - 3x - 1$

B, C **516** Berechne den Grad und den Leitkoeffizienten des Polynoms f.

a. $f(x) = 2(x+3)(x-2)(x+1)$
b. $f(x) = (3x-4)(2x+3)(4x-1)x$
c. $f(x) = -99\,876(x-7)(3x+2)$
d. $f(x) = 12\,345(2x-3)(2x-3)$

B, C **517** Berechne den Funktionswert der Polynomfunktion f an der Stelle z.

a. $f(x) = 5x^4 - 3x^3 - 2x^2 + x + 4$; $z = 5$
b. $f(x) = 5x^4 - 3x^3 - 2x^2 + x + 4$; $z = -3$
c. $f(x) = 2x^4 + x^3 - 5x^2 + 2x - 3$; $z = -2$
d. $f(x) = 2x^4 + x^3 - 5x^2 + 2x - 3$; $z = 4$

B **518** Zeichne die Graphen der Polynomfunktion p mithilfe eines CAS.

a. $p(x) = \frac{x^3}{4} - 3x$ **b.** $p(x) = \frac{x^4}{80} - \frac{x^2}{2}$ **c.** $p(x) = -\frac{x^3}{4} + 2x^3 - 3x - 1$ **d.** $p(x) = \frac{x^5}{4} - 2x^3 + x$

B **519** Erstelle eine Wertetabelle der Funktion von $\mathbb{R}$ nach $\mathbb{R}$ für alle ganzen Zahlen im angegebenen Intervall und zeichne die entsprechenden Punkte des Graphen der Funktion.

a. $f(x) = x^2 - 6x + 7$, für $x \in [0; 6]$
b. $f(x) = \frac{x^3}{4} - 3x$, für $x \in [-4; 4]$
c. $s(t) = \frac{t^4}{80} - \frac{t^2}{2}$, für $t \in [-7; 7]$
d. $g(x) = 0{,}2x^3 - 0{,}3x^2 - 2{,}6x + 2{,}35$, für $x \in [-4; 5]$
e. $u(w) = -\frac{w^3}{4} + 2w^2 - 3w - 1$, für $w \in [-1; 6]$
f. $f(x) = \frac{x^5}{4} - 2x^3 + x$, für $x \in [-3; 3]$

D **520** Zeige für alle reellen Zahlen x.

a. $5x^4 - 3x^3 - 2x^2 + x + 4 = (((5x-3)x-2)x+1)x + 4$
b. $2x^4 + x^3 - 5x^2 + 2x - 3 = (((2x+1)x-5)x+2)x - 3$

C **521** Seht euch Aufgabe 520 noch einmal genauer an und vergleicht den Rechenaufwand für die Berechnung von $5x^4 - 3x^3 - 2x^2 + x + 4$ mit dem Rechenaufwand für die Berechnung von $(((5x-3)x-2)x+1)x + 4$. Bei welcher Berechnung sind mehr Multiplikationen nötig? Bedenkt dabei, dass $x^4 = x \cdot x \cdot x \cdot x$ ist und daher 3 Multiplikationen erfordert. Löst anschließend noch einmal Aufgabe 517.

B, C **522** Benutze für die Aufgabe ein CAS.

a. Erstelle vier Schieberegler für die Zahlen a, r, s und t.
b. Zeichne den Graphen der Funktion f mit $f(x) = a \cdot (x-r)(x-s)(x-t)$. Betätige die Schieberegler und beobachte, wie sich dabei der Funktionsgraph ändert.
c. Beschreibe, welche Auswirkung die Zahl a auf das Aussehen des Funktionsgraphen hat. Was ändert sich, wenn man den Schieberegler betätigt und was bleibt gleich?
d. Beobachte, wo der Funktionsgraph die x-Achse schneidet und gib an, wie die Zahlen a, r, s und t die Lage dieser Schnittpunkte beeinflussen.

Nullstellen von Polynomfunktionen

Die Berechnung von Funktionswerten von Polynomfunktionen ist einfach. Im Gegensatz dazu kann die Berechnung von Nullstellen von Polynomfunktionen sehr schwierig oder überhaupt nur näherungsweise möglich sein. Für Polynomfunktionen vom Grad 2 haben wir deren Nullstellen durch quadratisches Ergänzen berechnen können. Für Polynomfunktionen vom Grad 3 und 4 wurden erst im 16. Jahrhundert von italienischen Mathematikern „Lösungsformeln" (die Formeln von Cardano) entwickelt. Im 19. Jahrhundert wurde dann gezeigt, dass es prinzipiell nicht möglich ist, für Polynomfunktionen ab dem Grad 5 „Lösungsformeln" dieser Art anzugeben. Im Allgemeinen kann man in diesem Fall Nullstellen nur noch näherungsweise berechnen. Trotzdem kann man Aussagen über die Anzahl der Nullstellen einer Polynomfunktion machen.

Anzahl der Nullstellen von Polynomen

Ein Polynom mit Grad n hat **höchstens n Nullstellen**. Der Graph eines Polynoms vom Grad n kann also höchstens **n Schnittpunkte mit der x-Achse** haben.
Insbesondere haben alle Polynome mit Ausnahme der konstanten Funktion 0 nur endlich viele Nullstellen. Die Graphen von Polynomfunktionen haben somit nur endlich viele Schnittpunkte mit der x-Achse.

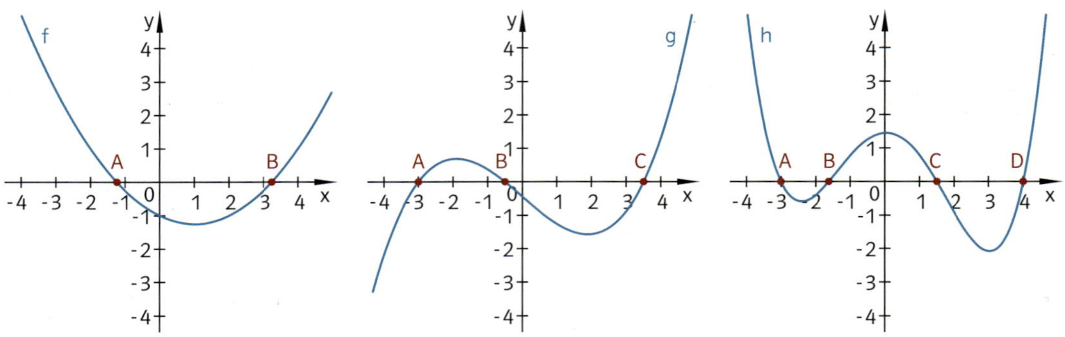

Die gezeichneten Graphen der Funktionen f, g und h haben, falls diese Polynomfunktionen sind, mindestens die Grade 2, 3 und 4.
Wenn hingegen der Graph einer Funktion zum Beispiel die x-Achse in den Punkten (n | 0), für alle ganzen Zahlen n, schneidet, dann kann diese Funktion keine Polynomfunktion sein.

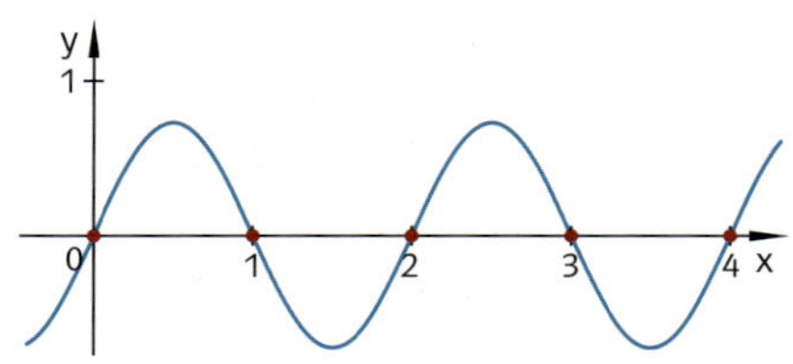

Beachte: Es gibt Polynomfunktionen, die keine reellen Zahlen als Nullstellen haben (zum Beispiel f mit $f(x) = x^2 + 1$) und Polynomfunktionen p, die zwar Nullstellen haben, aber weniger als gr(p). Zum Beispiel hat p mit $p(x) = x^{99}$ den Grad 99, aber nur eine Nullstelle (nämlich 0).

Nullstellen berechnen

ggb/tns r9t523

GeoGebra	Nullstelle[<Polynom>]	1 Nullstelle[x^3 + 2x^2 -0.8] → $\{x = -1.73, x = -0.83, x = 0.56\}$
TI Nspire	zeros(Ausdr, Var)	$\text{zeros}(x^3+2\cdot x^2-0.8, x)$ $\{-1.7, -0.83, 0.56\}$

B **523**

Nullstellen einer Polynomfunktion ermitteln

ggb/tns x4st6h

Ermittle alle Nullstellen der Polynomfunktion p mit $p(x) = (x-3)^2(x+5)(x-2)$.

$p(x) = 0$, wenn

$$(x-3)^2(x+5)(x-2) = 0$$

ist. Ein Produkt ergibt genau dann 0, wenn einer der Faktoren 0 ist. Es ist

$(x-3)^2 = 0$, wenn $x = 3$ ist,
$(x+5) = 0$, wenn $x = -5$ ist und
$(x-2) = 0$, wenn $x = 2$ ist.

Daher sind die Nullstellen von p die Zahlen

3, −5 und 2.

B, C **524** Entscheide, welche der angegebenen Zahlen Nullstellen der Polynomfunktion sind.

<table>
<tr><td>a.</td><td>$f(x) = x^3 + 4x^2 - 17x - 60$</td><td rowspan="4">$-5$
-4
-3
-2
$-\sqrt{2}$
$\sqrt{2}$
0
1
4</td></tr>
<tr><td>b.</td><td>$g(x) = x^3 + 4x^2 - 2x - 8$</td></tr>
<tr><td>c.</td><td>$h(x) = x^4 + x^3 - 2x^2$</td></tr>
<tr><td>d.</td><td>$i(x) = x^4 + 2x^3 - 19x^2 - 32x + 48$</td></tr>
</table>

B **525** Berechne alle Nullstellen der Polynomfunktion f.

a. $f(x) = 2(x+3)(x-2)(x+1)$

b. $f(x) = (3x-4)(2x+3)(4x-1)x$

c. $f(x) = -99\,876(x-7)(3x+2)$

d. $f(x) = 12\,345(2x-3)(2x-3)$

D **526** Entscheide, welche der Polynome f die Nullstellen −2 und 3 haben.

A $f(x) = (x+2)(x+3)$
B $f(x) = 12(x+2)(x-3)$
C $f(x) = (x-2)(x+3)$
D $f(x) = 17x(x-2)(x+3)$
E $f(x) = x^2 - x - 6$
F $f(x) = x^2 + x - 6$
G $f(x) = 4x^3 - 4x^2 - 24$
H $f(x) = 8x^2 + 8x - 48$

C, D **527** Die folgenden drei Bilder zeigen Graphen von Polynomfunktionen.

a. Ermittle ihre Nullstellen aus den Bildern.

b. Welchen Grad müssen diese Polynomfunktionen mindestens haben? Begründe.

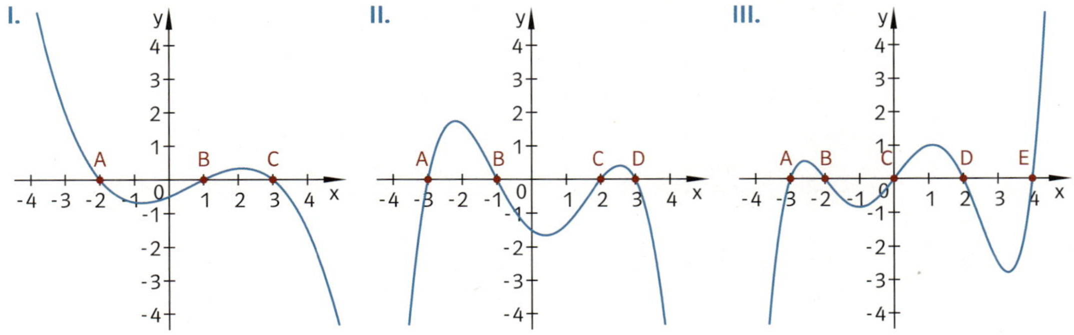

B, C **528** Zeichne mit einem CAS den Graphen der Polynomfunktion f. Ermittle daraus, wie viele Nullstellen sie hat.

a. $f(x) = x^4 + x^2 - 6$

b. $f(x) = x^6 + x^3 - 6$

c. $f(x) = x^5 + 2x^3 - \frac{9}{2}x^2 - 2x + 1$

A **529**

eine Polynomfunktion mit vorgegebener Anzahl an Nullstellen finden

Schreibe eine Polynomfunktion an, die den Grad 3 hat und **a.** genau drei Nullstellen besitzt, **b.** genau zwei Nullstellen besitzt.

a. Die Polynomfunktion f mit
$f(x) = (x-1) \cdot (x-2) \cdot (x-3) = x^3 - 6x^2 + 11x - 6$
hat die Nullstellen 1, 2 und 3 und den Grad 3.

b. Die Polynomfunktion f mit
$f(x) = (x-1)^2 \cdot (x-2) = x^3 - 4x^2 + 5x - 2$
hat die Nullstellen 1 und 2 und den Grad 3.

A **530** Schreibe je drei Polynomfunktionen an, die den Grad n und genau k Nullstellen haben.

a. $n = 5, k = 3$ **b.** $n = 4, k = 4$ **c.** $n = 2, k = 0$

A **531** Findet zehn verschiedene Polynomfunktionen, die die Nullstellen −2, 0 und 2 besitzen. Überprüft euer Funktionen, indem ihr ihre Graphen mithilfe eines CAS zeichnet.

Potenzfunktionen

Potenzfunktion

Die Funktion f mit

$$f(x) = x^n$$

heißt n-te **Potenzfunktion**, dabei ist n eine natürliche Zahl.
Potenzfunktionen sind spezielle Polynomfunktionen.

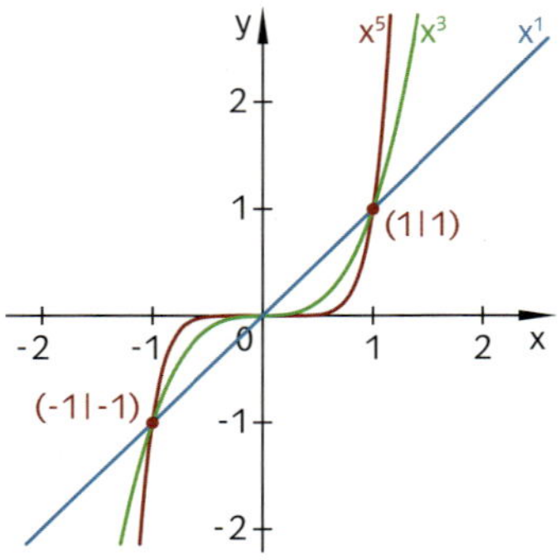

ungerade Exponenten

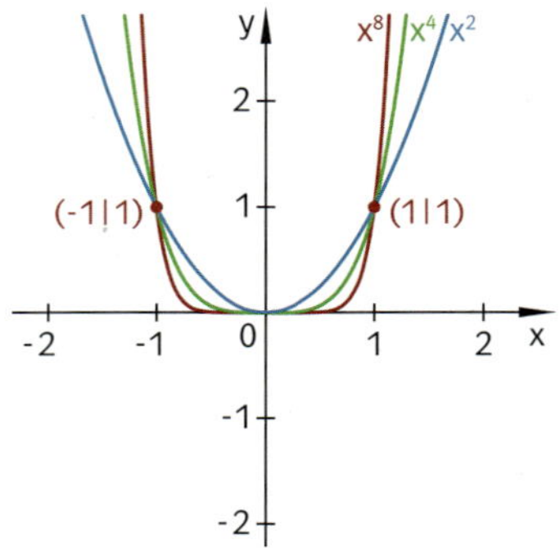

gerade Exponenten

Man kann zeigen:

Eigenschaften von Potenzfunktion

Für alle Potenzfunktionen f ist $f(0) = 0$, $f(1) = 1$ und $f(-1) = (-1)^{gr(f)}$.

Alle Potenzfunktionen mit ungeradem Grad sind auf $\mathbb{R}$ monoton wachsend.

Alle Potenzfunktionen mit geradem Grad sind auf $\mathbb{R}^+$ monoton wachsend, auf $\mathbb{R}^-$ aber monoton fallend.

Jede Potenzfunktion hat nur eine einzige Nullstelle, nämlich 0.

Für alle Potenzfunktionen mit geradem Grad und alle reellen Zahlen x ist $f(x) = f(-x)$.

Für alle Potenzfunktionen mit ungeradem Grad und alle reellen Zahlen x ist $f(x) = -f(-x)$.

B, C **532** Zeichne mit einem CAS die Graphen von f mit $f(x) = x^2$, g mit $g(x) = x^{10}$ und $h(x) = x^{20}$. Beschreibe, was diese Graphen gemeinsam haben und wodurch sie sich unterscheiden.

B, C **533** Zeichne mit einem CAS die Graphen von f mit $f(x) = x^3$, g mit $g(x) = x^{11}$ und $h(x) = x^{21}$. Beschreibe, was diese Graphen gemeinsam haben und wodurch sie sich unterscheiden.

C **534** Das Bild zeigt die Graphen von zwei Potenzfunktionen f und g. Gib an, welche der beiden den größeren Grad hat.

a.
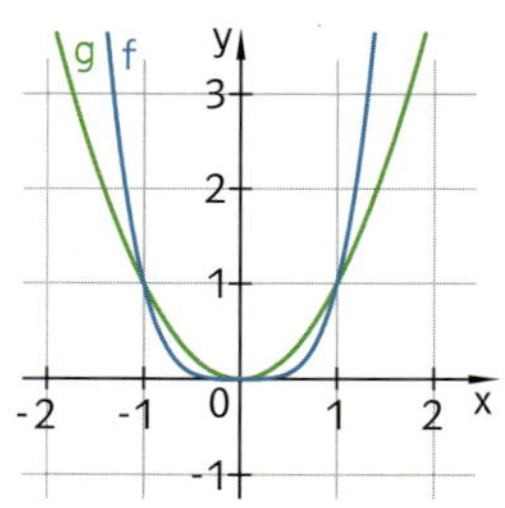

b.
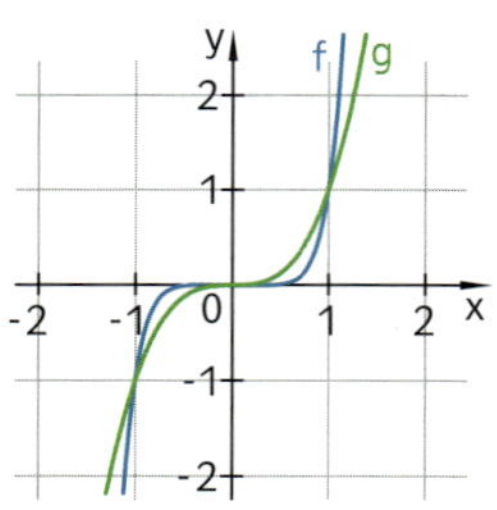

c.
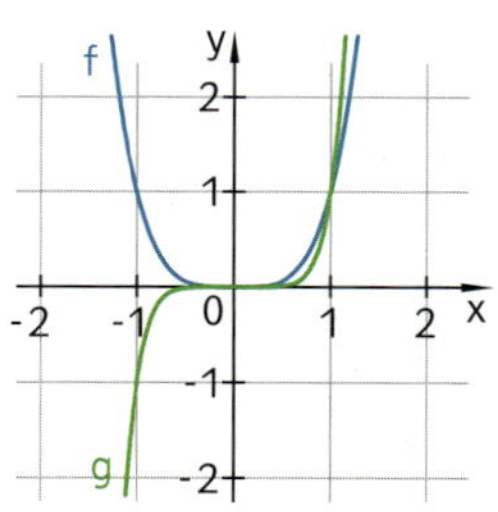

C **535** Gib an, ob die Potenzfunktion, deren Graph hier abgebildet ist, geraden oder ungeraden Grad hat.

a.
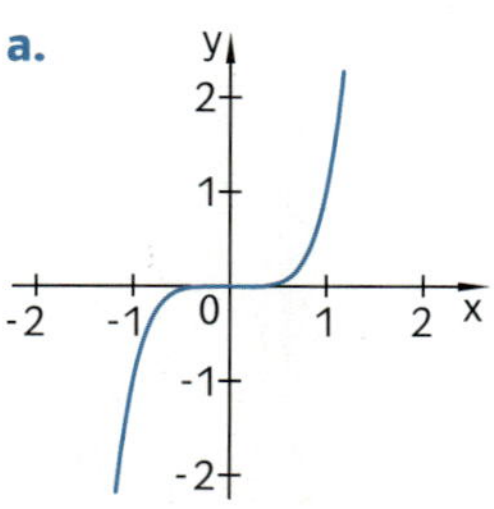

b.
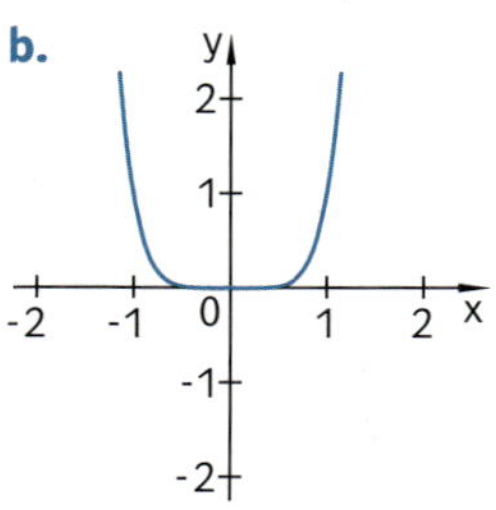

c.
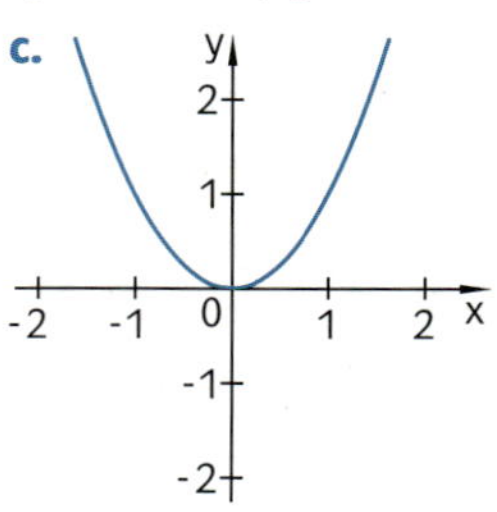

d.
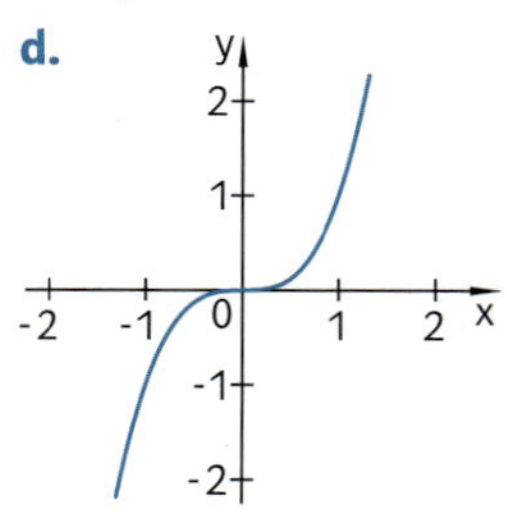

C **536** Ordne dem Graphen die richtige Funktion f zu.

a. 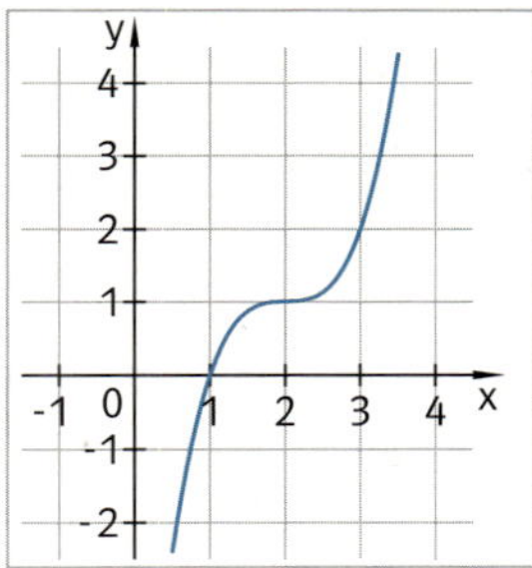 ☐

b. 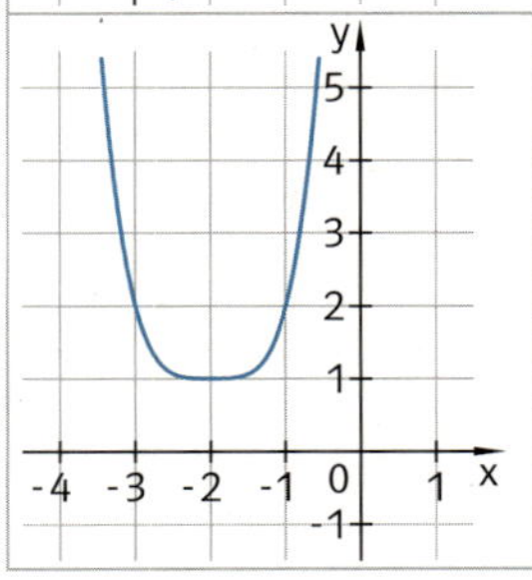 ☐

A	$f(x) = (x + 2)^3 + 1$
B	$f(x) = (x - 1)^4 + 2$
C	$f(x) = (x + 2)^4 + 1$
D	$f(x) = (x - 2)^3 + 1$

Was habe ich in diesem Abschnitt gelernt?

☐ **Ich kenne Polynomfunktionen und einige ihrer Eigenschaften.**

B, C **537** Bestimme den Grad und den Leitkoeffizient der Polynomfunktion f. Ermittle ihre Nullstellen und berechne den Funktionswert an der Stelle 2.

a. $f(x) = 4(x + 1)^2 \cdot (x - 2) \cdot (x - 5)$ **b.** $f(x) = x^4 + 3x^2 - 7x + 12$

C **538** Die folgenden zwei Graphen sind Graphen von Polynomfunktionen. Bestimme durch Abmessen deren Nullstellen und gib an, welchen Grad diese Polynomfunktionen mindestens haben.

a. 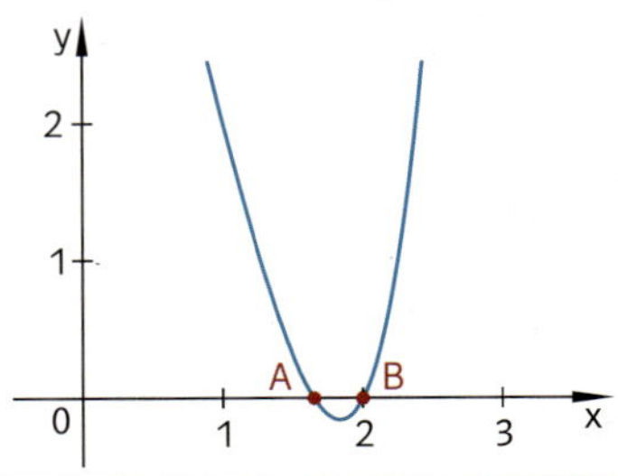

b. 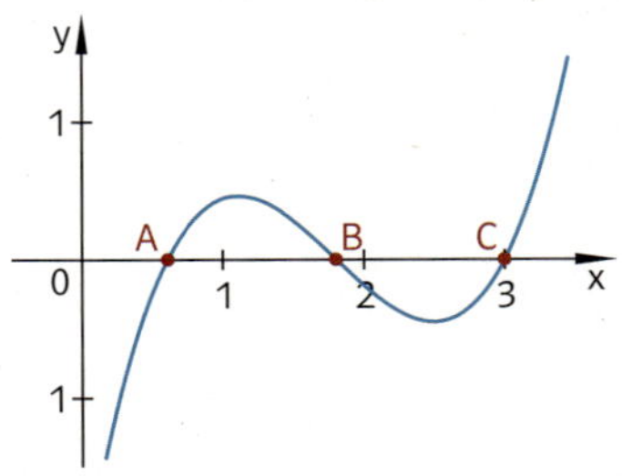

☐ **Ich kenne Potenzfunktionen und einige ihrer Eigenschaften.**

C **539** Kreuze an, welche der Behauptungen richtig sind.

A Eine Potenzfunktion, deren Grad ungerade ist, ist auf ℝ monoton wachsend.
B Jede Potenzfunktion mit Grad n hat n verschiedene reelle Nullstellen.
C Für alle Potenzfunktionen f ist $f(0) = 0$.
D Für alle Potenzfunktionen f ist $f(-1) = -1$.
E Für alle Potenzfunktionen f ist $f(1) = 1$.

C **540** Gib an, welche der abgebildeten Funktionsgraphen sicher nicht Graphen einer Potenzfunktion sein können.

A 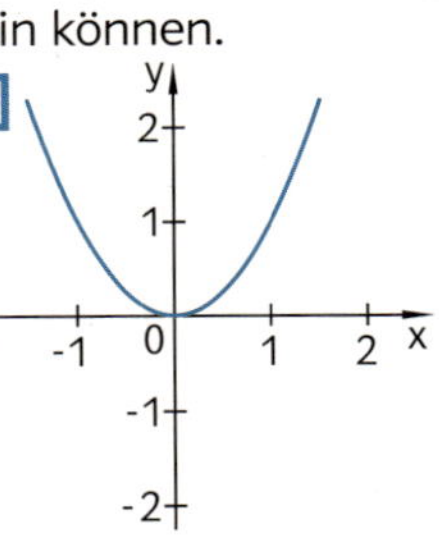

B 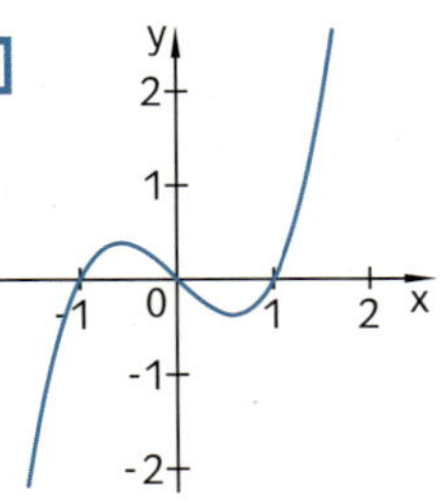

C 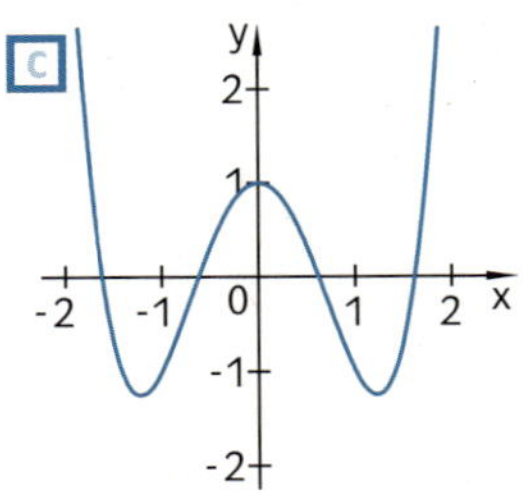

D 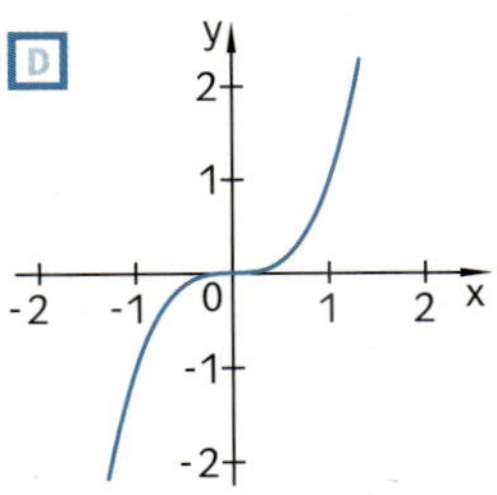

Zusammenfassung

quadratische Gleichung

Eine **quadratische Gleichung** ist die folgende Aufgabe: Gegeben sind drei Zahlen a, b, c mit $a \neq 0$, sie heißen die **Koeffizienten** der Gleichung. Gesucht sind alle Zahlen x mit der Eigenschaft

$$ax^2 + bx + c = 0.$$

Diese Zahlen heißen **Lösungen** der quadratischen Gleichung.
Die Menge aller Lösungen der Gleichung heißt **Lösungsmenge**.

Um die quadratische Gleichung $ax^2 + bx + c = 0$ zu lösen, formen wir sie zuerst zu

$$x^2 + px + q = 0$$

(dabei ist $p = \frac{b}{a}$ und $q = \frac{c}{a}$) und dann zu

$$\left(x + \frac{p}{2}\right)^2 = \frac{p^2}{4} - q$$

um.

Diskriminante

Die Zahl

$$D = \frac{p^2}{4} - q$$

heißt die **Diskriminante** der quadratischen Gleichung $x^2 + px + q = 0$. Aus der Diskriminante kann man ablesen, wie viele Lösungen diese quadratische Gleichung besitzt.

- Wenn $D < 0$ ist, dann gibt es **keine** Lösung.
- Wenn $D = 0$ ist, dann ist $-\frac{p}{2}$ die **einzige** Lösung.
- Wenn $D > 0$ ist, dann gibt es **zwei Lösungen**, nämlich

$$x_{1,2} = -\frac{p}{2} \pm \sqrt{D}.$$

kleine Lösungsformel

Wenn $\frac{p^2}{4} - q \geqslant 0$ ist, dann hat die Gleichung $x^2 + px + q = 0$ die Lösungen

$$x_{1,2} = -\frac{p}{2} \pm \sqrt{\frac{p^2}{4} - q}.$$

große Lösungsformel

Wenn $b^2 - 4ac \geqslant 0$ ist, dann hat die Gleichung $ax^2 + bx + c = 0$ die Lösungen

$$x_{1,2} = \frac{-b \pm \sqrt{b^2 - 4ac}}{2a}.$$

quadratische Funktion

Eine **quadratische Funktion** ist eine Funktion

$$f\colon \mathbb{R} \to \mathbb{R} \text{ mit } f(x) = ax^2 + bx + c,$$

dabei sind a, b, c reelle Zahlen und a ist nicht 0. Diese drei Zahlen heißen **Koeffizienten** der quadratischen Funktion f. Der Koeffizient a heißt **Leitkoeffizient** von f.

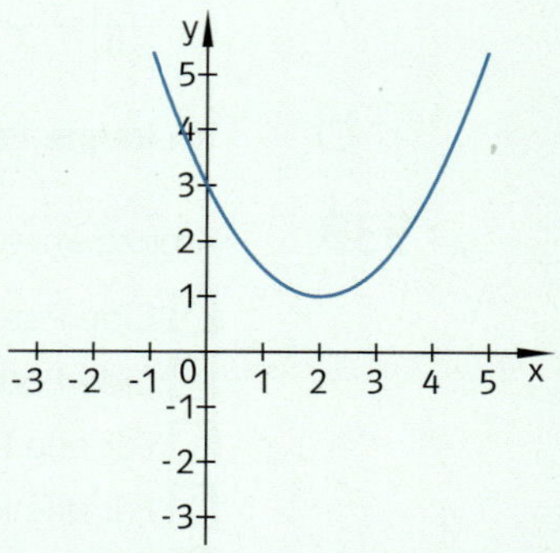

streng monoton wachsend

Wir nennen eine Funktion $f\colon \mathbb{R} \to \mathbb{R}$ auf einer Teilmenge M von $\mathbb{R}$ **streng monoton wachsend**, wenn für alle Zahlen a, b in M aus $a < b$ folgt, dass auch $\mathbf{f(a) < f(b)}$ ist.

streng monoton fallend

Wir nennen eine Funktion $f\colon \mathbb{R} \to \mathbb{R}$ auf einer Teilmenge M von $\mathbb{R}$ **streng monoton fallend**, wenn für alle Zahlen a, b in M aus $a < b$ folgt, dass $\mathbf{f(a) > f(b)}$ ist.

Scheitelform

Die Darstellung einer quadratischen Funktion f mit $f(x) = ax^2 + bx + c$ als f mit

$$f(x) = a(x - s)^2 + t$$

heißt ihre **Scheitelform**.

Scheitel

Der Punkt **(s | t)** liegt dann auf dem Graphen der quadratischen Funktion f und heißt sein **Scheitel**.

größte oder kleinste Funktionswerte

Die Funktionswerte der quadratischen Funktion f mit $f(x) = a(x - s)^2 + t$ sind alle…

- … kleiner oder gleich t, wenn a negativ ist.
- … größer oder gleich t, wenn a positiv ist.

Anders formuliert:

- Wenn a negativ ist, hat die Funktion f den größten Funktionswert an der Stelle s.
- Wenn a positiv ist, hat die Funktion f den kleinsten Funktionswert an der Stelle s.

Polynomfunktion

Sind Zahlen $c_0, c_1, c_2, \dots c_{n-1}, c_n$ gegeben, dann nennt man die Funktion $p: \mathbb{R} \to \mathbb{R}$ mit

$$p(x) = c_n x^n + c_{n-1} x^{n-1} + \dots c_2 x^2 + c_1 x + c_0$$

eine **Polynomfunktion** oder kurz ein **Polynom**.

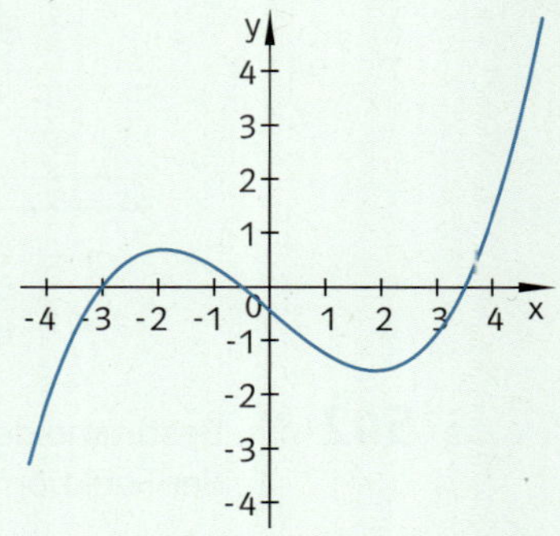

Die Zahlen $c_0, c_1, c_2, \dots c_{n-1}, c_n$ heißen **Koeffizienten** des Polynoms. c_0 ist der **nullte**, c_1 der **erste**, c_n der **n-te Koeffizient**.

Den größten Exponenten, der bei der Polynomfunktion p auftritt, nennen wir den **Grad** von p, kurz gr(p).
Den entsprechenden Koeffizienten $c_{gr(p)}$ nennen wir den **Leitkoeffizienten** von p.

Ein Polynom mit Grad n hat höchstens n Nullstellen.

Potenzfunktion

Die Funktion f mit

$$f(x) = x^n$$

heißt n-te **Potenzfunktion**, dabei ist n eine natürliche Zahl. Potenzfunktionen sind spezielle Polynomfunktionen.

Grad gerade:

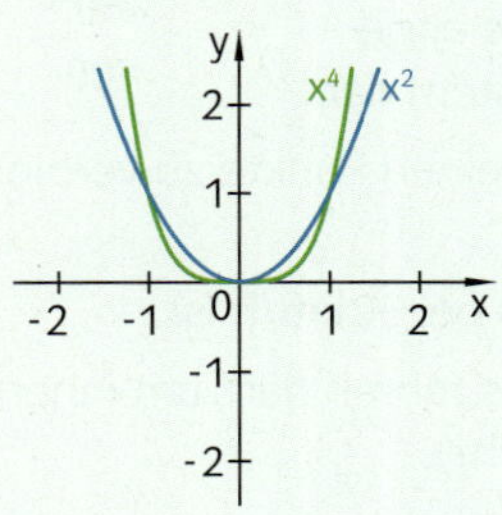

Grad ungerade:

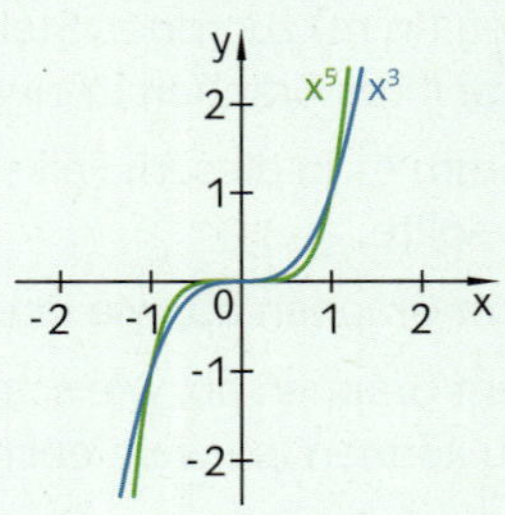

Englisch
8sj5h2

Individualisierung
u2p6tc

Zusammenfassende Aufgaben

C **541** Die Bilder zeigen Graphen von konstanten, linearen oder quadratischen Funktionen. Versuche, zu jedem Graphen die entsprechende Funktion zu finden.

a.
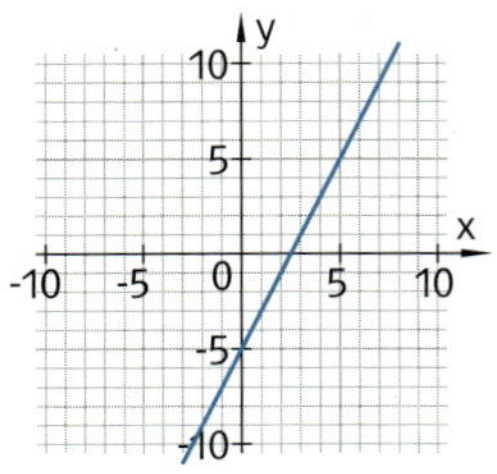

b.
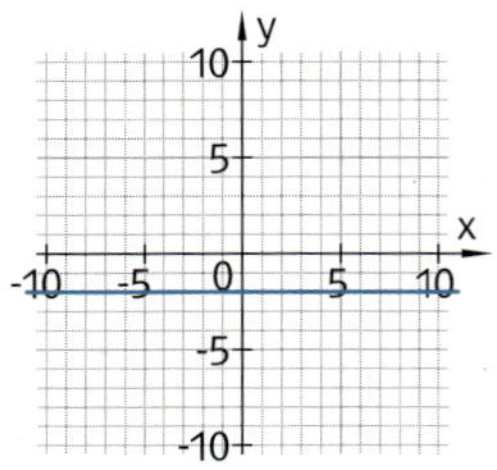

c.
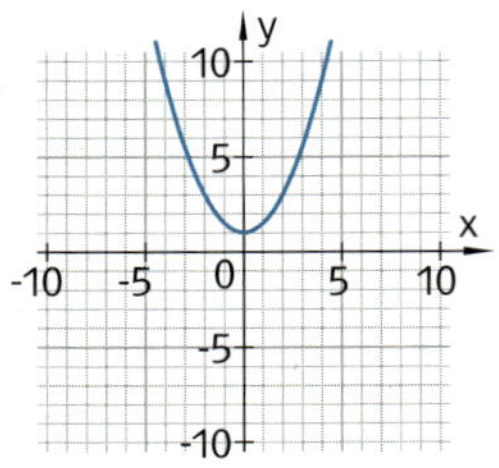

d.
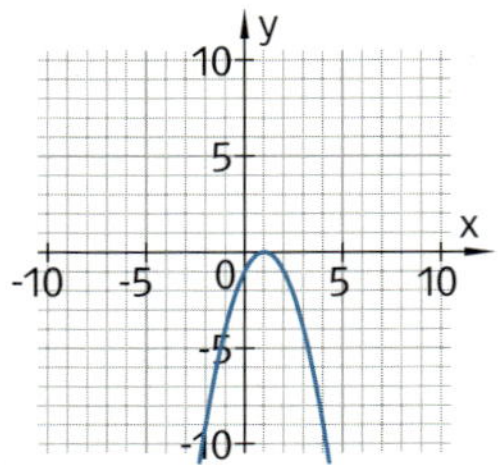

e.
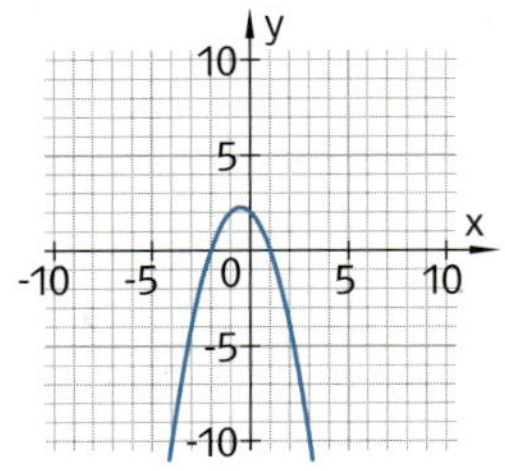

f.
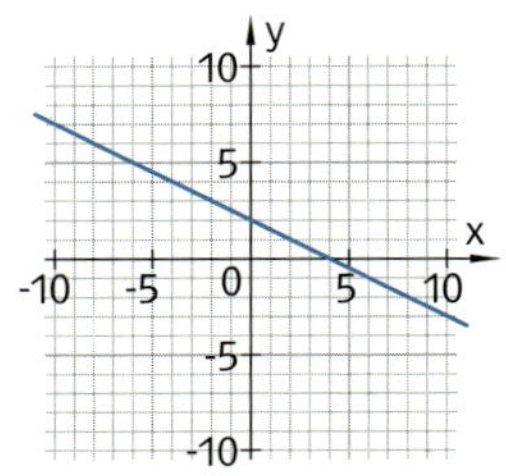

B **542** Bestimme den Scheitel und die Nullstellen der quadratischen Funktion f und stelle den Graphen der Funktion in einem Koordinatensystem dar.

a. $f(x) = x^2 + 2x - 3$
b. $f(x) = x^2 + 3x - 4$
c. $f(x) = -\frac{x^2}{2} + \frac{x}{2} + 3$
d. $f(x) = 0{,}5x^2 - 2{,}5x + 1$

C, D **543** Der Anhalteweg von Autos setzt sich aus Vorbremsstrecke und Bremsweg zusammen und ist von der Geschwindigkeit abhängig. In der Tabelle ist der Anhalteweg (s) bei verschiedenen Geschwindigkeiten (v) angegeben. Wir betrachten die Funktion von $\mathbb{R}^+$ nach $\mathbb{R}$, die jeder Geschwindigkeit (in km/h) den Anhalteweg (in m) zuordnet. Stelle die in der Tabelle angegebenen Punkte ihres Graphen in einem Koordinatensystem dar.

v in km/h	s in m
20	10
40	28
60	54
80	88
100	130

a. Erkläre, warum es in diesem Fall sinnvoll ist, die einzelnen Punkte zu verbinden und wie das geschehen sollte.
b. Lies aus dem Graphen ab, wie lange der Anhalteweg bei 30 km/h ist.
c. Lies aus dem Graphen ab, wie schnell man höchstens fahren darf, um innerhalb von 40 m anhalten zu können (so weit leuchtet das Abblendlicht).

A, B **544** Die Kosten eines Betriebs lassen sich durch die quadratische Kostenfunktion K beschreiben: $K(x) = 0{,}1x^2 + 3x + 440$. Dieser Betrieb kann sein Produkt zu einem Preis von 18 GE/ME verkaufen.

a. Ermittle, für wie viele produzierte ME die Kosten 2 240 GE betragen.
b. Berechne, von wie vielen produzierten ME der Erlös 1 890 GE beträgt.
c. Berechne, von wie vielen produzierten ME der Gewinn 100 GE beträgt.
d. Berechne den Break-Even-Point und die Gewinngrenze.
e. Bei wie vielen produzierten ME erzielt man den maximalen Gewinn und wie hoch ist dieser? Berechne.

B **545** Löse die quadratische Gleichung.

a. $x^2 + 6x = 91$
b. $x^2 + 8x = 48$
c. $x^2 - 14x + 45 = 0$
d. $x^2 - 8x - 273 = 0$
e. $x^2 + 11x + 24 = 0$
f. $x^2 - x - 90 = 0$
g. $x^2 - 330x + 3\,000 = 0$
h. $7x^2 + 56x - 63 = 0$

C **546** Gib an, welche dargestellten Funktionen in welchem Bereich streng monoton wachsend sind.

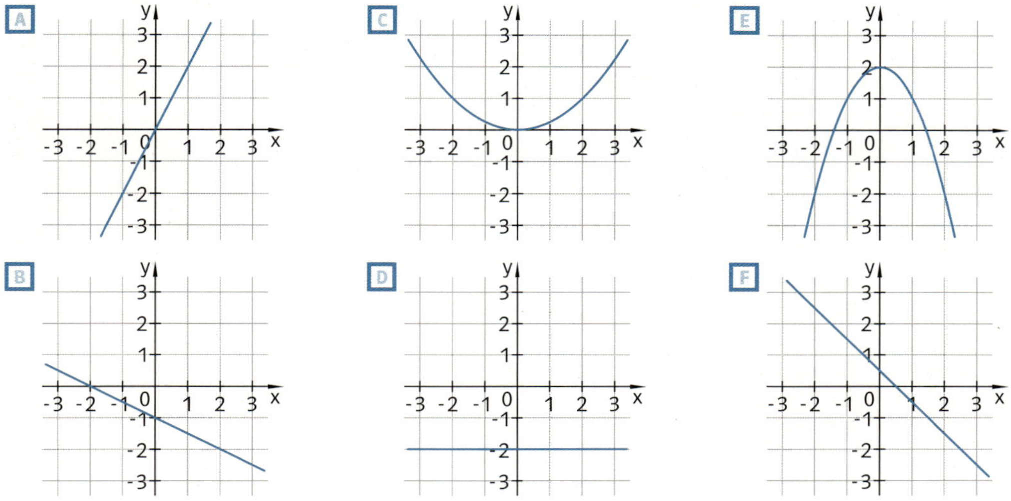

D **547** Beurteile, welche der Scheitelformen die Scheitelform der Funktion f mit $f(x) = \frac{1}{4}x^2 - 2x + 3$ ist.

A $f(x) = \frac{1}{4}(x-4)^2 + 3$ B $f(x) = \frac{1}{4}(x+4)^2 + 3$ C $f(x) = \frac{1}{4}(x-4)^2 - 1$ D $f(x) = \frac{1}{4}(x+4)^2 - 1$

D **548** Beurteile, welche der Funktionen f den Scheitel (−1|2) haben.

A $f(x) = \frac{1}{2}(x+1)^2 - 2$ C $f(x) = \frac{1}{2}(x-1)^2 - 2$ E $f(x) = \frac{1}{2}x^2 + x + \frac{5}{2}$ G $f(x) = \frac{1}{2}x^2 - x + \frac{5}{2}$

B $f(x) = \frac{1}{4}(x+1)^2 + 2$ D $f(x) = \frac{1}{4}(x+1)^2 - 2$ F $f(x) = x^2 + x + 3$ H $f(x) = x^2 + 2x + 3$

A, B **549** Beim Cliffdiving springen die weltbesten Klippenspringer aus 26 m Höhe ab. Nach t Sekunden hat der Springer dabei $s(t) = \frac{1}{2}g \cdot t^2$ Meter zurückgelegt ($g = 9{,}81\,m/s^2$).

a. Berechne wie lange ein Klippenspringer in der Luft unterwegs ist, bis er ins Wasser eintaucht.

b. Ermittle, wie lange ein Klippenspringer für die ersten 13 m, und wie lange für die zweiten 13 m seines Sprunges braucht.

c. Berechne, um wie viel länger der Springer in der Luft wäre, wenn er aus 30 m Höhe abspringen würde.

A, B **550** In der Tabelle sind für verschiedene Produktionsmengen in ME die zugehörigen Kosten in GE festgehalten.

ME	GE
30	642
50	790
60	870

a. Ermittle die quadratische Kostenfunktion, die den drei Produktionsmengen die angegebenen Kosten zuordnet.

b. Berechne, welche Kosten man demnach bei einer Produktion von 90 ME erwarten kann.

A **551** Gib an, für welche Zahl k die quadratische Gleichung genau eine Lösung hat.

a. $x^2 + 5x + k = 0$ **b.** $x^2 + kx + 9 = 0$

A, B **552** Multipliziert man eine Zahl mit einer um 5 größeren Zahl, so erhält man 204. Berechne diese Zahl. Stelle eine geeignete Gleichung auf und löse diese.

A **553** Gib vier verschiedene Polynomfunktionen an, die den Grad 3 haben und nur die Nullstellen −5 und 2 besitzen.

A, B **554** Die Fahrtkosten eines Reisebusses von 550 € sollen gleichmäßig auf alle Teilnehmerinnen und Teilnehmer einer Rundreise aufgeteilt werden. Kurz vor Reiseantritt erkranken allerdings zwei Personen, wodurch sich die Kosten für die verbleibenden Reisenden um 2,50 € pro Person erhöhen. Berechne, wie viele Personen ursprünglich an der Reise teilnehmen wollten, und wie viel sie bezahlt hätten.

B, C **555** Zeichne den Graphen der Polynomfunktion f mit $f(x) = 0{,}5x^6 - 3{,}75x^4 + 6x^2 + 1$. Löse mihilfe der Zeichnung folgende Aufgaben:

a. Gib alle Intervalle an, auf denen f streng monoton fallend ist.

b. Gib alle Intervalle an, auf denen f streng monoton wachsend ist.

D **556** Für eine Potenzfunktion p ist $p(2) = -p(-2)$. Entscheide, ob der Grad von p gerade oder ungerade ist und begründe deine Entscheidung.

C **557** Für die Polynomfunktion p ist $p(x) = 0{,}4x^5 - 0{,}3x^3 + 7x^2 - 4x$. Kreuze an, welche der Aussagen zutreffen.

- A Der Grad von p ist gerade.
- B Der Leitkoeffizient von p ist 5.
- C Der 3. Koeffizient ist 7.
- D Der 0. Koeffizient ist 0.
- E Der 2. Koeffizient ist positiv.
- F Der 1. Koeffizient ist −4.

B, C **558** Der Graph einer quadratischen Funktion hat den Scheitel (8 | −5) und enthält den Punkt (12 | 3). Ermittle diese quadratische Funktion.

B **559** Berechne den Scheitel der quadratischen Funktion f mit $f(x) = 4x^2 - 6x + 5$.

A, B **560** Die Flugbahn eines Fußballs kann durch den Graphen der quadratischen Funktion h mit $h(x) = -\frac{1}{20}x^2 + \frac{23}{20}x$ beschrieben werden. Dabei ist h(x) m die Höhe des Fußballs in einer horizontalen Entfernung von x Metern vom Abschussort des Balles.

a. Berechne, in welcher Entfernung vom Abschussort der Ball auf dem Boden landet.

b. Ermittle, wie hoch der Ball an der höchsten Stelle seiner Flugbahn ist.

A, B **561** Die Lieferanteneinfahrt eines Einkaufszentrums soll die Form bekommen, die durch den Graphen der quadratischen Funktion h mit $h(x) = -0{,}55x^2 + 3{,}3x$ beschrieben wird. Dabei gibt h(x) die Höhe in Metern in einer horizontalen Entfernung von x Metern vom linken Rand der Einfahrt an.

a. Stelle diese Einfahrt in einem geeigneten Koordinatensystem graphisch dar.

b. Ermittle die maximale Breite dieser Einfahrt.

c. Gib die Breite der Einfahrt in einer Höhe von 2 m an.

d. Berechne die maximale Höhe dieser Einfahrt.

e. Gemäß § 32 StVZO darf ein LKW nicht höher als 4 m und nicht breiter als 2,55 m sein. Kontrolliere, ob ein solcher LKW noch durch diese Einfahrt passen würde.

A, B, D **562** Ein Betrieb hat Fixkosten in der Höhe von 4 500 GE. Bei einer Produktion von 100 ME betragen die Kosten 5 500 GE, bei einer Produktion von 200 ME sind es 6 900 ME.

a. Begründe, warum sich diese Kosten nicht durch eine lineare Funktion beschreiben lassen.

b. Wir nehmen an, dass sich die Kosten bei einer Produktion von x ME durch eine quadratische Kostenfunktion beschreiben lassen. Ermittle diese Kostenfunktion.

c. Der Betrieb kann sein Produkt zum Preis von 41 GE/ME verkaufen. Berechne den Break-Even-Point.

d. Berechne, bei welcher Produktionsmenge der maximale Gewinn erzielt werden kann, und gib den maximalen Gewinn an.

A **563** Der Graph einer quadratischen Funktion enthält die Punkte A = (1 | 2,4), B = (4 | −6,6) und C = (5 | −8). Gib ein lineares Gleichungssystem an, mit dem sich die Koeffizienten dieser Funktion berechnen lassen.

5 Winkelfunktionen

4. Semester

5.1 Trigonometrie im rechtwinkeligen Dreieck

- ☐ Ich lerne das Grad- und Bogenmaß kennen und mit ihnen zu rechnen.
- ☐ Ich lerne den Satz von Pythagoras für Berechnungen im rechtwinkeligen Dreieck zu verwenden.
- ☐ Ich lerne Sinus, Cosinus und Tangens von Winkeln im rechtwinkeligen Dreieck kennen und zu berechnen.
- ☐ Ich lerne rechtwinkelige Dreiecke in Anwendungssituationen zu verwenden und mit Sinus, Cosinus und Tangens von Winkeln gesuchte Bestimmungsstücke zu berechnen.

Winkel

Winkel

Ein **Winkel** ist durch zwei Halbgeraden mit gemeinsamem Anfangspunkt gegeben.
Wir nennen die Halbgeraden **Schenkel** des Winkels und den gemeinsamen Anfangspunkt S **Scheitel** des Winkels.

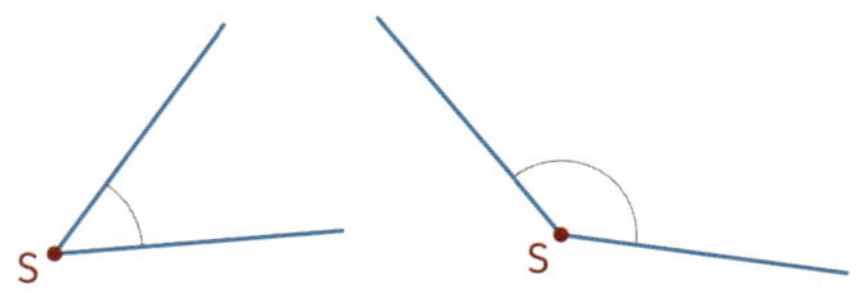

Einheitskreis

Ein **Einheitskreis** ist ein Kreis mit Radius 1 Längeneinheit. Sein Umfang beträgt 2π Längeneinheiten.

Bogenmaß
Radiant

Zeichnet man zu einem Winkel mit Scheitel S den Einheitskreis mit Mittelpunkt S, dann wird der Kreis durch die zwei Schenkel in zwei Kreisbögen zerteilt. Beträgt die Länge des kürzeren Kreisbogens α Längeneinheiten, dann nennen wir die Zahl α das **Bogenmaß** dieses Winkels. Das Bogenmaß ist eine Zahl zwischen 0 und π.
Man kann zeigen, dass das Bogenmaß von der Wahl der Längeneinheit unabhängig ist. Häufig schreibt man statt α auch **α rad**, sprich: **„α Radiant"**.

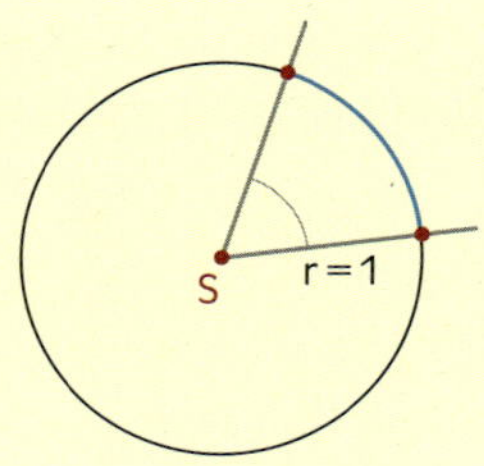

gleiche Winkel

Wir fassen zwei Winkel als **gleich** auf, wenn sie das gleiche Winkelmaß haben. Deshalb sagen wir im Weiteren statt Winkelmaß auch einfach Winkel.

Gradmaß

Den Winkel $\frac{\pi}{180}$ rad nennt man Winkel 1 **Grad** und schreibt dafür 1°.

$$1° = \frac{\pi}{180}\,\text{rad} \approx 0{,}0175\,\text{rad}$$

Umrechnung zwischen Grad- und Bogenmaß

Man kann jeden Winkel sowohl als Vielfaches von 1 rad, also auch als Vielfaches von 1° angeben. Man sagt dann, dass man den Winkel im **Bogenmaß** bzw. im **Gradmaß** angibt. Es gilt:

$$\mathbf{x° = x \cdot \frac{\pi}{180}\,rad} \qquad \mathbf{y\,rad = \left(y \cdot \frac{180}{\pi}\right)°}$$

Minute
Sekunde

$\frac{1}{60}$ von 1° nennt man 1 (Winkel-) **Minute** (Schreibweise: 1′), und $\frac{1}{60}$ von 1 (Winkel-) Minute nennt man 1 (Winkel-)**Sekunde** (Schreibweise: 1″).

Beispiele:

- $1\,\text{rad} = \frac{180°}{\pi} \approx 57{,}3°$
- $0° = 0\,\text{rad}$
- $180° = \pi\,\text{rad}$
- $30' = \left(\frac{30}{60}\right)° = 0{,}5°$
- $1'' = \frac{1}{60}{}' = \frac{1}{3600}{}°$

Wenn S der Scheitel eines Winkels, $P \neq S$ ein Punkt auf einem seiner Schenkel und $Q \neq S$ ein Punkt auf dem anderen Schenkel ist, dann nennen wir diesen Winkel auch **Winkel zwischen P und Q mit Scheitel S** oder **Winkel zwischen den Strecken SP und SQ**.
Häufig schreiben wir dafür ∡ PSQ oder ∡ QSP.

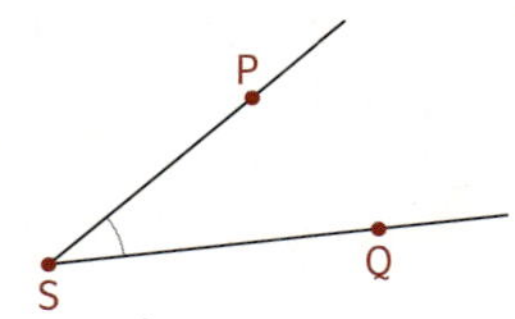

rechter Winkel

Den Winkel 90° bzw. $\frac{\pi}{2}$ rad nennen wir **rechten Winkel**.

Wenn der Winkel ein rechter Winkel ist, dann sagen wir, dass die Geraden,
auf denen die Schenkel des Winkels liegen, **aufeinander normal** stehen.
In Zeichnungen kennzeichnen wir rechte Winkel so: ⊾

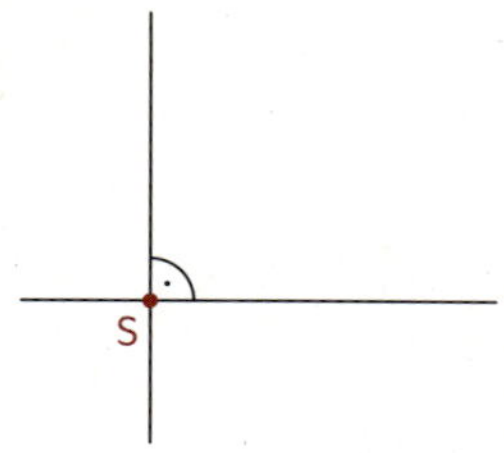

spitzer und stumpfer Winkel

Einen Winkel mit Winkelmaß kleiner als 90° nennen wir einen **spitzen Winkel**, einen Winkel mit Winkelmaß größer als 90° einen **stumpfen Winkel**.

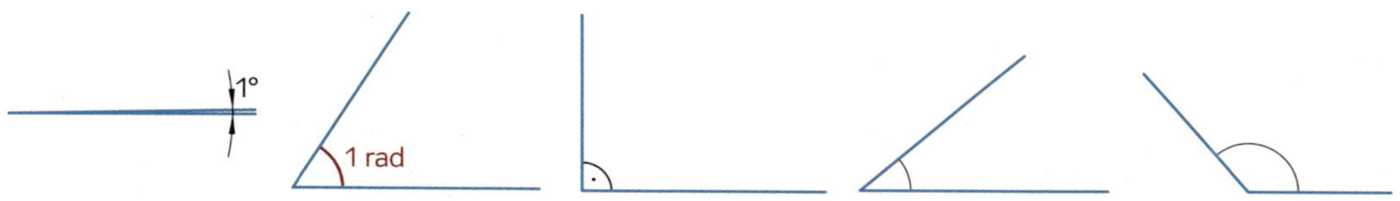

Winkel 1° — Winkel 1 rad — rechter Winkel — spitzer Winkel — stumpfer Winkel

Tipp

Wir bezeichnen Winkel häufig mit den griechischen Kleinbuchstaben, zum Beispiel α (alpha), β (beta), γ (gamma), δ (delta), ε (epsilon), φ (phi), χ (chi), ψ (psi) und ω (omega).

π eingeben

ggb/xls/tns n2x839

GeoGebra	pi oder [Alt] [P]	1 pi → π
Excel	= PI()	A1: =PI() → A1: 3,141592654
TI Nspire	pi oder [π▸]	π π

Winkel eingeben / Umrechnung vom Grad- ins Bogenmaß

ggb/xls/tns u64n4j

GeoGebra	<Zahl> ° GeoGebra rechnet standardmäßig im Bogenmaß. Eingabe eines Winkels im Gradmaß mithilfe von °	1 90° → $\frac{1}{2}\pi$
Excel	=BOGENMASS(Winkel) Excel rechnet standardmäßig im Bogenmaß.	A1: =BOGENMASS(90) → A1: 1,570796327
TI Nspire	Zahl° Der TI Nspire rechnet standardmäßig im Bogenmaß. Eingabe eines Winkels im Gradmaß mithilfe von °	90° $\frac{\pi}{2}$

Umrechnung vom Bogen- ins Gradmaß

ggb/xls/tns 6ps82e

GeoGebra	Winkel[<Objekt>]	1 Winkel[π] → 180°
Excel	=GRAD(Winkel)	A1: =GRAD(PI()) → A1: 180
TI Nspire	Zahl [ctrl] [📖] ▸DD	(π)▸DD 180°

B **564** einen Winkel im Gradmaß darstellen

tns x6zp9v

Wandle den Winkel 48° 13′ 57″ in dezimale Schreibweise um.

$$48°\,13'\,57'' = \left(48 + \frac{13}{60} + \frac{57}{3600}\right)° = 48{,}2325°$$

B **565** Wandle den Winkel in dezimale Schreibweise um.

a. 25° 30′ **c.** 151° 54′ 10″ **e.** 179° 23′ 39″ **g.** 8° 56′ 23″
b. 63° 15′ **d.** 70° 8′ 4″ **f.** 88° 56′ 42″ **h.** 12° 38′ 6″

B **566** einen Winkel in Grad, Minuten und Sekunden darstellen

tns x6zp9v

Wandle den in dezimaler Schreibweise gegebenen Winkel 12,756° in Grad, Minuten und Sekunden um.

Zunächst berechnen wir, wie viele Winkelminuten 0,756° sind:
$$0{,}756° = 0{,}756 \cdot 60' = 45{,}36'$$
Nun berechnen wir, wie viele Winkelsekunden 0,36′ sind:
$$0{,}36' = 0{,}36 \cdot 60'' = 21{,}6''$$
Wir erhalten somit
$$12{,}756° = 12°\,45'\,21{,}6''.$$

B **567** Wandle den Winkel in die Schreibweise mit Grad, Minuten und Sekunden um.

a. 75,5° **c.** 11,12° **e.** 96,89° **g.** 8,1570°
b. 45,20° **d.** 47,23° **f.** 115,34° **h.** 98,6753°

B **568** Zeichne den Winkel mithilfe eines Geodreiecks.

a. 45° **b.** 60° **c.** 83° **d.** 75° **e.** 120° **f.** 97° **g.** 173° **h.** 196°

B, C **569** Miss den Winkel ab und gib an, ob es sich um einen spitzen oder um einen stumpfen Winkel handelt.

a.

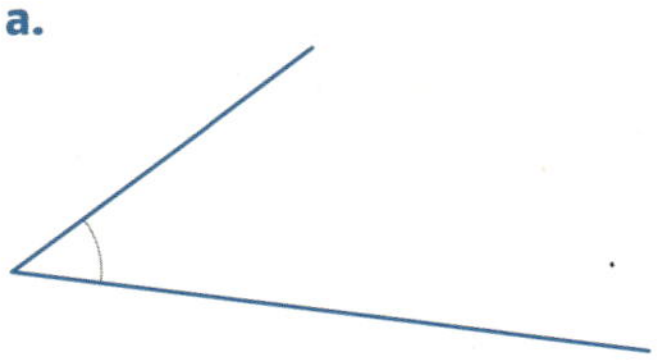

b.

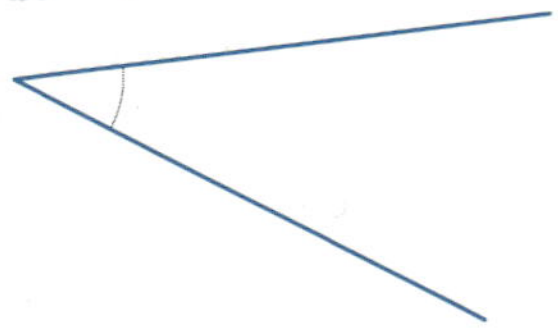

c.

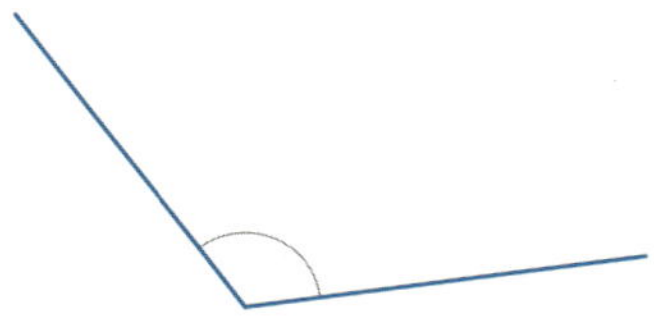

B **570** vom Grad- ins Bogenmaß umrechnen

Gib den Winkel 37° 15′ 36″ im Bogenmaß an.

Wir wandeln zunächst in dezimale Schreibweise um:
$$37°\,15'\,36'' = \left(37 + \frac{15}{60} + \frac{36}{3600}\right)° = 37{,}26°$$
Der Winkel 37,26° ist das 37,26-Fache des Winkels 1°. Das zugehörige Bogenmaß ist daher
$$37{,}26 \cdot \frac{\pi}{180} \approx 0{,}6503\,\text{rad}.$$

B **571** Wandle den in Grad, Minuten und Sekunden geschriebenen Winkel ins Bogenmaß um.

a. 90° **c.** 45° **e.** 9° 47′ 50″ **g.** 49° 35′ 32″
b. 180° **d.** 60° **f.** 158° 9′ 46″ **h.** 66° 48′ 0″

B **572** vom Bogen- ins Gradmaß umrechnen

Rechne den Winkel 0,69 rad ins Gradmaß um.

Der Winkel 0,69 rad ist das 0,69-Fache des Winkels 1 rad. Das zugehörige Gradmaß ist daher
$$\left(0{,}69 \cdot \frac{180}{\pi}\right)° \approx 39{,}53° = 39°\,31'\,48''.$$

B **573** Wandle den im Bogenmaß geschriebenen Winkel in die Schreibweise mit Grad, Minuten und Sekunden um.

a. $\frac{1}{2}\pi$ **c.** $\frac{3}{4}\pi$ **e.** 0,5641 **g.** 1,5021
b. $\frac{1}{6}\pi$ **d.** π **f.** 0,8952 **h.** 2,7419

Winkel im Dreieck

Bezeichnung von Dreiecken

ggb 5ri2kj

Wir werden die **Eckpunkte** eines Dreiecks zumeist mit **A, B, C** bezeichnen, die Längen der diesen gegenüberliegenden **Seiten** mit **a, b, c** und die **Winkel** bei diesen Eckpunkten mit **α, β, γ**.
Mit h_a, h_b, h_c bezeichnen wir die **Höhen** in A, B, C.

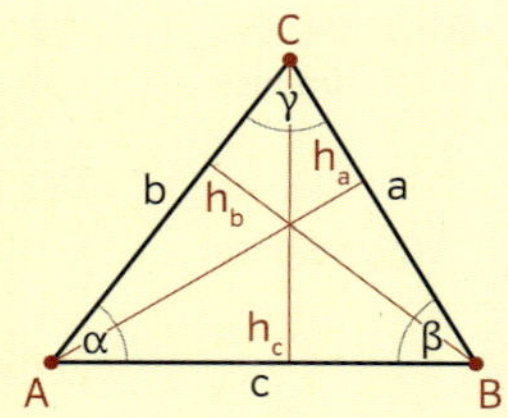

Flächeninhalt und Umfang eines Dreiecks

Der **Flächeninhalt** A und der **Umfang** u eines Dreiecks sind

$$A = \frac{a \cdot h_a}{2} = \frac{b \cdot h_b}{2} = \frac{c \cdot h_c}{2} \quad \text{und} \quad u = a + b + c.$$

Wenn das Dreieck rechtwinkelig mit $\gamma = 90°$ ist, dann ist $a = h_b$ und $b = h_a$, also

$$A = \frac{a \cdot b}{2}.$$

Winkelsumme im Dreieck

Die Summe der Winkel eines Dreiecks ist immer 180° (oder im Bogenmaß π rad).
Mit der oben eingeführten Schreibweise schreiben wir kurz:

$$\alpha + \beta + \gamma = 180°$$

Die Begründung dafür kann man sich mit der folgenden Zeichnung überlegen.

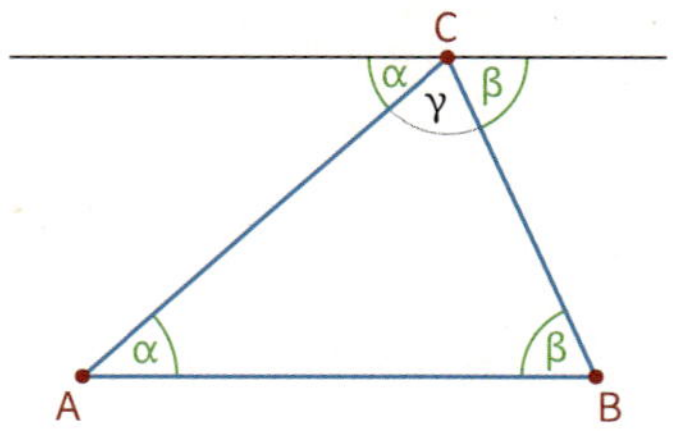

B **574** Winkel im rechtwinkeligen Dreieck berechnen

In einem rechtwinkeligen Dreieck mit Winkel $\gamma = 90°$ ist einer der beiden spitzen Winkel $\alpha = 28°\,37'\,52''$. Berechne den anderen spitzen Winkel β.

Es ist $\alpha + \beta + \gamma = 180°$. Daher ist

$$\beta = 180° - \gamma - \alpha = 180° - 90° - 28°\,37'\,52'' = 90° - 28°\,37'\,52'' = 61°\,22'\,08''.$$

B **575** Zwei Winkel eines Dreiecks sind gegeben. Berechne den dritten.

a. 54° 32′ 8″; 26° 44′ 34″ **c.** 34,98°; 100,78° **e.** 1,23 rad; 1,89 rad
b. 89° 42′ 51″; 88° 36′ 11″ **d.** 56,87°; 93,87° **f.** 0,23 rad; 2,52 rad

D **576** Argumentiere, warum in einem Dreieck höchstens ein Winkel größer als 90° sein kann.

D **577** Zeige: In einem rechtwinkeligen Dreieck mit $\gamma = 90°$ gilt stets $\alpha + \beta = 90°$.

B, C **578** Zeichne mithilfe eines Geodreiecks und eines Zirkels ein Dreieck mit den gegebenen Bestimmungsstücken. Miss in deiner Zeichnung die fehlenden Winkel und Seitenlängen ab.

a. b = 4,0 cm; c = 6,4 cm; α = 58°
b. a = 6,3 cm; c = 5,5 cm; β = 80°
c. c = 6 cm; α = 66°; β = 36°
d. a = 4,8 cm; β = 63°; γ = 68°

B, C **579** Zeichne mithilfe eines Geodreiecks und eines Zirkels das Dreieck mit den gegebenen Bestimmungsstücken. Miss in deiner Zeichnung eine der Höhen dieses Dreiecks ab und berechne damit den Flächeninhalt des Dreiecks.

a. c = 5 cm; α = 59°; β = 72° **c.** b = 5,6 cm; c = 4,2 cm; α = 76°
b. c = 6,4 cm; α = 47°; β = 35° **d.** a = 4,8 cm; c = 6,2 cm; β = 37°

Der Satz von Pythagoras

rechtwinkeliges Dreieck

Wenn ein Winkel eines Dreiecks ein rechter Winkel ist, sprechen wir von einem **rechtwinkeligen Dreieck**.

Kathete
Hypotenuse

Die Seiten, die aufeinander normal stehen, heißen **Katheten**.
Die Seite, die dem rechten Winkel gegenüberliegt, heißt **Hypotenuse**.

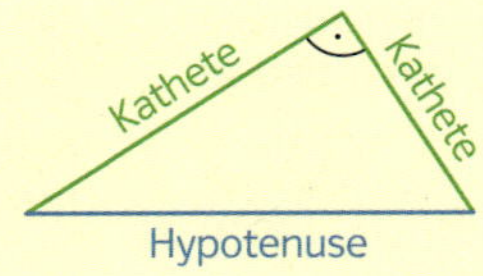

Dabei bezeichnen wir mit a und b immer die Längen der Katheten und mit c die Länge der Hypotenuse. Der **Satz von Pythagoras** beschreibt den Zusammenhang zwischen diesen drei Längen.

Satz von Pythagoras

In einem rechtwinkeligen Dreieck ist die Summe der Quadrate der Längen der Katheten gleich dem Quadrat der Länge der Hypotenuse.
Mit den Bezeichnungen aus der Skizze wird das kurz so formuliert:

$$a^2 + b^2 = c^2$$

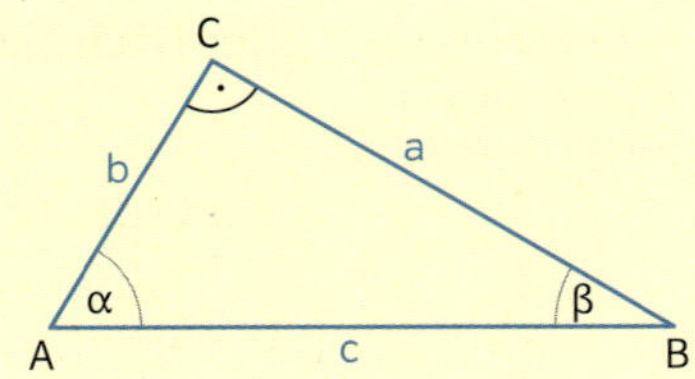

Eine Möglichkeit, das zu beweisen, findest du in Aufgabe 588.

Es gilt auch die Umkehrung des Satzes von Pythagoras:

Umkehrung des Satzes von Pythagoras

Sind a, b und c die Seitenlängen eines Dreiecks und ist $a^2 + b^2 = c^2$, dann ist das Dreieck rechtwinkelig.

Dieses Ergebnis wurde früher von Bauleuten benutzt, um rechte Winkel herzustellen. Drei Personen A, B, C bekommen drei Seile mit den Längen 3, 4 und 5. Es ist $3^2 + 4^2 = 5^2$. Jede Person nimmt die Enden von zwei Seilen so in die Hand, dass ein Dreieck aus den Seilen entsteht. C nimmt die Seile mit den Längen 3 und 4. Sie gehen so weit auseinander, dass alle Seile straff gespannt sind. Dann bilden die Seile bei C einen rechten Winkel.

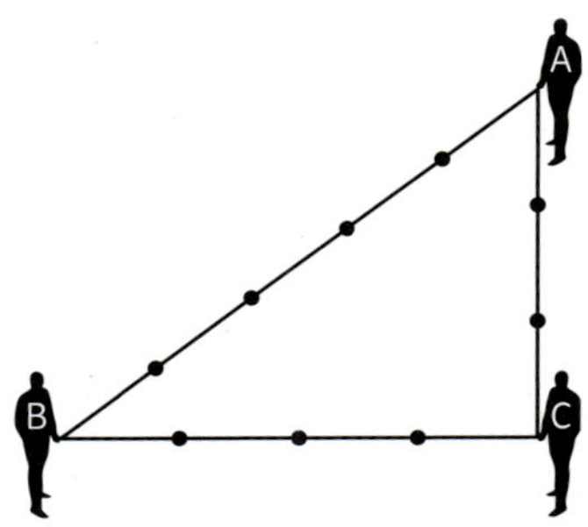

B **580** den Satz von Pythagoras anwenden

In einem rechtwinkeligen Dreieck ist die Kathetenlänge a = 7 cm und die Länge der Hypotenuse c = 15 cm. Berechne die Länge b der anderen Kathete.

Nach dem Satz von Pythagoras ist $a^2 + b^2 = c^2$. Daraus erhalten wir

$$b = \sqrt{c^2 - a^2} = \sqrt{15^2 - 7^2} = \sqrt{176} \approx 13{,}266.$$

Die Kathetenlänge b ist rund 13,3 cm.

B **581** In einem rechtwinkeligen Dreieck sind a und b die Längen der Katheten und c die Länge der Hypotenuse. Zwei dieser drei Längen sind gegeben. Berechne die dritte.

a. a = 3 m; c = 5 m
b. b = 12 m; c = 13 m
c. a = 3 m; $c = 3\sqrt{2}$ m
d. a = 10 m; b = 20 m
e. a = 2,23 m; b = 1,14 m
f. b = 11,7 m; c = 20 m

D **582** Ein Rechteck hat die Seitenlängen a und b. Erkläre, wie man die Länge der Diagonalen berechnet.

D **583** Kreuze an, welche der Dreiecke mit den Seitenlängen a, b und c rechtwinkelig sind. Begründe.

	A	B	C	D	E	F
a	5 cm	7 m	800 cm	90 cm	110 cm	12 cm
b	12 cm	24 m	15 m	3,9 m	3,4 m	30 cm
c	13 cm	25 m	170 dm	4,1 m	370 cm	270 mm

A, B **584** Barbaren wollen mithilfe von Leitern die Mauer einer Burg überwinden. Ermittle, wie lange diese Leitern mindestens sein müssen, wenn die Mauer 7 m hoch und von einem 3 m breiten Wassergraben umgeben ist.

A, B **585** Ein Bademeister befindet sich gerade an einer Ecke eines 25 m langen und 10 m breiten rechteckigen Schwimmbeckens, als genau auf der diagonal gegenüberliegenden Ecke ein kleines Kind ins Wasser fällt.

a. Berechne, wie lange der Bademeister zu dem Kind braucht, wenn er mit einer Geschwindigkeit von 5 m/s den Beckenrand entlangläuft.

b. Berechne, wie lange der Bademeister zu dem Kind braucht, wenn er mit einer Geschwindigkeit von 1 m/s quer durch das Becken schwimmt.

A, B **586** Ein Segelboot fährt zunächst 5 Meilen in Richtung Norden, daraufhin 12 Meilen in Richtung Westen. Ermittle, wie weit es danach vom Ausgangspunkt entfernt ist.

A, B, C **587** Angenommen ein Flugzeug startet an einer Stelle des Äquators, fliegt dann 10 000 km Richtung Osten und im Anschluss daran 10 000 km Richtung Süden.

a. Ermittle, wie weit es danach vom Ausgangspunkt entfernt ist.

b. Sollte deine Antwort auf die Frage **a.** 14 142 km sein, so hast du dich geirrt. Erkläre in drei bis fünf Sätzen, worin der entscheidende Unterschied zur Aufgabe 586 besteht. Dokumentiere, wie man zur richtigen Lösung gelangt.

C, D **588** Zum Satz von Pythagoras gibt es weit über 100 verschiedene Beweise. Einer davon benutzt dieses Bild. Überlege, wie sich mithilfe dieser Grafik der Satz des Pythagoras beweisen lässt und schreibe deine Argumentation auf.

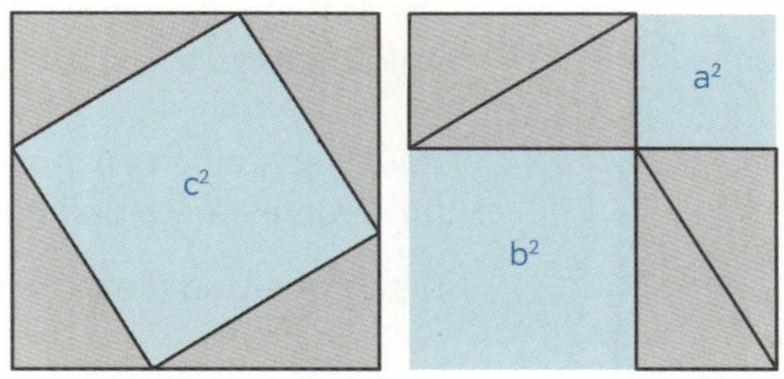

B **589** **den Satz von Pythagoras anwenden**

In einem rechtwinkeligen Dreieck verhält sich die Kathetenlänge b zur Hypotenusenlänge c wie 12 : 13. Die Kathete a ist 25 cm lang. Berechne die Länge der beiden anderen Seiten.

Da b : c = 12 : 13 ist, gibt es eine Zahl t mit

$b = 12t$ und $c = 13t$.

Aus dem Satz von Pythagoras erhalten wir

$$a^2 = c^2 - b^2$$
$$25^2 = (13t)^2 - (12t)^2$$
$$625 = 25t^2$$
$$t = 5$$

Somit ist $b = 12 \cdot 5 = 60$ cm und $c = 13 \cdot 5 = 65$ cm.

B **590** In einem rechtwinkeligen Dreieck mit den Kathetenlängen a und b und der Hypotenusenlänge c kennt man das Verhältnis zweier Seitenlängen und die Länge der dritten Seite. Berechne die fehlenden Seitenlängen.

a. b : c = 3 : 5, a = 18 cm

b. a : b = 6 : 5, c = 15 dm

c. a : c = 7 : 9, b = 123,4 cm

d. a : b = 2 : 11, c = 15 m

B **591** In einem rechtwinkeligen Dreieck verhalten sich die Längen der Katheten wie a : b = 3 : 4. Der Flächeninhalt beträgt 294 cm². Berechne die Länge der Dreieckseiten.

B **592** Ein rechtwinkeliges Dreieck mit dem Verhältnis der Kathetenlängen a : b = 5 : 12 soll einen Flächeninhalt von 1 m² haben. Berechne die Seitenlängen.

A, B **593** Ein Fernsehbildschirm hat das Seitenlängenverhältnis 16 : 9 und die Bildschirmdiagonale ist 76 cm lang. Berechne den Flächeninhalt des Bildschirms.

A, B **594** Die Diagonale eines Computerbildschirms ist 21 Zoll lang. Berechne die Breite und die Höhe dieses Bildschirms in cm, sowie den Flächeninhalt in cm², wenn sich die Bildschirmseiten wie **a.** b : h = 4 : 3, **b.** b : h = 16 : 9 verhalten. Hinweis: 1 Zoll = 2,54 cm

Sinus, Cosinus und Tangens im rechtwinkeligen Dreieck

Führt in eurer Klasse folgendes Experiment durch.

- Jede/r von euch zeichnet ein rechtwinkeliges Dreieck, bei dem ein Winkel 30° ist, und misst dann die Seiten dieses Dreiecks ab.
- Dann berechnet jede/r den Quotienten der Kathetenlänge, die dem Winkel 30° gegenüber liegt, und der Kathetenlänge, die an dem Winkel 30° anliegt.
- Vergleicht eure Ergebnisse. Was fällt euch auf?

Material fk5c4e

Man kann zeigen, dass der Quotient der zwei Kathetenlängen in einem rechtwinkeligen Dreieck, den ihr gerade berechnet habt, nur vom Winkel abhängt, und nicht von den Seitenlängen des Dreiecks. Den Beweis kannst du in der Online-Ergänzung zu diesem Buch nachlesen.

Gegenkathete
Ankathete

Wir nennen einen der spitzen Winkel in einem rechtwinkligen Dreieck α. Die Kathete, die α **gegenüberliegt**, nennen wir die **Gegenkathete** zu α.
Die Kathete, die am Winkel α **anliegt**, bezeichnen wir als **Ankathete** zu α.

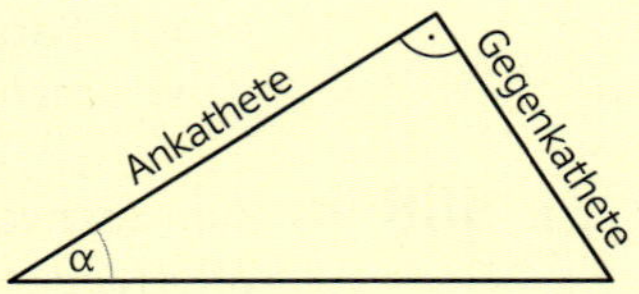

Häufig schreiben wir anstatt „Seitenlänge der Ankathete" abkürzend einfach „Ankathete", ebenso für Gegenkathete und Hypotenuse.

Die Quotienten dieser Seitenlängen haben eine wichtige Bedeutung.

Sinus — Der **Sinus** von α ist der Quotient $\mathbf{sin(\alpha)} = \frac{\textbf{Gegenkathete}}{\textbf{Hypotenuse}}$.

Cosinus — Der **Cosinus** von α ist der Quotient $\mathbf{cos(\alpha)} = \frac{\textbf{Ankathete}}{\textbf{Hypotenuse}}$.

Tangens — Der **Tangens** von α ist der Quotient $\mathbf{tan(\alpha)} = \frac{\textbf{Gegenkathete}}{\textbf{Ankathete}}$.

Wir können $\sin(\alpha)$, $\cos(\alpha)$ und $\tan(\alpha)$ an einem Viertelkreis mit Radius 1 veranschaulichen. Wir betrachten zunächst das rechtwinkelige Dreieck $\Delta 0AP$. Nach Definition des Sinus ist

$$\sin(\alpha) = \frac{\text{Gegenkathete}}{\text{Hypotenuse}} = \frac{\text{Länge von AP}}{1},$$

das heißt, die Länge der Strecke AP ist $\sin(\alpha)$.

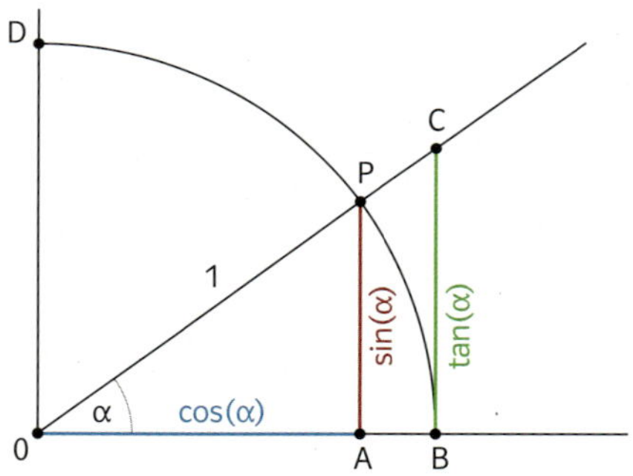

Nach Definition des Cosinus ist

$$\cos(\alpha) = \frac{\text{Ankathete}}{\text{Hypotenuse}} = \frac{\text{Länge von 0A}}{1},$$

das heißt, die Länge der Strecke 0A ist $\cos(\alpha)$.

Nun betrachten wir das rechtwinkelige Dreieck $\Delta 0BC$. Nach Definition des Tangens ist

$$\tan(\alpha) = \frac{\text{Gegenkathete}}{\text{Ankathete}} = \frac{\text{Länge von BC}}{\text{Länge von 0B}} = \frac{\text{Länge von BC}}{1},$$

das heißt, die Länge der Strecke BC ist $\tan(\alpha)$.

Der Satz von Pythagoras für das rechtwinkelige Dreieck mit den Eckpunkten $\Delta 0AP$ ergibt:

$$\sin(\alpha)^2 + \cos(\alpha)^2 = 1.$$

Aus der Definition von Sinus, Cosinus und Tangens folgt unmittelbar:

$$\sin(0) = 0, \quad \cos(0) = 1, \quad \tan(0) = 0$$

Sinus, Cosinus und Tangens berechnen

ggb/xls/tns 5325ik

GeoGebra	sin(<x>) cos(<x>) tan(<x>)	1 sin(30°) → $\frac{1}{2}$ 2 sin(π /6) → $\frac{1}{2}$
EXCEL	Winkel im Bogenmaß: = SIN(Zahl) = COS(Zahl) = TAN(Zahl) Winkel im Gradmaß: = SIN(BOGENMASS(Zahl)) = COS(BOGENMASS(Zahl)) = TAN(BOGENMASS(Zahl))	Winkel im Bogenmaß: A1: =SIN(PI()/6) → A1: 0,5 Winkel im Gradmaß: A1: =SIN(BOGENMASS(30)) → A1: 0,5
TI Nspire	sin(Zahl) cos(Zahl) tan(Zahl) Hinweis: sin, cos und tan können auch über die Taste [trig] aufgerufen werden.	$\sin(30°)$ $\frac{1}{2}$ $\sin\left(\frac{\pi}{6}\right)$ $\frac{1}{2}$

B **595** Sinus, Cosinus und Tangens berechnen — ggb/tns c2f82p

Berechne Sinus, Cosinus und Tangens von 45°. Zerlege dazu ein Quadrat mit Seitenlänge s durch Einzeichen der Diagonalen in zwei rechtwinkelige Dreiecke.

Die Katheten dieser rechtwinkeligen Dreiecke haben jeweils die Länge s und die Hypotenuse die Länge $s\sqrt{2}$. Die beiden spitzen Winkel sind 45°.

Also folgt: $\sin(45°) = \frac{\text{Gegenkathete}}{\text{Hypotenuse}} = \frac{s}{s\cdot\sqrt{2}} = \frac{1}{\sqrt{2}} = \frac{1}{\sqrt{2}}\cdot\frac{\sqrt{2}}{\sqrt{2}} = \frac{\sqrt{2}}{2}$

$\cos(45°) = \frac{\text{Ankathete}}{\text{Hypotenuse}} = \frac{s}{s\cdot\sqrt{2}} = \frac{1}{\sqrt{2}} = \frac{1}{\sqrt{2}}\cdot\frac{\sqrt{2}}{\sqrt{2}} = \frac{\sqrt{2}}{2}$

$\tan(45°) = \frac{\text{Gegenkathete}}{\text{Ankathete}} = \frac{s}{s} = 1$

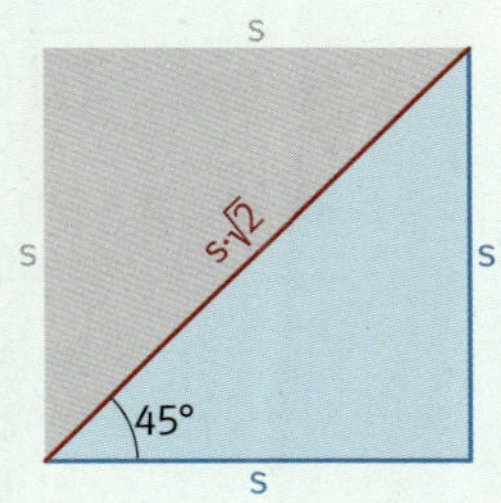

D **596** Zeichne ein rechtwinkeliges Dreieck mit einem Winkel von 30° und zeige mithilfe des Satzes von Pythagoras, dass die folgenden Beziehungen gelten. Hinweis: Ein rechtwinkeliges Dreieck mit 30° ist die Hälfte eines gleichseitigen Dreiecks.

a. $\sin(30°) = \frac{1}{2}$ **b.** $\cos(60°) = \frac{1}{2}$ **c.** $\cos(30°) = \frac{1}{2}\cdot\sqrt{3}$ **d.** $\tan(60°) = \sqrt{3}$

B, C **597** Zeichne einen Viertelkreis mit dem Radius 1 dm. Zeichne darin den angegebenen Winkel ein und konstruiere von diesem Sinus, Cosinus und Tangens. Miss die entsprechenden Strecken ab. Als Probe dividiere den so ermittelten Sinus durch den Cosinus und vergleiche das Ergebnis mit dem Tangens. Vergleiche das Ergebnis auch mit den Zahlen, die der Taschenrechner liefert.

a. $\alpha = 37°$ **b.** $\beta = 55°$ **c.** $\gamma = 28°$

B **598** Bestimme die Zahl mithilfe einer entsprechenden Skizze und überprüfe das Ergebnis mit dem Taschenrechner.

a. $\sin(30°)$ **b.** $\cos(45°)$ **c.** $\tan(60°)$

C **599** Ein Mitglied eurer Gruppe legt einen spitzen Winkel fest. Jede/r zeichnet ein beliebiges rechtwinkeliges Dreieck mit diesem Winkel und misst die Seiten des so entstanden Dreiecks ab. Nun bestimmt jede/r den Quotienten der Längen von Ankathete und Gegenkathete. Erklärt, was euch auffällt. Welche Quotienten von Seitenlängen eignen sich noch für einen solchen Vergleich? Ermittelt, für welche davon es bereits Namen gibt und listet diese auf.

C **600** Setze eines der Zeichen <, = oder > ein. Rechne dabei nicht, sondern versuche dir die Position der Winkel in einem Viertelkreis vorzustellen.

a. $\cos(45°)$ ________ $\sin(45°)$
b. $\tan(40°)$ ________ $\sin(70°)$
c. $\tan(15°)$ ________ $\sin(70°)$
d. $\cos(0°)$ ________ $\tan(45°)$
e. $\sin(30°)$ ________ $\cos(60°)$
f. $\cos(10°)$ ________ $\sin(80°)$
g. $\sin\left(\frac{\pi}{4}\right)$ ________ $\cos\left(\frac{\pi}{4}\right)$
h. $\cos\left(\frac{\pi}{3}\right)$ ________ $\tan\left(\frac{\pi}{4}\right)$

D **601** Begründe, warum in einem rechtwinkeligen Dreieck Sinus und Cosinus eines spitzen Winkels immer Zahlen zwischen 0 und 1 sind.

D **602** In einem rechtwinkeligen Dreieck kann der Tangens eines spitzen Winkels beliebig groß werden.

a. Begründe das mithilfe der Definition von Tangens.
b. Begründe das mithilfe der geometrischen Veranschaulichung von $\tan(\alpha)$ am Viertelkreis mit Radius 1.

D **603** Zeige, dass für alle spitzen Winkel α die Behauptung richtig ist.

a. $\sin(\alpha) = \sqrt{1-\cos(\alpha)^2}$ **b.** $\cos(\alpha) = \sqrt{1-\sin(\alpha)^2}$ **c.** $1+\tan(\alpha)^2 = \frac{1}{\cos(\alpha)^2}$

C **604** Wir betrachten das rechtwinkelige Dreieck mit den Seitenlängen x, y und a + b (siehe Skizze). Kreuze die richtigen Aussagen an.

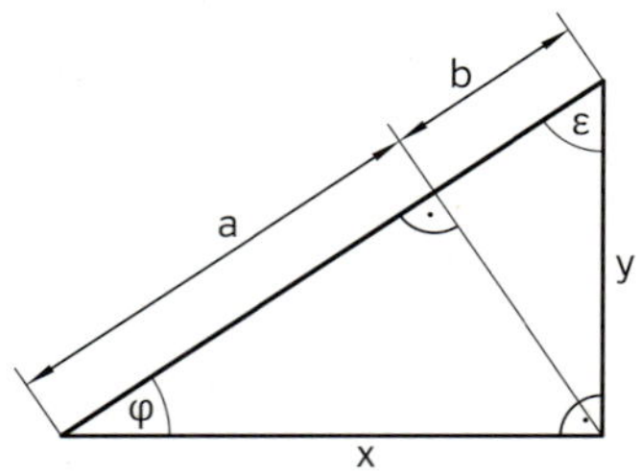

A x ist die Hypotenuse.
B y ist die Ankathete von ε.
C x ist die Gegenkathete von φ.
D y ist die Hypotenuse.
E (a + b) ist die Hypotenuse.

C **605** Gib für das Dreieck Sinus, Cosinus und Tangens der zwei spitzen Winkel als Quotient der Seitenlängen e, f und g an.

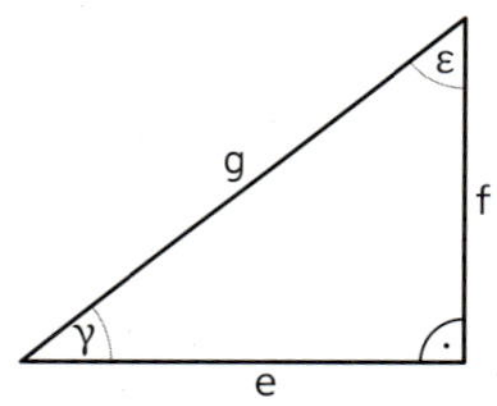

a. $\sin(\gamma) =$
$\cos(\gamma) =$
$\tan(\gamma) =$

b. $\sin(\varepsilon) =$
$\cos(\varepsilon) =$
$\tan(\varepsilon) =$

B **606** **Sinus, Cosinus und Tangens mit dem Taschenrechner berechnen**

a. Berechne den Sinus, Cosinus und Tangens von 75° mit dem Taschenrechner.
b. Berechne den Sinus, Cosinus und Tangens von 0,5 rad mit dem Taschenrechner.

a. Wir kontrollieren, ob der Taschenrechner auf Gradmaß eingestellt ist und stellen ihn gegebenenfalls um.
$\sin(75°) = 0{,}9659\ldots$ $\cos(75°) = 0{,}2588\ldots$ $\tan(75°) = 3{,}7320\ldots$

b. Wir kontrollieren, ob der Taschenrechner auf das Bogenmaß eingestellt ist und stellen ihn gegebenenfalls um.
$\sin(0{,}5) = 0{,}4794\ldots$ $\cos(0{,}5) = 0{,}8775\ldots$ $\tan(0{,}5) = 0{,}5463\ldots$

B **607** Berechne mithilfe einer geeigneten Technologie den Sinus, Cosinus und Tangens des Winkels.

a. 56° **b.** 87° **c.** 2,5° **d.** 27° 12′ **e.** 8° 7′ 26″ **f.** $\frac{\pi}{5}$ rad **g.** $\frac{\pi}{8}$ rad **h.** 0,749 rad

B **608** Bestimme für den Winkel α die Zahlen $\sin(\alpha)$, $\cos(\alpha)$ und $\tan(\alpha)$.

a. $\alpha = 11°$ **b.** $\alpha = 31°$ **c.** $\alpha = 19°$ **d.** $\alpha = 64°$ **e.** $\alpha = 11°\,56'\,58''$ **f.** $\alpha = 20°\,29'\,9''$ **g.** $\alpha = 40°\,45'\,50''$ **h.** $\alpha = 70°\,39'\,32''$

B, C **609** Berechne Sinus und Tangens der im Bogenmaß gegebenen Winkel. Erkläre, was dir an den Ergebnissen auffällt.

a. $\alpha = 0{,}002$ **b.** $\beta = 0{,}054$ **c.** $\gamma = 0{,}123$ **d.** $\delta = 1{,}4$ **e.** $\varepsilon = 1{,}52$ **f.** $\varphi = 1{,}57$

B **610** Berechnungen am rechtwinkeligen Dreieck

Von einem rechtwinkeligen Dreieck mit Eckpunkten A, B und C sind die Länge der Hypotenuse $c = 7\,\text{cm}$ und der Winkel $\alpha = 23°$ bekannt. Berechne die Längen der Katheten a und b, sowie den Winkel β.

Es ist $\sin(\alpha) = \frac{\text{Gegenkathete}}{\text{Hypotenuse}} = \frac{a}{c}$, also ist

$$a = c \cdot \sin(\alpha) = 7 \cdot \sin(23°) \approx 2{,}735\,\text{cm}.$$

Es ist $\cos(\alpha) = \frac{\text{Ankathete}}{\text{Hypotenuse}} = \frac{b}{c}$, also ist

$$b = c \cdot \cos(\alpha) = 7 \cdot \cos(23°) \approx 6{,}444\,\text{cm}.$$

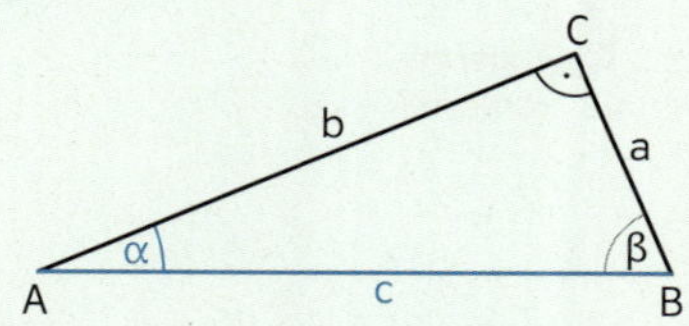

(Wir könnten b auch mit dem Satz von Pythagoras berechnen, da wir a und c schon kennen.)

$$\beta = 180° - 90° - \alpha = 90° - \alpha = 67°$$

B **611** Von einem rechtwinkeligen Dreieck (siehe Skizze) kennt man eine Seite und einen Winkel. Berechne die übrigen Bestimmungsstücke.

	a.	b.	c.	d.	e.
a		9 cm			605 mm
b			156 mm		
c	12 cm			17,63 dm	
α		56°	22°		0,89 rad
β	32°			18° 12′	

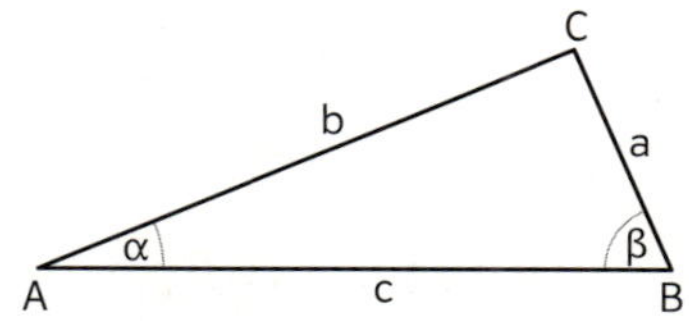

Arcusfunktionen

Aus der Definition von sin(α), cos(α) und tan(α) folgt:
Ist x eine Zahl mit $0 \leq x < 1$, dann gibt es genau einen Winkel α mit $0° \leq \alpha < 90°$ (oder im Bogenmaß $0 \leq \alpha < \frac{\pi}{2}$) mit $\sin(\alpha) = x$. Wir nennen diesen Winkel den **Arcussinus** von x und schreiben

$$\boldsymbol{\alpha = \arcsin(x)}.$$

Ist x eine Zahl mit $0 < x \leq 1$, dann gibt es genau einen Winkel α mit $0° \leq \alpha < 90°$ (oder im Bogenmaß $0 \leq \alpha < \frac{\pi}{2}$) mit $\cos(\alpha) = x$. Wir nennen diesen Winkel den **Arcuscosinus** von x und schreiben

$$\boldsymbol{\alpha = \arccos(x)}.$$

Ist x eine nicht-negative reelle Zahl, dann gibt es genau einen Winkel α mit $0° \leq \alpha < 90°$ (oder im Bogenmaß $0 \leq \alpha < \frac{\pi}{2}$) mit $\tan(\alpha) = x$. Wir nennen diesen Winkel den **Arcustangens** von x und schreiben

$$\boldsymbol{\alpha = \arctan(x)}.$$

Arcussinus

Für Zahlen α mit $0 \leq \alpha < \frac{\pi}{2}$ und x mit $0 \leq x < 1$ ist
$\mathbf{arcsin(x) = \alpha}$ genau dann, wenn $\mathbf{sin(\alpha) = x}$ ist.

Arcuscosinus

Für Zahlen α mit $0 \leq \alpha < \frac{\pi}{2}$ und x mit $0 < x \leq 1$ ist
$\mathbf{arccos(x) = \alpha}$ genau dann, wenn $\mathbf{cos(\alpha) = x}$ ist.

Arcustangens

Für Zahlen α mit $0 \leq \alpha < \frac{\pi}{2}$ und x mit $0 \leq x$ ist
$\mathbf{arctan(x) = \alpha}$ genau dann, wenn $\mathbf{tan(\alpha) = x}$ ist.

Achtung

Anstelle von arcsin(x) findet man oft auch die Bezeichnungen $\sin^{-1}(x)$ und asin(x). Ebenso sind auch $\cos^{-1}(x)$ und acos(x) bzw. $\tan^{-1}(x)$ und atan(x) gebräuchlich.

Arcussinus, Arcuscosinus, Arcustangens berechnen

ggb bm6yb8

GeoGebra

Ausgabe im Bogenmaß:
arcsin(<x>) oder asin(<x>)
arccos(<x>) oder acos(<x>)
arctan(<x>) oder atan(<x>)

Ausgabe im Gradmaß:
Winkel[arcsin(<x>)]
Winkel[arccos(<x>)]
Winkel[arctan(<x>)]

Bogenmaß:

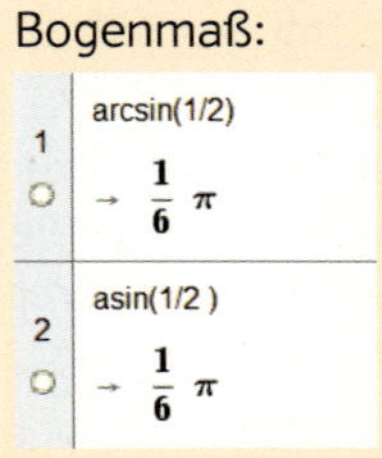

Gradmaß:

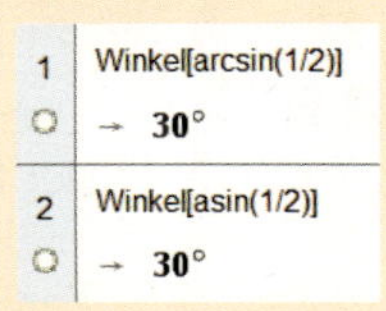

Arcussinus, Arcuscosinus, Arcustangens berechnen

xls/tns bm6yb8

Excel

Ausgabe im Bogenmaß:
=ARCSIN(Zahl)
=ARCCOS(Zahl)
=ARCTAN(Zahl)

Ausgabe im Gradmaß:
=GRAD(ARCSIN(Zahl))
=GRAD(ARCOCS(Zahl))
=GRAD(ARCTAN(Zahl))

Ausgabe im Bogenmaß:

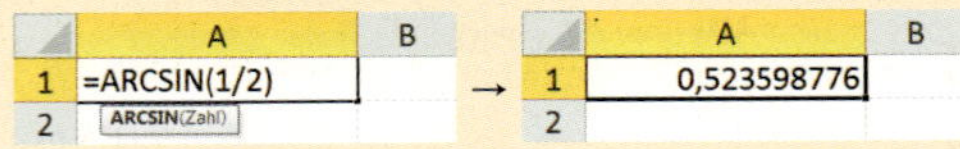

Ausgabe im Gradmaß:

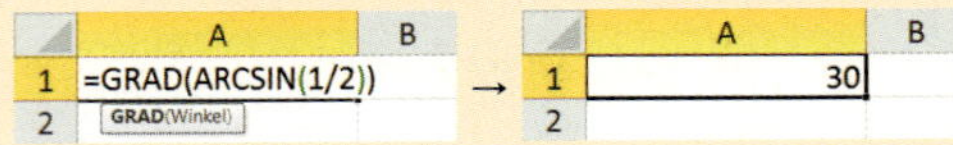

TI Nspire

Ausgabe im Bogenmaß:
$\sin^{-1}$(Zahl) oder arcsin(Zahl)
$\cos^{-1}$(Zahl) oder arccos(Zahl)
$\tan^{-1}$(Zahl) oder arctan(Zahl)

Ausgabe im Gradmaß:
ctrl ▸DD

Ausgabe im Bogenmaß:

$\sin^{-1}\left(\frac{1}{2}\right)$ $\frac{\pi}{6}$

Ausgabe im Gradmaß:

$\left(\sin^{-1}\left(\frac{1}{2}\right)\right)$▸DD 30°

B **612**

Winkel im rechtwinkeligen Dreieck berechnen

Von einem rechtwinkeligen Dreieck kennt man die Längen der Kathete a = 54 cm und der Hypotenuse c = 64 cm. Berechne die Winkel α und β.

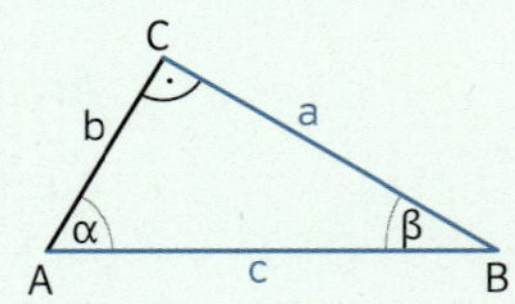

Es ist

$$\sin(\alpha) = \frac{a}{c} = \frac{54}{64},$$

also

$$\alpha = \arcsin\left(\frac{54}{64}\right) = 57{,}54°.$$

Da die Winkelsumme im Dreieck 180° beträgt, ist

$$\beta = (180 - 90 - 57{,}54)° = 32{,}46°.$$

Wir können β auch anders berechnen:

$$\cos(\beta) = \frac{a}{c} = \frac{54}{64},$$

also ist

$$\beta = \arccos\left(\frac{54}{64}\right) = 32{,}46°.$$

B **613**

Berechne die fehlenden Längen, Winkel bzw. den Flächeninhalt des rechtwinkeligen Dreiecks mit den Kathetenlängen a und b und Hypotenusenlänge c.

	a.	b.	c.	d.	e.	f.
a	14,00 cm	11,00 cm		7,77 cm		4,00 cm
b	12,00 cm		12,00 cm			
c		18,60 cm	13,00 cm		12,53 cm	
α				28,12°		
β					28,61°	
Flächeninh.						6,00 cm²

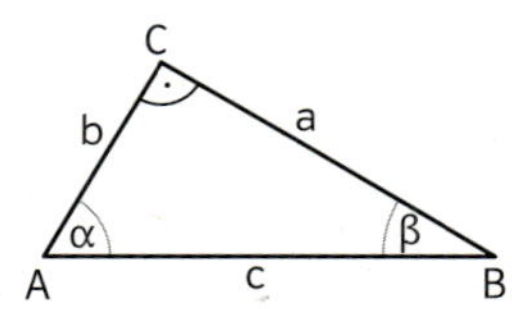

B, C **614**

ggb 2s6fr6

In einem rechtwinkeligen Dreieck sind die Längen a und b der Katheten bekannt. Alle Längen sind in cm angegeben. Berechne die Länge der Hypotenuse und die Winkel des Dreiecks. Beschreibe, was sich ändern würde, wenn die Längen in Zoll oder Meter gegeben sind.

	a.	b.	c.	d.	e.	f.	g.	h.	i.	j.
a	65	40	85	33	90	249,51	87,8	705,13	904,74	783,53
b	65	78	10	86	14	722,65	279,61	28,67	262,32	899,54

A, B **615**

Erstelle ein Tabellenkalkulationsblatt, das automatisch die Länge der Hypotenuse sowie die beiden Winkel α und β eines rechtwinkeligen Dreiecks berechnet, wenn man die Längen der Katheten a und b eingibt.

A, B **616**

Berechnungen im gleichschenkeligen Dreieck

Von einem gleichschenkeligen Dreieck kennt man die Längen der Basis $c = 20\,cm$ und des Schenkels $a = 30\,cm$. Berechne die Höhen h und h_a, die Winkel α und γ sowie den Flächeninhalt (siehe Zeichnung).

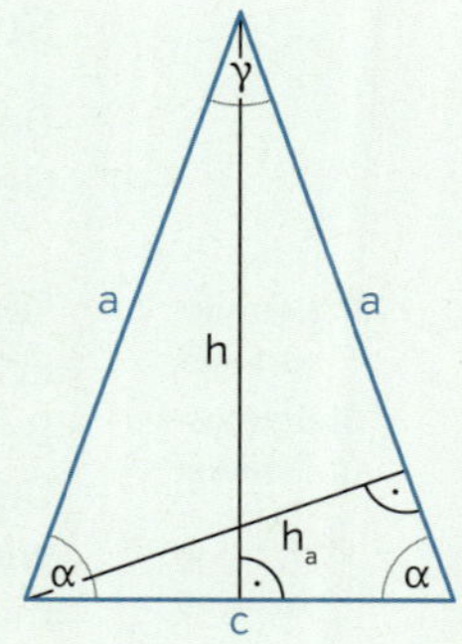

Der Fußpunkt der Höhe h liegt genau in der Mitte der Basis c und teilt das Dreieck in zwei rechtwinkelige Dreiecke. Daher lässt sich h mithilfe des Satzes von Pythagoras berechnen:

$$h = \sqrt{a^2 - \left(\frac{c}{2}\right)^2} = \sqrt{30^2 - 10^2} \approx 28{,}28\,cm$$

Jetzt können wir den Flächeninhalt A berechnen:

$$A = \frac{c \cdot h}{2} = \frac{20 \cdot 28{,}28}{2} = 282{,}8\,cm^2$$

Die Höhe h_a erhalten wir aus $A = \frac{a \cdot h_a}{2}$:

$$h_a = \frac{2A}{a} = \frac{2 \cdot 282{,}8}{30} \approx 18{,}85\,cm$$

Es ist $\sin(\alpha) = \frac{h}{a}$, daher ist

$$\alpha = \arcsin\left(\frac{h}{a}\right) = \arcsin\left(\frac{28{,}28}{30}\right) = 70{,}50°$$

Die Winkelsumme im Dreieck ist 180°, daher ist

$$\beta = 180° - 2\alpha = 180° - 2 \cdot 70{,}50 = 39{,}00°.$$

B **617**

Berechne die fehlenden Längen, Winkel bzw. den Flächeninhalt des gleichschenkligen Dreiecks.

	a.	b.	c.	d.	e.	f.	g.	h.
a (in cm)	13,00	7,00						
c (in cm)	15,00		18,00	4,62	10,75			
α (in Grad)		21,79	35,10					
γ (in Grad)				23,44		36,19		71,77
h (in cm)					6,17	15,93	11,02	
h_a (in cm)								
Flächeninh. (in cm^2)							63,06	51,27

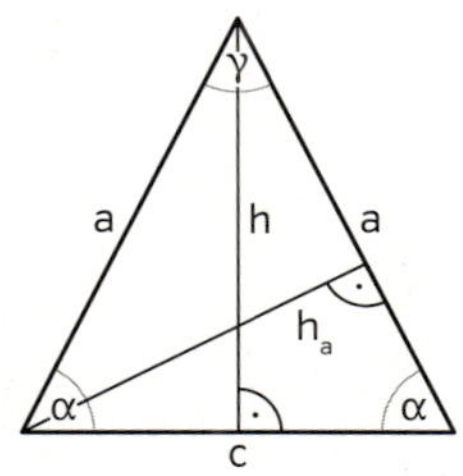

A, B, C **618**

Löse die Aufgaben mithilfe eines Tabellenkalkulationsprogramms. Der Flächeninhalt eines gleichschenkeligen Dreiecks soll $100\,cm^2$ betragen.

a. Berechne die Länge c der Basis und die Höhe h, wenn der Winkel α 5°, 10°, 15°, …, 85° beträgt.

b. Ermittle die Umfänge der Dreiecke aus Aufgabe **a.**

c. Erstelle ein Diagramm, das jedem Winkel α den Umfang des Dreiecks zuordnet.

d. Gib an, für welches α der Umfang am kleinsten ist.

e. Ändere nun die Fläche von $100\,cm^2$ auf $500\,cm^2$. Beschreibe, ob sich die Aussage aus Aufgabe **d.** geändert hat.

A, B **619**

Ein Wäschetrockner (siehe Foto) hat im zusammengefahrenen Zustand eine Höhe von 15 cm. Ein Feld des Wäschetrockners kann auf maximal 13 cm ausgezogen werden.

a. Berechne, wie hoch der Wäschetrockner bei maximalem Ausziehen noch ist.

b. Ermittle, welchen Winkel die Metallstäbe bei maximalem Ausziehen einschließen.

A, B **620**

Ein Verkehrsflugzeug startet am Flughafen Wien Schwechat, der eine Seehöhe von 183 m hat. Das Flugzeug hat dabei einen Steigwinkel von 9°. Berechne, in welcher horizontalen Entfernung vom Startort das Flugzeug eine Höhe von 8 000 m erreicht.

A, B **621**

Ein Radrennfahrer überwindet bei seiner Tour auf das Kitzbühler Horn eine Höhendifferenz von 1503 m und legt dabei 19,25 km zurück. Berechne den mittleren Steigungswinkel der Strecke auf das Kitzbühler Horn.

Steigung

Der Graph einer linearen Funktion f mit Änderungsrate k und Ordinatenabschnitt d ist eine Gerade in der Ebene. Wir nehmen im Weiteren an, dass k positiv ist.

Steigungsdreieck
Steigungswinkel
ggb 4c4wd5

Für eine reelle Zahl z nennen wir das Dreieck mit den Eckpunkten $A = (z \mid f(z))$, $C = (z+1 \mid f(z))$ und $B = (z+1 \mid f(z+1))$ das **Steigungsdreieck** von f in z. Der Winkel dieses Dreiecks bei A heißt **Steigungswinkel** des Graphen von f in z, wir bezeichnen ihn mit α.

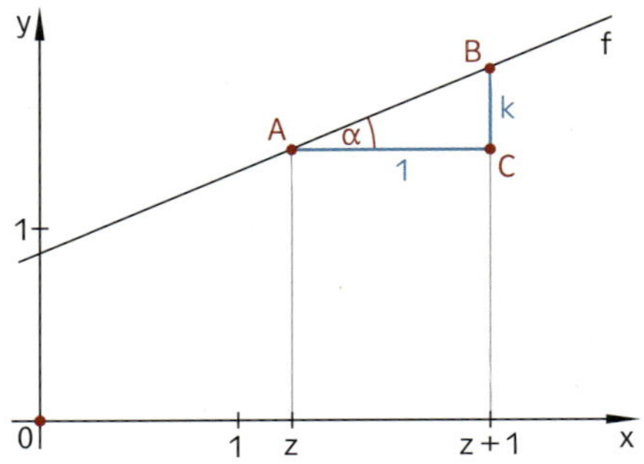

Das Steigungsdreieck hat einen rechten Winkel bei C. Die Strecke zwischen A und C hat die Länge 1. Wegen $f(z+1) = f(z) + k$ hat die Strecke zwischen B und C die Länge k. Deshalb ist $\tan(\alpha) = \frac{k}{1} = k$.
Das Steigungsdreieck ist für jede Zahl z ein rechtwinkeliges Dreieck, in dem die Katheten die Längen 1 und k haben. Deshalb sprechen wir einfach vom **Steigungsdreieck** von f.
Der Winkel α ist daher auch für alle z derselbe und wir sprechen einfach vom **Steigungswinkel** des Graphen von f.

Steigung

Je größer k ist, desto größer ist der Steigungswinkel α. Daher nennt man die Änderungsrate

$$\mathbf{k = \tan(\alpha)}$$

von f auch die **Steigung** des Graphen von f. Der Steigungswinkel ist $\boldsymbol{\alpha = \arctan(k)}$.

Steigung einer Straße in Prozent

Die (durchschnittliche) **Steigung einer Straße**, eines Weges, einer Bahnstrecke … **in Prozent** ist der Quotient von überwundener Höhe und zurückgelegter horizontaler Länge. Sie wird in Prozent angegeben. Eine Steigung von 8% bedeutet zum Beispiel, dass auf 100 m horizontaler Länge 8 m Höhe überwunden werden.

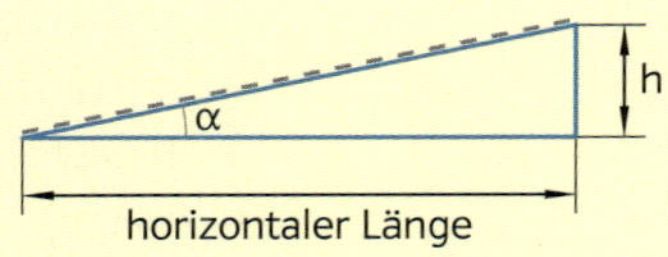

B **622** den Steigungswinkel des Graphen einer linearen Funktion berechnen
ggb/tns nm5x3i

Berechne den Steigungswinkel des Graphen der linearen Funktion f mit $f(x) = 2x + 4$.

Der Graph der linearen Funktion f hat die Steigung 2, für den Steigungswinkel α gilt

$$\tan(\alpha) = 2.$$

Daher ist

$$\alpha = \arctan(2) \approx 63{,}43°.$$

B **623** Berechne den Steigungswinkel des Graphen der linearen Funktion f.

a. $f(x) = \frac{3}{4}x$ **b.** $f(x) = x + 2{,}5$ **c.** $f(x) = 1{,}7x + 2$

B, C **624** Berechne die durchschnittliche Steigung der Passstraße.

a. Großglockner Hochalpenstraße Nord (von Bruck): 33 km Straßenlänge, 1894 m Höhendifferenz
b. Großglockner Hochalpenstraße Süd (von Heiligenblut): 15,5 km Straßenlänge, 1218 m Höhendifferenz
c. St. Gotthardpass Süd (von Airolo): 14,6 km Straßenlänge, 913 m Höhendifferenz
d. Balmberg Süd (von Günsberg): 3 km Straßenlänge, 437 m Höhendifferenz

D **625** Welchem Winkel entspricht eine Steigung von 100 %? Finde die Antwort ohne Taschenrechner und begründe.

B **626** Eine Straße hat eine Steigung von 12 %. Berechne den Steigungswinkel dieser Straße.

B **627** Eine Straße hat eine Steigung von 14 %. Berechne den Steigungswinkel dieser Straße.

B **628** Die Schafbergbahn überwindet auf einer Streckenlänge von 5,8 km eine Höhendifferenz von 1188 m. Ermittle die Steigung in Prozent und berechne, wie groß der Steigungswinkel im Mittel ist.

B **629** Die Mausefalle ist mit einem Gefälle von 85 % die steilste Stelle der berühmten Hahnenkamm-Abfahrt in Kitzbühel. Ermittle, welchem Böschungswinkel dieses Gefälle entspricht.

A, B **630** Rollstuhlgerechte Rampen dürfen höchstens eine Steigung von 6 % aufweisen. Ein Geschäft ist über zwei je 18 cm hohe Stufen zu erreichen und möchte eine Rollstuhlrampe installieren. Berechne den horizontalen Platzbedarf dieser Rampe.

A, B **631** Die Rampe einer Kugelbahn hat eine Neigung von 15°. Berechne, wie weit eine Kugel in horizontaler Richtung rollt, wenn sie auf der Rampe eine Strecke von 50 cm zurücklegt.

A, B, C **632** Eine Autobahnauffahrt soll eine Höhendifferenz von 32 m überwinden, darf aber eine mittlere Steigung von 4° nicht überschreiten.

a. Gib die Steigung in Prozent an und ermittle die horizontale Mindestlänge der Autobahnauffahrt.

b. Untersuche, ob die Aussage „Wenn der Steigungswinkel um 10 % vergrößert wird, dann muss auch die Länge um 10% verlängert werden." stimmt.

A, B **633** Um den Zugang zu einer Veranstaltungshalle auch gehbehinderten Personen zu ermöglichen, wird eine Rampe mit einer Neigung von 8° geplant, die eine Zugangshöhe von 1,60 m überwinden soll.

a. Berechne, wie groß der horizontale Platzbedarf für diese Rampe ist.

b. Gib an, wie viel Prozent mehr Platzbedarf nötig ist, wenn die Neigung nur 6 % betragen soll.

Was habe ich in diesem Abschnitt gelernt?

☐ **Ich kenne das Grad- und Bogenmaß und kann mit ihnen rechnen.**

B **634** Wandle den Winkel 2 rad ins Gradmaß um.

B **635** Wandle den Winkel 58° ins Bogenmaß um.

☐ **Ich kann den Satz von Pythagoras für Berechnungen im rechtwinkeligen Dreieck verwenden.**

A, B **636** Eine Stehleiter besteht aus zwei 2,10 m langen Leitern, die oben mit einem Gelenk verbunden sind. Berechne, wie hoch diese Stehleiter ist, wenn die Leiter so weit ausgeklappt wurde, dass ihre Standfüße 1,50 m voneinander entfernt sind.

B **637** Die Kathetenlängen eines rechtwinkeligen Dreiecks verhalten sich wie 2 : 3. Berechne, wie lange die Katheten sein müssen, damit der Flächeninhalt des Dreiecks 50 cm^2 beträgt.

☐ **Ich kenne Sinus, Cosinus und Tangens von Winkeln im rechtwinkeligen Dreieck und kann sie berechnen.**

A **638** Gib Sinus, Cosinus und Tangens als Quotienten der Seitenlängen c, d oder f für den Winkel β im skizzierten Dreieck an.

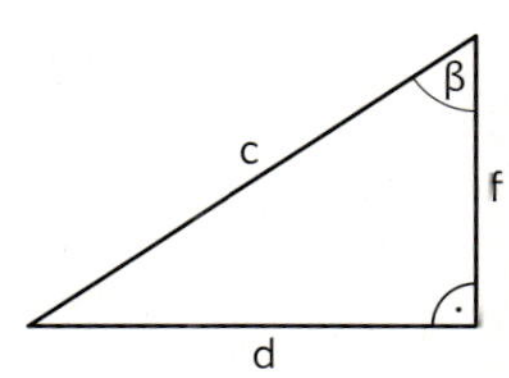

B **639** Berechne den Sinus, Cosinus und Tangens des Winkels.

a. $\alpha = 29{,}6°$ **c.** $\gamma = \frac{\pi}{7}$ rad

b. $\beta = 15°\,44'\,38''$ **d.** $\delta = 1{,}23$ rad

B **640** Eine Bergstraße hat eine Steigung von 13 %. Berechne den Steigungswinkel dieser Straße.

A, B **641** In einem Einkaufszentrum soll das Obergeschoß durch eine Rolltreppe erreichbar sein. Dabei muss eine Höhe von insgesamt 4,20 m überwunden werden. Aus Sicherheitsgründen sollte der Steigungswinkel der Rolltreppe nicht mehr als 35° betragen. Berechne den horizontalen Platzbedarf für diese Rolltreppe.

5.2 Die Sinus-, Cosinus- und Tangensfunktion

☐ Ich lerne Drehwinkel kennen und ihren Sinus, Cosinus und Tangens mithilfe ihrer Darstellung am Einheitskreis zu bestimmen.

☐ Ich lerne die Sinusfunktion, Cosinusfunktion und Tangensfunktion als periodische Funktionen kennen.

☐ Ich lerne einige Eigenschaften dieser drei Winkelfunktionen kennen.

Sinus, Cosinus und Tangens von Drehwinkeln

Wir haben einen Winkel als Länge des kürzeren Bogens am Einheitskreis, dessen Mittelpunkt der Scheitel des Winkels ist, zwischen seinen beiden Schenkeln definiert. Dieser Winkel ist eine Zahl zwischen 0° und 180° (bzw. im Bogenmaß zwischen 0 und π). Wenn wir Drehungen betrachten, dann brauchen wir auch „größere" Winkel. Als Drehrichtung legen wir „gegen den Uhrzeigersinn" fest.

Drehwinkel

Für zwei Punkte P und Q auf dem Einheitskreis mit Mittelpunkt S definieren wir den **Drehwinkel von P nach Q** als Länge des Kreisbogens, der gegen den Uhrzeigersinn von P nach Q führt. Ein Drehwinkel ist also eine Zahl zwischen 0 und 2π. Häufig sagt man statt Drehwinkel einfach wieder **Winkel**.

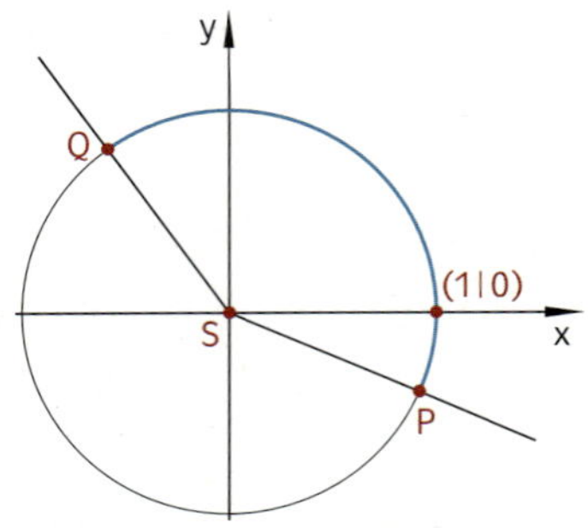

Tipp

Wie erkennt man, ob ein Drehwinkel gemeint ist? Wenn wir vom Winkel von P nach Q sprechen (also eine Reihenfolge der zwei Punkte festlegen), ist ein Drehwinkel gemeint, sonst sprechen wir wie bisher vom Winkel zwischen P und Q (oder gleichbedeutend: zwischen Q und P).

Wenn der Winkel von P nach Q gleich α ist, dann ist der Winkel von Q nach P gleich $360° - \alpha$ (im Bogenmaß $2\pi - \alpha$).

ggb eg5dj6

Wir wählen ein rechtwinkeliges Koordinatensystem und einen Punkt (x | y) auf dem Einheitskreis um (0 | 0).
Wenn $y \geq 0$ und $x > 0$ ist, dann ist die Länge α des Kreisbogens von (1 | 0) nach (x, y) kleiner als $90° = \frac{\pi}{2}$. Daher ist

$$x = \cos(\alpha) \text{ und } y = \sin(\alpha).$$

Wenn $y < 0$ oder $x \leq 0$ ist, dann ist die Länge α des Kreisbogens von (1 | 0) nach (x | y) größer als oder gleich $90° = \frac{\pi}{2}$. Für diesen Fall haben wir $\cos(\alpha)$ und $\sin(\alpha)$ noch nicht definiert. Das machen wir jetzt:

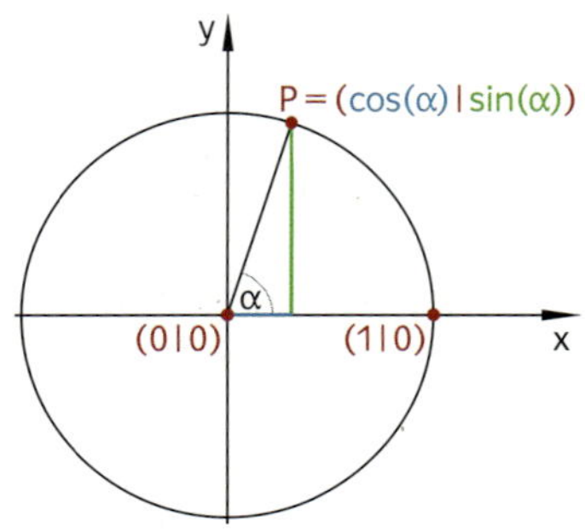

cos(α) und sin(α) für $0 \leq \alpha < 2\pi$

Mit P bezeichnen wir einen eindeutig bestimmten Punkt auf dem Einheitskreis so, dass der Winkel von (1 | 0) nach P gleich α ist. Dann definieren wir **cos(α)** bzw. **sin(α)** als die erste bzw. zweite Koordinate von P.

Also:

$$P = (\cos(\alpha) \mid \sin(\alpha)).$$

Für $0 \leq \alpha < \frac{\pi}{2}$ stimmt diese Definition von $\cos(\alpha)$ und $\sin(\alpha)$ mit der schon bekannten überein.

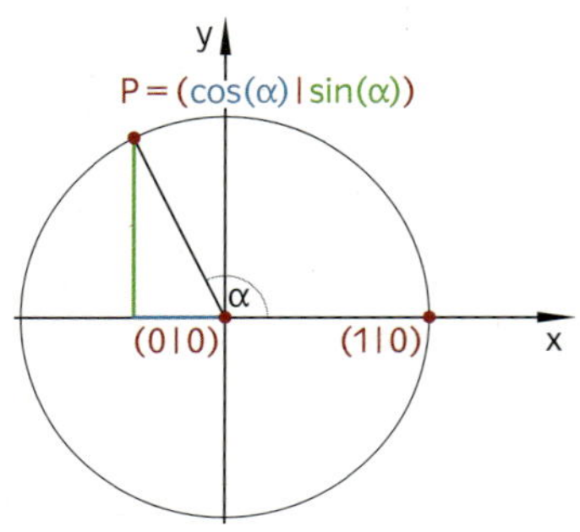

Eigenschaften von Cosinus und Sinus

Aus diesem Bild können wir unmittelbar die folgenden Eigenschaften von $\cos(\alpha)$ und $\sin(\alpha)$, für jede Zahl α im Intervall $[0; 2\pi]$, ablesen:

- $\cos(\alpha)^2 + \sin(\alpha)^2 = 1$,
  weil $P = (\cos(\alpha) \mid \sin(\alpha))$ auf dem Einheitskreis liegt.
- $-1 \leq \cos(\alpha) \leq 1 \qquad -1 \leq \sin(\alpha) \leq 1$
- $\cos(0) = 1,\ \cos\left(\frac{\pi}{2}\right) = 0,\ \cos(\pi) = -1,\ \cos\left(\frac{3\pi}{2}\right) = 0,\ \cos(2\pi) = 1$
- $\sin(0) = 0,\ \sin\left(\frac{\pi}{2}\right) = 1,\ \sin(\pi) = 0,\ \sin\left(\frac{3\pi}{2}\right) = -1,\ \sin(2\pi) = 0$
- $\cos(2\pi - \alpha) = \cos(\alpha),\ \sin(2\pi - \alpha) = -\sin(\alpha)$

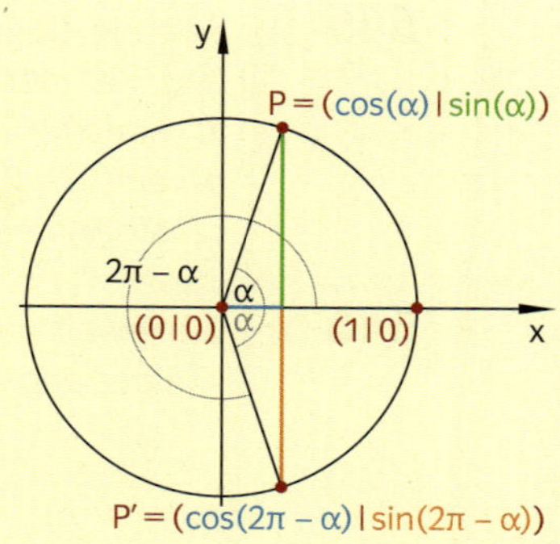

Tangens

Für Winkel α mit $\cos(\alpha) \neq 0$ definieren wir $\mathbf{\tan(\alpha)} = \frac{\sin(\alpha)}{\cos(\alpha)}$.

Am Einheitskreis können wir $\tan(\alpha)$ so veranschaulichen:

Wir zeichnen den Punkt $P = (\cos(\alpha) \mid \sin(\alpha))$ auf dem Einheitskreis ein und dann die Gerade durch $(0 \mid 0)$ und P. Den Punkt

$$\left(\frac{\cos(\alpha)}{\cos(\alpha)} \,\middle|\, \frac{\sin(\alpha)}{\cos(\alpha)}\right) = (1 \mid \tan(\alpha))$$

erhalten wir als Schnittpunkt dieser Geraden mit der Geraden durch $(1 \mid 0)$, die zur y-Achse parallel ist. Die Zahl $\tan(\alpha)$ ist die zweite Koordinate des Schnittpunktes.

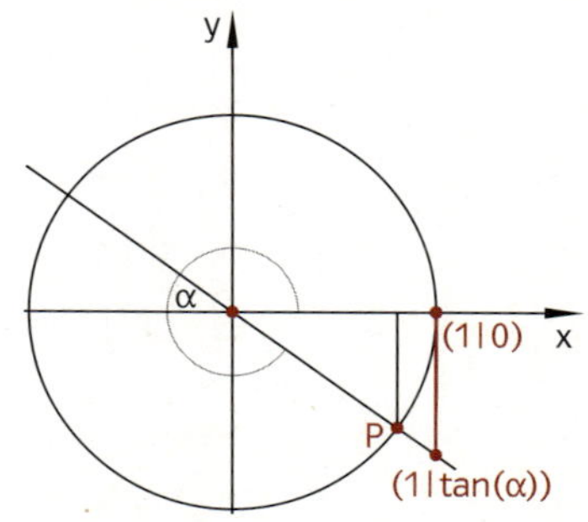

B **642** **Winkelfunktionswerte abmessen**

Zeichne einen Einheitskreis und den angegebenen Winkel und ermittle den angegebenen Winkelfunktionswert durch Abmessen.

a. $\sin(35°)$ **b.** $\cos(240°)$ **c.** $\tan(290°)$

a. $\sin(35°) \approx 0{,}54$

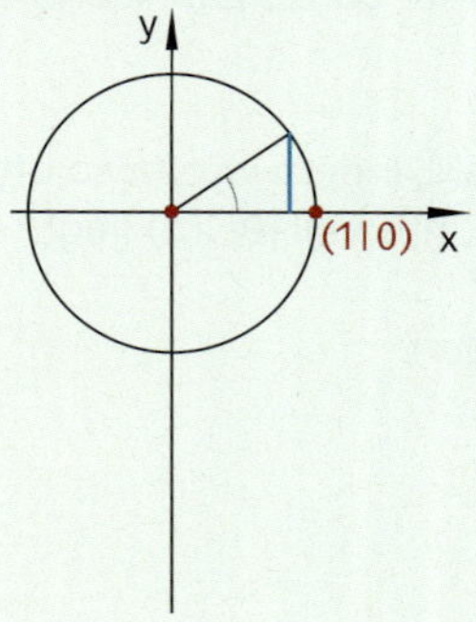

b. $\cos(240°) \approx -0{,}5$

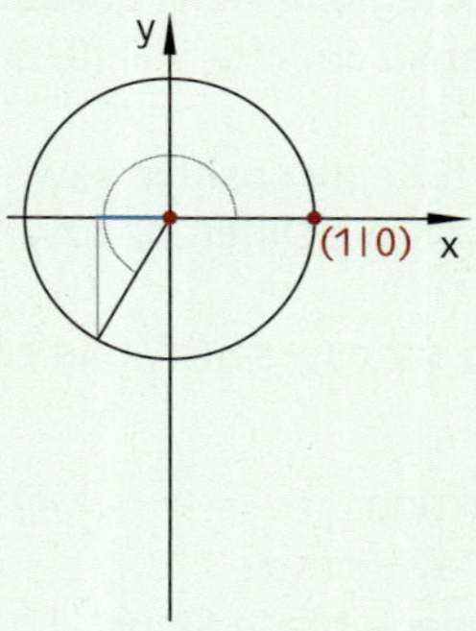

c. $\tan(290°) \approx -2{,}75$

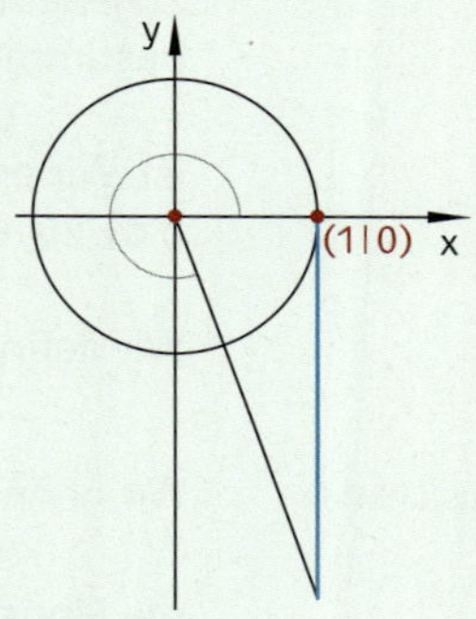

C **643** Zeichne einen Einheitskreis und ermittle den Winkelfunktionswert durch Abmessen.

a. $\sin(30°) =$ **c.** $\sin(305°) =$ **e.** $\cos(240°) =$ **g.** $\tan(140°) =$
b. $\sin(105°) =$ **d.** $\cos(45°) =$ **f.** $\cos(350°) =$ **h.** $\tan(205°) =$

C **644** Es sind Winkelfunktionswerte von Winkeln von $(1 \mid 0)$ nach einem Punkt P am Einheitskreis gegeben. Ordne ihnen die Quadranten zu, in denen P liegen kann.

a. $\sin(\alpha) = 0{,}523$ ☐☐
b. $\sin(\beta) = -0{,}123$ ☐☐
c. $\cos(\gamma) = 0{,}451$ ☐☐
d. $\cos(\delta) = -0{,}537$ ☐☐
e. $\cos(\varepsilon) = -0{,}921$ ☐☐
f. $\tan(\varphi) = 0{,}332$ ☐☐
g. $\tan(\eta) = 1{,}534$ ☐☐
h. $\tan(\iota) = -3{,}201$ ☐☐

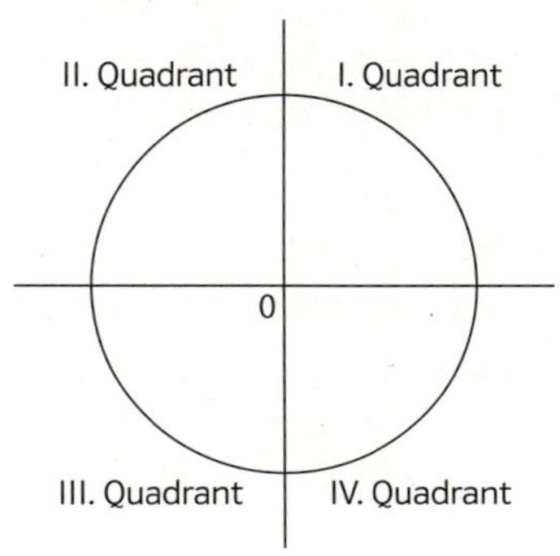

C **645** Zeichne einen Einheitskreis und ermittle durch Abmessen, für welche Winkel zwischen 0° und 360° der Winkelfunktionswert angenommen wird. (Jeweils 2 Lösungen!)

a. $\sin(\alpha) = 0{,}3$ **d.** $\sin(\beta) = -0{,}86$ **g.** $\cos(\gamma) = -0{,}66$ **j.** $\tan(\beta) = 1{,}23$
b. $\sin(\beta) = 0{,}73$ **e.** $\cos(\alpha) = 0{,}58$ **h.** $\cos(\beta) = -0{,}92$ **k.** $\tan(\gamma) = -0{,}35$
c. $\sin(\gamma) = -0{,}48$ **f.** $\cos(\beta) = 0{,}17$ **i.** $\tan(\alpha) = 0{,}5$ **l.** $\tan(\beta) = -1{,}14$

B **646** Gib jeweils den zweiten Winkel im Intervall [0°; 360°] an, der denselben Winkelfunktionswert hat wie der angegebene Winkel.

	α	β mit sin(β) = sin(α)	γ mit cos(γ) = cos(α)	δ mit tan(δ) = tan(α)
a.	70°			
b.	117°			
c.	234°			
d.	341°			

C **647** Untersuche ohne Technologieeinsatz mithilfe des Einheitskreises, welche der Beziehungen „<", „=" oder „>" zwischen den angegebenen Winkelfunktionswerten besteht. Setze zwischen den zwei Zahlen das richtige Zeichen „<", „=" oder „>" ein.

a. $\cos(45°)$ ____ $\sin(45°)$ **d.** $\sin(220°)$ ____ $\tan(220°)$ **g.** $\tan\left(\frac{\pi}{4}\right)$ ____ $\sin\left(\frac{3\pi}{2}\right)$
b. $\sin(60°)$ ____ $\cos(60°)$ **e.** $\sin(\pi)$ ____ $\cos(\pi)$ **h.** $\tan(2\pi)$ ____ $\cos\left(-\frac{3\pi}{4}\right)$
c. $\tan(35°)$ ____ $\sin(35°)$ **f.** $\cos\left(\frac{\pi}{2}\right)$ ____ $\cos\left(\frac{3\pi}{2}\right)$ **i.** $\cos(100°)$ ____ $\sin(190°)$

B **648** Bestimme, für welche Winkel zwischen 0° und 360° die Behauptung gilt.

a. $\sin(\alpha) = 0{,}1$ **d.** $\sin(\delta) = -1$ **g.** $\cos(\gamma) = -0{,}9$ **j.** $\tan(\beta) = -4{,}2$
b. $\sin(\beta) = -0{,}3$ **e.** $\cos(\alpha) = 0{,}4$ **h.** $\cos(\delta) = 0{,}5$ **k.** $\tan(\gamma) = 1{,}4$
c. $\sin(\gamma) = 0{,}9$ **f.** $\cos(\beta) = -0{,}3$ **i.** $\tan(\alpha) = 0{,}8$ **l.** $\tan(\delta) = -1$

Die Sinus-, Cosinus- und Tangensfunktion

Zu jeder reellen Zahl α gibt es eine eindeutig bestimmte ganze Zahl k und eine eindeutig bestimmte reelle Zahl α' im Intervall $[0; 2\pi)$ so, dass

$$\alpha = k \cdot (2\pi) + \alpha'$$

ist. Wir ermitteln α' für eine positive bzw. negative Zahl, indem wir 2π so oft von α subtrahieren bzw. zu α addieren, bis die Differenz bzw. Summe im Intervall $[0; 2\pi)$ liegt.

Wir definieren dann $\sin(\alpha) = \sin(\alpha')$ und $\cos(\alpha) = \cos(\alpha')$.

Sinusfunktion

Wir nennen die Funktion

$$\sin: \mathbb{R} \to \mathbb{R}: \alpha \mapsto \sin(\alpha)$$

die **Sinusfunktion** oder einfach **Sinus**.

ggb gx92ne

Der Graph der Sinusfunktion sieht so aus:

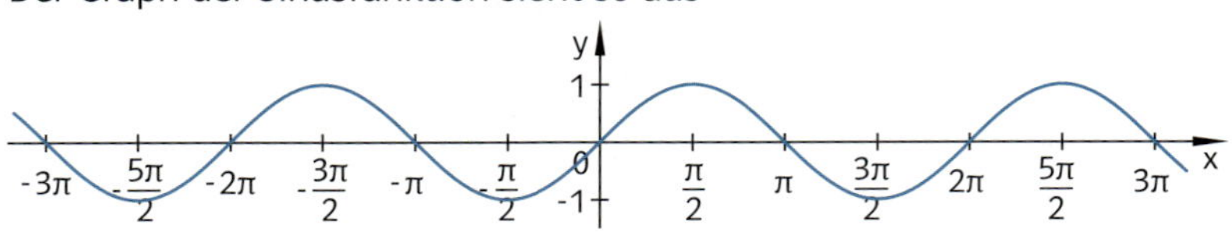

Nullstellen der Sinusfunktion

Die Nullstellen der Sinusfunktion im Intervall $[0; 2\pi)$ sind 0 und π, also ist

$$\{k \cdot \pi \mid k \in \mathbb{Z}\}$$

die Menge aller Nullstellen der Sinusfunktion.

Sinus ist eine ungerade Funktion

Die Sinusfunktion ist im Intervall $\left[-\frac{\pi}{2}; \frac{\pi}{2}\right]$ monoton wachsend, und im Intervall $\left[\frac{\pi}{2}; \frac{3\pi}{2}\right]$ monoton fallend. Sie ist eine **ungerade Funktion**, das heißt, für alle reellen Zahlen α ist

$$\sin(-\alpha) = -\sin(\alpha).$$

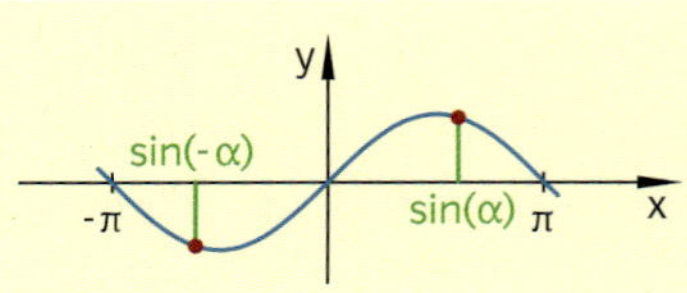

Cosinusfunktion

Wir nennen die Funktion

$$\cos: \mathbb{R} \to \mathbb{R}: \alpha \mapsto \cos(\alpha)$$

die **Cosinusfunktion** oder einfach **Cosinus.**

ggb y23562

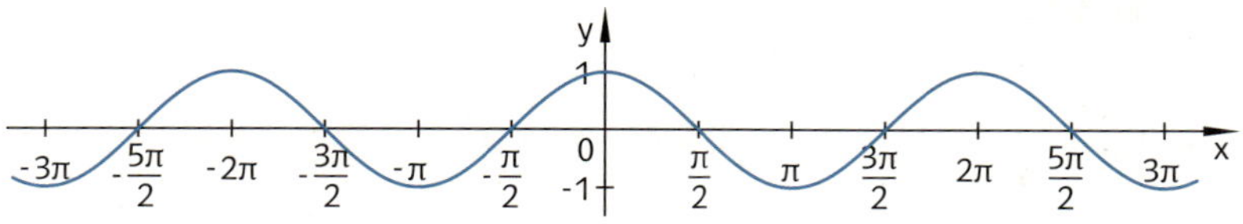

Nullstellen der Cosinusfunktion

Die Nullstellen der Cosinusfunktion im Intervall $[0; 2\pi)$ sind $\frac{\pi}{2}$ und $\frac{3\pi}{2}$, also ist

$$\left\{\frac{\pi}{2} + k \cdot \pi \,\middle|\, k \in \mathbb{Z}\right\}$$

die Menge aller Nullstellen der Cosinusfunktion.

Cosinus ist eine gerade Funktion

Die Cosinusfunktion ist im Intervall $[0; \pi]$ monoton fallend und im Intervall $[\pi; 2\pi]$ monoton wachsend. Sie ist eine **gerade Funktion**, das heißt, für alle reellen Zahlen α ist

$$\cos(-\alpha) = \cos(\alpha).$$

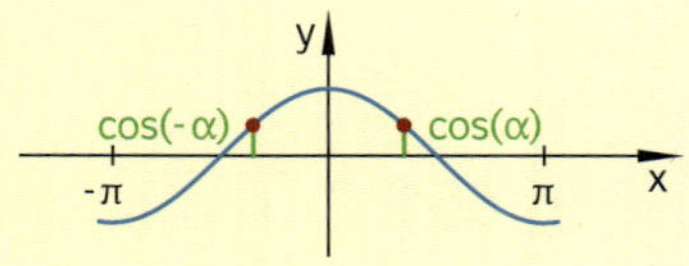

2π-periodisch

Man nennt Sinus und Cosinus **2π-periodische Funktionen**, das heißt: Für alle Zahlen α ist

$$\sin(\alpha + 2\pi) = \sin(\alpha)$$

und

$$\cos(\alpha + 2\pi) = \cos(\alpha).$$

Es genügt also, die Einschränkung dieser Funktionen auf das Intervall $[0; 2\pi)$ zu kennen.

Tangensfunktion

Für reelle Zahlen α, die nicht Nullstellen der Cosinusfunktion sind, definieren wir den **Tangens** von α durch

$$\tan(\alpha) = \frac{\sin(\alpha)}{\cos(\alpha)}$$

und nennen die Funktion

$$\tan: \mathbb{R} \setminus \left\{\frac{\pi}{2} + k\pi \,\middle|\, k \in \mathbb{Z}\right\} \to \mathbb{R}, \alpha \mapsto \tan(\alpha)$$

Tangensfunktion oder einfach **Tangens**.

Der Graph der Tangensfunktion sieht so aus:

ggb 9x2hf4

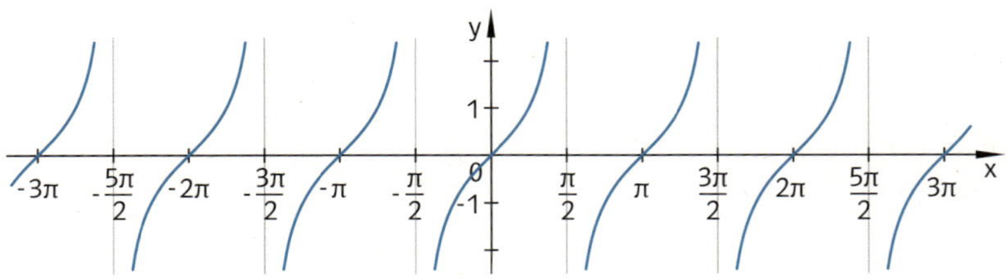

Eigenschaften der Tangensfunktion

Aus der Definition folgt:

- $\tan(0) = 0 \quad \tan\left(\frac{\pi}{4}\right) = 1 \quad \tan\left(-\frac{\pi}{4}\right) = -1$
- Für alle α ist
  $$\tan(-\alpha) = -\tan(\alpha),$$
  also ist die Tangensfunktion eine ungerade Funktion.

Aus der Veranschaulichung von $\tan(\alpha)$ am Einheitskreis folgt:

Monotonie von Tangens

Die Tangensfunktion ist im Intervall $\left(-\frac{\pi}{2}; \frac{\pi}{2}\right)$ monoton wachsend.

Winkelfunktionen

Die Funktionen Cosinus, Sinus, Tangens werden **Winkelfunktionen** genannt.

D **649** Kreuze an, welche der Aussagen richtig sind. Begründe.

- [A] Alle Funktionswerte der Sinusfunktion sind positiv.
- [B] Der Betrag der Funktionswerte der Sinusfunktion ist nie größer als 1.
- [C] Die Cosinusfunktion ist eine gerade Funktion.
- [D] Im Intervall $\left[-\frac{\pi}{2}; \frac{\pi}{2}\right]$ ist die Cosinusfunktion streng monoton wachsend.
- [E] Die Cosinusfunktion hat ihre Nullstellen bei $k \cdot \frac{\pi}{2}$, für alle $k \in \mathbb{Z}$.

C **650** Gib an, der Graph welcher Winkelfunktion hier zu sehen ist.

a.

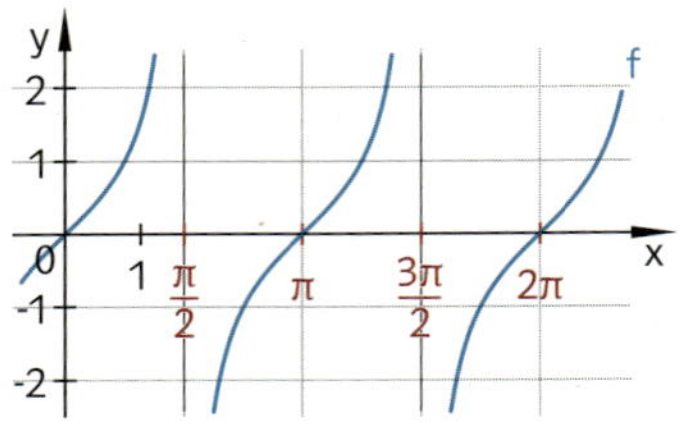

b.

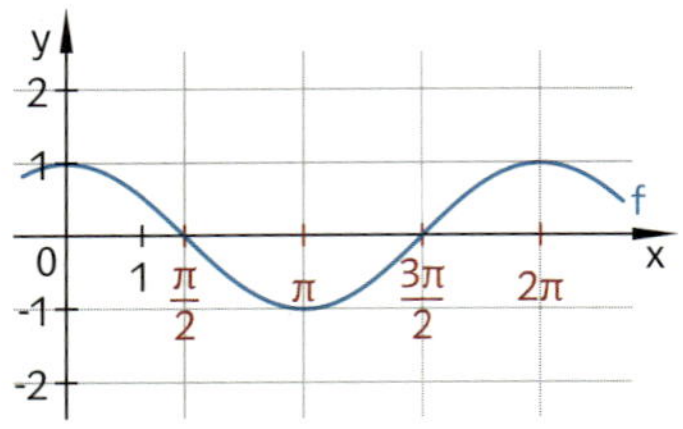

c.

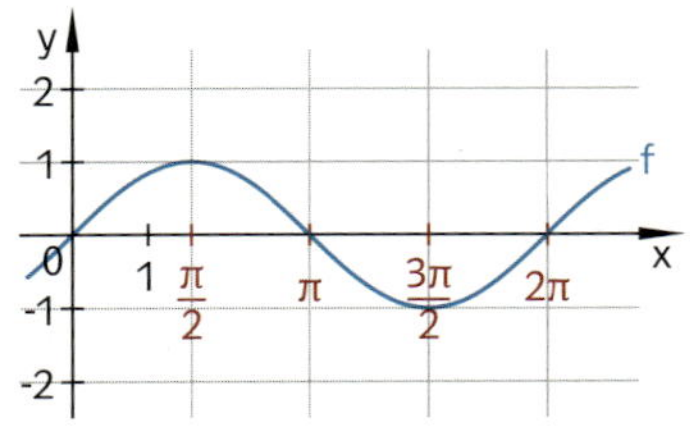

B **651** Erstelle mithilfe eines Tabellenkalkulationsprogramms eine Tabelle für die Funktionswerte von Sinus, Cosinus und Tangens von Winkeln zwischen 0° und 360° in 5°-Schritten. Zeichne für diese Winkel die Paare (Winkel | Funktionswert dieses Winkels) in ein Koordinatensystem.

B, C **652** ggb ha6nh8 Zeichne mithilfe einer geeigneten Technologie einen Einheitskreis. Stelle für eingebbare Winkel α die Funktionswerte $\sin(\alpha)$, $\cos(\alpha)$ und $\tan(\alpha)$ am Einheitskreis dar. Verändere das Programm so, dass man mithilfe eines Schiebereglers den Winkel von −360° bis +360° verändern und so die Veränderung der Winkelfunktionswerte beobachten kann.

C, D **653** Arbeitet zu zweit und zeichnet einen Einheitskreis.

a. Markiert jene Bereiche des Einheitskreises grün, für die gilt $|\sin(\alpha)| < |\cos(\alpha)|$. Jene Bereiche, für die gilt $|\sin(\alpha)| > |\cos(\alpha)|$, kennzeichnet mit blauer Farbe. Für jene Bereiche, für die gilt $|\sin(\alpha)| = |\cos(\alpha)|$ wählt die Farbe Rot.

b. Vergleicht nun eure Darstellung mit der einer anderen Gruppe und korrigiert gegebenenfalls.

c. Überlegt, ob eine solche Darstellung für das Vergleichen der Funktionen Sinus und Tangens bzw. Cosinus und Tangens ebenfalls sinnvoll ist. Begründet und präsentiert eure Überlegungen.

Was habe ich in diesem Abschnitt gelernt?

☐ **Ich kenne Drehwinkel und kann ihren Sinus, Cosinus und Tangens mithilfe ihrer Darstellung am Einheitskreis bestimmen.**

D **654** Argumentiere anhand einer Skizze des Einheitskreises, warum die Behauptung richtig ist.

a. $\sin(45°) = \cos(45°)$ **b.** $\sin(\alpha) = \sin(180° - \alpha)$ **c.** $\sin(\alpha) = \cos\left(\alpha - \frac{\pi}{2}\right)$

☐ **Ich kenne die Sinusfunktion, Cosinusfunktion und Tangensfunktion als periodische Funktionen.**

B **655** Berechne.

a. $\sin\left(-\frac{\pi}{2}\right) =$ **b.** $\cos\left(\frac{11\pi}{3}\right) =$ **c.** $\tan\left(-\frac{9\pi}{4}\right)$

☐ **Ich kenne einige Eigenschaften dieser drei Winkelfunktionen.**

D **656** Kreuze an, welche der Aussagen richtig sind. Begründe.

- [A] Alle Funktionswerte der Cosinusfunktion sind kleiner 1.
- [B] Die Cosinusfunktion hat genau 2 Nullstellen.
- [C] Die Sinusfunktion ist eine periodische Funktion.

5.3 Dreiecke und Vermessungsaufgaben

- ☐ Ich lerne geometrische Aufgaben mit dem Sinus- oder dem Cosinussatz zu lösen.
- ☐ Ich lerne zu begründen, warum ich zum Lösen einer Aufgabe mit Dreiecken den Sinus- oder den Cosinussatz verwende.
- ☐ Ich lerne Vermessungsaufgaben mithilfe des Sinus- oder des Cosinussatzes zu lösen.

Sinussatz und Cosinussatz

Mit H_C bezeichnen wir den Schnittpunkt der Geraden durch C, die normal zur Geraden durch A und B steht, mit der Geraden durch A und B.
Das Dreieck ΔAH_CC hat einen rechten Winkel bei H_C, daher ist die Länge der Strecke H_CB gleich $a \cdot \cos(\beta)$ und h_c, die Länge der Strecke H_CC, ist gleich $a \cdot \sin(\beta)$.
Der Flächeninhalt des Dreiecks ΔABC ist $A = \frac{1}{2} c \cdot h_c$. Daraus folgt:

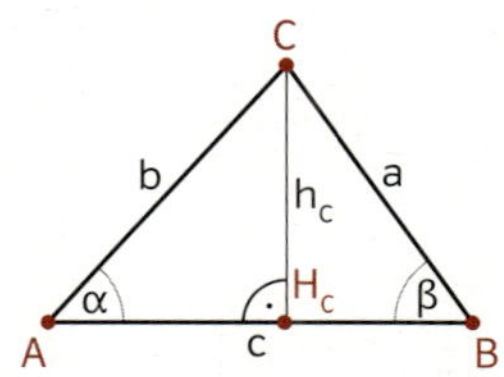

trigonometrische Flächenformel

Der **Flächeninhalt des Dreiecks** ist

$$A = \frac{c \cdot h_c}{2} = \frac{c \cdot a \cdot \sin(\beta)}{2}.$$

Wir hätten uns dasselbe auch für die Eckpunkte B und C statt A überlegen können:

$$A = \frac{a \cdot h_a}{2} = \frac{a \cdot b \cdot \sin(\gamma)}{2} \quad \text{und} \quad A = \frac{b \cdot h_b}{2} = \frac{b \cdot c \cdot \sin(\alpha)}{2}$$

In Worten: Der Flächeninhalt eines Dreiecks ist die Hälfte des Produktes zweier Seitenlängen mal dem Sinus des eingeschlossenen Winkels.

Der Flächeninhalt des Dreiecks ΔABC ist

$$A = \frac{1}{2} c \cdot b \cdot \sin(\alpha) = \frac{1}{2} a \cdot c \cdot \sin(\beta) = \frac{1}{2} a \cdot b \cdot \sin(\gamma).$$

Nach Division durch $\frac{1}{2} a \cdot b \cdot c$ erhalten wir daraus

$$\frac{\sin(\alpha)}{a} = \frac{\sin(\beta)}{b} = \frac{\sin(\gamma)}{c}.$$

Wir haben damit den **Sinussatz** bewiesen:

Sinussatz

Der Quotient $\frac{\text{Sinus eines Winkels}}{\text{Länge der gegenüberliegenden Seite}}$ ist für alle Winkel im Dreieck gleich.

Kurz: $\frac{\sin(\alpha)}{a} = \frac{\sin(\beta)}{b} = \frac{\sin(\gamma)}{c}$

Ohne Beweis geben wir den Cosinussatz an:

Cosinussatz

$$a^2 = b^2 + c^2 - 2 \cdot b \cdot c \cdot \cos(\alpha)$$
$$b^2 = a^2 + c^2 - 2 \cdot a \cdot c \cdot \cos(\beta)$$
$$c^2 = a^2 + b^2 - 2 \cdot a \cdot b \cdot \cos(\gamma)$$

Das Quadrat einer Seite ist gleich der Summe der Quadrate der beiden anderen Seiten abzüglich des doppelten Produkts der beiden anderen Seiten und dem Cosinus des von diesen Seiten eingeschlossenen Winkels.

A **657** **Sinus- und Cosinussatz für ein Dreieck angeben**

Gib für das skizzierte Dreieck den Sinus- und den Cosinussatz an.

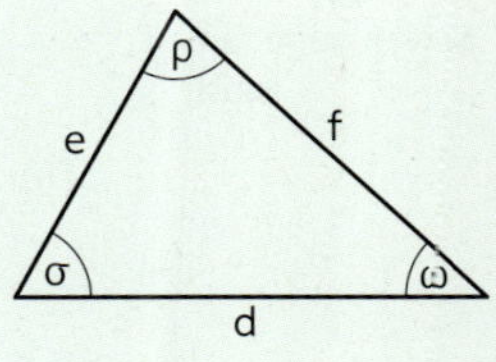

Sinussatz:

$$\frac{\sin(\sigma)}{f} = \frac{\sin(\omega)}{e} = \frac{\sin(\rho)}{d}$$

Cosinussatz:

$$f^2 = e^2 + d^2 - 2 \cdot e \cdot d \cdot \cos(\sigma)$$
$$e^2 = d^2 + f^2 - 2 \cdot d \cdot f \cdot \cos(\omega)$$
$$d^2 = e^2 + f^2 - 2 \cdot e \cdot f \cdot \cos(\rho)$$

A **658** Gib den Sinus- und Cosinussatz für das Dreieck mit den angegebenen Bezeichnungen an.

a.

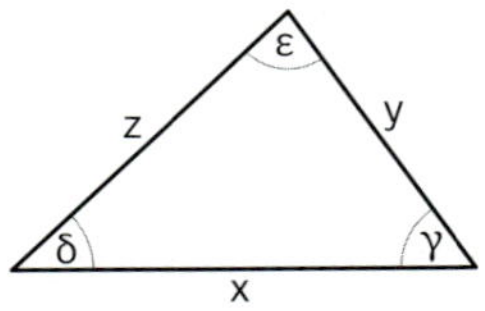

b.

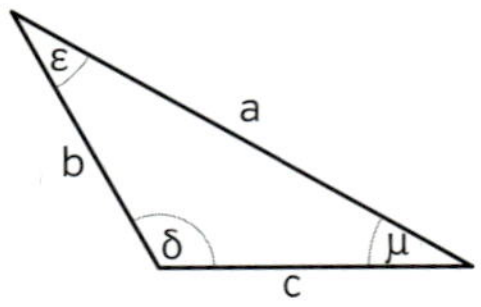

c.

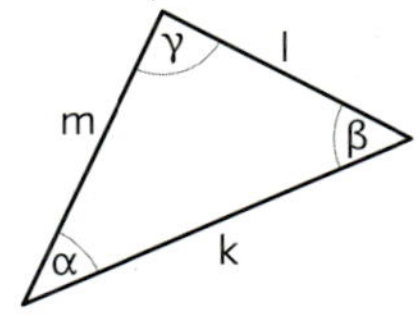

C **659** Untersuche, welche der Behauptungen für das skizzierte Dreieck richtig sind.

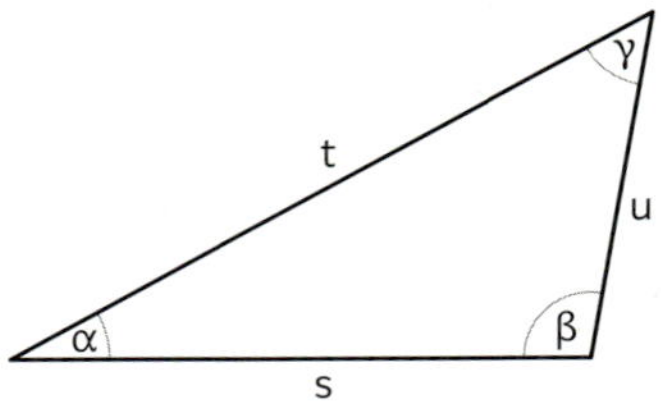

A $\sin(\alpha) = \frac{u}{t}$

B $\frac{t}{\sin(\alpha)} = \frac{s}{\sin(\gamma)}$

C $\frac{u}{\sin(\alpha)} = \frac{t}{\sin(\beta)}$

D $\frac{\sin(\alpha)}{u} = \frac{\sin(\gamma)}{s}$

E $\cos(\beta) = \frac{s}{t}$

F $t^2 = s^2 + u^2$

G $u^2 = t^2 + s^2 - 2ts \cdot \cos(\alpha)$

H $u^2 = t^2 + s^2 - 2ts \cdot \cos(\beta)$

I $s^2 = u^2 + s^2 + 2us \cdot \cos(\beta)$

B, C **660** ggb z4k75q Zeichne ein Dreieck mit einer geeigneten Technologie. Benenne die Punkte, Seiten und Winkel in der üblichen Weise. Berechne dann die Quotienten $\frac{a}{\sin(\alpha)}$, $\frac{b}{\sin(\beta)}$ und $\frac{c}{\sin(\gamma)}$. Verschiebe nun die Eckpunkte des Dreiecks beliebig und achte darauf, wie sich die Quotienten verändern. Dokumentiere deine Beobachtungen.

A, D **661** Arbeitet in Zweiergruppen. Jede/r von euch zeichnet ein beliebiges Dreieck und bezeichnet dessen Seiten und Winkel beliebig, aber eindeutig. Jede/r formuliert dann für das Dreieck den Sinus- und Cosinussatz. Tauscht nun die Dreiecke und kontrolliert, ob Sinus- und Cosinussatz richtig formuliert wurden.

D **662** Beweise, dass für rechtwinkelige Dreiecke der Satz von Pythagoras und der Cosinussatz für den rechten Winkel übereinstimmen.

D **663** Stimmt die Behauptung, dass der Sinussatz in rechtwinkeligen Dreiecken nicht gilt? Begründe.

Seiten und Winkel des Dreiecks

Wenn wir von einem Dreieck nicht alle Seitenlängen und Winkel kennen, können wir die fehlenden wie folgt berechnen:

gegeben sind	berechnet wird	Berechnung mithilfe von
drei Seiten	beliebiger Winkel	Cosinussatz
zwei Seiten und der eingeschlossene Winkel	dritte Seite	Cosinussatz
zwei Seiten und ein Winkel, der einer der beiden Seiten gegenüberliegt	weiterer Winkel (eventuell zwei Lösungen)	Sinussatz
eine Seite und zwei Winkel	weitere Seite	Sinussatz
drei Winkel	Durch drei Winkel allein ist ein Dreieck nicht eindeutig bestimmt.	

B **664** **Winkel eines Dreiecks berechnen, wenn drei Seiten gegeben sind**

Ein Dreieck hat die Seitenlängen a = 5 cm, b = 4,8 cm, c = 7 cm. Berechne seine Winkel.

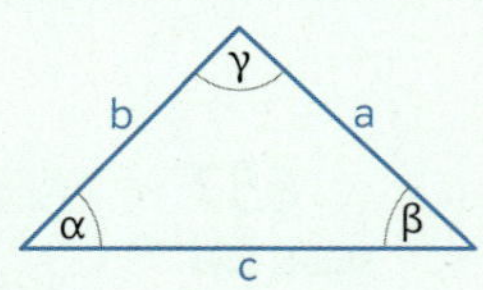

Wir berechnen den Winkel α mithilfe des Cosinussatzes.
Weil $a^2 = b^2 + c^2 - 2bc \cdot \cos(\alpha)$ ist

$$\cos(\alpha) = \frac{b^2 + c^2 - a^2}{2bc} = \frac{4{,}8^2 + 7^2 - 5^2}{2 \cdot 4{,}8 \cdot 7} = 0{,}7$$

$$\alpha = \arccos(0{,}7) = 45{,}57°.$$

Den Winkel β berechnen wir mithilfe des Sinussatzes $\frac{\sin(\beta)}{b} = \frac{\sin(\alpha)}{a}$:

$$\sin(\beta) = b \cdot \frac{\sin(\alpha)}{a} = 4{,}8 \cdot \frac{\sin(45{,}57°)}{5} = 0{,}6855$$

$$ß = \arcsin(0{,}6855) = 43{,}28°$$

Die Winkelsumme im Dreieck ist 180°, also ist

$$\gamma = 180° - \alpha - \beta = 91{,}15°.$$

B **665**
eine Seitenlänge eines Dreiecks berechnen, wenn zwei Seiten und der eingeschlossene Winkel gegeben sind

Ein Dreieck hat die Seitenlängen $b = 8\,cm$, $c = 6\,cm$ und den Winkel $\alpha = 30°$. Berechne die Seitenlänge a.

Nach dem Cosinussatz gilt $a^2 = b^2 + c^2 - 2bc \cdot \cos(\alpha)$, also ist

$$a = \sqrt{b^2 + c^2 - 2bc \cdot \cos(\alpha)} =$$
$$= \sqrt{8^2 + 6^2 - 2 \cdot 8 \cdot 6 \cdot \cos(30°)} = \sqrt{16{,}86} = 4{,}11$$

Daher ist $a = 4{,}11\,cm$.

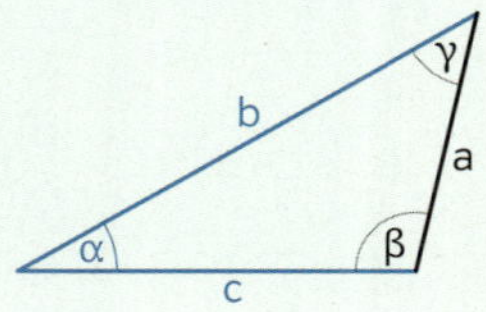

B **666**
Seitenlängen und Winkel eines Dreiecks berechnen, wenn zwei Seiten und ein anliegender Winkel gegeben sind

ggb/tns
676tp7

Berechne die fehlenden Winkel und Seitenlängen des Dreiecks, von dem folgende Seitenlängen und Winkel gegeben sind: $a = 5\,cm$, $b = 8\,cm$, $\alpha = 35°$

Es sind zwei Seiten und ein anliegender Winkel gegeben, wir können daher mit dem Sinussatz einen weiteren Winkel berechnen:

$$\sin(\beta) = b \cdot \frac{\sin(\alpha)}{a} = 8 \cdot \frac{0{,}574}{5} = 0{,}918$$
$$\beta_1 = 66{,}60°$$

Wegen $\sin(\beta) = \sin(180° - \beta)$ ist auch

$$\beta_2 = 180° - \beta_1 = 113{,}40°$$

eine Lösung. Wir erhalten also zwei Dreiecke. Für beide gilt $\gamma = 180 - \alpha - \beta$, daher ist

$$\gamma_1 = 78{,}40° \quad \text{und} \quad \gamma_2 = 31{,}60°.$$

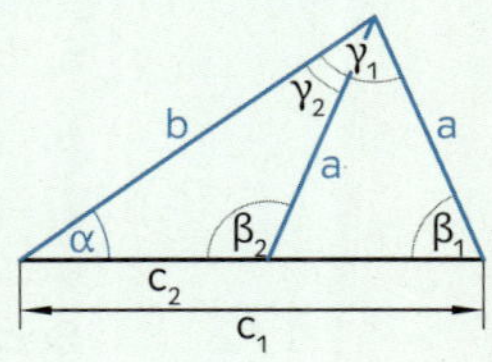

Die Seite c berechnen wir mit dem Sinussatz:

$$c = a \cdot \frac{\sin(\gamma)}{\sin(\alpha)}$$

Für $\gamma_1 = 78{,}40°$ berechnen wir

$$c_1 = 5 \cdot \frac{\sin(78{,}40°)}{\sin(35°)} = 8{,}54\,cm$$

und für $\gamma_2 = 31{,}60°$ berechnen wir

$$c_2 = 5 \cdot \frac{\sin(31{,}60°)}{\sin(35°)} = 4{,}57\,cm.$$

Wir erhalten also ein Dreieck mit $a = 5\,cm$, $b = 8\,cm$ und $c_1 = 8{,}54\,cm$ und ein zweites Dreieck mit $a = 5\,cm$, $b = 8\,cm$ und $c_2 = 4{,}57\,cm$.

B **667**
Seitenlängen und Winkel eines Dreiecks berechnen, wenn eine Seite und zwei Winkel gegeben sind

ggb/tns
v625mm

Berechne die Seitenlängen b und c und den Winkel α des Dreiecks, von dem folgende Bestimmungsstücke gegeben sind: $a = 6\,cm$, $\beta = 34{,}5°$, $\gamma = 125{,}67°$

Es sind eine Seite und die zwei anliegenden Winkel gegeben. Die Winkelsumme im Dreieck beträgt 180°. Wir können daher den Winkel α berechnen:

$$\alpha = 180° - \beta - \gamma = 19{,}83°$$

Mit dem Sinussatz können wir die Seitenlängen b und c berechnen:

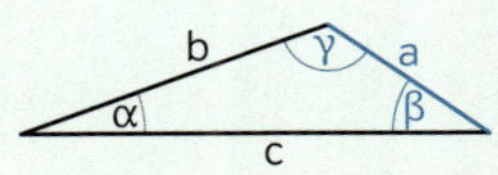

$$\frac{\sin(\alpha)}{a} = \frac{\sin(\beta)}{b}$$
$$b = a \cdot \frac{\sin(\beta)}{\sin(\alpha)} = 6 \cdot \frac{\sin(34{,}5°)}{\sin(19{,}83°)} = 10{,}018\,cm$$
$$\frac{\sin(\alpha)}{a} = \frac{\sin(\gamma)}{c}$$
$$c = a \cdot \frac{\sin(\gamma)}{\sin(\alpha)} = 6 \cdot \frac{\sin(125{,}67°)}{\sin(19{,}83°)} = 14{,}369\,cm$$

C **668** Untersuche, mit welchem Satz die nicht angegebenen Seitenlängen und Winkel des Dreiecks berechnet werden können, wenn folgende Seitenlängen und Winkel bekannt sind.

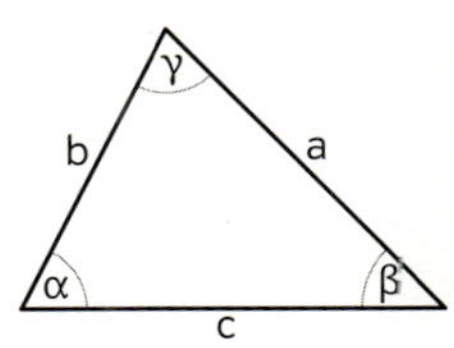

a. a, c, β **c.** a, b, α **e.** b, c, γ
b. b, c, α **d.** a, b, c **f.** b, α, β

B **669** Berechne die Winkel des Dreiecks. Die Seitenlängen sind in cm angegeben.

	a.	**b.**	**c.**	**d.**	**e.**	**f.**	**g.**	**h.**
a	20,00	16,00	6,00	8,90	5,30	6,73	8,54	17,37
b	16,00	18,00	7,00	9,30	7,70	8,81	6,61	18,16
c	17,00	21,00	11,00	3,30	10,90	13,34	11,49	23,45

B **670** Bestimme die fehlenden Seitenlängen und Winkel des Dreiecks sowie seine Höhen und seinen Flächeninhalt. Die Seitenlängen sind in cm, die Winkel in Grad angegeben.

	a.	b.	c.	d.	e.	f.	g.	h.
a	12,00		18,00	18,00		6,70		9,23
b	18,00	6,00		18,60	9,20		7,03	12,50
c		16,00	16,00		11,80	8,10	12,70	
α		60,00			27,54		40,62	
β			37,17			57,29		
γ	14,09			40,90				66,94

B **671** Berechne, wenn möglich, die fehlenden Seitenlängen und Winkel des Dreiecks oder der Dreiecke.

a. a = 7 cm b = 2 cm $\alpha = 42°$
b. b = 12 cm c = 14 cm $\beta = 50°$
c. b = 5 cm c = 12 cm $\gamma = 28°$
d. b = 14 cm c = 18 cm $\beta = 79°$
e. b = 12,30 cm c = 10,50 cm $\gamma = 48°$
f. a = 3 cm b = 10 cm $\beta = 72°$

B **672** Berechne die fehlenden Längen, Winkel bzw. den Flächeninhalt des gleichschenkeligen Dreiecks. Die Längen sind in cm, der Flächeninhalt in cm^2 gegeben.

	a.	b.	c.	d.	e.	f.	g.	h.
a	10,00			26,00	15,13			
c	16,00	17,00				36,58	23,89	
α			56,85		29,45			
γ				87,63		88,21		142,75
h		14,72	26,79					
h_a								
Flächeninh.							120,96	795,53

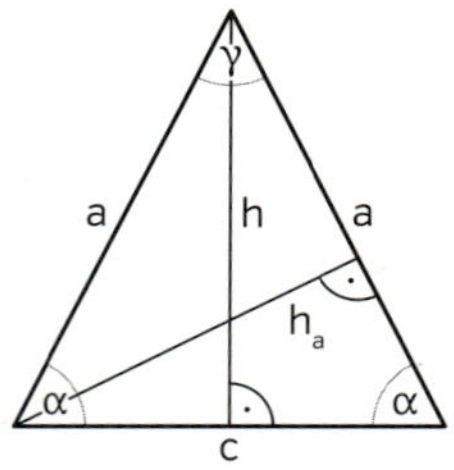

A, C **673** Vom dargestellten Dreieck sind die eingezeichneten Winkel und Seitenlängen bekannt. Untersuche, ob zur Bestimmung der anderen Winkel und Seitenlängen zunächst der Sinus- oder der Cosinussatz angewandt werden muss. Beschrifte in der Skizze den Winkel oder die Seite, die du als erstes berechnen kannst, mit x und gib an, wie du x berechnest.

a.

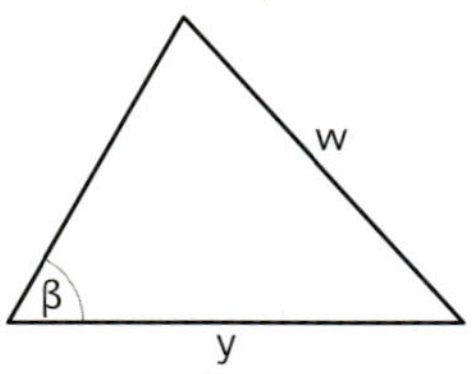

c.

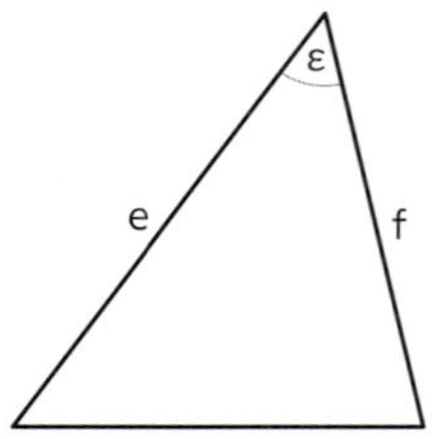

e.

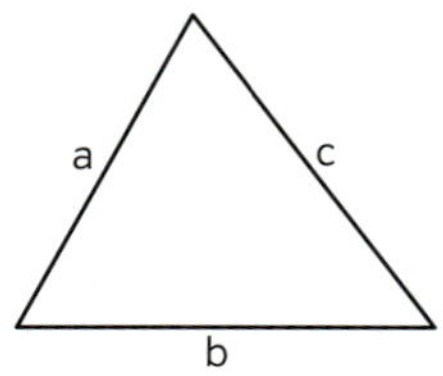

b.

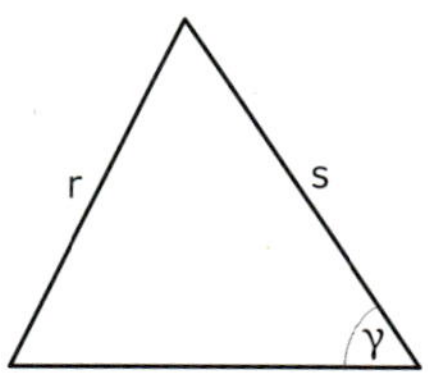

d.

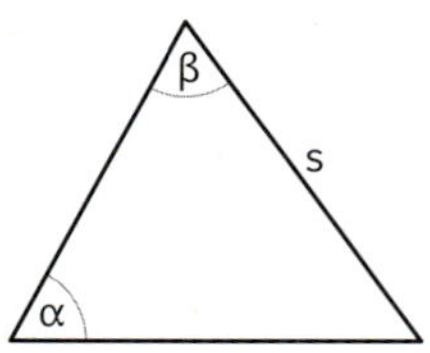

f.

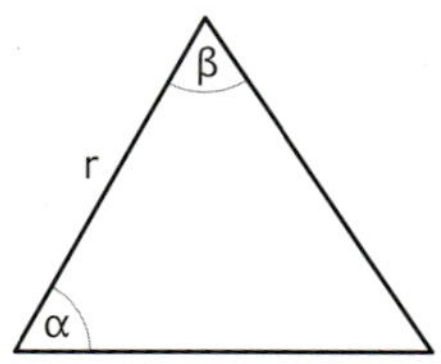

C, D **674** Skizziert gemeinsam ein Dreieck und benennt die drei Seitenlängen und drei Winkel beliebig.

a. Untersucht, wie viele Möglichkeiten es gibt, das Dreieck eindeutig durch 3 dieser 6 Zahlen festzulegen. Notiert diese.

b. Bei welcher der Möglichkeiten müsste man auf den Sinus- und bei welcher auf den Cosinussatz zurückgreifen, um die jeweils nicht angegebenen Seiten und Winkel zu bestimmen?
Begründet und fasst eure Überlegungen zusammen.

Vermessungsaufgaben

Berechnungen im Dreieck können für Vermessungen genutzt werden.

Höhenwinkel Tiefenwinkel

Beim Vermessen nennt man den Winkel zwischen der Blickrichtung parallel zur Erdoberfläche und der Blickrichtung zum anvisierten Punkt P einen **Höhenwinkel**, wenn P oberhalb der Blickrichtung liegt, und einen **Tiefenwinkel**, wenn P unterhalb der Blickrichtung liegt.

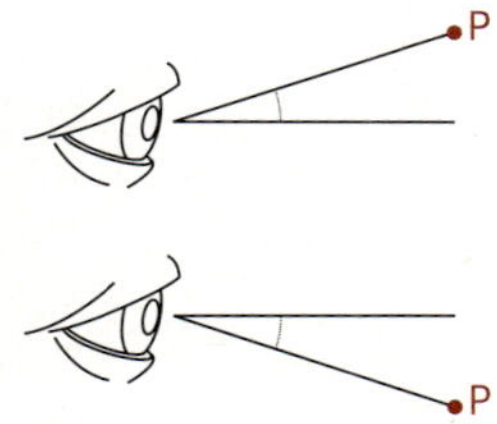

Tipp

Um Vermessungsaufgaben zu lösen, gibt es meist mehrere mögliche Vorgangsweisen. Nützlich ist, sich zunächst eine Skizze zu machen, in der man die bekannten Längen und Winkel einzeichnet. Nun sucht man in dieser Skizze Dreiecke, von denen man bereits genug Bestimmungsstücke kennt, um die übrigen Längen und Winkel mithilfe der Winkelfunktionen im rechtwinkeligen Dreieck oder mithilfe des Sinus- oder des Cosinussatzes zu berechnen.

A, B **675** **eine Vermessungsaufgabe lösen**

Um die Höhe eines Hügels zu bestimmen, visiert man von einem Punkt der Ebene aus eine 2 m lange Messlatte auf dem Gipfel des Hügels unter den Höhenwinkeln $\alpha_B = 27{,}69°$ und $\alpha_C = 32{,}65°$ an (siehe Skizze). Berechne die Höhe des Hügels.

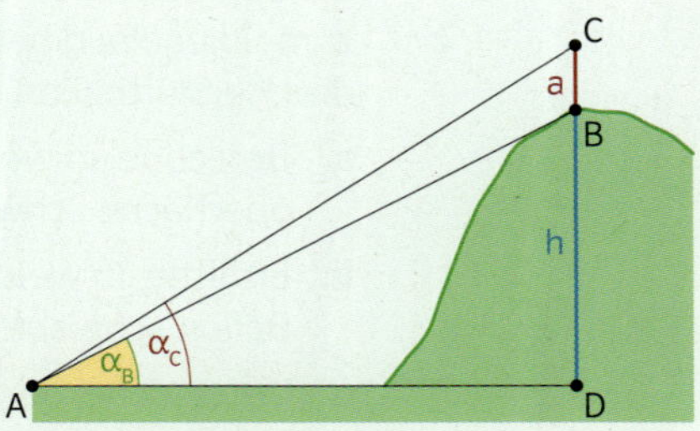

Im Dreieck ΔABC berechnen wir zunächst mithilfe des Sinussatzes die Länge $\overline{AB}$ der Strecke AB. Den Winkel in diesem Dreieck bei A bezeichnen wir mit α, den bei C mit γ. Dann ist

$$\gamma = 180° - 90° - \alpha_C = 57{,}35°$$

und

$$\alpha = \alpha_C - \alpha_B = 4{,}96°.$$

$\frac{\sin(\gamma)}{\overline{AB}} = \frac{\sin(\alpha)}{a}$, daher ist

$$\overline{AB} = \sin(\gamma) \cdot \frac{a}{\sin(\alpha)} = \sin(57{,}35°) \cdot \frac{2}{\sin(4{,}96°)} = 19{,}48\,\text{m}.$$

Im rechtwinkeligen Dreieck ΔADB ist die gesuchte Höhe h die Gegenkathete von α_B:

$$\sin(\alpha_B) = \frac{h}{\overline{AB}},$$

daher ist

$$h = \overline{AB} \cdot \sin(\alpha_B) = 19{,}48 \cdot \sin(27{,}69°) = 9{,}05\,\text{m}.$$

Der Hügel ist rund 9 m hoch.

A, B **676** Die Höhe eines Gebäudes soll vermessen werden. Dafür wird eine 3 m lange gerade Messlatte am Dach des Hauses positioniert (Skizze rechts). Dann wird vom Boden aus das obere und das untere Ende der Latte anvisiert. Dabei werden die Höhenwinkel $\alpha = 61°$ und $\beta = 64°$ gemessen. Berechne die Höhe des Gebäudes.

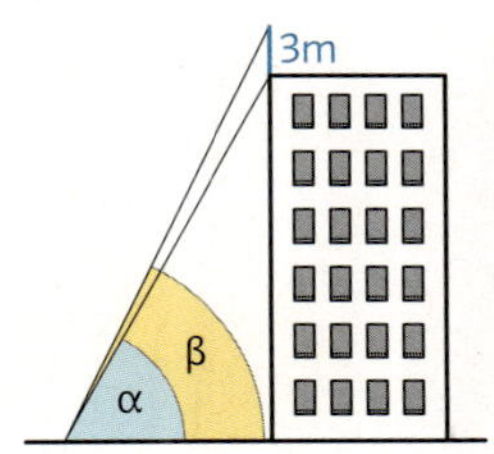

A, B **677** Auf dem Dach eines Hauses befindet sich ein 2 m hoher Sendermast. Von einem Beobachtungspunkt auf der ebenen Zufahrtsstraße erscheinen der Fußpunkt des Sendermastes unter einem Winkel von 32,47° und die Spitze unter einem Winkel von 39,21°. Das Messgerät befindet sich dabei auf einer Höhe von 1,50 m.

a. Berechne die Höhe des Hauses.

b. Berechne, wie weit die Spitze des Sendermasts vom Beobachter entfernt ist.

A, B **678** ggb st7zt3

Von einem 24 m hohen Haus peilt man die beiden Ufer eines Flusses unter den Tiefenwinkeln 24° und 13° an. Berechne die Breite des Flusses und die Entfernung des Hauses zum näheren Flussufer.

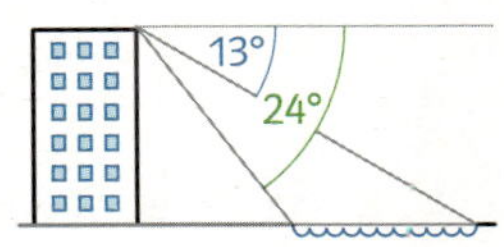

A, B **679** Die Höhe eines Mastes soll bestimmt werden. Dafür wird von einem 25 m hohen Hügel aus der Höhenwinkel $\alpha = 27°$ zur Spitze des Mastes und der Tiefenwinkel $\beta = 23°$ zum Fußpunkt des Mastes gemessen. Ermittle die Höhe des Mastes.

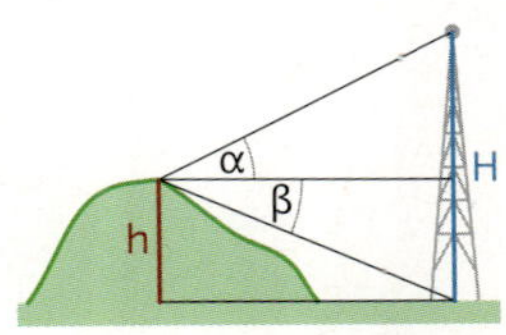

A, B **680** Ein Schiff entfernt sich mit einer Geschwindigkeit von 36 km/h in gerader Linie von einem hohen Leuchtturm. Um 10 Uhr sieht der Leuchtturmwärter von der Spitze des Leuchtturms das Schiff unter einem Winkel von 16,7° und 10 Minuten später sieht er es unter einem Winkel von 1,32°. Ermittle die Höhe des Leuchtturms.

A, B, D **681** Ein Besucher eines Nationalparks steht auf einer Aussichtsplattform in einer Höhe von 15 m oberhalb des Bodens. Er betrachtet einen Baum und sieht den Baumwipfel dabei unter einem Höhenwinkel von 30°. Den Fuß des Baumstammes sieht er unter einem Tiefenwinkel von 20°.

a. Fertige eine Skizze an.

b. Berechne die gesamte Höhe des Baumes.

c. Der Besucher stellt sich auf der Plattform 5 m weiter weg vom Baum. Überlege, ob der Baumwipfel dann unter einem größeren oder einem kleineren Winkel erscheint. Begründe.

A, B, C **682** Ein Klippenspringer steht 20 m oberhalb der Wasseroberfläche, als er die Spiegelung eines Heißluftballons im Wasser bemerkt. Der Winkel zum Spiegelbild beträgt dabei $\alpha = 60°$. Hebt er seinen Blick, so sieht er den Heißluftballon unter einem Winkel von $\beta = 56°$.

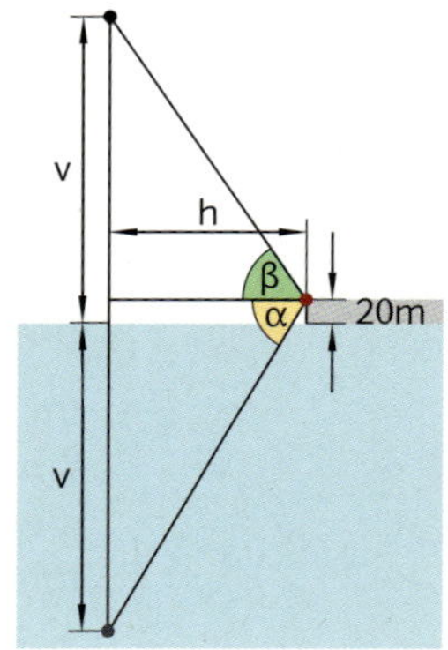

a. Berechne, in welcher vertikalen Höhe v der Ballon über der Wasseroberfläche schwebt.

b. Ermittle, in welcher horizontalen Entfernung h vom Springer der Ballon schwebt.

c. Untersuche, ob die folgende Aussage stimmt: Wenn der Springer das Spiegelbild unter einem Winkel von 45° sieht, dann ist der Ballon horizontal genauso weit vom Springer entfernt wie vertikal von der Wasseroberfläche.

A, B **683** **eine Vermessungsaufgabe lösen**

Um den Abstand zweier kleiner Inseln C und D zu bestimmen, misst man am Ufer von zwei Messpunkten A und B mit genau 500 m Abstand voneinander die folgenden Winkel (siehe Skizze):

$$\alpha_C = 111{,}8°,\ \alpha_D = 45°,\ \beta_C = 35{,}54°,\ \beta_D = 105{,}95°$$

Berechne den Abstand zwischen C und D.

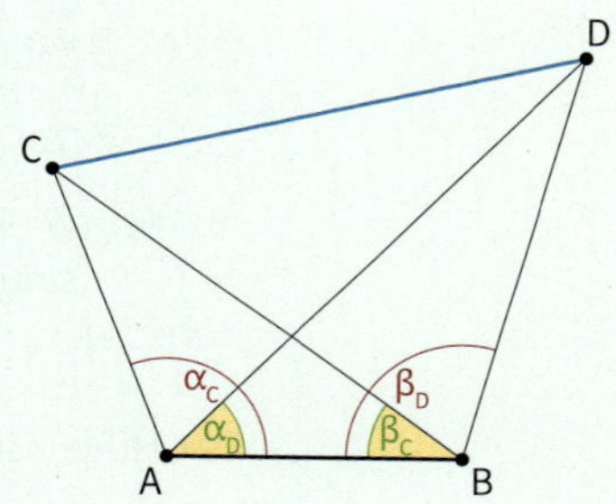

Es gibt mehrere Möglichkeiten, die gesuchte Länge zu berechnen. Wir gehen beispielsweise so vor:

Im Dreieck ΔABC können wir den Winkel γ bei C und die Länge $\overline{BC}$ der Strecke BC berechnen:

$$\gamma = 180° - \alpha_C - \beta_C = 32{,}66°$$

Mit dem Sinussatz erhalten wir

$$\frac{\sin(\alpha_C)}{\overline{BC}} = \frac{\sin(\gamma)}{\overline{AB}}\text{, daher ist } \overline{BC} = \sin(\alpha_C)\cdot\frac{\overline{AB}}{\sin(\gamma)} = \sin(111{,}8°)\cdot\frac{500}{\sin(32{,}66°)} = 860{,}26\,\text{m}.$$

Im Dreieck ΔABD können wir den Winkel δ bei D und die Länge der Strecke BD berechnen:

$$\delta = 180° - \alpha_D - \beta_D = 29{,}05°$$

Mit dem Sinussatz erhalten wir

$$\frac{\sin(\alpha_D)}{\overline{BD}} = \frac{\sin(\delta)}{\overline{AB}}\text{, daher ist } \overline{BD} = \sin(\alpha_D)\cdot\frac{\overline{AB}}{\sin(\delta)} = \sin(45°)\cdot\frac{500}{\sin(29{,}05°)} = 728{,}12\,\text{m}.$$

Im Dreieck ΔBCD können wir den Winkel β bei B und die Länge der Strecke $\overline{CD}$ berechnen:

$$\beta = \beta_D - \beta_C = 70{,}41°$$

Mit dem Cosinussatz erhalten wir

$$\overline{CD}^2 = \overline{BC}^2 + \overline{BD}^2 - 2\cdot\overline{BC}\cdot\overline{BD}\cdot\cos(\beta) = 850\,176{,}70$$

$$\overline{CD} = \sqrt{850\,176{,}70} = 922{,}05\,\text{m}.$$

Der Abstand zwischen den beiden Inseln beträgt rund 922 m.

A, B **684** Zwischen zwei Orten A und B liegt ein See. Um den Abstand zwischen den Orten zu messen, wird von einem Punkt C aus der Abstand zu A mit 1250 m und der Abstand zu B mit 1360 m, sowie der Winkel ω zwischen den Strecken CA und CB mit 62° gemessen. Berechne den Abstand zwischen A und B.

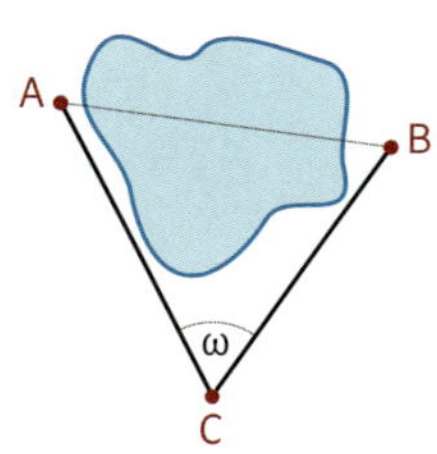

A, B **685** Die Orte Vordernberg und Hinternberg sollen durch einen geradlinigen Eisenbahntunnel verbunden werden (Skizze rechts). Um dessen Länge zu bestimmen, wird eine Messstrecke AB mit einer Länge von 1000 m so gelegt, dass die Winkel $\alpha = 42°$, $\beta = 63°$, $\gamma = 54°$ und $\delta = 68°$ betragen. Bestimme die Länge des Tunnels.

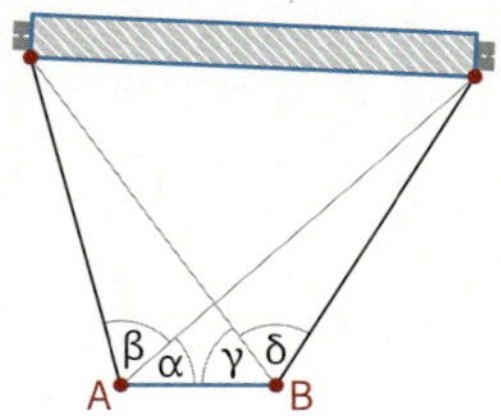

A, B **686** Um die Länge einer geradlinigen Landebahn zu bestimmen, wird eine Messstrecke AB mit einer Länge von 250 m angelegt. Die zu den Enden der Landebahn bestimmten Winkel betragen im Punkt A der Messstrecke 39° und 83° im Punkt B 52° und 76°. Berechne die Länge der Landebahn.

A, B **687** Zwei Punkte A und B liegen an einem Ufer eines Teiches 478,6 m voneinander entfernt. Am gegenüberliegenden Ufer befindet sich ein Punkt C. Man misst die Winkel $\alpha = 52{,}75°$ und $\beta = 74{,}35°$. Gib an, welche Entfernung der Punkt C vom Punkt A hat.

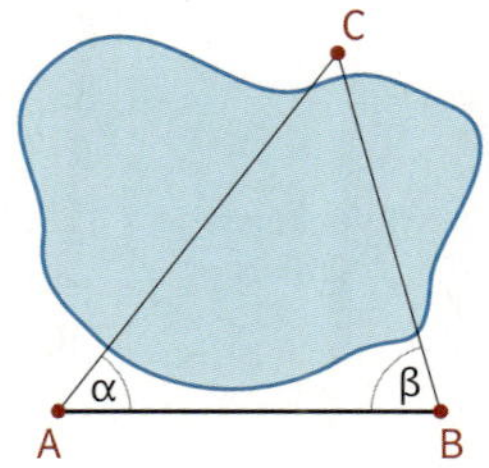

A, B **688** Ein Hubschrauber wird gleichzeitig von zwei Beobachtern A und B in derselben Richtung unter den Winkeln $\alpha = 19{,}632°$ und $\beta = 37{,}355°$ gesehen. Die Beobachter sind 400 m voneinander entfernt. Ermittle, in welcher Höhe der Hubschrauber fliegt. Fertige zuerst eine Skizze an.

Was habe ich in diesem Abschnitt gelernt?

☐ **Ich kann geometrische Aufgaben mit dem Sinus- oder dem Cosinussatz lösen.**

B **689** Berechne die fehlenden Seitenlängen und Winkel des Dreiecks.

a. $a = 9$ m, $b = 18$ m, $c = 13$ m

b. $a = 46{,}25$ m, $c = 41{,}48$ m, $\beta = 51{,}89°$

c. $a = 46{,}29$ m, $b = 71{,}03$ m, $\beta = 83{,}06°$

d. $a = 3{,}50$ m, $\alpha = 31{,}86°$, $\beta = 57{,}96°$

☐ **Ich kann begründen, warum ich zum Lösen einer geometrischen Aufgabe mit Dreiecken den Sinus- oder den Cosinussatz verwende.**

A, C **690** Von dem Dreieck sind die eingezeichneten Winkel und Seitenlängen bekannt. Untersuche, ob zur Bestimmung der anderen Winkel und Seitenlängen zunächst der Sinus- oder der Cosinussatz angewandt werden sollte. Beschrifte in der Skizze den Winkel oder die Seite, die du als erstes berechnen kannst, mit x und gib an, wie du x berechnest.

a.

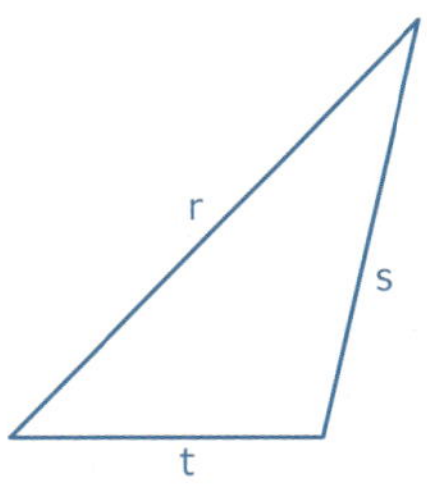

b.

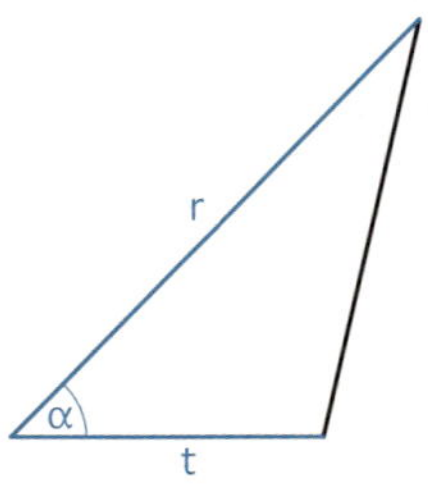

c.

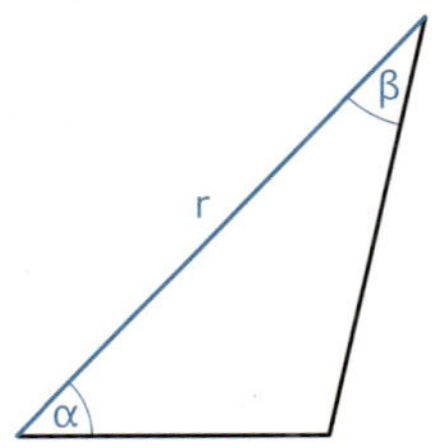

☐ **Ich kann Vermessungsaufgaben mithilfe des Sinus- oder des Cosinussatzes lösen.**

A, B **691** Die Höhe eines Berges soll vermessen werden. Dafür wird von zwei Punkten der Ebene (siehe Skizze), die 300 m voneinander entfernt sind, jeweils der Winkel zur Spitze des Berges gemessen. Berechne die Höhe des Berges, wenn $\alpha = 35{,}54°$, $\beta = 51{,}34°$ und die Ebene 320 m über dem Meeresspiegel liegt.

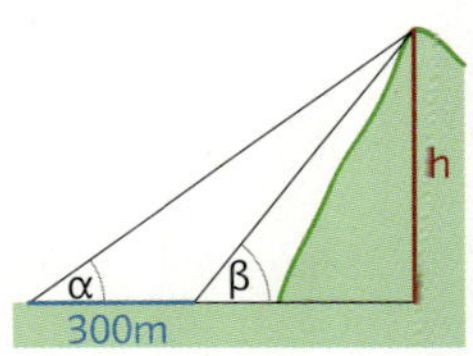

A, B **692** Auf einem Kirchturm steht ein 4,5 m hohes Kreuz. Vom Boden aus wird das untere Ende des Kreuzes unter einem Winkel von 72° anvisiert, das obere Ende unter einem Winkel von 74°. Bestimme die Höhe des Kirchturms (ohne Kreuz).

Zusammenfassung

Winkel

Man kann **Winkel** als Vielfache von 1 rad (**Bogenmaß**) oder als Vielfache von 1° (**Gradmaß**) angeben. Es ist

$$x° = x \cdot \frac{\pi}{180}\,\text{rad} \quad \text{und} \quad y\,\text{rad} = \left(y \cdot \frac{180}{\pi}\right)°.$$

Die Summe der Winkel eines Dreiecks ist immer 180° bzw. π.

rechtwinkelige Dreiecke

Die Seiten in einem rechtwinkeligen Dreieck, die aufeinander normal stehen, heißen **Katheten**. Die Seite, die dem rechten Winkel gegenüberliegt, heißt **Hypotenuse**.

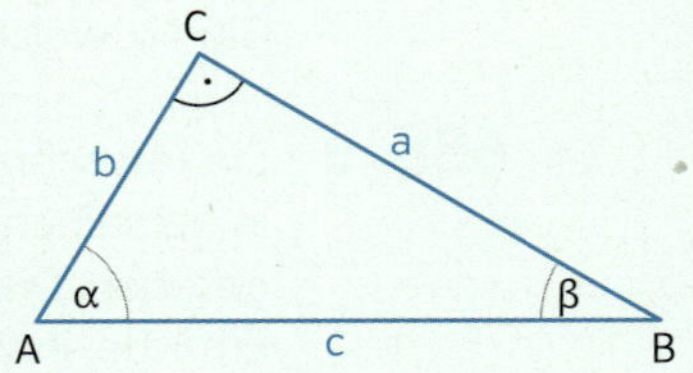

Satz von Pythagoras

In einem rechtwinkeligen Dreieck ist die Summe der Quadrate der Seitenlängen der Katheten gleich dem Quadrat der Seitenlänge der Hypotenuse.

$$a^2 + b^2 = c^2$$

Trigonometrie im rechtwinkligen Dreieck

Ist α ein spitzer Winkel in einem rechtwinkligen Dreieck, dann heißt die Kathete, die α **gegenüberliegt**, die **Gegenkathete** zu α. Die Kathete, die am Winkel α **anliegt**, bezeichnen wir als **Ankathete** zu α.

$$\sin(\alpha) = \frac{\text{Gegenkathete}}{\text{Hypotenuse}}$$

$$\cos(\alpha) = \frac{\text{Ankathete}}{\text{Hypotenuse}}$$

$$\tan(\alpha) = \frac{\text{Gegenkathete}}{\text{Ankathete}}$$

Es ist $\sin(\alpha)^2 + \cos(\alpha)^2 = 1$.

Steigungswinkel

Für den Steigungswinkel α des Graphen einer linearen Funktion mit Änderungsrate k gilt:

$$\tan(\alpha) = k \quad \text{bzw.} \quad \alpha = \arctan(k)$$

Winkelfunktionen

Die **Cosinusfunktion** cos: $\mathbb{R} \to \mathbb{R}$, $\alpha \mapsto \cos(\alpha)$ und die **Sinusfunktion** sin: $\mathbb{R} \to \mathbb{R}$, $\alpha \mapsto \sin(\alpha)$ sind 2π-periodische Funktionen, ihre Funktionswerte liegen zwischen −1 und 1. Die Cosinusfunktion ist eine gerade Funktion, die Sinusfunktion ist eine ungerade Funktion.

Die **Tangensfunktion** tan: $\mathbb{R} \setminus \left\{\frac{\pi}{2} + k\pi \,\middle|\, k \in \mathbb{Z}\right\} \to \mathbb{R}$, $\alpha \mapsto \tan(\alpha) = \frac{\sin(\alpha)}{\cos(\alpha)}$ ist eine π-periodische Funktion.

Cosinus:

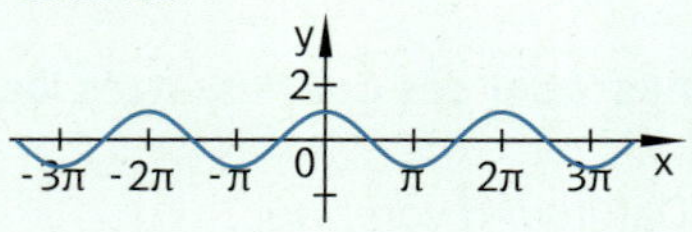

Sinus:

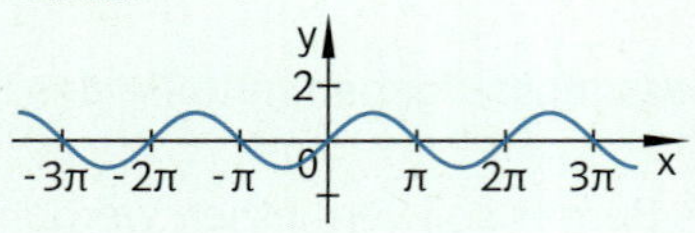

Tangens:

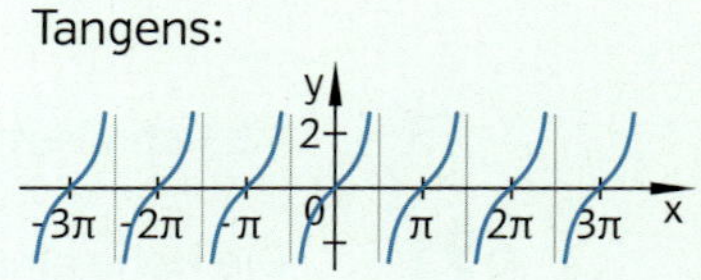

Sinussatz

Der Quotient $\frac{\text{Sinus eines Winkels}}{\text{Länge der gegenüberliegenden Seite}}$ ist für alle Winkel im Dreieck gleich.

Kurz: $\frac{\sin(\alpha)}{a} = \frac{\sin(\beta)}{b} = \frac{\sin(\gamma)}{c}$

Cosinussatz

$$a^2 = b^2 + c^2 - 2 \cdot b \cdot c \cdot \cos(\alpha)$$
$$b^2 = a^2 + c^2 - 2 \cdot a \cdot c \cdot \cos(\beta)$$
$$c^2 = a^2 + b^2 - 2 \cdot a \cdot b \cdot \cos(\gamma)$$

Englisch
7n7wy5

Individualisierung
b5g4m3

Zusammenfassende Aufgaben

A, B **693** **a.** Eine Bergstraße hat eine Steigung von 14 %. Gib an, welchem Winkel das entspricht.

b. Eine Zahnradbahn überwindet eine Steigung von 23°. Bestimme, wie viel Prozent diese Steigung beträgt.

C **694** Herr Schneider hat ein Grundstück gekauft, das 18 m breit und 24 m lang ist. Er möchte ohne Winkelmesser überprüfen, ob das Grundstück rechtwinkelig ist. Überlege, ob das möglich ist und beschreibe die Vorgehensweise.

B **695** Von einem rechtwinkeligen Dreieck sind jeweils zwei Bestimmungsstücke bekannt. Berechne die fehlenden Seitenlängen bzw. Winkel.

a. $a = 4\,cm$, $b = 5\,cm$ **c.** $a = 15\,cm$, $c = 22\,cm$ **e.** $a = 8\,cm$, $\alpha = 60°$ **g.** $b = 5{,}6\,cm$, $\alpha = 28°$
b. $a = 4{,}2\,cm$, $b = 5{,}7\,cm$ **d.** $b = 7{,}3\,cm$, $c = 9{,}4\,cm$ **f.** $a = 7{,}3\,cm$, $\beta = 50°$ **h.** $b = 9{,}6\,cm$, $\beta = 35°$

B **696** Der Flächeninhalt eines rechtwinkeligen Dreiecks ist $66{,}5\,cm^2$ groß, eine Kathete ist 19 cm lang. Berechne die Längen der anderen Kathete und der Hypotenuse sowie die Größe der Winkel.

A, B **697** Hans erzählt, dass er im Zuge seiner letzten Mountainbiketour eine Höhendifferenz von 1100 m auf eine Strecke von 5 km überwunden hat. Berechne die durchschnittliche Steigung der benützten Forststraße.

C **698** Setze eines der Zeichen <, = oder > ein. Rechne dabei nicht, sondern versuche dir die Position der Winkel im Viertelkreis vorzustellen.

a. sin(30°) ______ sin(60°)
b. cos(20°) ______ cos(70°)
c. tan(10°) ______ tan(50°)
d. cos(30°) ______ sin(30°)
e. sin(60°) ______ cos(30°)
f. tan(45°) ______ sin(90°)
g. tan(60°) ______ sin(60°)
h. cos(10°) ______ tan(50°)
i. cos(5°) ______ sin(80°)
j. $\cos\left(\frac{\pi}{2}\right)$ ______ $\sin\left(\frac{\pi}{3}\right)$
k. $\tan\left(\frac{\pi}{3}\right)$ ______ $\cos\left(\frac{\pi}{6}\right)$
l. $\sin\left(\frac{\pi}{4}\right)$ ______ $\cos\left(\frac{\pi}{2}\right)$

A, B **699** Rollstuhlfahrer können eine Steigung von 6 % gut überwinden. Erstelle mithilfe eines Tabellenkalkulationsprogramms eine Übersichtstabelle, die für verschiedene zu überwindende vertikale Höhen (von 5 cm bis 2 m in 5 cm Schritten) den horizontalen Platzbedarf für eine Rampe angibt.

B **700** Ein Dreieck hat die Seitenlängen $e = 23\,cm$, $z = 17\,cm$, $n = 28\,cm$. Berechne die Winkel ω, σ und τ, sowie die Länge der Höhe auf die Seite n.

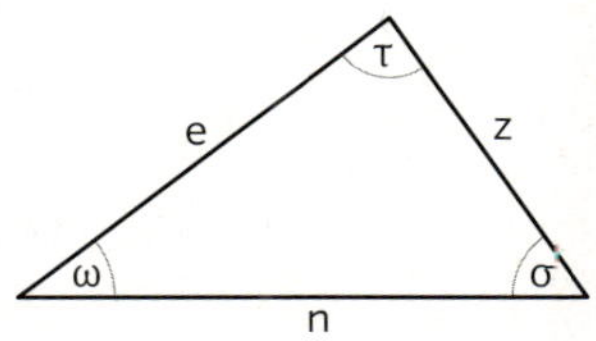

A, B **701** Der kegelförmige Marsvulkan Alba Patera hat einen Basisdurchmesser von 1600 km und eine Höhe von 6 km. Berechne den Böschungswinkel. Ermittle, wie groß die Entfernung vom Fuß des Vulkans zu seinem Gipfel ist.

A, B **702** Der Alte Wienerweg und die Grenzgasse wurden vor einigen Jahren mithilfe einer geraden Straße bei St. Gabriel dreiecksförmig verbunden. Dabei ist das Stück der Grenzgasse bis zur Kreuzung 240 m lang, das Stück Alter Wienerweg 260 m lang. Der Winkel zwischen Grenzgasse und Alter Wienerweg beträgt 64°. Berechne die Länge der Verbindungsstraße, sowie die Winkel, die diese Straße mit der Grenzgasse und dem Alten Wienerweg einschließt.

D **703** Ein 2,40 m hoher und 65 cm tiefer Kasten soll in einem Raum mit einer Raumhöhe von 2,50 m aufgestellt werden. In der Bauanleitung steht, dass der Kasten liegend am Boden zusammengebaut und dann durch Aufkippen aufgestellt werden soll. Begründe, ob ein solcher Aufbau bei den gegebenen Maßen möglich ist.

A, B **704** Herr Zweistein macht Urlaub am Meer. Direkt gegenüber seinem Hotel befindet sich in einiger Entfernung eine kleine Insel mit einem Leuchtturm. Von der Terrasse im Erdgeschoß aus sieht er die Spitze des Leuchtturms unter einem Höhenwinkel von 1,2°, von seinem Zimmer im dritten Stock aus unter einem Tiefenwinkel von 0,7°. Mittels eines langen Seils stellt er fest, dass sich sein Zimmer 8,7 m über der Terrasse befindet. Bestimme, wie weit der Leuchtturm vom Hotel entfernt ist.

A, B **705** Der Eiffelturm in Paris ist mit seiner Antenne 324 m hoch. Im Sommer fällt die Sonne in Paris zur Mittagszeit unter einem Winkel von etwa 60° ein. Berechne die Länge des Schattens des Eifelturms auf eine horizontale Ebene.

D **706** Welche der Aussagen sind richtig? Begründe.

- A Wenn drei Seiten eines Dreiecks bekannt sind, dann kann man mit dem Sinussatz die fehlenden Winkel bestimmen.
- B Wenn zwei Seiten eines Dreiecks und der eingeschlossene Winkel gegeben sind, dann kann man die fehlende Seite mit dem Cosinussatz bestimmen.
- C Wenn zwei Seiten und ein beliebiger Winkel eines Dreiecks bekannt sind, dann kann man die fehlende Seite mit dem Cosinussatz bestimmen.
- D Wenn eine Seite und zwei Winkel eines Dreiecks gegeben sind, dann kann mithilfe des Sinussatzes eine andere Seite bestimmt werden.
- E Wenn eine Seite und zwei Winkel eines Dreiecks gegeben sind, dann kann mithilfe des Sinussatzes der dritte Winkel berechnet werden.
- F Wenn drei Winkel eines Dreiecks gegeben sind, kann man die fehlenden Seiten durch Anwenden des Sinussatzes bestimmen.

A, B **707** Die geografische Breite eines Ortes wird durch den Winkel, den die Gerade durch den Erdmittelpunkt und diesen Ort mit der Ebene des Äquators einschließt, festgelegt. Der Erdradius beträgt ca. 6370 km. Berechne den Umfang des Breitenkreises, der durch **a.** Wien (48° 12′ N), **b.** Sydney (33° 53′ S), **c.** Stockholm (59° 20′ N) geht.

B **708** Die Länge der Hypotenuse eines rechtwinkeligen Dreiecks ist 37 cm, die Länge einer Kathete ist 35 cm. Berechne die Länge der anderen Kathete.

A, B **709** In Paris verbindet die „Axe historique" den Arc de Triomphe und den modernen Grande Arche in einer geraden Linie. Der Grande Arche hat eine Höhe von 110,9 m und die Entfernung zum Arc de Triomphe beträgt 4,8 km. Berechne, unter welchem Sichtwinkel die obere Gebäudekante des Grande Arche erscheint, wenn man am Fuß des Arc de Triomphe steht.

A, B **710** Die Raxseilbahn in Niederösterreich führt von einer Seehöhe von 528 m auf 1546 m. Die Streckenlänge der Seile beträgt 2160 m. Ermittle den mittleren Steigungswinkel der Raxseilbahn.

A, B **711** Um die Länge eines Sees zu vermessen, wird von einem Standort, von dem man beide Enden des Sees sehen kann, die Distanz zu diesen Enden gemessen. So ergibt sich einmal eine Strecke von 1782 m und einmal eine Strecke von 2341 m. Der Winkel zwischen diesen zwei Strecken ist 47°. Berechne, wie lang der See ist.

A, B **712** Der Antennenmast eines Fernsehturmes hat eine Höhe von 75 m. Von einem Geländepunkt P, der mit dem Fußpunkt des Fernsehturms in einer waagrechte Ebene liegt, wird die Spitze des Antennenmastes unter dem Höhenwinkel $\alpha = 24{,}3°$ und der Fußpunkt des Antennenmastes unter dem Höhenwinkel $\beta = 17{,}7°$ gesehen. Berechne die Höhe des Fernsehturmes. (Instrumentenhöhe 1,50 m)

Was habe ich in diesem Semester gelernt?

4. Semester

Zahlen und Maße

☐ Aufgaben v25vu8

Ich kann die verschiedenen Winkelmaße nennen und mit Altgrad und Bogenmaß rechnen. ► Abschnitte 5.1, 5.2

B, D **713** Entscheide, welche der Aussagen richtig sind. Begründe durch Rechnung.

A $\frac{\pi}{2}\,\text{rad} = 180°$ B $60° = \frac{\pi}{3}\,\text{rad}$ C $2\pi\,\text{rad} = 360°$ D $1\,\text{rad} > 1°$

B **714** Wandle den in Grad, Minuten und Sekunden gegebenen Winkel in das Bogenmaß um.

a. 30° **b.** 58° 24′ **c.** 22° 48′ 12″ **d.** 79° 53′ 12″

B **715** Wandle den im Bogenmaß gegebenen Winkel in das Gradmaß um.

a. $\frac{\pi}{4}\,\text{rad}$ **b.** 0,15 rad **c.** 1,23 rad **d.** 0,94 rad

Algebra und Geometrie

☐ Aufgaben un87b7

Ich kann quadratische Gleichungen in einer Variablen lösen.
► Abschnitt 4.1

B **716** Löse die quadratische Gleichung.

a. $x^2 - 4 = 0$ **b.** $3x^2 + 12x = 0$ **c.** $x^2 - 15x - 34 = 0$ **d.** $\frac{1}{2}x^2 - \frac{5}{4}x = 3$

C **717** Ordne der Gleichung die richtige Lösungsmenge zu.

a.	$\frac{1}{2}x^2 + \frac{3}{2}x - 5 = 0$	☐
b.	$\frac{1}{2}x^2 + \frac{3}{2}x + 5 = 0$	☐

A	{−2, −5}
B	{2, −5}
C	{−2, 5}
D	keine Lösung

C **718** Entscheide und kreuze an, wie viele Lösungen die angegebene Gleichung hat.

		keine Lösung	eine Lösung	zwei Lösungen
a.	$x^2 - 14x + 58 = 0$	A	B	C
b.	$x^2 - 4x - 21 = 0$	A	B	C
c.	$\frac{1}{2}x^2 - 8x = 0$	A	B	C
d.	$x^2 - 6x + 9 = 0$	A	B	C

☐ Aufgaben 2pi4zp

Ich kann die Lösungsmenge einer quadratischen Gleichung in einer Variablen über der Grundmenge ℝ interpretieren, dokumentieren und in Bezug auf die Aufgabenstellung argumentieren. ► Abschnitt 4.1

A, B, C **719** Ein rechtwinkeliges Dreieck, dessen eine Kathete um 34 mm kürzer ist als die zweite, hat einen Flächeninhalt von 2 520 mm^2.

a. Finde eine Gleichung, die den Sachverhalt beschreibt.

b. Löse die Gleichung aus Aufgabe **a**.

c. Interpretiere die Lösungen der Gleichung aus Aufgabe **b.** und bestimme so die Längen der Dreiecksseiten.

A, B, C **720** Ein Verein für hilfsbedürftige Kinder hat ein Budget von insgesamt 1 400 €, um einen Tagesausflug zu veranstalten. Durch geschickte Verhandlungen mit allen beteiligten Unternehmen konnte der Verein eine Preisreduktion von 15 € pro Kind heraushandeln. So können insgesamt 12 Kinder mehr als ursprünglich veranschlagt an dem Tagesausflug teilnehmen.

a. Finde eine Gleichung, die den Sachverhalt beschreibt.

b. Löse die Gleichung aus Aufgabe **a**.

c. Interpretiere die Lösungen der Gleichung aus Aufgabe **b.** und bestimme den ursprünglich veranschlagten Preis pro Kind sowie die Anzahl der ursprünglich teilnehmenden Kinder.

☐ Aufgaben nq65cy

Ich kann Sinus, Cosinus und Tangens eines Winkels als Seitenverhältnisse im rechtwinkeligen Dreieck modellieren, interpretieren und argumentieren. ► Abschnitt 5.1

A **721** Gib für das abgebildete rechtwinkelige Dreieck Sinus, Cosinus und Tangens der Winkel ε und λ durch die Quotienten der Seitenlängen an.

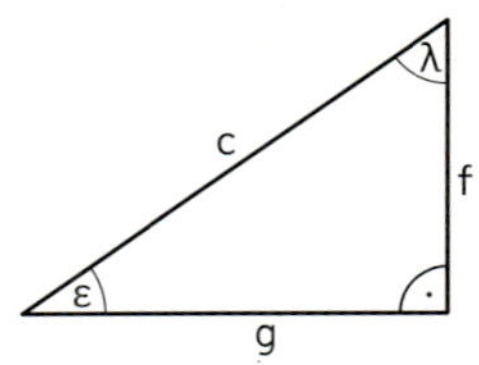

D **722** Argumentiere mithilfe der Definition der Winkelfunktionen im rechtwinkeligen Dreieck, warum im hier abgebildeten rechtwinkeligen Dreieck $\sin(\varphi) = \cos(\delta)$ gilt.

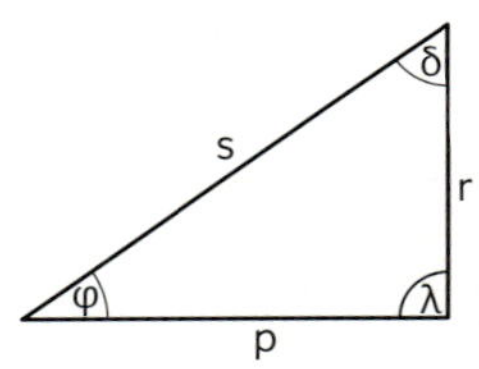

☐ Aufgaben h5q577

Ich kann rechtwinkelige Dreiecke mithilfe der Winkelfunktionen auflösen. ► Abschnitt 5.1

B **723** Von einem rechtwinkeligen Dreieck sind die Kathete $a = 7$ cm und der Winkel $\beta = 40°$ bekannt. Berechne die fehlenden Seitenlängen und Winkel, sowie den Flächeninhalt des Dreiecks.

A, B **724** Ermittle, wie hoch man eine Leiter mit einer Länge von 6 m an eine senkrechte Mauer anlehnen kann, wenn aus Sicherheitsgründen der Anstellwinkel (am Boden) 75° beträgt.

A, B **725** Eine Straße hat einen Steigungswinkel von 8°. Ein Fahrzeug hat auf dieser Straße eine Strecke von 2 500 m zurückgelegt. Berechne, welche Höhe das Fahrzeug überwunden hat.

Funktionale Zusammenhänge

☐ Aufgaben ha86rj

Ich kann Potenz- und Polynomfunktionen graphisch darstellen und ihre Eigenschaften interpretieren. ► Abschnitte 4.2, 4.4

B, C **726** Zeichne den Graphen der Funktion mit einer geeigneten Technologie und beschreibe, wo die Funktion streng monoton wachsend und wo sie streng monoton fallend ist.

a. f mit $f(x) = \frac{1}{2}x^3$

b. g mit $g(x) = x^3 - 3x^2 - x + 3$

C, D **727** Zeichne mithilfe einer geeigneten Technologie den Graphen der Funktion und lies aus dem Graphen die Nullstellen der Funktion ab.

a. f mit $f(x) = \frac{1}{4}x^3 - x^2 - \frac{11}{4}x + \frac{15}{2}$ **b.** g mit $g(x) = x^4 - 4x^2$

Aufgaben 2da96j

☐ **Ich kann quadratische Funktionen aus drei gegebenen Punkten bzw. aus dem Scheitel und einem weiteren Punkt des Funktionsgraphen aufstellen.** ► Abschnitt 4.3

A, B **728** Bestimme eine quadratische Funktion, deren Graph den Scheitel (4 | 3) hat und den Punkt (–2 | 12) enthält.

A, B **729** Berechne eine quadratische Funktion, deren Graph die Punkte (–3 | 0,5), (1 | –3,5) und (4 | –17) enthält.

B, C **730** Finde eine zum abgebildeten Graphen passende quadratische Funktion.

a.

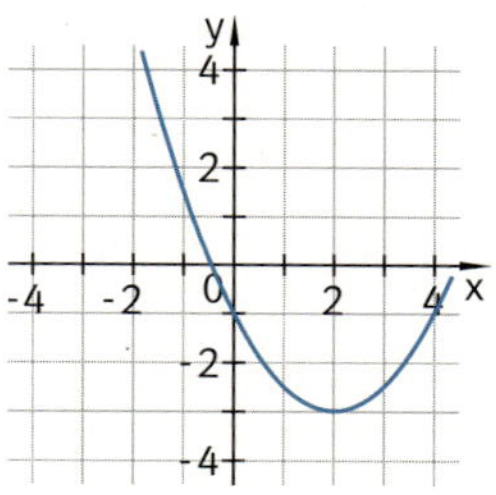

b.

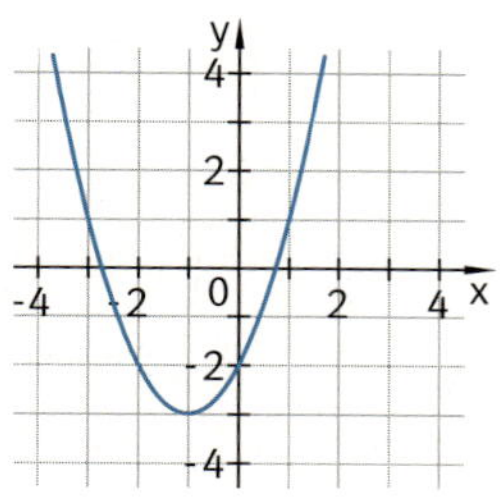

c.

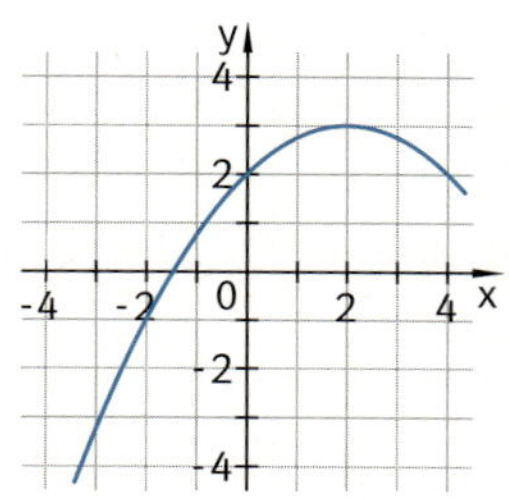

d.

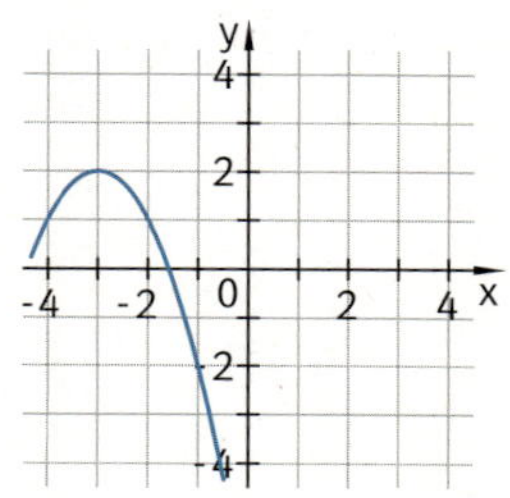

Aufgaben n4m4md

☐ **Ich kann die Bedeutung der Koeffizienten einer quadratischen Funktion f mit $f(x) = ax^2 + bx + c$ für den Verlauf ihres Graphen beschreiben und interpretieren.** ► Abschnitt 4.2

C **731** Beschreibe, wie sich das Aussehen des Graphen der Funktion f mit $f(x) = a \cdot x^2 + 3$ verändert, wenn sich a verändert.

C **732** Gib an, wie man die Funktion f mit $f(x) = \frac{1}{2}x^2 + 3x + 4$ verändern muss, damit der Graph der Funktion f um 3 Einheiten nach unten verschoben wird.

C **733** Die Abbildung zeigt den Graphen einer quadratischen Funktion f mit $f(x) = ax^2 + bx + c$. Kreuze an, welche der angeführten Aussagen über die Koeffizienten a, b und c richtig sind.

a.

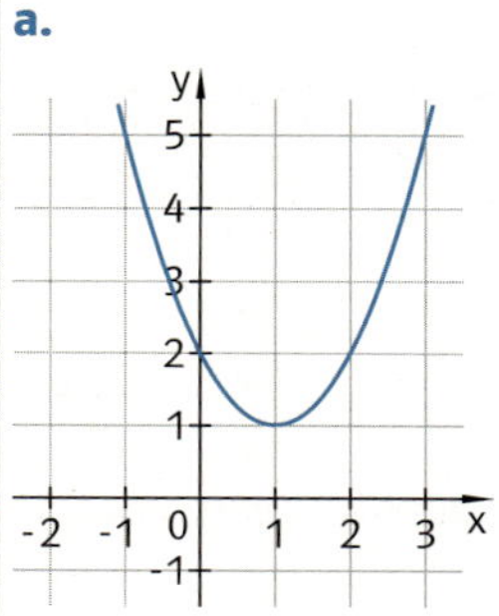

A $a < 0$ G $c < 0$
B $a = 0$ H $c = 0$
C $a > 0$ I $c > 0$
D $b < 0$
E $b = 0$
F $b > 0$

c.

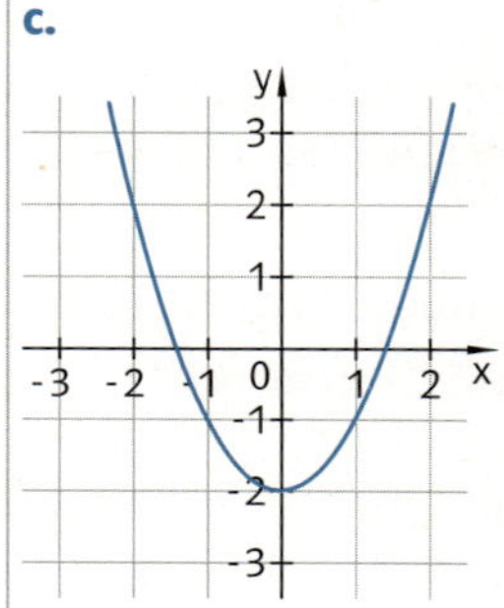

A $a < 0$ G $c < 0$
B $a = 0$ H $c = 0$
C $a > 0$ I $c > 0$
D $b < 0$
E $b = 0$
F $b > 0$

b.

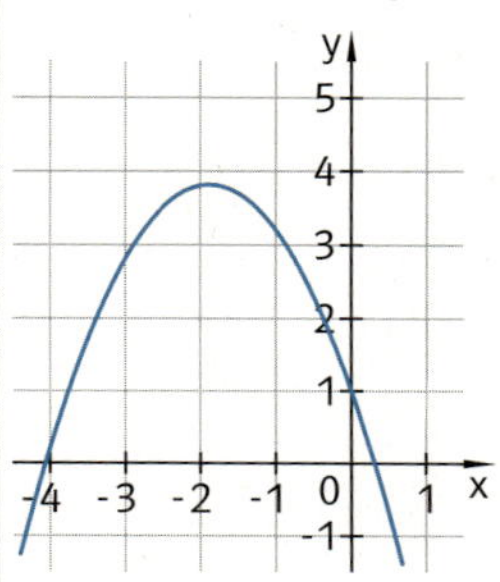

A $a < 0$ G $c < 0$
B $a = 0$ H $c = 0$
C $a > 0$ I $c > 0$
D $b < 0$
E $b = 0$
F $b > 0$

d.

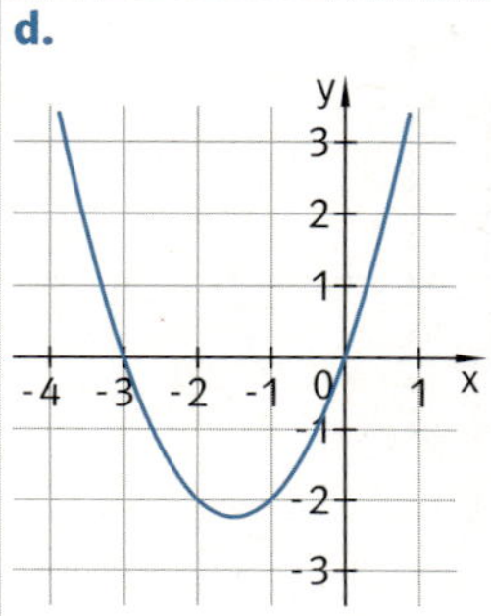

A $a < 0$ G $c < 0$
B $a = 0$ H $c = 0$
C $a > 0$ I $c > 0$
D $b < 0$
E $b = 0$
F $b > 0$

☐ Aufgaben 9q8s8h

Ich kann den Zusammenhang zwischen der Lösungsmenge einer quadratischen Gleichung und den Nullstellen einer quadratischen Funktion interpretieren und damit argumentieren.

► Abschnitt 4.2

B **734** Bestimme die Nullstellen der Funktion f mit $f(x) = 2x^2 + 10x - 48$.

D **735** Argumentiere, wieso die Funktion f mit $f(x) = \frac{1}{2}(x-1)^2 + 2$ keine Nullstellen hat.

☐ Aufgaben mx4x6w

Ich kann das Modell der quadratischen Funktion in unterschiedlichen Kontexten, insbesondere mit Wirtschaftsbezug, anwenden. ► Abschnitt 4.3

A, B **736** Die Fixkosten eines Betriebes belaufen sich auf 30 GE. Bei einer Produktion von 80 ME ergeben sich Kosten von 1550 GE und bei einer Produktion von 100 ME Kosten von 2000 GE. Ermittle eine quadratische Kostenfunktion, die diesen Zusammenhang korrekt beschreibt.

B, C **737** Die Gewinnfunktion G eines Betriebes ordnet jeder Produktionsmenge von x ME den Gewinn G(x) in GE zu. Dabei ist $G(x) = -3x^2 + 198x - 680$.

a. Ermittle den Scheitel des Graphen der Funktion G.

b. Interpretiere, welche Bedeutung die Koordinaten dieses Scheitels für den Betrieb haben.

A, B, C **738** Ein Betrieb erzeugt Surfbretter. Die monatlichen Kosten in Euro, die bei einer Produktion von x Stück entstehen, lassen sich durch die quadratische Kostenfunktion K mit $K(x) = 0{,}2x^2 + 450x + 5000$ beschreiben.

a. Berechne die Kosten bei einer Produktion von 500 Surfbrettern.

b. Ermittle, wie viele Surfbretter höchstens produziert werden können, wenn die Produktionskosten einen Betrag von 100 000 € nicht übersteigen dürfen.

c. Die fertigen Surfbretter werden zu einem Preis von 950 € pro Stück verkauft. Stelle die Erlösfunktion auf und stelle die Graphen der Kosten- und der Erlösfunktion für einen Produktionsbereich von 0 Stück bis 3000 Stück in einem gemeinsamen Koordinatensystem dar.

d. Der Graph der Erlösfunktion wird vom Graphen der Kostenfunktion an zwei Stellen geschnitten. Berechne diese beiden Stellen und interpretiere ihre Bedeutung im Sachzusammenhang.

e. Gib die Gewinnfunktion an und berechne die Koordinaten des Scheitelpunktes ihres Graphen.

f. Ermittle, wie viele Surfbretter der Betrieb monatlich erzeugen muss, um den maximalen Gewinn zu erzielen. Gib diesen maximalen monatlichen Gewinn an.

☐ Aufgaben 9yx43m

Ich kann mithilfe des Einheitskreises die Sinus-, Cosinus- und Tangensfunktion eines Winkels modellieren, interpretieren und graphisch darstellen. ► Abschnitt 5.1

B, D **739** Argumentiere mithilfe einer Skizze des Einheitskreises, ob die Behauptung richtig ist oder nicht.

a. $\sin(45°) = \cos(-45°)$ **b.** $\cos(\alpha) = \cos(-\alpha)$ **c.** $\tan(\alpha) = \tan(360° - \alpha)$

B, C **740** Zeichne zum vorgegebenen Winkel im Einheitskreis den zugehörigen Sinus, Cosinus und Tangens ein.

a.

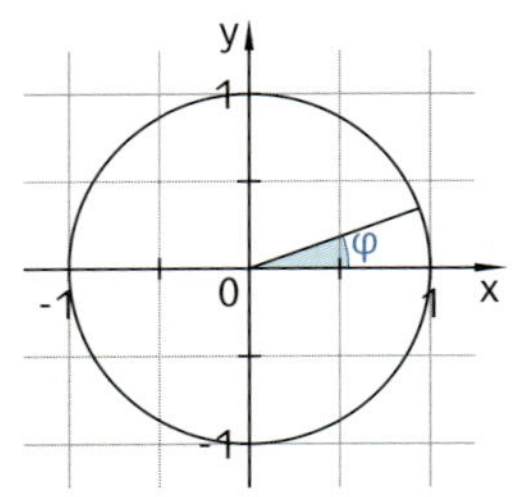

b.

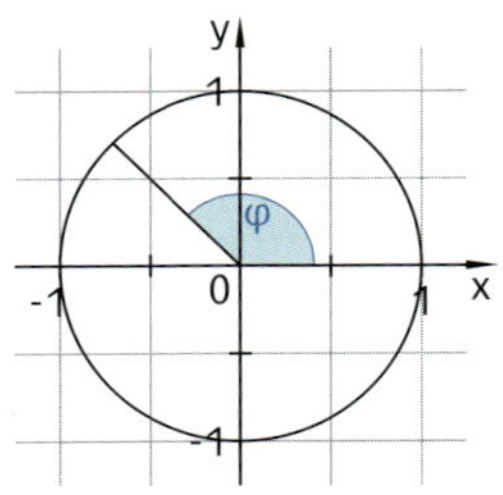

c.

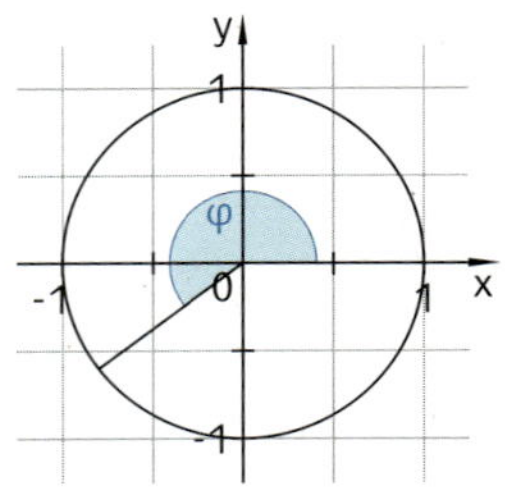

d.

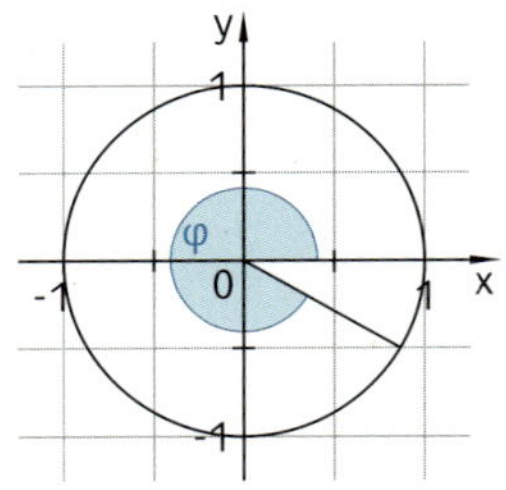

Anhang

GeoGebra

dynamische Mathematiksoftware

GeoGebra ist eine **dynamische Mathematiksoftware**, die Geometrie, Algebra, Tabellenkalkulation, Zeichnungen, Statistik und Analysis verbindet. Sie kann unter www.geogebra.org kostenlos heruntergeladen werden. Eine ausführliche Hilfe bietet das GeoGebra-Wiki auf http://wiki.geogebra.org/de/Hauptseite.

Oberfläche

Menü: Ansicht

GeoGebra arbeitet mit verschiedenen Fenstern, die im Menü **Ansicht** ein- und ausgeblendet werden können. Die Fenster können durch Anklicken und Verschieben beliebig angeordnet werden.

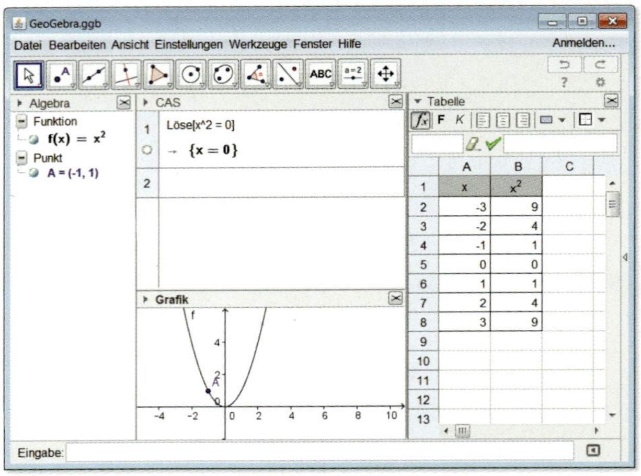

Eingabezeile

Auch die **Eingabezeile** kann im Menü Ansicht ein- und ausgeblendet werden.

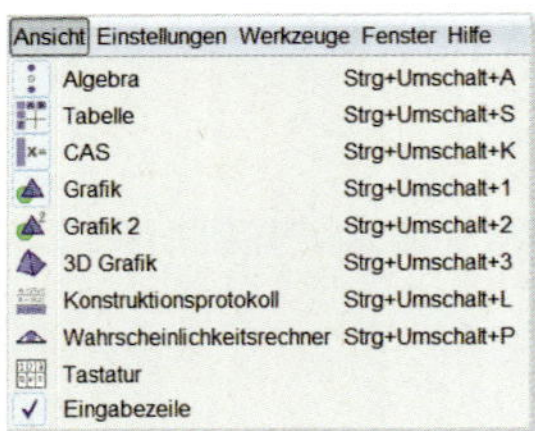

Funktionsgraphen

Funktionsgraphen zeichnen

Funktionsgraphen zeichnen

Im **Grafik-Fenster** können Funktionsgraphen gezeichnet werden. Dazu gibt man die Funktion f durch f(x) = … in die Eingabezeile ein.

Eingabe: f(x)=-0.5x^2+3x+0.5

Die Funktion wird im Algebra-Fenster angezeigt und ihr Graph im Grafik-Fenster gezeichnet.

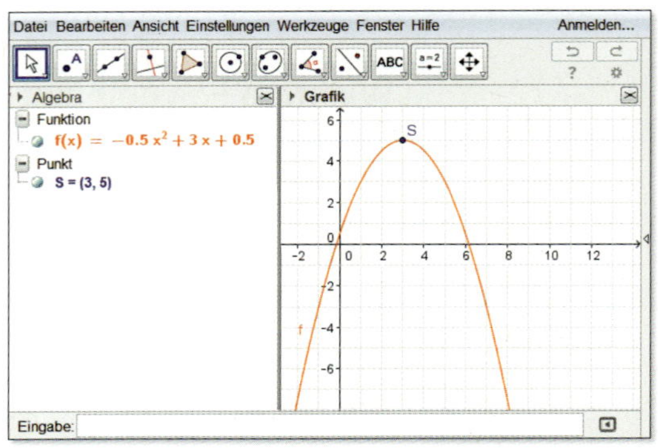

Punkte zeichnen

Um einen Punkt zu zeichnen, kann dieser als Zahlenpaar (x, y) in die Eingabezeile eingegeben werden.

Eingabe: S=(3,5)

Eine andere Möglichkeit einen Punkt zu zeichnen, bietet das Werkzeug „Punkt“.

Gerade durch zwei Punkte

Mit dem Werkzeug Gerade kann eine Gerade durch zwei Punkte gezeichnet werden. Eine andere Möglichkeit bietet der Befehl

Gerade[<Punkt>, <Punkt>].

Eingabe: Gerade[(0, 0), (4, 3)]

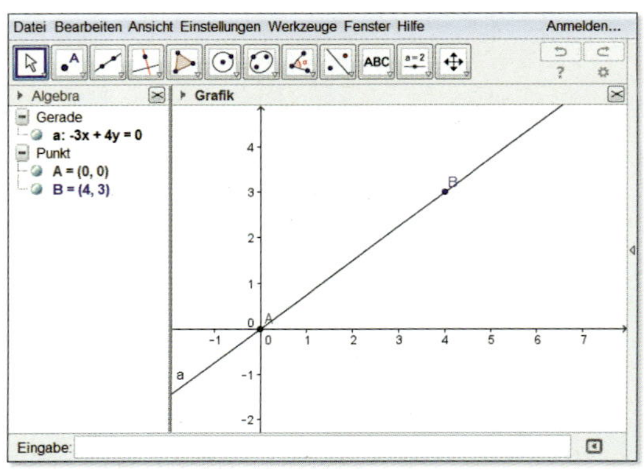

Bildausschnitt

Mit dem Werkzeug „Verschiebe Zeichenblatt“ kann der angezeigte Bildausschnitt festgelegt werden. Mit dem Mausrad kann der Bildausschnitt vergrößert bzw. verkleinert werden.

Einstellungen im Grafik-Fenster

Menü: Einstellungen

Einstellungen für das gesamte Grafikfenster können über das Menü **Einstellungen** 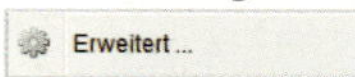

→  (Eigenschaften – Grafik) getroffen werden. Das Dialogfenster lässt sich auch durch Rechtsklick im Grafik-Fenster aufrufen: 

Grundeinstellungen

Grundeinstellungen

Dimensionen: Hier lässt sich der sichtbare Bereich festlegen.

Achsen: Hier können die Farbe und die Linienart der Koordinatenachsen festgelegt werden.

Navigationsleiste und Konstruktionsschritte: Hier kann die Navigationsleiste ein- und ausgeblendet werden.

x-Achse/y-Achse

x-Achse/y-Achse

Hier können die einzelnen Koordinatenachsen ein- und ausgeblendet werden. Weiters können die Achsenmarkierung und der Abstand sowie die Beschriftung festgelegt werden.

Koordinatengitter

Koordinatengitter

Hier kann die Art, die Linienart und Farbe des Koordinatengitters festgelegt werden.

Ein einzelnes Objekt kann durch Rechtsklick auf das Objekt formatiert werden. Es öffnet sich das **Kontext-Menü**. Unter 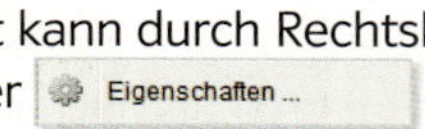

können Einstellungen getroffen werden, zum Beispiel:

Grundeinstellungen: Hier können der Name, der Wert und die Beschriftung festgelegt werden.

Farbe: Hier kann die Farbe für das Objekt festgelegt werden.

Darstellung: Hier kann die Linienstärke und die Linienart festgelegt werden.

Tabellen-Fenster

Das Tabellen-Fenster kann im Menü Ansicht eingeblendet werden. Im Tabellen-Fenster kann wie in einer Tabellenkalkulation (vgl. Excel) gearbeitet werden. Es eignet sich zum Beispiel zum Erstellen von Wertetabellen oder zur Eingabe von Matrizen.

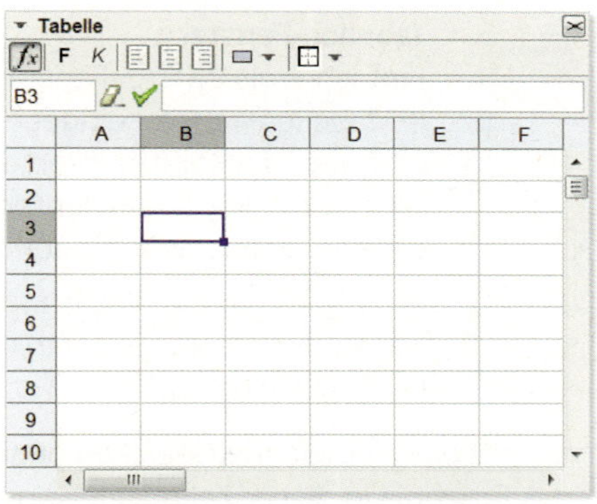

Eingabezeile

Eingabezeile

Die **Eingabezeile** kann über das Symbol  in der linken oberen Ecke ein- und ausgeblendet werden. In die Eingabezeile können Zahlen, Texte und Formeln eingegeben werden.

Zelle

Eine Tabelle ist aus **Spalten** (A, B, C …) und **Zeilen** (1, 2, 3 …) aufgebaut. So wird mit B3 zum Beispiel die Zelle in der Spalte B und Zeile 3 angegeben. Die **aktive Zelle** ist umrandet und im Namenfeld angegeben. In die aktive Zelle kann hineingeschrieben werden. Mit der Maus oder den Pfeiltasten kann zwischen den Zellen gewechselt werden.

Zelleninhalt verändern

Der Inhalt einer Zelle kann verändert werden, indem er neu eingegeben wird, oder nach Doppelklick korrigiert wird.

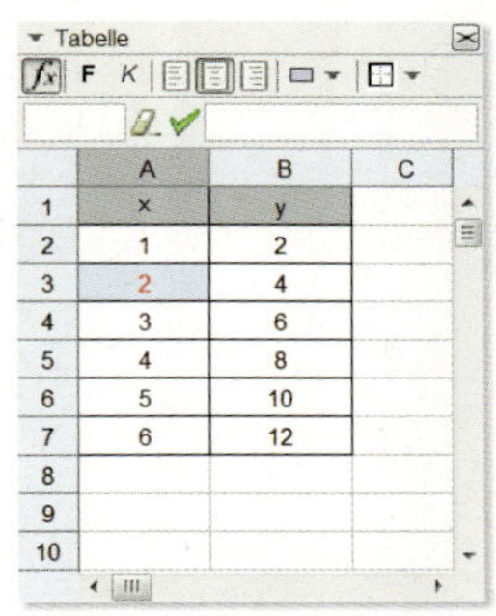

	A	B	C
1	x	y	
2	1	2	
3	2	4	
4	3	6	
5	4	8	
6	5	10	
7	6	12	
8			
9			
10			

Zellen formatieren

Die **Spaltenbreite** kann durch das Verschieben der Trennlinie in der Zeile mit den Spaltenüberschriften geändert werden.

Schriftart, Ausrichtung, Hintergrundfarbe und Rahmen können in der Formatierungsleiste

eingestellt werden. Um die Schriftfarbe zu verändern, muss mit Rechtsklick in der Zelle das Kontext-Menü geöffnet werden. Unter „Eigenschaften" kann dann die Schriftfarbe festgelegt werden.

Befehle eingeben

Befehle

Ein Befehl muss immer mit einem Gleichheitszeichen begonnen werden, dann folgt der Befehl.

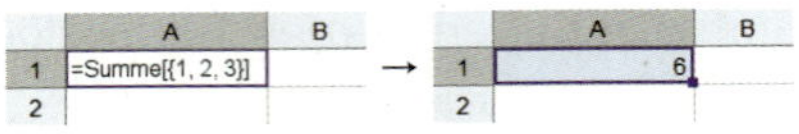

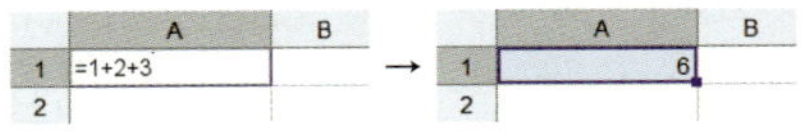

Zellbezug

Mit einem **Zellbezug** wird auf eine Zelle oder einen Zellbereich verwiesen. Die Arbeit mit Zellbezügen hat den Vorteil, dass bei Änderung der Zelle das Ergebnis eines Befehls sofort mitgeändert wird und nicht aktualisiert werden muss.

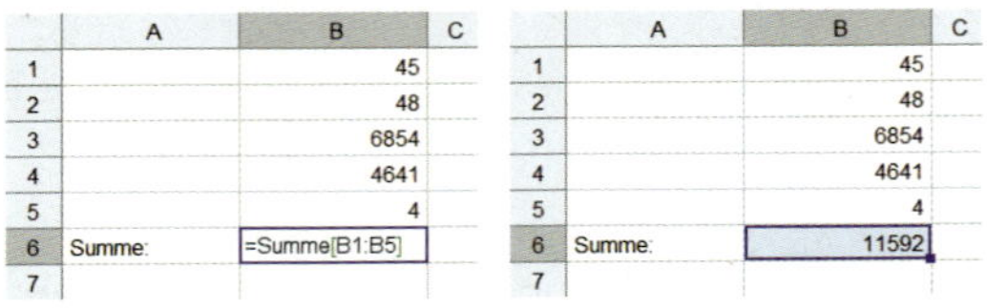

Um die Zahlen in den Zellen B1 bis B5 zu addieren, schreiben wir in die Zelle B6

=Summe[B1: B5]

und drücken die Enter-Taste. Auf die Zellen B1 bis B5 können wir entweder durch Anklicken der Zellen oder durch Hinschreiben der Adresse der ersten Zelle und der der letzten Zelle Bezug nehmen.

Matrizenrechnung

Mit Matrizen kann in GeoGebra sowohl im CAS- als auch im Tabellen-Fenster gerechnet werden.

Matrix eingeben

CAS-Fenster

Im CAS-Fenster wird die Matrix $\begin{pmatrix} 1 & 2 & 3 \\ -2 & 0 & 5 \\ 4 & 8 & 1 \end{pmatrix}$ in der Form

{{1, 2, 3}, {−2, 0, 5}, {4, 8, 1}}

eingegeben. Will man der Matrix einen Namen, zum Beispiel A, geben, muss dieser mit

:=

eingegeben werden. Mit eingegebenen Matrizen kann dann gerechnet werden. Um zum Beispiel das Zweifache der Matrix A zu berechnen, gibt man einfach 2*A in das CAS-Fenster ein.

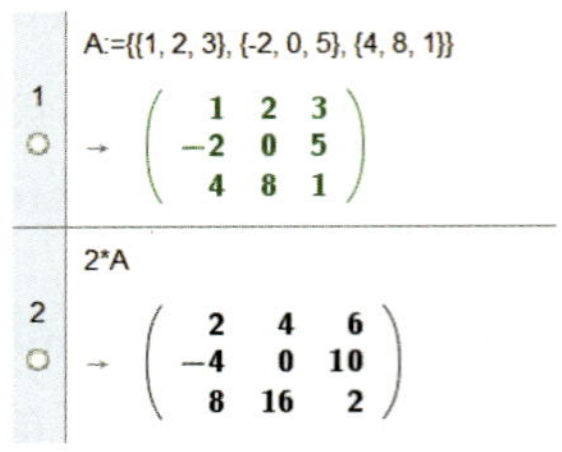

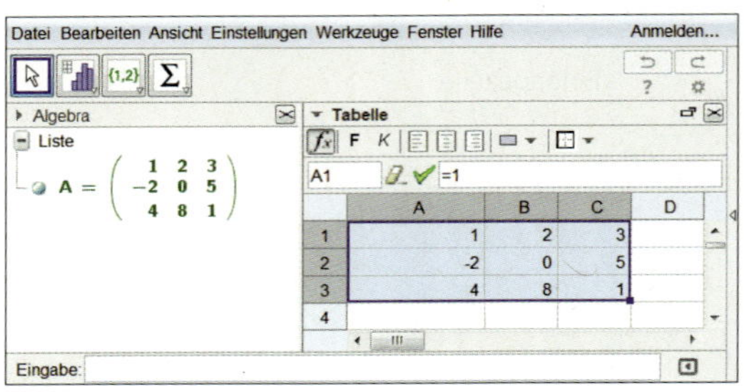

Tabellen-Fenster

Einfacher als im CAS-Fenster können Matrizen im Tabellen-Fenster eingegeben werden. Dazu gibt man die Koeffizienten der Matrix in die Tabelle ein. Die Koeffizienten müssen markiert werden, dann kann mit dem Werkzeug „Matrix erzeugen" die Matrix erzeugt und auch benannt werden. Die Matrix wird im Algebra-Fenster angezeigt.

Befehle eingeben

Im Tabellen-Fenster muss ein Befehl immer mit einem **Gleichheitszeichen** begonnen werden. Nach dem Drücken der Enter-Taste wird das Ergebnis in dieser Zelle angezeigt.

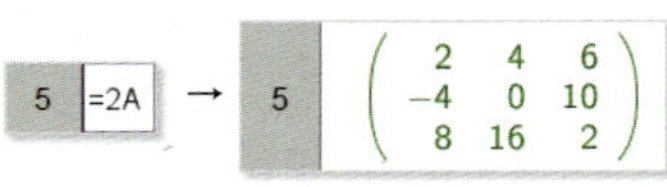

Klickt man in eine Zelle, die das Ergebnis einer Berechnung anzeigt, sieht man in der Eingabezeile, welche Rechnung dahinter steckt.

Auch wenn die Matrizen im Tabellen-Fenster erzeugt wurden, kann mit ihnen im CAS-Fenster gerechnet werden.

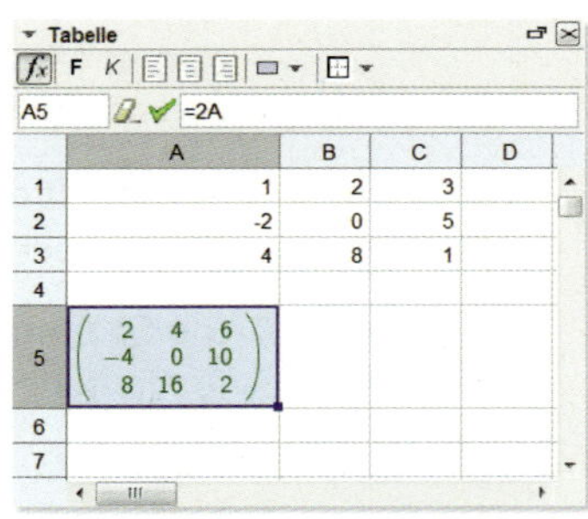

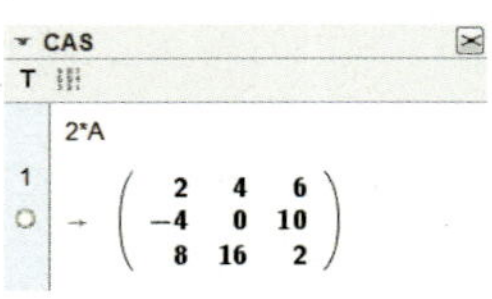

Die wichtigsten GeoGebra-Befehle für das Arbeiten mit diesem Buch

Grundlegendes

Komma	Eingabe des Kommas mithilfe von .	.	1 3.5 → $\frac{7}{2}$
Addition und Subtraktion	Eingabe einer Addition oder Subtraktion mithilfe von + und – oder mithilfe des Befehls **Summe**: Berechnet die Summe aller Listenelemente.	+ – Summe[<Liste von Zahlen>]	1 5-8+9 → 6 2 Summe[{5, -8, 9}] → 6
Multiplikation	Eingabe einer Multiplikation mithilfe von * oder Leerzeichen oder mithilfe des Befehls **Produkt**: Berechnet das Produkt aller Zahlen in der Liste.	* Produkt[<Liste von Zahlen>]	1 3*4*2 → 24 2 Produkt[{3, 4,2}] → 24
Division	Eingabe einer Division mithilfe von / näherungsweise Berechnung mit ≈	/	1 122/7 ≈ 17.429
Bruchzahl	Eingabe einer Bruchzahl mithilfe von /	/	1 1/7+2/5 → $\frac{19}{35}$
Betrag	**abs** berechnet den Betrag einer Zahl.	abs[<Zahl>]	1 abs[-3.5] → $\frac{7}{2}$
faktorisieren	**Faktorisiere** zerlegt in ein Produkt.	Faktorisiere[<Ausdruck>]	1 Faktorisiere[x^2+5x+6] → $(x+2)\,(x+3)$
multiplizieren	**Multipliziere** multipliziert einen Ausdruck aus.	Multipliziere[<Ausdruck>]	1 Multipliziere[(x+2)(x+3)] → $x^2+5\,x+6$
vereinfachen	**Vereinfache** multipliziert aus und fasst zusammen.	Vereinfache(<Funktion>)	1 Vereinfache[3(x - 1) x^3 + x^2 + 1] → $3\,x^4-3\,x^3+x^2+1$

Potenzen

Potenz	Eingabe einer Potenz mithilfe von ^	Basis^Exponent	1 3^8 → 6561
Quadratwurzel	**sqrt** berechnet die Quadratwurzel einer Zahl.	sqrt(<x>)	1 sqrt(144) → 12
Kubikwurzel	**cbrt** berechnet die Kubikwurzel einer Zahl.	cbrt(<x>)	1 cbrt(27) → 3

Gleichungen und Gleichungssysteme

Äquivalenzumformung	Die Angabe einer Gleichung in Klammer und der Äquivalenzumformung führt diese Äquivalenzumformung durch.	(<Gleichung>) <Äquivalenzumformung>	1 (3z+4=5)+3 → $3z+7=8$
Gleichung lösen	**Löse** löst eine Gleichung für die angegebene Unbekannte und erzeugt eine Liste mit allen Lösungen.	Löse[<Gleichung>, <Variable>]	1 Löse[3z+4=5,z] → $\left\{z=\frac{1}{3}\right\}$
Gleichungssystem lösen	**Löse** löst das gegebene Gleichungssystem für die angegebenen Variablen und erzeugt eine Liste mit allen Lösungen.	Löse[<Liste von Gleichungen>, <Liste von Variablen>]	1 Löse[{3x + 5y = 36, 4x + 3y = 26}, {x, y}] → $\{\{x=2, y=6\}\}$

Matrizenrechnung

Matrix eingeben (CAS-Ansicht)	Eingabe einer Matrix als Liste	$\{\{A_{11}, A_{12}, \ldots, A_{1n}\}, \{A_{21}, A_{22}, \ldots, A_{2n}\}, \ldots, \{A_{m1}, A_{m2}, \ldots, A_{mn}\}\}$	1 A:={{-1, 0, 2}, {3, 4, 1}} → $\begin{pmatrix} -1 & 0 & 2 \\ 3 & 4 & 1 \end{pmatrix}$
Matrix eingeben (Tabellenansicht)	**Matrix erzeugen** erzeugt eine Matrix aus in der Tabellenansicht eingegebenen Zahlen.		Tabellenansicht / Algebraansicht: 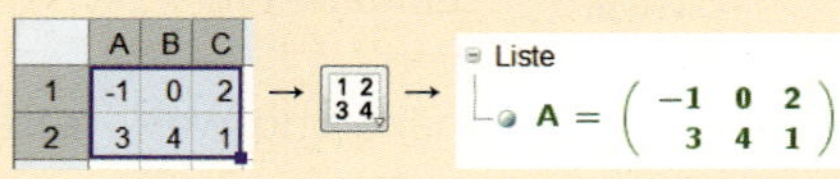
Einheitsmatrix	**Einheitsmatrix** erzeugt die Einheitsmatrix.	Einheitsmatrix [<Zahl>]	1 Einheitsmatrix[3] → $\begin{pmatrix} 1 & 0 & 0 \\ 0 & 1 & 0 \\ 0 & 0 & 1 \end{pmatrix}$
Matrizenaddition Matrizensubtraktion	Eingabe einer Addition oder Subtraktion von Matrizen mithilfe von + oder −	<Matrix> + <Matrix> <Matrix> − <Matrix>	$A = \begin{pmatrix} 1 & -4 \\ 3 & 2 \end{pmatrix}$, $B = \begin{pmatrix} 0 & 7 \\ 1 & 6 \end{pmatrix}$ → 3 A + B → $\begin{pmatrix} 1 & 3 \\ 4 & 8 \end{pmatrix}$ 1 A - B → $\begin{pmatrix} 1 & -11 \\ 2 & -4 \end{pmatrix}$
Vielfaches einer Matrix	Eingabe eines Vielfachen einer Matrix mithilfe von *	<Zahl> * <Matrix>	$A = \begin{pmatrix} 1 & -4 \\ 3 & 2 \end{pmatrix}$ → 3 2*A → $\begin{pmatrix} 2 & -8 \\ 6 & 4 \end{pmatrix}$
Matrizenmultiplikation	Eingabe einer Matrizenmultiplikation mithilfe von *	<Matrix> * <Matrix>	$A = \begin{pmatrix} 1 & -4 \\ 3 & 2 \end{pmatrix}$, $B = \begin{pmatrix} 0 & 7 \\ 1 & 6 \end{pmatrix}$ → 3 A*B → $\begin{pmatrix} -4 & -17 \\ 2 & 33 \end{pmatrix}$
Inverse Matrix	**Invertiere** berechnet die Inverse einer Matrix.	Invertiere[<Matrix>]	$A = \begin{pmatrix} 0 & 4 & 1 \\ 3 & 1 & 0 \\ 2 & 5 & 1 \end{pmatrix}$ → 1 Invertiere[A] → $\begin{pmatrix} 1 & 1 & -1 \\ -3 & -2 & 3 \\ 13 & 8 & -12 \end{pmatrix}$

Funktionen

Funktion eingeben	Eine Funktion f wird durch f(x) = … eingegeben.	f(x) = 2x + 3 g(t) = 1/2t − 8	1 f(x)=2 x + 3 → $f(x) = 2x+3$
Punkt eingeben	Ein Punkt wird als Zahlenpaar (x, y) eingegeben.	(x-Koordinate, y-Koordinate)	Eingabe: (2,1)

Gerade	**Gerade** erzeugt eine Gerade durch zwei Punkte.	Gerade[<Punkt>, <Punkt>]	Gerade[(-2, 1), (3, - 1)] → $y = -\frac{2}{5}x + \frac{1}{5}$
stückweise definierte Funktion	Eine Funktion kann mithilfe von **Wenn** stückweise definiert werden.	Wenn [<Bedingung>, <Dann Objekt>, <Sonst Objekt>]	Eingabe: f(x) = Wenn[x ≤ 0, 0,Wenn[0 < x < 5, 7.5x,Wenn[x ≥ 5,7.5]]] Funktion $f(x) = \begin{cases} 0 & : x \leq 0 \\ 7.5x & : (x > 0) \wedge (0 < x < 5) \\ 7.5 & : (x \geq 5) \wedge (\neg(0 < x < 5)) \end{cases}$

Winkelfunktionen

π eingeben	**pi** gibt die Zahl π ein.	pi oder Alt P	pi → π
Winkel eingeben / Umrechnung vom Grad- ins Bogenmaß	GeoGebra rechnet standardmäßig im Bogenmaß. Eingabe eines Winkels im Gradmaß mithilfe von °	<Zahl>°	90° → $\frac{1}{2}\pi$
Umrechnung vom Bogen- ins Gradmaß	**Winkel** berechnet das Gradmaß eines im Bogenmaß gegebenen Winkels.	Winkel[<Objekt>]	Winkel[π] → 180°
Sinus	**sin** berechnet den Sinus einer Zahl.	sin(<x>)	1: sin(30°) → $\frac{1}{2}$ 2: sin(π /6) → $\frac{1}{2}$
Cosinus	**cos** berechnet den Cosinus einer Zahl.	cos(<x>)	
Tangens	**tan** berechnet den Tangens einer Zahl.	tan(<x>)	
Arcussinus	**arcsin** bzw. **asin** berechnet den Arcussinus einer Zahl.	Ausgabe im Bogenmaß: arcsin(<x>) asin(<x>)	Bogenmaß: 1: arcsin(1/2) → $\frac{1}{6}\pi$ 2: asin(1/2) → $\frac{1}{6}\pi$ Gradmaß: 1: Winkel[arcsin(1/2)] → 30° 2: Winkel[asin(1/2)] → 30°
Arcuscosinus	**arccos** bzw. **acos** berechnet den Arcuscosinus einer Zahl.	arccos(<x>) acos(<x>)	
Arcustangens	**arctan** bzw. **atan** berechnet den Arcustangens einer Zahl.	arctan(<x>) atan(<x>) Ausgabe im Gradmaß: Winkel[arcsin(<x>)] Winkel[arccos(<x>)] Winkel[arctan(<x>)]	

ggb my865x

Mathematik anwenden HAK-Online: GeoGebra auf www.oebv.at

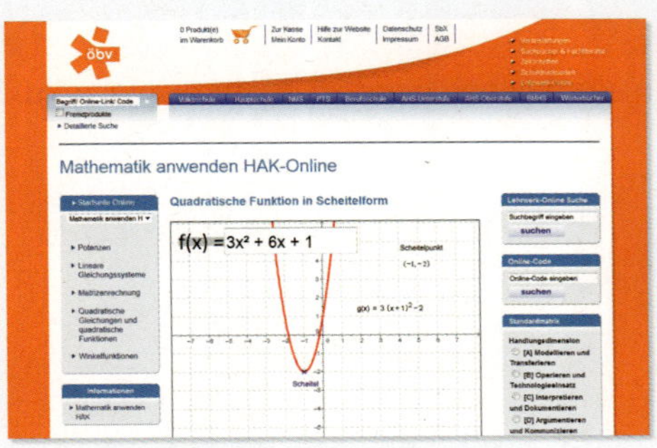

In der **Online-Ergänzung** zu diesem Buch stehen zahlreiche Materialien für den Einsatz von GeoGebra zur Verfügung: Handbuch, Schritt-für-Schritt-Anleitungen, Applets …

Online-Codes im Buch verweisen direkt auf die entsprechenden Inhalte.

Excel

Tabellenkalkulationsprogramm

Excel ist ein **Tabellenkalkulationsprogramm**, das zum Microsoft Office Paket gehört. Eine kostenlose Alternative zu Excel bietet Calc, das im OpenOffice Paket unter www.openoffice.org zum Download zur Verfügung steht.

Mit einem Tabellenkalkulationsprogramm können Daten interaktiv eingegeben und verarbeitet werden. Ergebnisse können graphisch dargestellt werden.

Funktionsgraphen

Funktionsgraphen zeichnen

Mit Excel kann man Graphen von Funktionen zwar nicht exakt darstellen, dennoch gibt es Möglichkeiten, sich ein Bild von Funktionsgraphen zu machen.

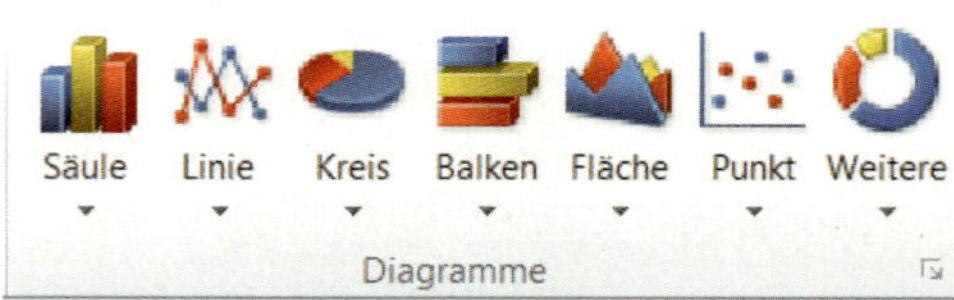

Über die Menüleiste → Registerkarte „Einfügen" können Diagramme erstellt werden.

Beispiel: Um die Funktion f mit $f(x) = -0{,}5x^2 + 3x + 0{,}5$ zu zeichnen, erstellen wir zunächst eine Wertetabelle.

Dann markieren wir die Wertetabelle und fügen über die Menüleiste → Registerkarte „Einfügen" ein „Punkte mit interpolierten Linien und Datenpunkten"-Diagramm ein.

	A	B	C
1	x	f(x)	
2	-2	=-0,5*A2^2+3*A2+0,5	
3	-1	-3	
4	0	0,5	
5	1	3	
6	2	4,5	
7	3	5	
8	4	4,5	
9	5	3	
10	6	0,5	
11	7	-3	
12	8	-7,5	
13			

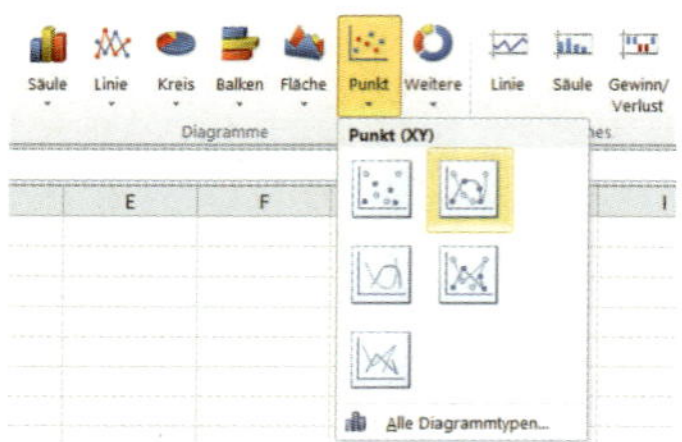

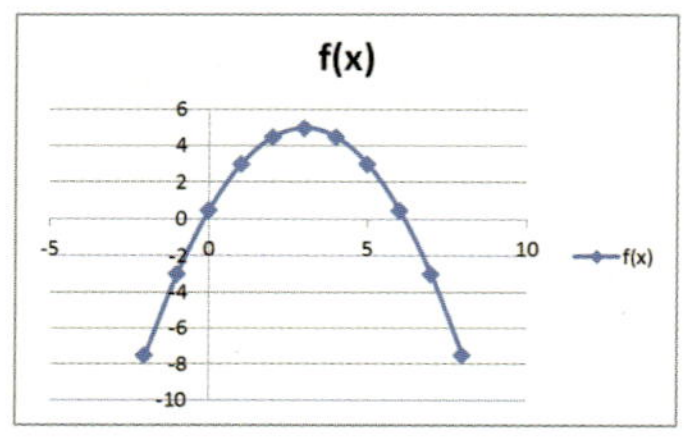

Diagramm formatieren

Das Diagramm können wir nun formatieren:
Mit Rechtsklick auf die Koordinatenachsen → **Achsen formatieren** können die Achsen formatiert werden.
Mit Rechtsklick auf die Punkte → **Datenreihe formatieren** → **Markierungsoptionen** können wir die Darstellung der Punkte verändern.
Die Rasterlinien können durch Rechtklick → **Hauptgitternetz formatieren** verändert oder gelöscht werden.

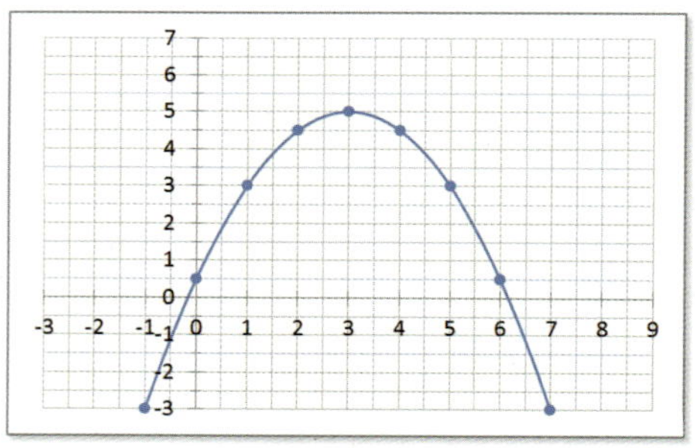

Matrizenrechnung

Matrix eingeben

Matrizen können in Excel als Tabellen eingegeben werden. Zum Beispiel wird die Matrix $\begin{pmatrix} 1 & 2 & 3 \\ -2 & 0 & 5 \\ 4 & 8 & 1 \end{pmatrix}$ so in die Tabelle eingegeben:

	A	B	C	D
1	1	2	3	
2	-2	0	5	
3	4	8	1	
4				

Formeln für Matrizenrechnung

Um mit Matrizen in Excel zu rechnen, muss für das Ergebnis immer ein passender **Zellbereich markiert** werden. In diesen Zellbereich muss dann die Formel für die Berechnung geschrieben werden. Dabei darf man nicht vergessen, dass Formeln immer mit einem **Gleichheitszeichen** begonnen werden! Um das Ergebnis zu erhalten, muss dann die Tastenkombination

[Strg] & [Umschalt] & [Eingabe]

gedrückt werden.

Beispiel: Um die Matrizen $\begin{pmatrix} 1 & -4 \\ 3 & 2 \end{pmatrix}$ und $\begin{pmatrix} 0 & 7 \\ 1 & 6 \end{pmatrix}$ zu addieren, geben wir sie zunächst in die Tabelle ein:

	A	B	C	D	E	F
1	1	-4		0	7	
2	3	2		1	6	
3						

Die Summe zweier 2 × 2-Matrizen ist eine 2 × 2-Matrix. Daher markieren wir 2 Zeilen und 2 Spalten:

	A	B	C	D	E	F
1	1	-4		0	7	
2	3	2		1	6	
3						
4						
5						
6						

Jetzt schreiben wir die Formel

=A1:B2 + D1:E2

in den markierten Bereich. Dabei beschreibt „A1:B2" den Bereich, in dem die Matrix $\begin{pmatrix} 1 & -4 \\ 3 & 2 \end{pmatrix}$ eingegeben ist. Dieser Bereich kann auch durch Markieren in die Formel eingegeben werden.

	A	B	C	D	E	F
1	1	-4		0	7	
2	3	2		1	6	
3						
4	=A1:B2+D1:E2					
5						
6						

Die Tastenkombination [Strg] & [Umschalt] & [Eingabe] liefert das Ergebnis.

	A	B	C	D	E	F
1	1	-4		0	7	
2	3	2		1	6	
3						
4	1	3				
5	4	8				
6						

Die wichtigsten Excel-Funktionen für das Arbeiten mit diesem Buch

Grundlegendes

			Eingabe		Ergebnis
Komma	Eingabe des Kommas mithilfe von ,	,	A1: =3,5+0,5	→	A1: 4
Addition und Subtraktion	Eingabe einer Addition oder Subtraktion mithilfe von + oder –	+ –	A1: =5-8+9	→	A1: 6
	oder mithilfe des Befehls **SUMME**: Berechnet die Summe von Zahlen.	=SUMME(Zahl1; Zahl2;…)	A1: =SUMME(5;-8;9) SUMME(Zahl1; [Zahl2]; **[Zahl3]**;	→	A1: 6
Multiplikation	Eingabe einer Multiplikation mithilfe von *	*	A1: =3*4*2	→	A1: 24
	oder mithilfe des Befehls **PRODUKT**: Berechnet das Produkt von Zahlen.	=PRODUKT(Zahl1; [Zahl2];…)	A1: =PRODUKT(3;4;2) PRODUKT(Zahl1; [Zahl2]; **[Zahl3]**;	→	A1: 24

Division	Eingabe einer Division mithilfe von / Berechnet den Quotienten zweier Zahlen.	/	A1: =122/7 → A1: 17,43
Bruchzahl	Eingabe einer Bruchzahl mithilfe von / Rechtsklick → Zelle formatieren: Bruch	/	A1: =1/7 + 2/5 → A1: 19/35
Gleitkomma-darstellung	Eingabe einer Zahl in Gleitkommadarstellung mithilfe von E	MantisseEExponent	A1: 2,93E4 → A1: 29300
Betrag	**ABS** berechnet den Betrag einer Zahl.	=ABS(Zahl)	A1: =ABS(-3,5) (ABS(Zahl)) → A1: 3,5

Potenzen

Potenz	Eingabe einer Potenz mithilfe von ^	Basis^Exponent	A1: =3^8 → A1: 6561
Quadratwurzel	**Wurzel** berechnet die Quadrarwurzel einer Zahl.	=WURZEL(Zahl)	A1: =WURZEL(144) (WURZEL(Zahl)) → A1: 12

Matrizenrechnung

Matrix eingeben	Eingabe direkt in die Tabelle	Eingabe einer Matrix als Tabelle	A1:C1: -1 0 2; A2:C2: 3 4 1
Matrizen-addition Matrizen-subtraktion	Eingabe einer Addition oder Subtraktion von Matrizen mithilfe von + oder –	= Zellbereich + Zellbereich = Zellbereich – Zellbereich	A1:B2: 1 -4 / 3 2; D1:E2: 0 7 / 1 6; A4: =A1:B2+D1:E2 → A4:B5: 1 3 / 4 8
Vielfaches einer Matrix	Eingabe eines Vielfachen einer Matrix mithilfe von *	= Zahl * Zellbereich	A1:B2: 1 -4 / 3 2; D1: =2*A1:B2 → D1:E2: 2 -8 / 6 4
Matrizen-multiplikation	**MMULT** multipliziert zwei Matrizen.	=MMULT(Matrix1; Matrix2)	A1:B2: 1 -4 / 3 2; D1:E2: 0 7 / 1 6; A4: =MMULT(A1:B2;D1:E2) (MMULT(Array1; Array2)) → A4:B5: -4 -17 / 2 33
Inverse Matrix	**MINV** berechnet die Inverse einer Matrix.	=MINV(Matrix)	A1:C3: 0 4 1 / 3 1 0 / 2 5 1; A5: =MINV(A1:C3) (MINV(Matrix)) → A5:C7: 1 1 -1 / -3 -2 3 / 13 8 -12

Winkelfunktionen

π eingeben	**PI()** gibt die Zahl π ein.	=PI()	A1: =PI() → A1: 3,141592654
Umrechnung vom Grad- ins Bogenmaß	**BOGENMASS** berechnet das Bogenmaß eines im Gradmaß gegebenen Winkels.	=BOGENMASS(Winkel)	A1: =BOGENMASS(90) (BOGENMASS(Winkel)) → A1: 1,570796327
Umrechnung vom Bogen- ins Gradmaß	**GRAD** berechnet das Gradmaß eines im Bogenmaß gegebenen Winkels.	=GRAD(Winkel)	A1: =GRAD(PI()) (GRAD(Winkel)) → A1: 180
Sinus Cosinus Tangens	**SIN** berechnet den Sinus einer Zahl. **COS** berechnet den Cosinus einer Zahl. **TAN** berechnet den Tangens einer Zahl.	Winkel im Bogenmaß: =SIN(Zahl) =COS(Zahl) =TAN(Zahl) Winkel im Gradmaß: =SIN(BOGENMASS(Zahl)) =COS(BOGENMASS(Zahl)) =TAN(BOGENMASS(Zahl))	A1: =SIN(PI()/6) (SIN(Zahl)) → A1: 0,5 A1: =SIN(BOGENMASS(30)) (SIN(Zahl)) → A1: 0,5
Arcussinus Arcuscosinus Arcustangens	**ARCSIN** berechnet den Arcussinus einer Zahl. **ARCCOS** berechnet den Arcuscosinus einer Zahl. **ARCTAN** berechnet den Arcustangens einer Zahl.	Ausgabe im Bogenmaß: =ARCSIN(Zahl) =ARCCOS(Zahl) =ARCTAN(Zahl) Ausgabe im Gradmaß: =GRAD(ARCSIN(Zahl)) =GRAD(ARCOCS(Zahl)) =GRAD(ARCTAN(Zahl))	Bogenmaß: A1: =ARCSIN(1/2) (ARCSIN(Zahl)) → A1: 0,523598776 Gradmaß: A1: =GRAD(ARCSIN(1/2)) (GRAD(Winkel)) → A1: 30

xls q58ha3

Mathematik anwenden HAK-Online: Excel auf www.oebv.at

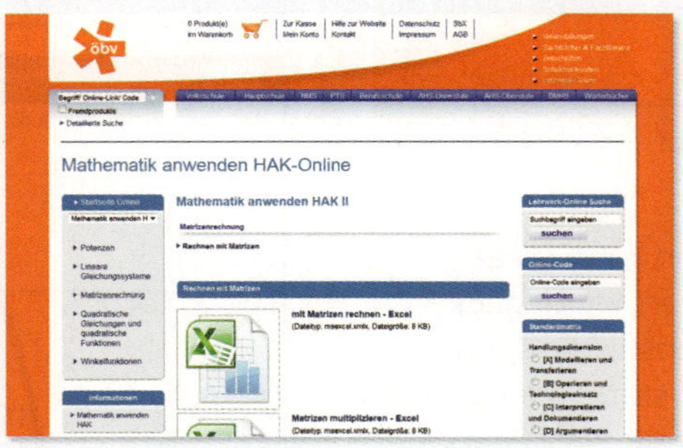

In der **Online-Ergänzung** zu diesem Buch stehen zahlreiche Materialien für den Einsatz von Excel zur Verfügung: Handbuch, Schritt-für-Schritt-Anleitungen…

Online-Codes im Buch verweisen direkt auf die entsprechenden Inhalte.

TI Nspire

Das Nspire System der Firma **Texas Instruments** bietet auf drei unterschiedlichen Plattformen (Handheld, Software für PC/Mac und App für das Apple iPad) ein einheitliches, einfach zu bedienendes Mathematikpaket. Die zentralen Bereiche sind **Calculator** (CAS – computer alegbra system), **Graphs & Geometry** (Funktionsplotter und interaktive Geometrie) und **Lists** (Tabellenkalkulation).

Bedienung

Hauptbildschirm

Der **Hauptbildschirm** ist der Ausgangspunkt für alle Aktivitäten auf dem Handheld. Er kann jederzeit mit der Taste [on] geöffnet werden. Durch das Aufrufen des Hauptbildschirms gehen keine Daten oder Berechnungen verloren.

Funktionsgraphen

Funktionsgraphen zeichnen

In der **Graphs-Applikation** können Funktionsgraphen gezeichnet werden. Mit der Taste [tab] kann die Eingabezeile ein- und ausgeblendet werden und es kann zwischen dem Arbeitsbereich und der Eingabezeile gewechselt werden.

Um den Graphen einer Funktion f zu zeichnen, wird in die Eingabezeile f(x) = … eingegeben. Dabei muss als Variable immer der Buchstabe x verwendet werden.

$f1(x) = -0.5\,x^2 + 3\,x + 0.5$

Nach Drücken der Taste [enter] wird der Funktionsgraph angezeigt.

Mit Rechtsklick auf den Graphen kann unter 3: Attributes der Graph formatiert werden. Es kann die Linienstärke, der Linienstil, die Art der Beschriftung und ob der Graph stetig oder diskret dargestellt werden soll, eingestellt werden.

Punkte zeichnen

Um einen Punkt zu zeichnen, ruft man im Menü „Punkt" auf:
[menu] → 8: Geometry → 1: Punkte & Geraden → 1: Punkt

Ein Punkt wird als Zahlenpaar (x, y) eingegeben. Dazu einfach „(x" eingeben und mit [enter] bestätigen, dannach kann die y-Koordinate eingegeben werden. Mit Rechtsklick auf den Punkt kann dieser unter 2: Beschriftung beschriftet werden.

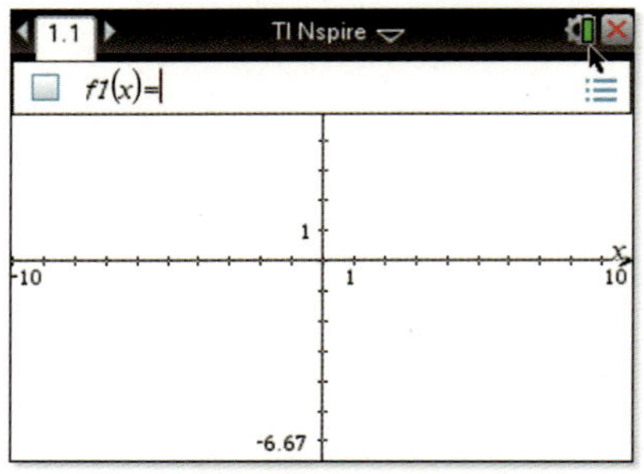

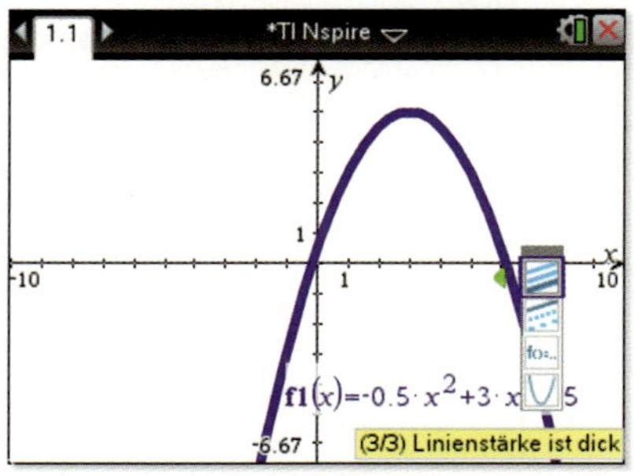

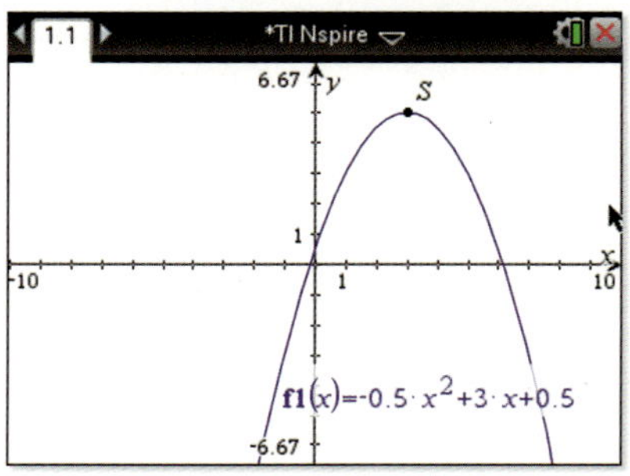

Punkte zeichnen

Um eine Gerade durch zwei Punkte zu zeichnen, ruft man im Menü „Gerade" auf:
menu → 8: Geometry → 1: Punkte & Geraden → 4: Gerade

Jetzt können die Punkte, durch die die Gerade gehen soll, als Zahlenpaar (x, y) eingegeben werden. Dazu einfach „(x" eingeben und mit enter bestätigen, dannach kann die y-Koordinate eingegeben werden. Die Gleichung der Geraden kann durch einen Klick mit der rechten Maustaste (oder ctrl menu) → 7: Koordinaten / Gleichungen eingeblendet werden.

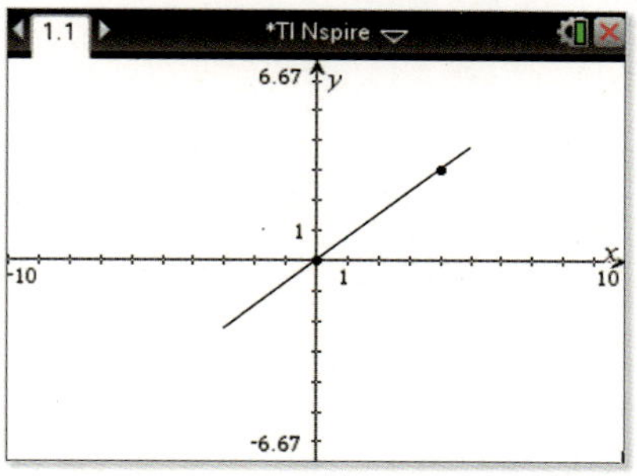

Matrizenrechnung

Matrix eingeben

In der Calculator-Applikation kann mit Matrizen gerechnet werden. Um Matrizen einzugeben, gibt es mehrerer Vorlagen, die über die Taste aufgerufen werden können.

Matrizen mit beliebiger Zeilen- und Spaltenanzahl können über das Symbol geöffnet werden. Es öffnet sich ein Dialogfenster:

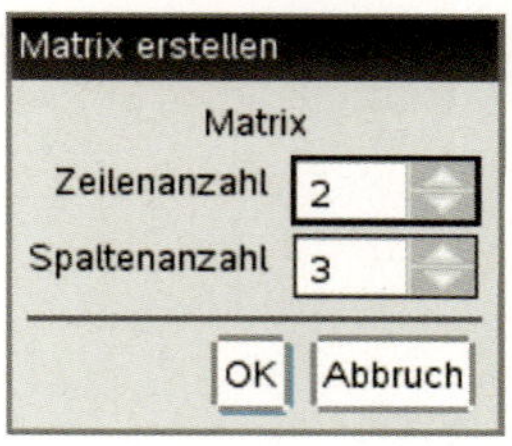

Zunächst muss festgelegt werden, wie viele Zeilen und wie viele Spalten die Matrix haben soll. „Zeilenanzahl" bestimmt die Anzahl der Zeilen, „Spaltenanzahl" die der Spalten. Um zum Beispiel die Matrix $\begin{pmatrix} 1 & 2 & 3 \\ -2 & 0 & 5 \end{pmatrix}$ einzugeben, geben wir für die Anzahl der Zeilen 2 und für die Anzahl der Spalten 3 ein.

$$\begin{bmatrix} \square & \square & \square \\ \square & \square & \square \end{bmatrix}$$

Die Zahlen der Matrix können nun eingegeben und mit enter bestätigt werden.

$$\begin{bmatrix} 1 & 2 & 3 \\ -2 & 0 & 5 \end{bmatrix} \qquad \begin{bmatrix} 1 & 2 & 3 \\ -2 & 0 & 5 \end{bmatrix}$$

Mit Matrizen kann nun gerechnet werden.

Beispiel: Um die Matrizen $\begin{pmatrix} 1 & -4 \\ 3 & 2 \end{pmatrix}$ und $\begin{pmatrix} 0 & 7 \\ 1 & 6 \end{pmatrix}$ zu addieren, rechnen wir:

$$\begin{bmatrix} 1 & -4 \\ 3 & 2 \end{bmatrix} + \begin{bmatrix} 0 & 7 \\ 1 & 6 \end{bmatrix} \qquad \begin{bmatrix} 1 & 3 \\ 4 & 8 \end{bmatrix}$$

Man kann Matrizen auch einen Namen geben, allerdings unterscheidet der TI Nspire nicht zwischen Groß- und Kleinbuchstaben. Auch wenn es üblich ist, Matrizen mit Großbuchstaben zu bezeichnen, muss hier mit Kleinbuchstaben gearbeitet werden.

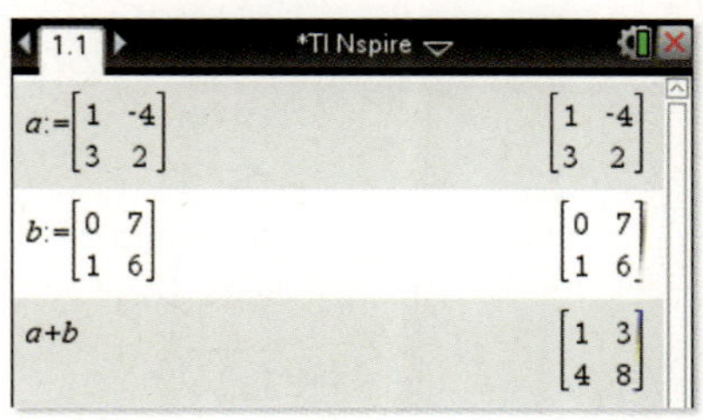

Die wichtigsten TI Nspire-Befehle für das Arbeiten mit diesem Buch

Grundlegendes

Komma	Eingabe des Kommas mithilfe von [.]	[.]	3.5	3.5
Addition und Subtraktion	Eingabe einer Addition oder Subtraktion mithilfe von [+] und [−]	[+] [−]	23+12−5	30
	oder	oder	sum({23,12,-5})	30
	mithilfe des Befehls **sum**: Berechnet die Summe aller Listenelemente.	sum(Liste)		
Multiplikation	Eingabe einer Multiplikation mithilfe von [×]	[×]	$2\cdot3$	6
	oder	oder		
	mithilfe des Befehls **product**: Berechnet das Produkt aller Zahlen in der Liste.	product(Liste)	product({2,3})	6
Division	Eingabe einer Division mithilfe von [÷]	[÷]	$\frac{13}{4}$	$\frac{13}{4}$
		Ausgabe als Dezimalzahl mit [ctrl] [enter]	$\frac{13}{4}$	3.25
Bruchzahl	Eingabe einer Bruchzahl mithilfe von [÷]	[÷]	$\frac{1}{7}+\frac{2}{5}$	$\frac{19}{35}$
	oder [ctrl] [÷]	oder [ctrl] [÷]		
	oder [Vorlagen] [Bruchvorlage]	oder [Vorlagen] [Bruchvorlage]		
Gleitkommadarstellung	Eingabe einer Zahl in Gleitkommadarstellung mithilfe der Taste [EE]	Mantisse [EE] Exponent	29300.	2.93E4
Betrag	**abs** berechnet den Betrag einer Zahl.	abs(Zahl)	$\lvert -3.5\rvert$	3.5
faktorisieren	**factor** zerlegt in ein Produkt.	factor(Ausdruck)	$\text{factor}(x^2+5\cdot x+6)$	$(x+2)\cdot(x+3)$
multiplizieren	**expand** multipliziert und dividiert aus.	expand(Ausdruck)	$\text{expand}((x+2)\cdot(x+3))$	$x^2+5\cdot x+6$
			$\text{expand}\left(\frac{x+2}{x}\right)$	$\frac{2}{x}+1$

Potenzen

Potenz	Eingabe einer Potenz mithilfe von ^	Basis^Exponent	3^8	6561
	oder [Vorlagen] [Potenzvorlage]	oder [Vorlagen] [Potenzvorlage]		
	Hinweis: Mit der Pfeiltaste kommt der Cursor auf die Grundlinie zurück.			

Quadratwurzel	Eingabe mithilfe von [▫{▫] [$\sqrt{\ }$] oder [ctrl] [x^2]	[▫{▫] [$\sqrt{\ }$]	$\sqrt{144}$	12
höhere Wurzel	Eingabe mithilfe von [▫{▫] [$\sqrt[n]{x}$] oder [ctrl] [^]	[▫{▫] [$\sqrt[n]{x}$]	$\sqrt[3]{27}$	3

Gleichungen und Gleichungssysteme

Äquivalenzumformungen	Die Angabe einer Gleichung in Klammer und der Äquivalenzumformung führt diese Äquivalenzumformung durch.	(Gleichung) Äquivalenzumformung	$(3\cdot z+4=5)-4$	$3\cdot z=1$
Gleichung lösen	**solve** löst eine Gleichung für die angegebene Unbekannte.	solve(Gleichung, Var)	$\text{solve}(3\cdot z+4=5,z)$	$z=\frac{1}{3}$
Gleichungssystem lösen	**solve** löst ein Gleichungssystem für die angegebenen Unbekannten.	solve(Gleichungssystem, Var) Eingabe des Gleichungssystems: [▫{▫] [{▫] oder mithilfe von „and“ Gleichung and Gleichung	$\text{solve}\left(\begin{cases}3\cdot x+5\cdot y=36\\4\cdot x+3\cdot y=26\end{cases},x,y\right)$ $\text{solve}(3\cdot x+5\cdot y=36 \text{ and } 4\cdot x+3\cdot y=26,x,y)$	$x=2$ and $y=6$ $x=2$ and $y=6$

Matrizenrechnung

Matrix eingeben	Eingabe einer Matrix mithilfe von [▫{▫] [▦]	[▫{▫] [▦] Zeilenanzahl: m Spaltenanzahl: n	$\begin{bmatrix}-1 & 0 & 2\\3 & 4 & 1\end{bmatrix}$	$\begin{bmatrix}-1 & 0 & 2\\3 & 4 & 1\end{bmatrix}$
Einheitsmatrix	**identity** erzeugt die Einheitsmatrix.	identity(Zahl)	$\text{identity}(3)$	$\begin{bmatrix}1 & 0 & 0\\0 & 1 & 0\\0 & 0 & 1\end{bmatrix}$
Matrizenaddition Matrizensubstraktion	Eingabe einer Addition oder Subtraktion von Matrizen mithilfe von + oder –	Matrix + Matrix Matrix – Matrix	$\begin{bmatrix}1 & -4\\3 & 2\end{bmatrix}+\begin{bmatrix}0 & 7\\1 & 6\end{bmatrix}$ $\begin{bmatrix}1 & -4\\3 & 2\end{bmatrix}-\begin{bmatrix}0 & 7\\1 & 6\end{bmatrix}$	$\begin{bmatrix}1 & 3\\4 & 8\end{bmatrix}$ $\begin{bmatrix}1 & -11\\2 & -4\end{bmatrix}$
Vielfaches einer Matrix	Eingabe eines Vielfachen einer Matrix mithilfe von *	Zahl * Matrix	$2\cdot\begin{bmatrix}1 & -4\\3 & 2\end{bmatrix}$	$\begin{bmatrix}2 & -8\\6 & 4\end{bmatrix}$
Matrizenmultiplikation	Eingabe einer Matrizenmultiplikation Vielfachen einer Matrix mithilfe von *	Matrix * Matrix	$\begin{bmatrix}1 & -4\\3 & 2\end{bmatrix}\cdot\begin{bmatrix}0 & 7\\1 & 6\end{bmatrix}$	$\begin{bmatrix}-4 & -17\\2 & 33\end{bmatrix}$
Inverse Matrix	Eingabe mithilfe von ^(–1)	Matrix^(–1)	$\begin{bmatrix}0 & 4 & 1\\3 & 1 & 0\\2 & 5 & 1\end{bmatrix}^{-1}$	$\begin{bmatrix}1 & 1 & -1\\-3 & -2 & 3\\13 & 8 & -12\end{bmatrix}$

Funktionen

Funktion eingeben	Eine Funktion f wird mit [:=] eingegeben.	f(x) [:=] $x^2 + 2$	$f(x):=x^2+2$ *Fertig* $g(t):=\frac{1}{2}\cdot t-8$ *Fertig*
stückweise definierte Funktion eingeben	[Vorlagen-Taste] [Vorlage] ermöglicht die Eingabe einer stückweise definierten Funktion.	[Vorlagen-Taste] [Vorlage]	$p(x):=\begin{cases}0, & x=0\\ 7.5\cdot x+1.5, & x<5\\ 7.5\cdot x, & x\geq 5\end{cases}$ *Fertig*

Winkelfunktionen

π eingeben	Eingabe von π mithilfe von pi oder [π▸]	pi [π▸]	π → π
Winkel eingeben / Umrechnung vom Grad- ins Bogenmaß	Der TI Nspire rechnet standardmäßig im Bogenmaß. Eingabe eines Winkels im Gradmaß mithilfe von °	Zahl°	90° → $\frac{\pi}{2}$
Umrechnung vom Bogen- ins Gradmaß	▸DD berechnet das Gradmaß eines im Bogenmaß gegebenen Winkels.	[ctrl] [📖] ▸DD	(π)▸DD → 180°
Sinus	**sin** berechnet den Sinus einer Zahl.	sin(Zahl)	$\sin(30°)$ → $\frac{1}{2}$
Cosinus	**cos** berechnet den Cosinus einer Zahl.	cos(Zahl)	$\sin\left(\frac{\pi}{6}\right)$ → $\frac{1}{2}$
Tangens	**tan** berechnet den Tangens einer Zahl.	tan(Zahl)	
Arcussinus	$\sin^{-1}$ bzw. **arcsin** berechnet den Arcussinus einer Zahl im Bogenmaß.	Ausgabe im Bogenmaß: $\sin^{-1}$(Zahl) arcsin(Zahl)	Bogenmaß: $\sin^{-1}\left(\frac{1}{2}\right)$ → $\frac{\pi}{6}$
Arcuscosinus	$\cos^{-1}$ bzw. **arccos** berechnet den Arcuscosinus einer Zahl im Bogenmaß.	$\cos^{-1}$(Zahl) arccos(Zahl)	Gradmaß:
Arcustangens	$\tan^{-1}$ bzw. **arctan** berechnet den Arcustangens einer Zahl im Bogenmaß.	$\tan^{-1}$(Zahl) arctan(Zahl)	$\left(\sin^{-1}\left(\frac{1}{2}\right)\right)$▸DD → 30°

tns 2p85bg

Mathematik anwenden HAK-Online: TI Nspire auf www.oebv.at

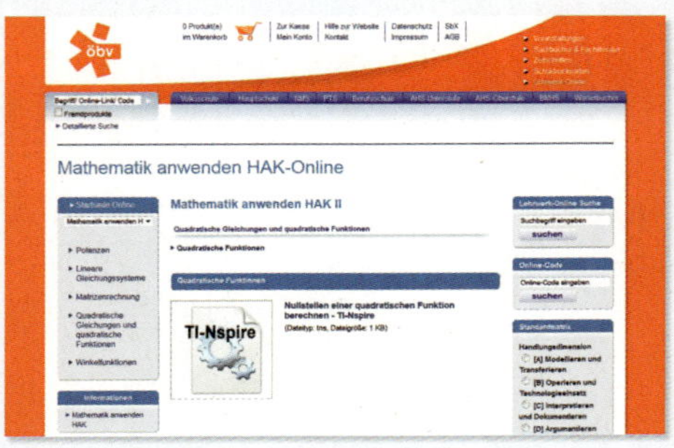

In der **Online-Ergänzung** zu diesem Buch stehen zahlreiche Materialien für den Einsatz des TI Nspire zur Verfügung: Handbuch, Schritt-für-Schritt-Anleitungen…

Online-Codes im Buch verweisen direkt auf die entsprechenden Inhalte.

Verwendet wurde hier die TI-Nspire™ Technologie, ein eingetragenes Warenzeichen von Texas Instruments.

Lösungen zu „Was habe ich gelernt?"

1 Potenzen

1.1 Potenzen und Wurzeln

52. a. C   b. A

53. a. $\sqrt[20]{a^{17}}$ $\left[\sqrt[5]{a^3}\cdot\sqrt[4]{a}=a^{\frac{3}{5}}\cdot a^{\frac{1}{4}}=a^{\frac{17}{20}}=\sqrt[20]{a^{17}}\right]$

b. $\sqrt[6]{b}$ $\left[\frac{\sqrt[6]{b^5}}{\sqrt[3]{b^2}}=b^{\frac{5}{6}}\cdot b^{-\frac{2}{3}}=b^{\frac{1}{6}}=\sqrt[6]{b}\right]$

c. $\sqrt[6]{c^{13}}$ $\left[\frac{\sqrt[7]{c^6}\cdot\sqrt[3]{c^5}}{\sqrt[14]{c^5}}=c^{\frac{6}{7}}\cdot c^{\frac{5}{3}}\cdot c^{-\frac{5}{14}}=c^{\frac{13}{6}}=\sqrt[6]{c^{13}}\right]$

d. $\sqrt[20]{d^3}$ $\left[\frac{\sqrt{d}\cdot\sqrt[5]{d^3}}{\sqrt[4]{d}\cdot\sqrt[10]{d^7}}=d^{\frac{1}{2}}\cdot d^{\frac{3}{5}}\cdot d^{-\frac{1}{4}}\cdot d^{-\frac{7}{10}}=d^{\frac{3}{20}}=\sqrt[20]{d^3}\right]$

54. $\sqrt[m]{\sqrt[n]{a}}=\sqrt[m]{a^{\frac{1}{n}}}=\left(a^{\frac{1}{n}}\right)^{\frac{1}{m}}=a^{\frac{1}{n}\cdot\frac{1}{m}}=a^{\frac{1}{m\cdot n}}=\sqrt[m\cdot n]{a}$

55. a. $a^2b^3\sqrt[3]{a}$ $\left[\sqrt[3]{a^7b^9}=\sqrt[3]{a^6ab^9}=\sqrt[3]{a^6b^9}\sqrt[3]{a}=a^2b^3\sqrt[3]{a}\right]$

b. $cd^2e^3\cdot\sqrt[5]{c^4de^2}$

$\left[\sqrt[5]{c^9d^{11}e^{17}}=\sqrt[5]{c^5c^4d^{10}de^{15}e^2}=\sqrt[5]{c^5d^{10}e^{15}}\;\sqrt[5]{c^4de^2}=cd^2e^3\sqrt[5]{c^4de^2}\right]$

c. $7\cdot\sqrt{2}$ $\left[\sqrt{2\cdot 7^2}=\sqrt{2}\cdot 7\right]$

d. $2\cdot\sqrt[3]{5}$ $\left[\sqrt[3]{2^3\cdot 5}=\sqrt[3]{2^3}\cdot\sqrt[3]{5}=2\cdot\sqrt[3]{5}\right]$

56. a. $\sqrt[3]{320}$ $\left[4\cdot\sqrt[3]{5}=\sqrt[3]{4^3\cdot 5}=\sqrt[3]{320}\right]$

b. $\sqrt[4]{48}$ $\left[2\cdot\sqrt[4]{3}=\sqrt[4]{2^4\cdot 3}=\sqrt[4]{48}\right]$

c. $\sqrt[5]{a^{16}b^{37}}$ $\left[a^3b^7\sqrt[5]{ab^2}=\sqrt[5]{(a^3)^5(b^7)^5ab^2}=\sqrt[5]{a^{16}b^{37}}\right]$

d. $\sqrt[6]{64x^{11}y^{19}}$ $\left[2xy^3\cdot\sqrt[6]{x^5y}=\sqrt[6]{2^6x^6(y^3)^6x^5y}=\sqrt[6]{64x^{11}y^{19}}\right]$

57. a. $5^{\frac{1}{2}}$ b. $11^{\frac{2}{3}}$ c. $x^{\frac{1}{5}}$ d. $(a\cdot b^3)^{\frac{1}{3}}=a^{\frac{1}{3}}\cdot b$

58. a. $\sqrt[3]{3}$ b. $\sqrt[5]{8^2}$ c. $\sqrt[4]{a}$ d. $\sqrt[8]{y^{-3}}=\sqrt[8]{\frac{1}{y^3}}=\frac{1}{\sqrt[8]{y^3}}$

1.2 Formeln umformen

78. a. $r=\sqrt{\frac{V}{2R\pi^2}}=\left(\frac{V}{2R\pi^2}\right)^{\frac{1}{2}}$

[$V=2R\pi^2r^2$ $|:2R\pi^2$

$\frac{V}{2R\pi^2}=r^2$ $|\sqrt{\ }$

$r=\sqrt{\frac{V}{2R\pi^2}}=\left(\frac{V}{2R\pi^2}\right)^{\frac{1}{2}}$]

b. $T_1=T_2\cdot\sqrt{\left(\frac{a_1}{a_2}\right)^3}=T_2\cdot\left(\frac{a_1}{a_2}\right)^{\frac{3}{2}}$; $a_2=a_1\cdot\sqrt[3]{\left(\frac{T_2}{T_1}\right)^2}=a_1\cdot\left(\frac{T_2}{T_1}\right)^{\frac{2}{3}}$

[$\left(\frac{T_1}{T_2}\right)^2=\left(\frac{a_1}{a_2}\right)^3$ $|\sqrt{\ }$

$\frac{T_1}{T_2}=\left(\frac{a_1}{a_2}\right)^{\frac{3}{2}}$ $|\cdot T_2$

$T_1=T_2\cdot\left(\frac{a_1}{a_2}\right)^{\frac{3}{2}}=T_2\cdot\sqrt{\left(\frac{a_1}{a_2}\right)^3}$

$\left(\frac{T_1}{T_2}\right)^2=\left(\frac{a_1}{a_2}\right)^3$ $|\sqrt[3]{\ }$

$\left(\frac{T_1}{T_2}\right)^{\frac{2}{3}}=\frac{a_1}{a_2}$ | Kehrwert

$\left(\frac{T_2}{T_1}\right)^{\frac{2}{3}}=\frac{a_2}{a_1}$ $|\cdot a_1$

$a_2=a_1\left(\frac{T_2}{T_1}\right)^{\frac{2}{3}}=a_1\cdot\sqrt[3]{\left(\frac{T_2}{T_1}\right)^2}$]

79. Die Seitenlänge a wird doppelt so groß, denn $a=\sqrt{\frac{2A}{3\sqrt{3}}}$, also ist bei vierfachem Flächeninhalt $a_{neu}=\sqrt{\frac{2\cdot 4A}{3\sqrt{3}}}=\sqrt{4}\cdot\sqrt{\frac{2\cdot A}{3\sqrt{3}}}=2a$.

2 Lineare Gleichungssysteme

2.1 Lineare Gleichungssysteme mit zwei Unbekannten

116. a. Nein, weil I) $4\cdot 5-6(-2)\neq 30$ ist.

b. Nein, weil II) $11\cdot 5+7(-2)\neq 42$ ist.

c. Ja, weil I) $5\cdot 5-9\cdot(-2)=43$ und II) $7\cdot 5-11\cdot(-2)=57$ ist.

117. a. $x=4$ und $y=1$

Die Probe ergibt: $8\cdot 4-3\cdot 1=29$ und $5\cdot 4+6\cdot 1=26$; beides ist richtig.

[I) $8x-3y=29$ $|\,\mathrm{I}+\frac{1}{2}\cdot\mathrm{II}$

II) $5x+6y=26$

I) $\frac{21}{2}x=42$ $|:\frac{21}{2}$

II) $5x+6y=26$

I) $x=4$

II) $6y=6$ $|:6$

I) $x=4$

II) $y=1$]

b. $x=1{,}6$ und $y=2{,}7$

Die Probe ergibt: $6\cdot 1{,}6+7\cdot 2{,}7=28{,}5$ und $5\cdot 1{,}6-8\cdot 2{,}7=-13{,}6$; beides ist richtig.

c. $x=\frac{1}{3}$ und $y=2$

Die Probe ergibt: $\frac{3}{4}\cdot\frac{1}{3}+\frac{1}{5}\cdot 2=\frac{13}{20}$ und $\frac{1}{2}\cdot\frac{1}{3}+\frac{5}{6}\cdot 2=\frac{11}{6}$ beides ist richtig.

118. a. B   b. C   c. B   d. A

2.2 Modellieren mit linearen Gleichungssystemen

149. C

150. Es befinden sich 87 Erwachsene und 13 Kinder im Zuschauerraum. [Bezeichnen wir die die Anzahl der Erwachsenen mit E und die Anzahl der Kinder mit K, so sind insgesamt $E+K=100$ Zuschauer bei ausverkaufter Vorstellung im Theater. Jeder Erwachsene zahlt 10 €, somit sind die Einnahmen von allen Erwachsenen $10\cdot E$ €. Jedes Kind zahlt 5 €, somit sind die Einnahmen von allen Kindern $5\cdot K$ €. Die Einnahmen sind also $10\cdot E+5\cdot K=935$ €. Wir lösen das Gleichungssystem I) $E+K=100$ und II) $10\cdot E+5\cdot K=935$ und erhalten $E=87$ und $K=13$.]

151. Martina ist heute 10 Jahre und Caroline ist heute 6 Jahre alt. [Wir bezeichnen das Alter von Martina mit m, das von Caroline mit c. Vor zwei Jahren waren sie daher $m-2$ und $c-2$ Jahre alt. Da Martina damals doppelt so alt wie Caroline war, gilt $m-2=2\cdot(c-2)$. In 2 Jahren sind die beiden $m+2$ und $c+2$ Jahre alt, und sie sind zusammen 20 Jahre alt, also $m+2+c+2=20$. Wir lösen das Gleichungssystem I) $m-2=2\cdot(c-2)$ und II) $m+2+c+2=20$ und erhalten $m=10$ und $c=6$.]

152. Der Sachbearbeiter hat 42:48 Stunden ins Inland und 24:36 Stunden ins Ausland telefoniert.

[Insgesamt telefoniert der Sachbearbeiter 67:24 Stunden, das entspricht 4044 min. Bezeichnen wir die Anzahl der Inlandsgesprächsminuten mit i und die der Auslandsminuten mit a, so ist $i+a=4044$. Da eine Minute im Inland 0,015 € kostet, sind die Gesamtkosten für die Inlandsgespräche $0{,}015\cdot i$. Die Kosten für Auslandsgespräche sind $0{,}095\cdot a$ €. Also ist $0{,}015\cdot i+0{,}095\cdot a=178{,}74$. Wir lösen das Gleichungssystem I) $i+a=4044$ und II) $0{,}015\cdot i+0{,}095\cdot a=178{,}74$ und erhalten $i=2568$ min = 42 h 48 min und $a=1476$ min = 24 h 36 min.]

2.3 Lineare Gleichungssysteme mit mehreren Unbekannten

170. a. $x=3$, $y=4$ und $z=2$

[I) $2x+3y+4z=26$

II) $3x+5y+2z=33$ $|\,2\cdot\mathrm{II}-3\cdot\mathrm{I}$

III) $4x+3y+2z=28$ $|\,-\mathrm{III}+2\cdot\mathrm{I}$

I) $2x+3y+4z=26$

II) $y-8z=-12$

III) $3y+6z=24$ $|\,\mathrm{III}-3\cdot\mathrm{II}$

I) $2x+3y+4z=26$

II) $y-8z=-12$

III) $30z=60$ $|:30$

I) $2x+3y+4z=26$

II) $y-8z=-12$ $|\,\mathrm{II}+8\cdot\mathrm{III}$

III) $z=2$

I) $2x+3y+4z=26$ $|\,\frac{1}{2}\cdot(\mathrm{I}-3\cdot\mathrm{II}-4\cdot\mathrm{III})$

II) $y=4$

III) $z=2$

I) x = 3
II) y = 4
III) z = 2]

b. w = 8,74, x = −2,55, y = −0,87 und z = 0,77

171. Klassenfoto: 9 €, Passfoto: 5 €, Freundschaftsfoto: 10 €
[Wir bezeichnen den Preis eines Klassenfotos mit K €, den Preis eines Passfotos mit P € und den Preis des Freundschaftsfotos mit F €. Es werden 24 Klassenfotos, 26 Passfotos und 6 Freundschaftsfotos für insgesamt 406 € verkauft. Daher ist 24K + 26P + 6F = 406. Ein Freundschaftsfoto ist doppelt so teuer wie das Passfoto, daher ist F = 2P. Ein Klassenfoto kostet mit einem Passfoto gemeinsam um 4 € mehr als ein Freundschaftsfoto, daher ist K + P = F + 4. Wir lösen das Gleichungssystem I) 24K + 26P + 6F = 406, II) F = 2P und III) K + P = F + 4 und erhalten K = 9, P = 5, F = 10.]

2.4 Lineare Gleichungen mit zwei Unbekannten

196.

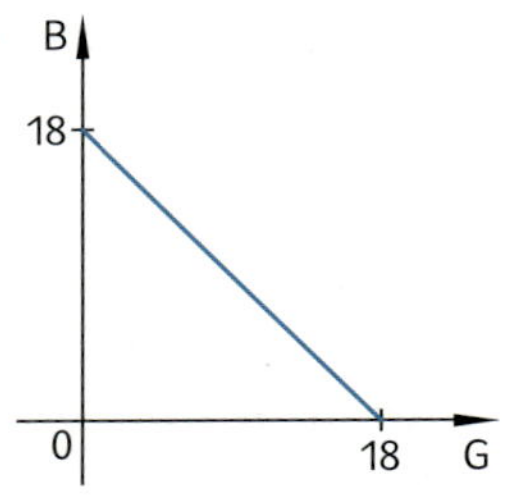

197. **a.**

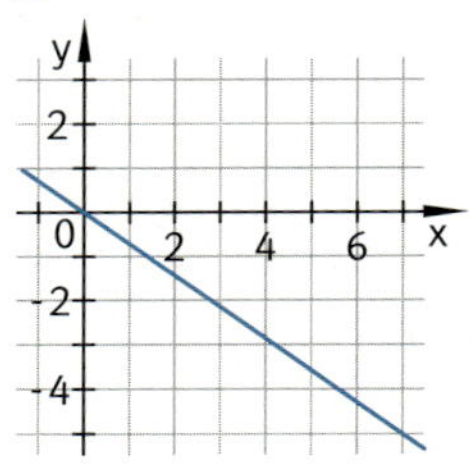

c.

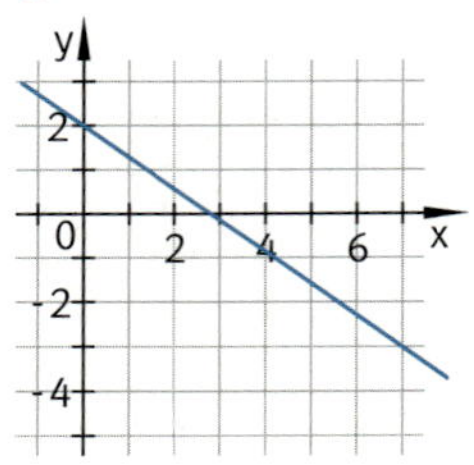

b.

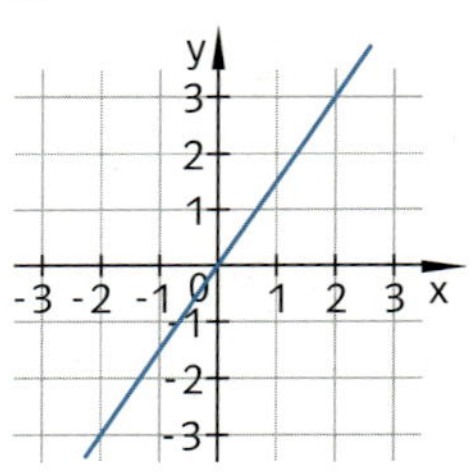

d.

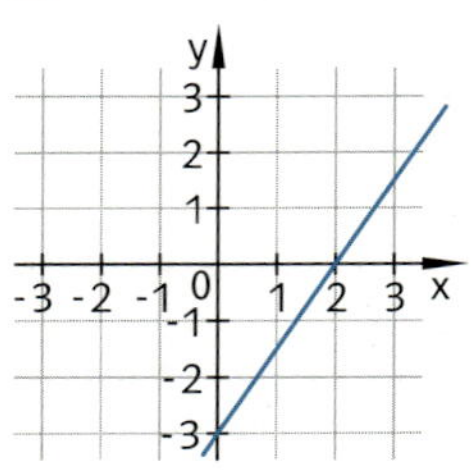

198.

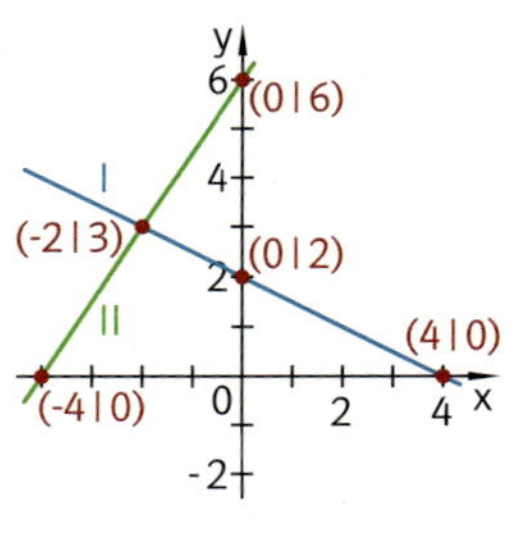

Probe: x = −2, y = 3

199. D [Der Graph von f ist die Menge aller Zahlenpaare (x, y) mit $y = f(x) = \frac{3}{2}x + \frac{1}{4}$. Daher sind $y = \frac{3}{2}x + \frac{1}{4}$, $4y = 6x + 1$ und $-6x + 4y = 1$ Gleichungen des Graphen von f.]

3 Matrizenrechnung

3.1 Rechnen mit Zeilen und Spalten

232. **a.** (1, −10, 4) **b.** (28, 56, −14, 7, 42)

233. **a.** $\begin{pmatrix} 10 \\ -5 \\ -2 \end{pmatrix}$ **b.** $\begin{pmatrix} -3 \\ 3 \\ -9 \end{pmatrix}$

234. **a.** $\begin{pmatrix} 40 \\ -90 \\ 70 \end{pmatrix}$ **b.** $\begin{pmatrix} 80 \\ -90 \\ 160 \end{pmatrix}$

235. **a.**

	1. Test	2. Test	3. Test	4. Test	Summe
Anna	7	12	9	8	36
Bianca	4	8	10	12	34
Carina	5	5	7	9	26

Die Summe der Spalten gibt für jede Schülerin an, wie viele Punkte sie insgesamt erreicht hat.

b.

	1. Test	2. Test	3. Test	4. Test
Anna	7	12	9	8
Bianca	4	8	10	12
Carina	5	5	7	9
Summe	16	25	26	29

Die Summe der Zeilen gibt für jeden Test an, wie viele Punkte die Schülerinnen zusammen erreicht haben.

236. **a.** Die Summe der Zeilen ist (36, 50, 24, 16, 16, 9, 14) und gibt an, wie viele Schrauben insgesamt je Möbelstück verbaut werden.

b. Man benötigt 25 Stück von A, 10 Stück von B, 62 Stück von C, 20 Stück von D und 48 Stück von E. Dazu muss die Summe aller Spalten gebildet werden.

c. Verwenden wir den Namen des Möbelstücks auch als Bezeichnung für die entsprechende Spalte, dann kann der Gesamtbedarf aus der Spalte
4 · LASSE + 10 · OLLE + 8 · ANNIKA + 12 · BJÖRN + 3 · TRINE
abgelesen werden.

d. (1,32, 1,5, 0,64, 0,34, 0,64, 0,21, 0,26)
Wenn zum Beispiel die gegebenen fünf Zahlen die Preise der Schrauben vom Typ A, B, C, D, E sind, so gibt die Linearkombination der Zeilen für jedes einzelne Möbelstück den Preis der Schrauben an.

3.2 Matrizen

247.

	S.	B.	San.
Bu.	200	360	300
Stä.	0	130	300
Sta.	170	160	190
Eier	9	10	6
Ko.	200	0	0
Ma.	0	260	0
Kr.	170	130	125
Mehl	200	140	50
Zit.	0	0	1

248. **a.** Von Modell 2 sind am 3. Standort 4 Stück verfügbar.

b. Die Summe der Zahlen der 3. Spalte ist 18. Das heißt, vom Modell 3 sind 18 Stück verfügbar

c. Man muss die Summe aller Spalten bilden.

d. Von Modell 3 besitzt die Firma die wenigsten Autos, nämlich 18. [Dazu berechnet man die Summe aller Zeilen und erhält (46, 27, 18, 42). Der dritte Eintrag ist am kleinsten und gibt die Anzahl der Autos von Modell 3 an.]

249. $\begin{pmatrix} 5 & 2 \\ 3 & 0 \\ 1 & 4 \end{pmatrix}$

250.

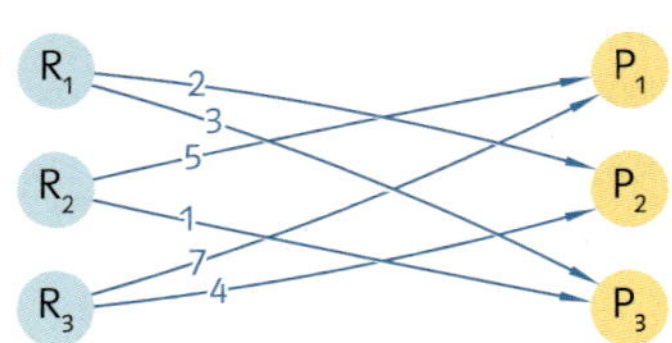

3.3 Rechnen mit Matrizen

301. $\begin{pmatrix} -0{,}4 & 12{,}4 & -11{,}6 \\ 2{,}4 & \frac{9}{14} & 20{,}96 \end{pmatrix}$

$\left[3 \cdot \begin{pmatrix} 2 & 3 & 0 \\ 1 & \frac{1}{2} & 7 \end{pmatrix} - 2 \cdot \begin{pmatrix} 3{,}2 & -1{,}7 & 5{,}8 \\ 0{,}3 & \frac{3}{7} & 0{,}02 \end{pmatrix} = \begin{pmatrix} 6 & 9 & 0 \\ 3 & \frac{3}{2} & 21 \end{pmatrix} - \begin{pmatrix} 6{,}4 & -3{,}4 & 11{,}6 \\ 0{,}6 & \frac{6}{7} & 0{,}04 \end{pmatrix} = \right.$
$\left. = \begin{pmatrix} -0{,}4 & 12{,}4 & -11{,}6 \\ 2{,}4 & \frac{9}{14} & 20{,}96 \end{pmatrix}\right]$

302. **a.** C **b.** A **c.** B

303. **a.** $A\cdot B=\begin{pmatrix}7 & 18\\ 10 & 26\end{pmatrix}$ $\left[\begin{pmatrix}3 & 1\\ 4 & 2\end{pmatrix}\cdot\begin{pmatrix}2 & 5\\ 1 & 3\end{pmatrix}=\begin{pmatrix}3\cdot 2+1\cdot 1 & 3\cdot 5+1\cdot 3\\ 4\cdot 2+2\cdot 1 & 4\cdot 5+2\cdot 3\end{pmatrix}=\begin{pmatrix}7 & 18\\ 10 & 26\end{pmatrix}\right]$

$B\cdot A=\begin{pmatrix}26 & 12\\ 15 & 7\end{pmatrix}$

b. $A\cdot B=\begin{pmatrix}3 & 4 & 5\\ 5 & 6 & 1\\ 1 & 2 & 3\end{pmatrix}$, $B\cdot A=\begin{pmatrix}6 & 4 & 2\\ 5 & 3 & 1\\ 1 & 5 & 3\end{pmatrix}$

304. **a.** $\begin{pmatrix}399 & 27 & 72 & 0{,}66\\ 270 & 31 & 62 & 0{,}95\\ 328 & 25 & 99 & 1{,}3\end{pmatrix}\cdot\begin{pmatrix}t\\ n\\ s\\ b\end{pmatrix}$

b. Die Kosten betragen bei Jaalo 4128 €, bei Frosch 3236 € und bei Stega 4358 €. $\left[\begin{pmatrix}399 & 27 & 72 & 0{,}66\\ 270 & 31 & 62 & 0{,}95\\ 328 & 25 & 99 & 1{,}3\end{pmatrix}\cdot\begin{pmatrix}6\\ 6\\ 20\\ 200\end{pmatrix}=\begin{pmatrix}4128\\ 3236\\ 4358\end{pmatrix}\right]$

305. **a.** $X=\begin{pmatrix}950\\ 960\\ 1930\end{pmatrix}$, $X_3=1930$, das bedeutet, dass 1930 Einheiten vom Rohstoff R_3 benötigt werden, um die Nachfrage zu erfüllen.

$\left[\begin{pmatrix}2 & 1 & 0 & 3\\ 0 & 4 & 2 & 1\\ 4 & 3 & 1 & 5\end{pmatrix}\cdot\begin{pmatrix}100\\ 150\\ 80\\ 200\end{pmatrix}=\begin{pmatrix}950\\ 960\\ 1930\end{pmatrix}\right]$

b. 35 500 € $\left[(12\ \ 5\ \ 10)\cdot\begin{pmatrix}2 & 1 & 0 & 3\\ 0 & 4 & 2 & 1\\ 4 & 3 & 1 & 5\end{pmatrix}\cdot\begin{pmatrix}100\\ 150\\ 80\\ 200\end{pmatrix}=35\,500\right]$

3.4 Lineare Gleichungssysteme in Matrizenform

330. **a.** invertierbar, da $3\cdot 7-8\cdot 2=5\neq 0$ ist; $\begin{pmatrix}\frac{7}{5} & -\frac{8}{5}\\ -\frac{2}{5} & \frac{3}{5}\end{pmatrix}$

$\left[\frac{1}{5}\begin{pmatrix}7 & -8\\ -2 & 3\end{pmatrix}=\begin{pmatrix}\frac{7}{5} & -\frac{8}{5}\\ -\frac{2}{5} & \frac{3}{5}\end{pmatrix}\right]$

b. nicht invertierbar, da $4\cdot 3-(-6)\cdot(-2)=0$ ist

c. invertierbar, da $4\cdot 7-9\cdot 2=10\neq 0$ ist; $\begin{pmatrix}\frac{7}{10} & -\frac{9}{10}\\ -\frac{1}{5} & \frac{2}{5}\end{pmatrix}$

331. **a.** $\begin{pmatrix}5 & 3\\ 7 & 10\end{pmatrix}\cdot\begin{pmatrix}x\\ y\end{pmatrix}=\begin{pmatrix}-62\\ 41\end{pmatrix}$; $x=-\frac{743}{29}\approx-25{,}62$, $y=\frac{639}{29}\approx 22{,}03$

$\left[\begin{pmatrix}5 & 3\\ 7 & 10\end{pmatrix}^{-1}=\begin{pmatrix}\frac{10}{29} & -\frac{3}{29}\\ -\frac{7}{29} & \frac{5}{29}\end{pmatrix}; \begin{pmatrix}\frac{10}{29} & -\frac{3}{29}\\ -\frac{7}{29} & \frac{5}{29}\end{pmatrix}\cdot\begin{pmatrix}-62\\ 41\end{pmatrix}=\begin{pmatrix}-\frac{743}{29}\\ \frac{639}{29}\end{pmatrix}\right]$

b. $\begin{pmatrix}4 & 5 & 2\\ 8 & 0 & -1\\ 0 & 2 & 6\end{pmatrix}\cdot\begin{pmatrix}x\\ y\\ z\end{pmatrix}=\begin{pmatrix}0{,}2\\ 10\\ 8\end{pmatrix}$; $x=\frac{749}{500}\approx 1{,}5$, $y=-\frac{244}{125}\approx-1{,}95$, $z=\frac{248}{125}\approx 1{,}98$

$\left[\begin{pmatrix}4 & 5 & 2\\ 8 & 0 & -1\\ 0 & 2 & 6\end{pmatrix}^{-1}=\begin{pmatrix}-\frac{1}{100} & \frac{13}{100} & \frac{1}{40}\\ \frac{6}{25} & -\frac{3}{25} & -\frac{1}{10}\\ -\frac{2}{25} & \frac{1}{25} & \frac{1}{5}\end{pmatrix}, \begin{pmatrix}4 & 5 & 2\\ 8 & 0 & -1\\ 0 & 2 & 6\end{pmatrix}^{-1}\cdot\begin{pmatrix}0{,}2\\ 10\\ 8\end{pmatrix}=\begin{pmatrix}\frac{749}{500}\\ -\frac{244}{125}\\ \frac{248}{125}\end{pmatrix}\right]$

332. **a.** Von R_1 fließt 1 Einheit direkt in E_2 und von R_3 fließen 2 Einheiten in E_3 ein. Von Z_1 werden 100 Einheiten direkt verkauft.

b. $(E_8-V)^{-1}=\begin{pmatrix}1 & 0 & 0 & 3 & 1 & 17 & 7 & 1\\ 0 & 1 & 0 & 6 & 2 & 34 & 12 & 2\\ 0 & 0 & 1 & 1 & 4 & 13 & 13 & 6\\ 0 & 0 & 0 & 1 & 0 & 5 & 1 & 0\\ 0 & 0 & 0 & 0 & 1 & 2 & 3 & 1\\ 0 & 0 & 0 & 0 & 0 & 1 & 0 & 0\\ 0 & 0 & 0 & 0 & 0 & 0 & 1 & 0\\ 0 & 0 & 0 & 0 & 0 & 0 & 0 & 1\end{pmatrix}$

c. $(E_8-V)^{-1}\cdot N=\begin{pmatrix}6300\\ 12\,000\\ 9600\\ 1400\\ 1800\\ 200\\ 300\\ 500\end{pmatrix}$

Man benötigt 6300 Einheiten des Rohstoffs R_1, 12 000 Einheiten von R_2, 9600 Einheiten von R_3, 1400 Einheiten des Zwischenprodukts Z_1 und 1800 Einheiten von Z_2. Es werden 200 Einheiten des Endprodukts E_1, 300 Einheiten von E_2 und 500 Einheiten von E_3 produziert.

Was habe ich in diesem Semester gelernt? – 3. Semester

Algebra und Geometrie

349. **a.** $a^{\frac{11}{12}}$ $\left[a^{\frac{1}{4}}\cdot a^{\frac{2}{3}}=a^{\frac{1}{4}+\frac{2}{3}}=a^{\frac{11}{12}}\right]$ **c.** $y^{\frac{1}{2}}$ $\left[\left(y^{\frac{2}{3}}\right)^{\frac{3}{4}}=y^{\frac{2}{3}\cdot\frac{3}{4}}=y^{\frac{1}{2}}\right]$

b. $x^{\frac{1}{4}}$ $\left[\frac{x^{\frac{3}{4}}}{x^{\frac{1}{2}}}=x^{\frac{3}{4}-\frac{1}{2}}=x^{\frac{1}{4}}\right]$ **d.** $c^{\frac{3}{4}}$ $\left[\frac{c^{\frac{1}{2}}\cdot c^{\frac{2}{3}}}{c^{\frac{5}{12}}}=c^{\frac{1}{2}+\frac{2}{3}-\frac{5}{12}}=c^{\frac{3}{4}}\right]$

350. Für $m=\frac{1}{2}$ und $n=2$ folgt aus dieser Rechenregel, dass $\left(a^{\frac{1}{2}}\right)^2=a^{\frac{1}{2}\cdot 2}=a^1=a$ ist; also muss $a^{\frac{1}{2}}$ eine Zahl sein, deren Quadrat a ist.

351. **a.** B **b.** C **c.** A

352. **a.** $x^{\frac{1}{2}}$ **b.** $a^{\frac{1}{4}}$ **c.** $p^{\frac{3}{5}}$ **d.** $b^{-\frac{1}{2}}$

353. **a.** $\sqrt[3]{a}$ **b.** $\sqrt[4]{b^3}$ **c.** $\frac{1}{\sqrt[4]{c}}$ **d.** $\frac{1}{\sqrt[7]{d^2}}$

354. **a.** $x^{\frac{11}{12}}=\sqrt[12]{x^{11}}$ $\left[\sqrt[4]{x^3}\cdot\sqrt[6]{x}=x^{\frac{3}{4}}\cdot x^{\frac{1}{6}}=x^{\frac{3}{4}+\frac{1}{6}}=x^{\frac{11}{12}}=\sqrt[12]{x^{11}}\right]$

b. $u^{\frac{3}{4}}=\sqrt[4]{u^3}$ $\left[\sqrt[3]{u}\cdot\sqrt[4]{u}\cdot\sqrt[6]{u}=u^{\frac{1}{3}}\cdot u^{\frac{1}{4}}\cdot u^{\frac{1}{6}}=u^{\frac{1}{3}+\frac{1}{4}+\frac{1}{6}}=u^{\frac{3}{4}}=\sqrt[4]{u^3}\right]$

c. $z^{\frac{1}{24}}=\sqrt[24]{z}$ $\left[\frac{\sqrt[8]{z^7}}{\sqrt[6]{z^5}}=z^{\frac{7}{8}}\cdot z^{-\frac{5}{6}}=z^{\frac{7}{8}-\frac{5}{6}}=z^{\frac{1}{24}}=\sqrt[24]{z}\right]$

d. $a^{\frac{5}{24}}=\sqrt[24]{a^5}$ $\left[\frac{\sqrt[8]{a^5}\cdot\sqrt[6]{a^5}}{\sqrt[4]{a^3}\cdot\sqrt{a}}=a^{\frac{5}{8}}\cdot a^{\frac{5}{6}}\cdot a^{-\frac{3}{4}}\cdot a^{-\frac{1}{2}}=a^{\frac{5}{8}+\frac{5}{6}-\frac{3}{4}-\frac{1}{2}}=a^{\frac{5}{24}}=\sqrt[24]{a^5}\right]$

355. **a.** $d=2\sqrt{\frac{V}{\pi h}}$

$\Big[\ V=\frac{d^2\pi h}{4}\quad \Big|\cdot\frac{4}{\pi h}$

$\frac{4V}{\pi h}=d^2\quad \Big|\sqrt{\ }$

$d=2\sqrt{\frac{V}{\pi h}}\ \Big]$

b. Der Durchmesser muss mit $\sqrt{\frac{1}{2}}$ multipliziert werden, denn $d=2\sqrt{\frac{\frac{V}{2}}{\pi h}}=\sqrt{\frac{1}{2}}\cdot 2\sqrt{\frac{V}{\pi h}}$.

356. **a.** $l=\frac{T^2 g}{4\pi^2}$

$\Big[\ T=2\pi\sqrt{\frac{l}{g}}\quad \Big|:2\pi$

$\frac{T}{2\pi}=\sqrt{\frac{l}{g}}\quad \Big|\ ^2$

$\frac{T^2}{4\pi^2}=\frac{l}{g}\quad \Big|\cdot g$

$\frac{T^2 g}{4\pi^2}=l\ \Big]$

b. Die Länge muss mit 4 multipliziert werden, denn $2T=2\cdot 2\cdot\pi\sqrt{\frac{l}{g}}=2\pi\sqrt{\frac{4l}{g}}$.

c. Die Schwingungsdauer muss mit $\sqrt{\frac{1}{2}}$ multipliziert werden, denn $2l=2\cdot\frac{T^2 g}{4\pi^2}=\frac{\left(\frac{T}{\sqrt{2}}\right)^2 g}{4\pi^2}$.

357. C $\left[\text{Geschwindigkeit}=\frac{\text{Weg}}{\text{Zeit}}\right.$; 2:30 Stunden = 2,5 Stunden, 3:15 Stunden = 3,25 Stunden, stromabwärts fährt das Schiff mit der Geschwindigkeit $s+f$, stromaufwärts mit der Geschwindigkeit $s-f$, also ist $\frac{80}{2{,}5}=s+f$ und $\left.\frac{80}{3{,}25}=s-f.\right]$

358. Wir bezeichnen den Preis für den Fernseher mit x Euro und den Preis für das Sound-System mit y Euro.

I) $x+y=2284$ oder I) $x+y=2284$
II) $0{,}15x+0{,}2y=370{,}35$ II) $0{,}85x+0{,}8y=1913{,}65$

359. Lösung: (1, 1)

a. Lösung durch Umformen:

I) $2x+3y=5$	$\|\cdot 3$
II) $3x-2y=1$	$\|\cdot 2$
I) $6x+9y=15$	
II) $6x-4y=2$	$\|$ I − II
I) $6x+9y=15$	
II) $13y=13$	$\|:13$
I) $6x+9y=15$	$\|$ y = 1 einsetzen
II) $y=1$	
I) $6x+9=15$	$\|-9$
II) $y=1$	
I) $6x=6$	$\|:6$
II) $y=1$	
I) $x=1$	
II) $y=1$	

b. graphische Lösung:

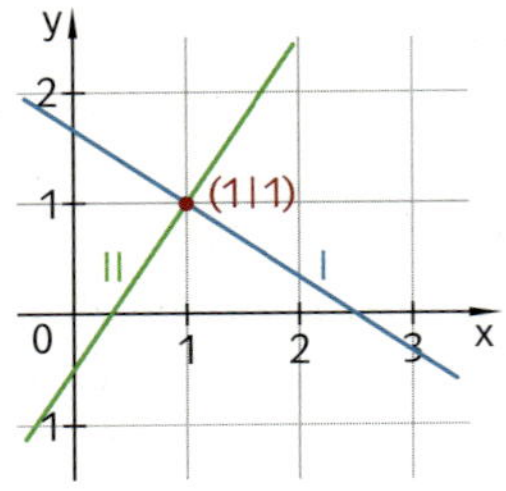

c. Lösung mithilfe der inversen Matrix:

$\begin{pmatrix}2&3\\3&-2\end{pmatrix}\cdot\begin{pmatrix}x\\y\end{pmatrix}=\begin{pmatrix}5\\1\end{pmatrix}$

$\begin{pmatrix}2&3\\3&-2\end{pmatrix}^{-1}=\frac{1}{2\cdot(-2)-3\cdot3}\begin{pmatrix}-2&-3\\-3&2\end{pmatrix}=\frac{1}{13}\begin{pmatrix}2&3\\3&-2\end{pmatrix}=\begin{pmatrix}\frac{2}{13}&\frac{3}{13}\\\frac{3}{13}&-\frac{2}{13}\end{pmatrix}$

$\begin{pmatrix}\frac{2}{13}&\frac{3}{13}\\\frac{3}{13}&-\frac{2}{13}\end{pmatrix}\cdot\begin{pmatrix}5\\1\end{pmatrix}=\begin{pmatrix}1\\1\end{pmatrix}$

360. a. Lösung: (7, −3)

I) $8x-9y=83$
II) $6x+4y=30$ $\quad|:6$

I) $8x-9y=83$ $\quad|-8\cdot\text{II}$
II) $x+\frac{2}{3}y=5$

I) $-\frac{43}{3}y=43$ $\quad|\cdot\left(-\frac{3}{43}\right)$
II) $x+\frac{2}{3}y=5$

I) $y=-3$
II) $x+\frac{2}{3}y=5$ $\quad|-\frac{2}{3}\cdot\text{I}$

I) $y=-3$
II) $x=7$

b. Lösung: (9, 12)

I) $x=y-3$
II) $4x+7y=120$

I) $x-y=-3$
II) $4x+7y=120$ $\quad|-4\cdot\text{I}$

I) $x-y=-3$
II) $11y=132$ $\quad|:11$

I) $x-y=-3$ $\quad|+\text{II}$
II) $y=12$

I) $x=9$
II) $y=12$

361. a. D, denn wenn man Gleichung I) mit 2 multipliziert, erhält man $4x+10y=22$. Das steht im Widerspruch zu Gleichung II) $4x+10y=14$. Die Lösungsmengen von I) und II) sind zueinander parallele Geraden.

b. A, denn wenn man Gleichung I) mit 3 multipliziert, erhält man Gleichung II). Die beiden Gleichungen haben dieselbe Gerade als Lösungsmenge.

362.

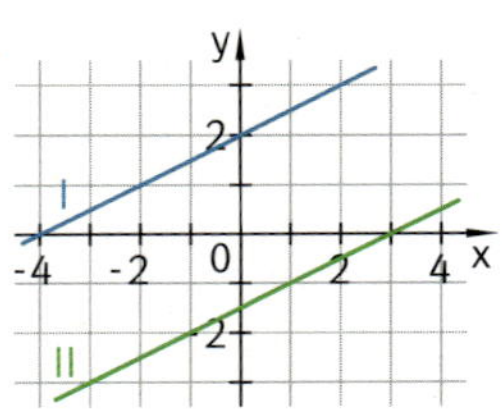

Die beiden Geraden sind parallel aber nicht gleich, daher gibt es keine Lösung.

363. 112 €
[x … Bruttopreis der Dekorationsartikel, y … Bruttopreis der Lebensmittel
I) $1{,}2x+1{,}1y=290{,}60$
II) $x+y=254$
$\Rightarrow x=112,\ y=142$, also beträgt der Nettopreis der Dekorationsartikel 112 €.]

364. a. x € … Preis Erwachsener; y € … Preis Jugendlicher; z € … Preis Kind
I) $2x+z=2860$
II) $2x+y+2z=4395$
III) $3x+y=4200$

b. Preis Erwachsener: 1105 €, Preis Jugendlicher: 885 €, Preis Kind: 650 €

ggb/tns
8e3ab3

c. 3745 € $\quad[2x+y+z=3745]$

365. a. $A=\begin{pmatrix}0&12&8\\3&0&5\\0&2&0\end{pmatrix}$

b. $B_{23}=9$; V_2 hat 9-mal V_3 angerufen.

366. $\begin{pmatrix}4&6&-2&1\\1&2&1&3\\6&1&-1&4\\1&1&1&1\end{pmatrix}\cdot\begin{pmatrix}a\\b\\c\\d\end{pmatrix}=\begin{pmatrix}28\\3\\-2\\6\end{pmatrix}$

Lösung: $a=2,\ b=5,\ c=3,\ d=-4$

ggb/xls/tns
543ns8

367. a. $\begin{pmatrix}6&7&12\\8&6&6\\1&4&7\end{pmatrix}\quad\left[\begin{pmatrix}1&4&8\\2&4&5\\1&2&2\end{pmatrix}+\begin{pmatrix}5&3&4\\6&2&1\\0&2&5\end{pmatrix}=\begin{pmatrix}1+5&4+3&8+4\\2+6&4+2&5+1\\1+0&2+2&2+5\end{pmatrix}=\begin{pmatrix}6&7&12\\8&6&6\\1&4&7\end{pmatrix}\right]$

b. $\begin{pmatrix}15&26&48\\22&24&27\\5&14&20\end{pmatrix}$

$\left[5\cdot\begin{pmatrix}1&4&8\\2&4&5\\1&2&2\end{pmatrix}+2\cdot\begin{pmatrix}5&3&4\\6&2&1\\0&2&5\end{pmatrix}=\begin{pmatrix}5&20&40\\10&20&25\\5&10&10\end{pmatrix}+\begin{pmatrix}10&6&8\\12&4&2\\0&4&10\end{pmatrix}=\begin{pmatrix}15&26&48\\22&24&27\\5&14&20\end{pmatrix}\right]$

c. $\begin{pmatrix}4&-1&-4\\4&-2&-4\\-1&0&3\end{pmatrix}$

d. $\begin{pmatrix}-6&10&24\\-4&12&18\\4&4&-2\end{pmatrix}$

e. $\begin{pmatrix}29&27&48\\34&24&37\\17&11&16\end{pmatrix}$

$\left[\begin{pmatrix}1&4&8\\2&4&5\\1&2&2\end{pmatrix}\cdot\begin{pmatrix}5&3&4\\6&2&1\\0&2&5\end{pmatrix}=\right.$

$=\begin{pmatrix}1\cdot5+4\cdot6+8\cdot0&1\cdot3+4\cdot2+8\cdot2&1\cdot4+4\cdot1+8\cdot5\\2\cdot5+4\cdot6+5\cdot0&2\cdot3+4\cdot2+5\cdot2&2\cdot4+4\cdot1+5\cdot5\\1\cdot5+2\cdot6+2\cdot0&1\cdot3+2\cdot2+2\cdot2&1\cdot4+2\cdot1+2\cdot5\end{pmatrix}=$

$\left.=\begin{pmatrix}29&27&48\\34&24&37\\17&11&16\end{pmatrix}\right]$

f. $\begin{pmatrix}15&40&63\\11&34&60\\9&18&20\end{pmatrix}$

368. a. $\begin{pmatrix}-1&4&-6\\0{,}5&-3&5{,}5\\0&1&-2\end{pmatrix}$ $\qquad$ **b.** $\begin{pmatrix}-4&3{,}5&2{,}5\\15&-12{,}5&-9{,}5\\-6&5&4\end{pmatrix}$

ggb/tns
yb55zt

369. a. $RP=\begin{pmatrix}7&4&0&2\\3&0&1&8\\4&3&5&1\end{pmatrix}$

b. Es sind 130 Einheiten von R_1, 105 Einheiten von R_2 und 144 Einheiten von R_3 nötig. $\left[\begin{pmatrix}7&4&0&2\\3&0&1&8\\4&3&5&1\end{pmatrix}\cdot\begin{pmatrix}12\\8\\13\\7\end{pmatrix}=\begin{pmatrix}130\\105\\144\end{pmatrix}\right]$

370. a.

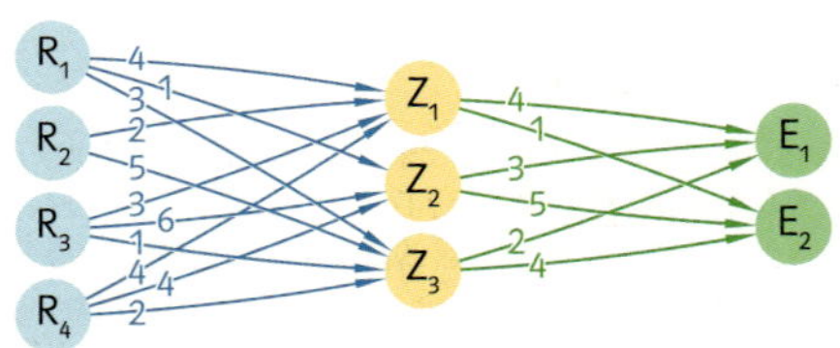

b. 7520 Einheiten R_1, 6240 Einheiten R_2, 10840 Einheiten R_3, 10240 Einheiten R_4 $\left[\begin{pmatrix}4&1&3\\2&0&5\\3&6&1\\4&4&2\end{pmatrix}\cdot\begin{pmatrix}4&1\\3&5\\2&4\end{pmatrix}\cdot\begin{pmatrix}200\\120\end{pmatrix}=\begin{pmatrix}7520\\6240\\10840\\10240\end{pmatrix}\right]$

Funktionale Zusammenhänge

371. **a.** A **b.** C

372.

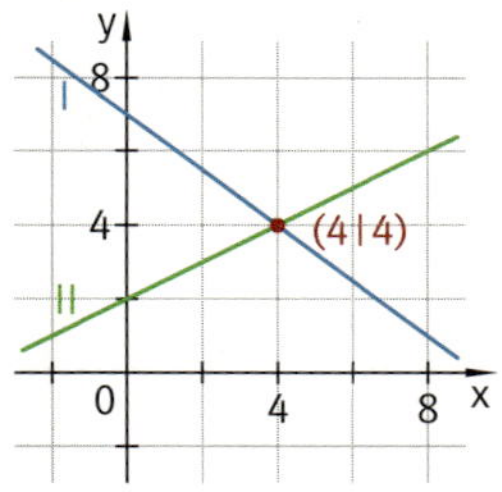

Schnittpunkt: (4 | 4)
Der Schnittpunkt der Geraden ist die Lösung des Gleichungssystems.

4 Quadratische Gleichungen und quadratische Funktionen

4.1 Quadratische Gleichungen

415. **a.** {−9, 25}

[$x_{1,2} = 8 \pm \sqrt{\left(\frac{16}{2}\right)^2 + 225} = 8 \pm \sqrt{289} = 8 \pm 17$, also ist $x_1 = -9$, $x_2 = 25$]

b. {0,532; 3,135}

[$x_{1,2} = \frac{11 \pm \sqrt{11^2 - 4 \cdot 3 \cdot 5}}{2 \cdot 3} = \frac{11 \pm \sqrt{61}}{6}$, also ist $x_1 = 3{,}135$, $x_2 = 0{,}532$]

c. {−9, −0,75}

[Ausmultiplizieren und Zusammenfassen führt auf die Gleichung $4x^2 + 39x + 27 = 0$.
$x_{1,2} = \frac{-39 \pm \sqrt{39^2 - 4 \cdot 4 \cdot 27}}{2 \cdot 4} = \frac{-39 \pm \sqrt{1089}}{8}$, also ist $x_1 = -0{,}75$, $x_2 = -9$]

416. **a.** 0 $\left[\frac{(-6)^2}{4} - 11 = -2 < 0\right]$
b. 1 $\left[\frac{8^2}{4} - 16 = 0\right]$
c. 2 $\left[\frac{(-5)^2}{4} - 3 = 3{,}25 > 0\right]$
d. 2 $\left[\frac{2^2}{4} + 1 = 2 > 0\right]$
e. 0 $\left[\frac{\left(-\frac{5}{2}\right)^2}{4} - \frac{13}{2} = -\frac{79}{16} < 0\right]$
f. 2 $\left[\frac{\left(\frac{7}{3}\right)^2}{4} + \frac{5}{3} = \frac{109}{36} > 0\right]$

417. 4 cm
[Löse die Gleichung $x(x + 3{,}5) = 30$, also $x^2 + 3{,}5x - 30 = 0$.
Die Lösungen sind −7,5 und 4. Da eine Seitenlänge positiv sein muss, kommt nur 4 als Lösung in Frage.]

418. 1,8 % p.a.
[Löse die Gleichung $5000(1 + i)^2 + 8000(1 + i) = 13325{,}62$. Die Lösungen sind −3,618 und 0,018. Der Zinssatz muss positiv sein, also 1,8 %.]

4.2 Quadratische Funktionen

467. $f(x) = 2\left(x - \frac{5}{4}\right)^2 - \frac{1}{8}$; Scheitel: $\left(\frac{5}{4} \middle| -\frac{1}{8}\right)$
$\left[f(x) = 2x^2 - 5x + 3 = 2\left(x^2 - \frac{5}{2}x + \left(\frac{5}{4}\right)^2\right) + 3 - 2 \cdot \left(\frac{5}{4}\right)^2 = 2\left(x - \frac{5}{4}\right)^2 - \frac{1}{8}\right]$

468. Der Graph von f hat den Scheitel (3 | −4). Wir erhalten den Graphen von f, indem wir den Graphen von g so verschieben, dass der Punkt (0 | 0) im Scheitel (3 | −4) zu liegen kommt. Das heißt, wir verschieben g um 3 Einheiten entlang der x-Achse und um −4 Einheiten entlang der y-Achse.

469. **a.** A, C **b.** B, D **c.** A, B **d.** D **e.** C, D **f.** C **g.** B **h.** A

470. **a.** Da $a = -3 < 0$ ist, hat f einen größten Funktionswert.
b. $f(x) = -3(x - 1)^2 + 24$, daher ist der Scheitel (1 | 24) und f hat einen größten Funktionswert, daher hat f zwei Nullstellen.

471. $3 + \sqrt{7} \approx 5{,}646$, $3 - \sqrt{7} \approx 0{,}354$ [Löse die Gleichung $0{,}5x^2 - 3x + 1 = 0$.]

472. (2 | 0) und (3 | 0) [Löse die Gleichung $x^2 - 5x + 6 = 0$.]

473. Der Graph einer quadratischen Funktion schneidet die x-Achse entweder in zwei Punkten, berührt sie in einem Punkt oder schneidet sie nicht.

474. **a.** F ($a < 0$ und $t > 0$) oder ($a > 0$ und $t < 0$)

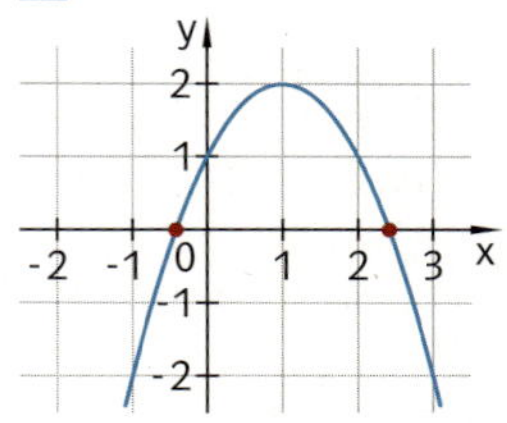

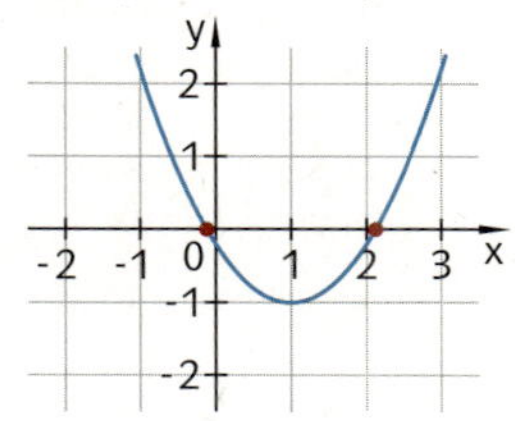

b. C ($a > 0$) oder ($a < 0$)

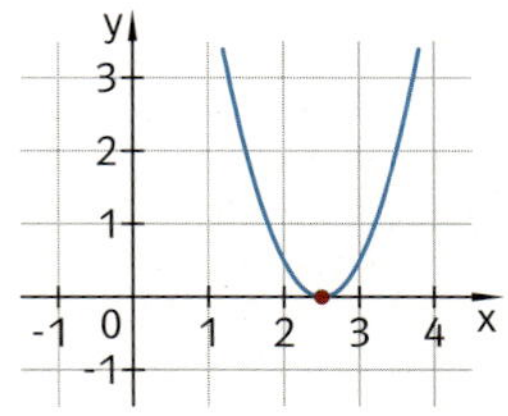

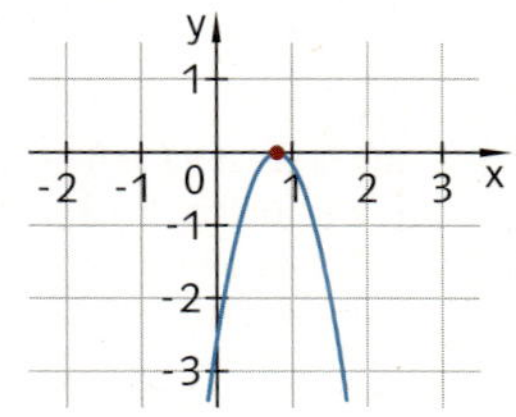

c. E ($a > 0$, $t > 0$) oder ($a < 0$, $t < 0$)

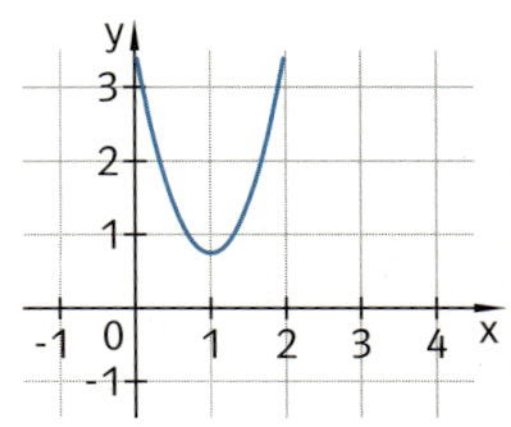

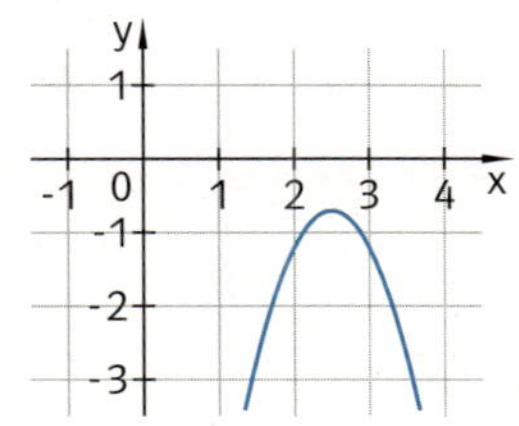

4.3 Modellieren mit quadratischen Funktionen

510. f mit $f(x) = 0{,}5x^2 + 3x - 4$
[Löse das Gleichungssystem
I) $4a + 2b + c = 4$
II) $16a + 4b + c = 16$
III) $36a + 6b + c = 32$
Die Lösung ist $a = 0{,}5$, $b = 3$, $c = -4$.]

511. f mit $f(x) = -2(x - 3)^2 + 8$ bzw. $f(x) = -2x^2 + 12x - 10$
[Der Scheitel ist (3 | 8) also ist $f(x) = a \cdot (x - 3)^2 + 8$ und es gilt $f(1) = 0$, also $f(1) = a \cdot 4 + 8 = 0$ und $a = -2$.
Daher ist $f(x) = -2(x - 3)^2 + 8 = -2x^2 + 12x - 10$.]

512. **a.** K mit $K(x) = 0{,}1x^2 + 4{,}5x + 75$
[Löse das Gleichungssystem
I) $5^2a + 5b + c = 100$
II) $30^2a + 30b + c = 300$
III) $50^2a + 50b + c = 550$
Die Lösung ist $a = 0{,}1$, $b = 4{,}5$, $c = 75$.]

b. 1075 GE [$K(80) = 1075$]

513. **a.** G mit $G(x) = -32x^2 + 1730x - 2500$
[$E(x) = 1980x$; $G(x) = E(x) - K(x) = 1980x - (32x^2 + 250x + 2500) = -32x^2 + 1730x - 2500$]

b. Break-Even-Point: 2 Gitarren ($x = 1{,}49$),
Gewinngrenze: 52 Gitarren ($x = 52{,}58$)
[$G(x) = 0 \Leftrightarrow -32x^2 + 1730x - 2500 = 0$. Diese Gleichung hat die Lösungen 1,49 und 52,58.]

c. Wenn der Betrieb mehr als 52 Gitarren produziert, macht er Verlust.

d. 27 Gitarren, maximaler Gewinn: 20 882 €
$\left[G(x) = -32\left(x - \frac{865}{32}\right)^2 + \frac{668225}{32} \Rightarrow \text{Scheitel } (27{,}03 \mid 20882{,}03)\right]$

4.4 Polynomfunktionen

537. **a.** Grad: 4; Leitkoeffizient: 4; Nullstellen: −1, 2, 5
[$f(x) = 4x^4 - 20x^3 - 12x^2 + 52x + 40$, die größte Potenz ist 4, also ist der Grad 4, der Koeffizient von x^4 ist 4. Nullstellen sind Lösungen der Gleichung $4(x + 1)^2 \cdot (x - 2) \cdot (x - 5) = 0$. Ein Produkt ist 0 genau dann, wenn einer der Faktoren 0 ist, also wenn $(x + 1) = 0$, $(x - 2) = 0$ oder $(x - 5) = 0$ ist. Das ist genau dann der Fall wenn, $x = -1$, $x = 2$ oder $x = 5$ ist.]

b. Grad: 4; Leitkoeffizient: 1; keine Nullstellen
[Die größte Potenz ist 4, also ist der Grad 4, der Koeffizient von x^4 ist 1. Mit einer geeigneten Technologie lösen wir die Gleichung $x^4 + 3x^2 - 7x + 12 = 0$ und sehen, dass diese Gleichung keine Lösungen hat, daher hat der Graph von f keinen Schnittpunkt mit der x-Achse.]

538. **a.** Nullstellen: 1,65 und 2; Die Polynomfunktion hat mindestens Grad 2.
b. Nullstellen: 0,6, 1,85 und 3; Die Polynomfunktion hat mindestens Grad 3.

539. A, C, E

540. B, C
[Jede Potenzfunktion hat nur eine einzige Nullstelle. B hat 3, C hat 4 Nullstellen. A und D können Graphen von Potenzfunktionen sein, denn sie erfüllen alle Eigenschaften, zum Beispiel dass $f(1) = 1$ ist.]

5 Winkelfunktionen

5.1 Trigonometrie im rechtwinkeligen Dreieck

634. 114,59° $\left[2\,\text{rad} = \left(2 \cdot \frac{180}{\pi}\right)^\circ = 114{,}59^\circ\right]$

635. 1,0123 rad $\left[58^\circ = \left(58 \cdot \frac{\pi}{180}\right)\text{rad} = 1{,}0123\,\text{rad}\right]$

636. Die Stehleiter ist 1,96 m hoch.
[Die Leiter bildet ein gleichschenkeliges Dreieck, daher kann die Höhe mit dem Satz von Pythagoras berechnet werden:
$\sqrt{2{,}1^2 - \left(\frac{1{,}5}{2}\right)^2} = 1{,}96$]

637. $a = \frac{20}{\sqrt{6}} \approx 8{,}16\,\text{cm}$; $b = \frac{30}{\sqrt{6}} \approx 12{,}25\,\text{cm}$
$\left[a = 2t,\ b = 3t;\ \text{Flächeninhalt: } \frac{a \cdot b}{2} = 50 \Rightarrow 6t^2 = 100 \Rightarrow t = \frac{10}{\sqrt{6}}\right]$

638. $\sin(\beta) = \frac{d}{c}$, $\cos(\beta) = \frac{f}{c}$, $\tan(\beta) = \frac{d}{f}$

639.
a. $\sin(\alpha) = 0{,}49$; $\cos(\alpha) = 0{,}87$; $\tan(\alpha) = 0{,}57$
b. $\sin(\beta) = 0{,}27$; $\cos(\beta) = 0{,}96$; $\tan(\beta) = 0{,}28$
c. $\sin(\gamma) = 0{,}43$; $\cos(\gamma) = 0{,}9$; $\tan(\gamma) = 0{,}48$
d. $\sin(\delta) = 0{,}94$; $\cos(\delta) = 0{,}33$; $\tan(\delta) = 2{,}82$

640. 7,41°
[13 % Steigung bedeutet, dass es auf einer Länge von 100 m 13 m Höhenunterschied gibt. Bezeichnen wir den Steigungswinkel mit α, dann ist $\tan(\alpha) = \frac{13}{100}$, daher ist $\alpha = 7{,}41^\circ$.]

641. Der horizontale Platzbedarf beträgt 6 m.
[Wenn x die horizontale Länge ist, dann gilt $\tan(35^\circ) = \frac{4{,}20}{x}$, daher ist $x = \frac{4{,}20}{\tan(35^\circ)} = 6{,}00$]

5.2 Die Sinus-, Cosinus- und Tangensfunktion

654. **a.**

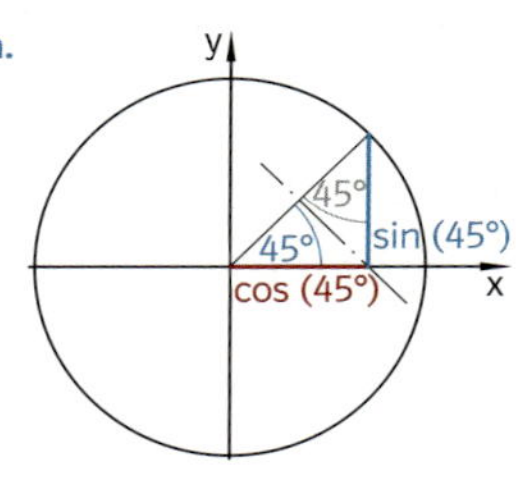

c.

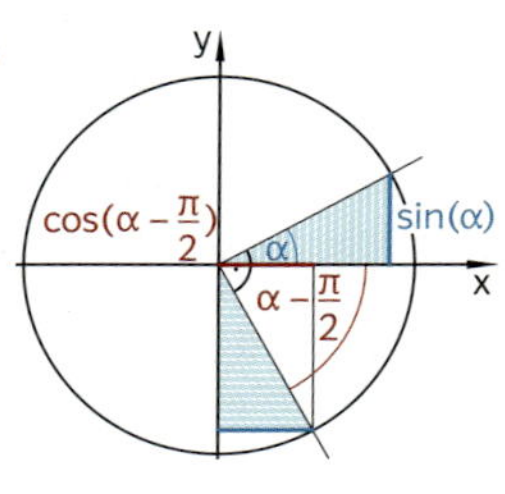

b.

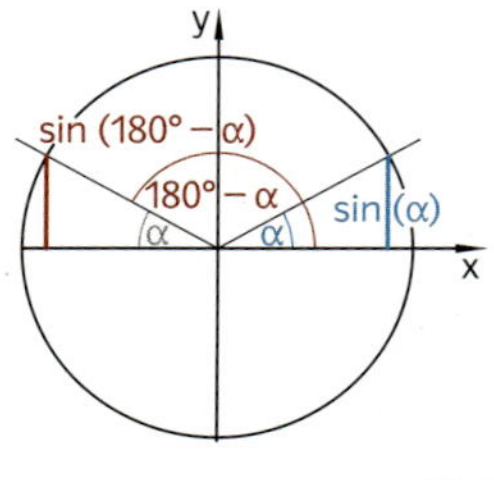

655. **a.** $\sin\left(-\frac{\pi}{2}\right) = -1$ **b.** $\cos\left(\frac{11\pi}{3}\right) = \frac{1}{2}$ **c.** $\tan\left(-\frac{9\pi}{4}\right) = -1$

656. C
A ist nicht richtig, weil zum Beispiel $\cos(0) = 1$ ist.
B ist nicht richtig, weil aus $\cos(\alpha) = 0$ immer $\cos(\alpha \pm 2\pi) = 0$ folgt.
C ist richtig, weil für alle α gilt: $\sin(\alpha + 2\pi) = \sin(\alpha)$

5.3 Dreiecke und Vermessungsaufgaben

689. **a.** $\alpha = 28{,}32^\circ$; $\beta = 108{,}43^\circ$; $\gamma = 43{,}25^\circ$
[Wir berechnen zum Beispiel zunächst aus dem Cosinussatz mit $\cos(\gamma) = \frac{a^2 + b^2 - c^2}{2ab}$ den Winkel γ und dann die übrigen Winkel mithilfe des Cosinus- oder Sinussatzes.]
b. $b = 38{,}62\,\text{m}$; $\alpha = 70{,}43^\circ$; $\gamma = 57{,}68^\circ$ [Wir berechnen mithilfe des Cosinussatzes $b^2 = a^2 + c^2 - 2ac \cdot \cos(\beta)$ die Seite b. Den zweiten Winkel berechnen wir mithilfe des Sinus- oder Cosinussatzes, den dritten Winkel am schnellsten über die Winkelsumme im Dreieck von 180°.]
c. $c = 59{,}76\,\text{m}$; $\alpha = 40{,}31$; $\gamma = 56{,}63^\circ$ [β liegt der längeren Seite b gegenüber, daher gibt es nur eine Lösung. Wir berechnen zuerst α mithilfe des Sinussatzes, danach den Winkel γ aus $\gamma = 180^\circ - \alpha - \beta$ und schließlich mithilfe des Sinussatzes die Seite c.]
d. $b = 5{,}62\,\text{m}$; $c = 6{,}63\,\text{m}$; $\gamma = 90{,}18^\circ$ [Wir berechnen zuerst b mithilfe des Sinussatzes, dann $\gamma = 180^\circ - \alpha - \beta$ und schließlich mithilfe des Sinussatzes die Seite c.]

690. **a.** Cosinussatz; zum Beispiel: $r^2 = t^2 + s^2 - 2ts \cdot \cos(x)$
b. Cosinussatz; zum Beispiel: $x^2 = t^2 + r^2 - 2tr \cdot \cos(\alpha)$
c. Sinussatz; zum Beispiel: $\frac{r}{\sin(180^\circ - \alpha - \beta)} = \frac{x}{\sin(\alpha)}$

691. 820 m
[Mit den Bezeichnungen aus der Skizze können wir zunächst γ berechnen:
$\gamma = 180^\circ - \alpha - (180^\circ - \beta) = \beta - \alpha = 15{,}80^\circ$.
Jetzt berechnen wir zum Beispiel die Länge der Seite BC mithilfe des Sinussatzes: $\overline{BC} = \frac{\overline{AB}}{\sin(\gamma)} \cdot \sin(\alpha) \approx 640{,}45\,\text{m}$.

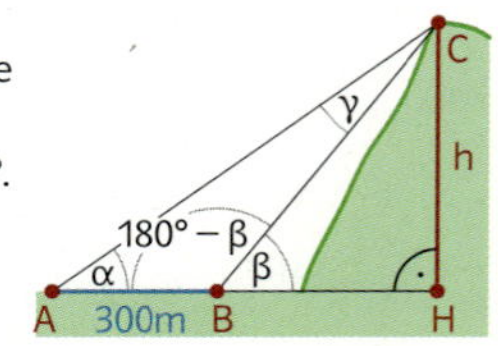

Da das Dreieck Δ BHC in H einen rechten Winkel hat, erhalten wir die Länge der Kathete HC aus $\overline{HC} = \overline{BC} \cdot \sin(\beta) = 500{,}10\,\text{m}$. Da die Messung in einer Seehöhe von 320 m stattfindet, ist die Höhe des Berges $500{,}10 + 320 = 820{,}10 \approx 820\,\text{m}$.]

692. 33,80 m

Was habe ich in diesem Semester gelernt? – 4. Semester

Zahlen und Maße

713. B, C, D Begründung:
A ist nicht richtig, weil $\frac{\pi}{2}\,\text{rad} = \left(\frac{\pi}{2} \cdot \frac{180}{\pi}\right)^\circ = 90^\circ$ ist.
B ist richtig, weil $60^\circ = 60 \cdot \frac{\pi}{180}\,\text{rad} = \frac{\pi}{3}\,\text{rad}$ ist.
C ist richtig, weil $2\pi\,\text{rad} = \left(2\pi \cdot \frac{180}{\pi}\right)^\circ = 360^\circ$ ist.
D ist richtig, weil $1\,\text{rad} = 1 \cdot \left(\frac{180}{\pi}\right)^\circ = 57{,}2958^\circ > 1^\circ$ ist.

714. **a.** 0,5326 rad $\left[30^\circ = \left(30 \cdot \frac{\pi}{180}\right)\text{rad} = 0{,}5326\,\text{rad}\right]$
b. 1,0193 rad $\left[58^\circ\,24' = \left(58 + \frac{24}{60}\right)^\circ = 58{,}4^\circ = \left(58{,}4 \cdot \frac{\pi}{180}\right)\text{rad} = 1{,}0193\,\text{rad}\right]$
c. 0,398 rad
$\left[22^\circ\,48'\,12'' = \left(22 + \frac{48}{60} + \frac{12}{3600}\right)^\circ = 22{,}8033^\circ = \left(22{,}8033 \cdot \frac{\pi}{180}\right)\text{rad} = 0{,}398\,\text{rad}\right]$
d. 1,3943 rad

715. **a.** 45° $\left[\frac{\pi}{4}\,\text{rad} = \left(\frac{\pi}{4} \cdot \frac{180}{\pi}\right)^\circ = 45^\circ\right]$ **b.** 8,59° **c.** 70,47° **d.** 53,86°

Algebra und Geometrie

716. **a.** Lösungen: 2 und −2 $[x^2 = 4$, also $x_1 = 2, x_2 = -2]$
b. Lösungen: 0 und −4
$[3x^2 + 12x = x(3x + 12) = 0$, also $x_1 = 0$, $3x + 12 = 0 \Rightarrow x_2 = -4]$
c. Lösungen: 17 und −2
$\left[x_{1,2} = \frac{15}{2} \pm \sqrt{\frac{15^2}{4} + 34} \Rightarrow x_1 = \frac{15}{2} + \sqrt{\frac{361}{4}} = \frac{15}{2} + \frac{19}{2} = 17,\ x_2 = \frac{15}{2} - \frac{19}{2} = -2\right]$
d. Lösungen: 4 und $-\frac{3}{2}$
$\left[x_{1,2} = \frac{\frac{5}{4} \pm \sqrt{\left(-\frac{5}{4}\right)^2 - 4 \cdot \frac{1}{2} \cdot (-3)}}{2 \cdot \frac{1}{2}} \Rightarrow x_1 = \frac{5}{4} + \frac{11}{4} = 4,\ x_2 = \frac{5}{4} - \frac{11}{4} = -\frac{3}{2}\right]$

717. **a. B** $\left[x_{1,2}=\frac{-\frac{3}{2}\pm\sqrt{\left(\frac{3}{2}\right)^2-4\cdot\frac{1}{2}\cdot(-5)}}{2\cdot\frac{1}{2}}\Rightarrow x_1=-\frac{3}{2}+\frac{7}{2}=2,\ x_2=-\frac{3}{2}-\frac{7}{2}=-5\right]$

b. D
[Die Diskriminante ist $\frac{3^2}{4}-10<0$, daher hat die Gleichung keine Lösung.]

718. **a.** A $\left[\frac{(-14)^2}{4}-58=-9<0\right]$

b. C $\left[\frac{(-4)^2}{4}+21=25>0\right]$

c. C $\left[\frac{(-16)^2}{4}-0=64>0\right]$

d. B $\left[\frac{(-6)^2}{4}-9=0\right]$

719. **a.** $(k-34)\cdot\frac{k}{2}=2520$, wobei k die Länge der längeren Kathete ist

b. 90 und −56

c. Längen können nicht negativ sein, daher kommt als Lösung nur k = 90 in Frage. Die Dreiecksseiten sind 56 mm, 90 mm und 106 mm lang.
$[90-34=56\,\text{mm};\ \sqrt{56^2+90^2}=106\,\text{mm}]$

720. **a.** $(p-15)\cdot\left(\frac{1400}{p}+12\right)=1400$, wobei p der ursprüngliche Preis in € pro Kind ist

b. 50 und −35

c. Der Preis ist eine positive Zahl, der ursprüngliche Preis betrug daher 50 €. Die Anzahl der ursprünglich teilnehmenden Kinder ist 28. [1400 : 50 = 28]

721. $\sin(\varepsilon)=\frac{f}{c}$, $\cos(\varepsilon)=\frac{g}{c}$, $\tan(\varepsilon)=\frac{f}{g}$, $\sin(\lambda)=\frac{g}{c}$, $\cos(\lambda)=\frac{f}{c}$, $\tan(\lambda)=\frac{g}{f}$
$\left[\sin=\frac{\text{Gegenkathete}}{\text{Hypotenuse}},\ \cos=\frac{\text{Ankathete}}{\text{Hypotenuse}},\ \tan=\frac{\text{Gegenkathete}}{\text{Ankathete}}\right]$

722. Es ist sowohl $\sin(\varphi)=\frac{r}{s}$, als auch $\cos(\delta)=\frac{r}{s}$.
Daher ist $\sin(\varphi)=\cos(\delta)$.

723. b = 5,87 cm, c = 9,14 cm, α = 50°, A = 20,56 cm²
$\left[\tan(\beta)=\frac{b}{a}\Rightarrow b=a\cdot\tan(\beta)=5{,}87;\ c=\sqrt{7^2+5{,}87^2}=9{,}14;\ \sin(\alpha)=\frac{a}{c}=0{,}766\Rightarrow\alpha=50°;\ A=\frac{a\cdot b}{2}=20{,}56\right]$

724. 5,80 m $\quad[\sin(75°)=\frac{h}{6}\Rightarrow h=6\cdot\sin(75°)=5{,}80\,\text{m}]$

725. 351,35 m $\quad[\tan(8°)=\frac{h}{2500}\Rightarrow h=2500\cdot\tan(8°)=351{,}35\,\text{m}]$

Funktionale Zusammenhänge

726. **a.**

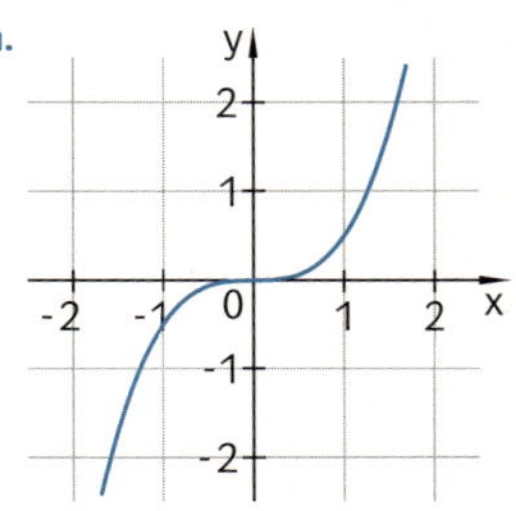

Die Funktion ist streng monoton wachsend auf ganz ℝ.

b.

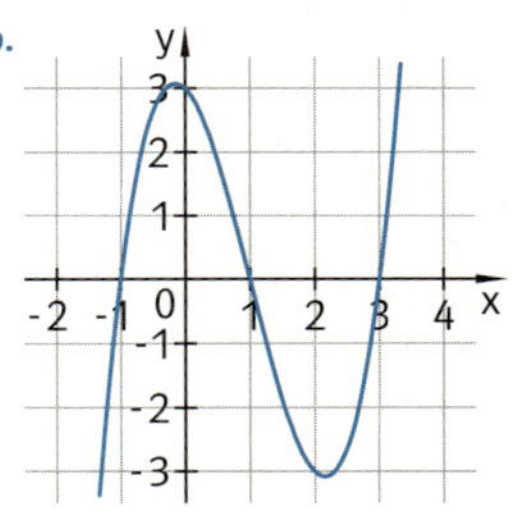

Die Funktion ist streng monoton wachsend von −∞ bis ca. −0,2 (genau −0,155) und von ca. 2,2 (genau 2,155) bis ∞, streng monoton fallend von ca. −0,2 bis ca. 2,2.

727. **a.**

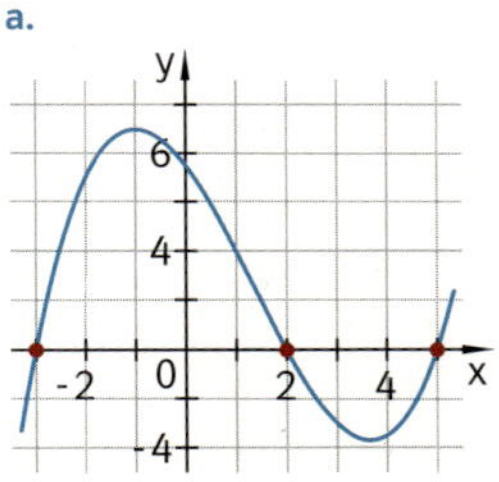

Nullstellen: −3, 2, 5

b.

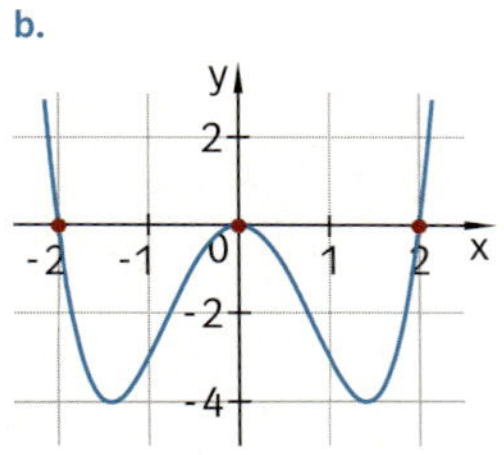

Nullstellen: −2, 0, 2

728. f mit $f(x)=\frac{1}{4}x^2-2x+7$
$[f(x)=a(x-4)^2+3,\ f(-2)=a(-2-4)^2+3=36a+3=12$, also $a=\frac{1}{4}$
$\Rightarrow f(x)=\frac{1}{4}(x-4)^2+3=\frac{1}{4}x^2-2x+7]$

729. f mit $f(x)=-\frac{1}{2}x^2-2x-1$
$[f(x)=ax^2+bx+c$; I) $f(-3)=9a-3b+c=0{,}5$;
II) $f(1)=a+b+c=-3{,}5$; III) $f(4)=16a+4b+c=-17$;
Die Lösung dieses Gleichungssystems ist $a=-\frac{1}{2}$, $b=-2$, $c=-1$.]

730. **a.** f mit $f(x)=\frac{1}{2}x^2-2x-1$
[Berechnung zum Beispiel aus dem Scheitel (2 | −3) und dem Punkt (0 | −1): $f(x)=a(x-s)^2+t$; $f(0)=a(0-2)^2-3=-1$, daher ist $a=\frac{1}{2}$ und $f(x)=\frac{1}{2}(x-2)^2-3$.]

b. f mit $f(x)=x^2+2x-2$
[Berechnung zum Beispiel aus dem Scheitel (−1 | −3) und dem Punkt (0 | −2): $f(x)=a(x-s)^2+t$; $f(0)=a(0+1)^2-3=-2$ daher ist $a=1$ und $f(x)=(x+1)^2-3$.]

c. f mit $f(x)=-\frac{1}{4}x^2+x+2$
[Berechnung zum Beispiel aus dem Scheitel (2 | 3) und dem Punkt (0 | 2): $f(x)=a(x-s)^2+t$; $f(0)=a(0-2)^2+3=2$, also ist $a=-\frac{1}{4}$ und $f(x)=-\frac{1}{4}(x-2)^2+3$.]

d. f mit $f(x)=-x^2-6x-7$
[Berechnung zum Beispiel aus dem Scheitel (−3 | 2) und dem Punkt (−2 | 1): $f(x)=a(x-s)^2+t$; $f(-2)=a(-2+3)^2+2=1$ daher ist $a=-1$ und $f(x)=-(x+3)^2+2$.]

731. Wenn a = 0 ist, dann ist f die konstante Funktion mit f(x) = 3. Wenn a > 0 ist, dann „steigt" der Graph vom Scheitel (0 | 3) auf beiden Seiten der y-Achse nach oben und zwar umso stärker, je größer a ist. Wenn a < 0 ist, dann „fällt" der Graph vom Scheitel (0 | 3) auf beiden Seiten der y-Achse nach unten und zwar umso stärker, je größer der Betrag von a ist.

732. Für alle x wird (x | f(x)) nach (x | f(x) − 3) verschoben. Die veränderte Funktion ist daher g mit $g(x)=f(x)-3=\frac{1}{2}x^2+3x+1$.

733. **a.** C a > 0, D b < 0, I c > 0 **c.** C a > 0, E b = 0, G c < 0
b. A a < 0, D b < 0, I c > 0 **d.** C a > 0, F b > 0, G c < 0

734. Nullstellen: −8 und 3 [Löse die Gleichung $2x^2+10x-48=0$.]

735. Für alle Zahlen x kann das Quadrat $(x-1)^2$ keine negative Zahl sein, daher auch $\frac{1}{2}(x-1)^2$ nicht und $\frac{1}{2}(x-1)^2+2$ muss eine positive Zahl sein. Daher kann f(x) nicht 0 sein.

736. K mit $K(x)=\frac{7}{200}x^2+\frac{81}{5}x+30$
$[K(x)=ax^2+bx+c$; I) $K(0)=c=30$, II) $K(80)=80^2a+80b+30=1550$, III) $K(100)=100^2a+100b+30=2000$;
Die Lösung des Gleichungssystems ist $a=\frac{7}{200}$, $b=\frac{81}{5}$, $c=30$.]

737. **a.** Scheitel: (33 | 2587)
$[f(x)=-3x^2+198x-680=-3(x-s)^2+t=-3(x^2-2xs+s^2)+t=$
$=-3x^2+6xs-3s^2+t$, daher ist $198=6s$, also $s=33$.
Aus $-680=-3s^2+t$ folgt nun $t=2587$.]

b. Bei einer Produktion von 33 ME wird der maximal mögliche Gewinn von 2587 GE erzielt.

738. **a.** 280 000 € $[K(500)=0{,}2\cdot500^2+450\cdot500+5000=280000]$

b. 194 Surfbretter
[Die Lösungen der Gleichung $0{,}2x^2+450x+5000=100000$ sind −2 444,33 und 194,33, es können also maximal 194 Surfbretter produziert werden.]

c. $E(x)=950x$

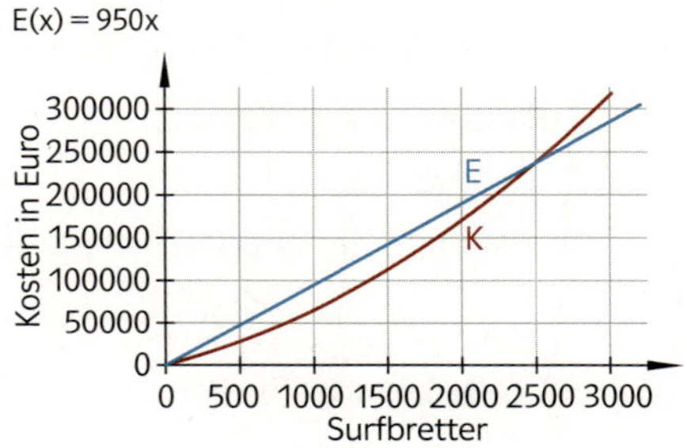

d. $x_1 \approx 10{,}04$, $x_2 \approx 2\,489{,}96$. Das bedeutet, dass man nur dann einen Gewinn macht, wenn man mindestens 11 und höchstens 2 489 Surfbretter im Monat produziert.
[Die Lösungen der Gleichung $0{,}2x^2 + 450x + 5\,000 = 950x$ sind $x_1 \approx 10{,}04$, $x_2 \approx 2\,489{,}96$.]

e. $G(x) = -0{,}2x^2 + 500x - 5\,000$; Scheitel $(1250 \mid 307500)$
$[G(x) = E(x) - K(x) = -0{,}2x^2 + 500x - 5\,000 = -0{,}2(x-s)^2 + t =$
$= -0{,}2x^2 + 0{,}4xs - 0{,}2s^2 + t \Rightarrow 500 = 0{,}4s \Rightarrow s = 1250$ und
$-5\,000 = -0{,}2s^2 + t \Rightarrow t = 307500]$

f. 1250 Surfbretter; 307500 €

c.

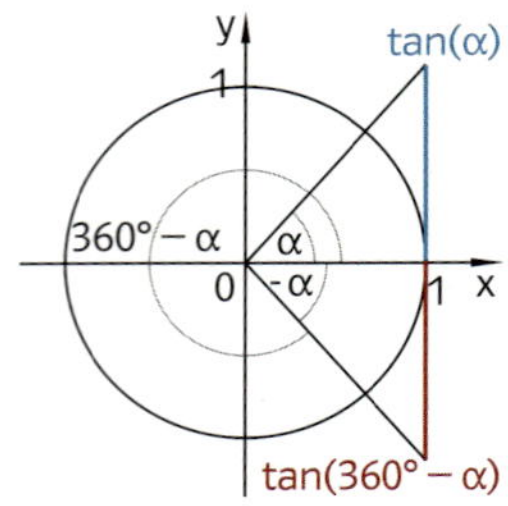

Die Behauptung ist nicht richtig.

739. a.

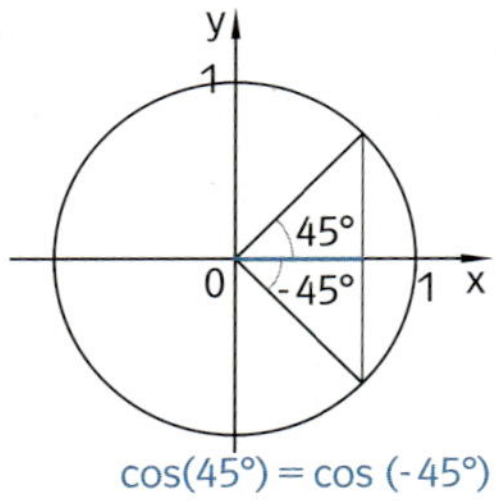

Die Behauptung ist richtig.

b.

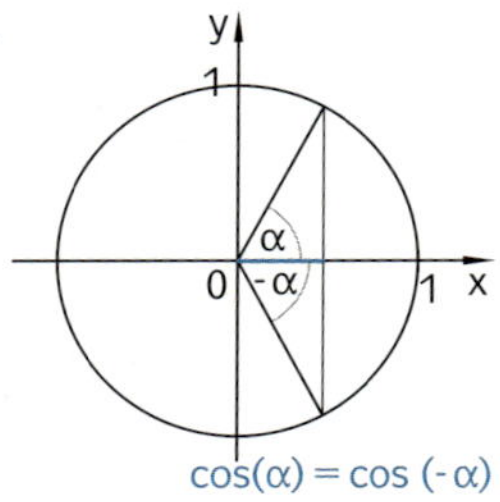

Die Behauptung ist richtig.

740. a.

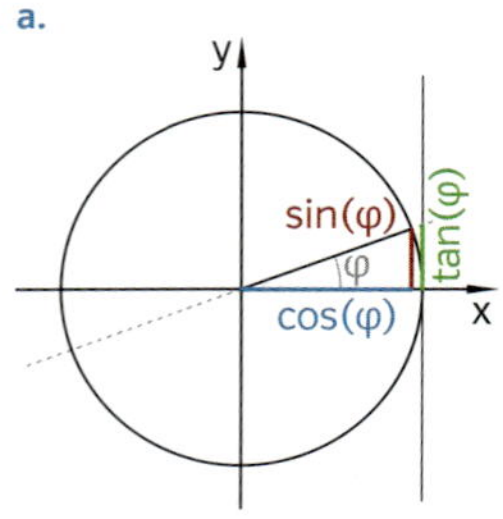

b.

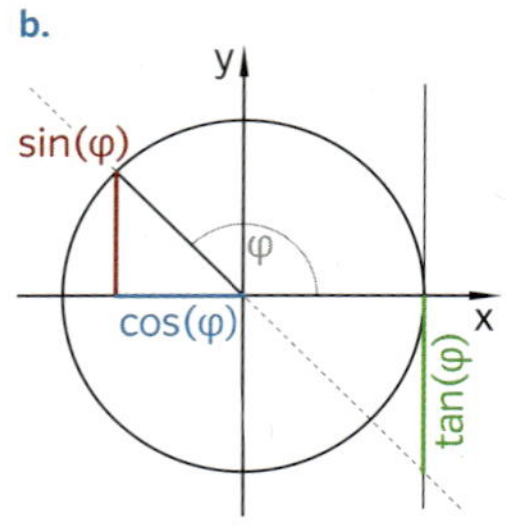

c.

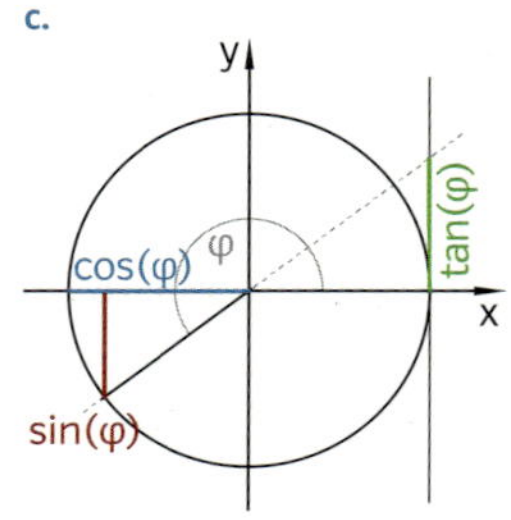

d.

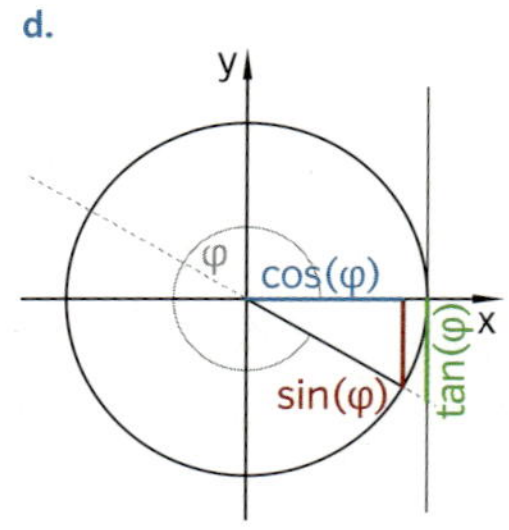

Wichtige Formeln auf einen Blick

Potenzen

$a \in \mathbb{R}$, $a \neq 0$, $n \in \mathbb{Z}$, $n > 0$

$a^n = a \cdot a \cdot \ldots \cdot a$ ($n > 0$ Faktoren)

$a^0 = 1$ $\quad a^1 = a$ $\quad a^{-1} = \frac{1}{a}$

$a^{-n} = \frac{1}{a^n} = \left(\frac{1}{a}\right)^n$

Rechenregeln

$a, b \in \mathbb{R}$, $a \neq 0$, $b \neq 0$, $m, n \in \mathbb{Z}$

$a^n \cdot a^m = a^{n+m}$ $\quad (a^n)^m = a^{n \cdot m} = (a^m)^n$

$\left(\frac{a}{b}\right)^n = \frac{a^n}{b^n}$

$\frac{a^n}{a^m} = a^{n-m}$ $\quad (a \cdot b)^n = a^n \cdot b^n$

Wurzeln (Potenzen mit rationalen Exponenten)

$a, b \in \mathbb{R}$, $a > 0$, $b > 0$,
m, n, k positive ganze Zahlen

$a = \sqrt[n]{b} \Leftrightarrow a^n = b$

$\sqrt{a} = \sqrt[2]{a} = a^{\frac{1}{2}}$ $\quad a^{\frac{1}{n}} = \sqrt[n]{a}$ $\quad a^{\frac{k}{n}} = \sqrt[n]{a^k}$

Rechenregeln

$\sqrt[n]{a \cdot b} = \sqrt[n]{a} \cdot \sqrt[n]{b}$ $\quad \sqrt[n]{\sqrt[m]{a}} = \sqrt[n \cdot m]{a}$

$\sqrt[n]{\frac{a}{b}} = \frac{\sqrt[n]{a}}{\sqrt[n]{b}}$ $\quad \sqrt[n]{a^k} = \sqrt[n \cdot m]{a^{k \cdot m}}$

Quadratische Gleichungen

Kleine Lösungsformel

$p, q \in \mathbb{R}$

Lösungen der quadratischen Gleichung $x^2 + p \cdot x + q = 0$ (wenn $\left(\frac{p}{2}\right)^2 - q \geq 0$ ist):

$$x_{1,2} = -\frac{p}{2} \pm \sqrt{\left(\frac{p}{2}\right)^2 - q}$$

Große Lösungsformel

Lösungen der quadratischen Gleichung $a \cdot x^2 + b \cdot x + c = 0$ (wenn $b^2 - 4 \cdot a \cdot c \geq 0$ ist):

$$x_{1,2} = \frac{-b \pm \sqrt{b^2 - 4 \cdot a \cdot c}}{2 \cdot a}$$

Matrizen

$m, n \in \mathbb{N}, m > 0, n > 0$

Summe zweier m × n-Matrizen

$$\begin{pmatrix} A_{11} & A_{12} & \dots & A_{1n} \\ A_{21} & A_{22} & \dots & A_{2n} \\ \vdots & \vdots & \ddots & \vdots \\ A_{m1} & A_{m2} & \dots & A_{mn} \end{pmatrix} + \begin{pmatrix} B_{11} & B_{12} & \dots & B_{1n} \\ B_{21} & B_{22} & \dots & B_{2n} \\ \vdots & \vdots & \ddots & \vdots \\ B_{m1} & B_{m2} & \dots & B_{mn} \end{pmatrix} = \begin{pmatrix} A_{11}+B_{11} & A_{12}+B_{12} & \dots & A_{1n}+B_{1n} \\ A_{21}+B_{21} & A_{22}+B_{22} & \dots & A_{2n}+B_{2n} \\ \vdots & \vdots & \ddots & \vdots \\ A_{m1}+B_{m1} & A_{m2}+B_{m2} & \dots & A_{mn}+B_{mn} \end{pmatrix}$$

Differenz zweier m × n-Matrizen

$$\begin{pmatrix} A_{11} & A_{12} & \dots & A_{1n} \\ A_{21} & A_{22} & \dots & A_{2n} \\ \vdots & \vdots & \ddots & \vdots \\ A_{m1} & A_{m2} & \dots & A_{mn} \end{pmatrix} - \begin{pmatrix} B_{11} & B_{12} & \dots & B_{1n} \\ B_{21} & B_{22} & \dots & B_{2n} \\ \vdots & \vdots & \ddots & \vdots \\ B_{m1} & B_{m2} & \dots & B_{mn} \end{pmatrix} = \begin{pmatrix} A_{11}-B_{11} & A_{12}-B_{12} & \dots & A_{1n}-B_{1n} \\ A_{21}-B_{21} & A_{22}-B_{22} & \dots & A_{2n}-B_{2n} \\ \vdots & \vdots & \ddots & \vdots \\ A_{m1}-B_{m1} & A_{m2}-B_{m2} & \dots & A_{mn}-B_{mn} \end{pmatrix}$$

c-Faches einer m × n-Matrix
$c \in \mathbb{R}$

$$c \cdot \begin{pmatrix} A_{11} & A_{12} & \dots & A_{1n} \\ A_{21} & A_{22} & \dots & A_{2n} \\ \vdots & \vdots & \ddots & \vdots \\ A_{m1} & A_{m2} & \dots & A_{mn} \end{pmatrix} = \begin{pmatrix} c\cdot A_{11} & c\cdot A_{12} & \dots & c\cdot A_{1n} \\ c\cdot A_{21} & c\cdot A_{22} & \dots & c\cdot A_{2n} \\ \vdots & \vdots & \ddots & \vdots \\ c\cdot A_{m1} & c\cdot A_{m2} & \dots & c\cdot A_{mn} \end{pmatrix}$$

Multiplikation von Matrizen
A … m × n-Matrix; B … n × p-Matrix; A · B … m × p-Matrix

$$\begin{pmatrix} A_{11} & A_{12} & \dots & \dots & A_{1n} \\ \vdots & \vdots & \vdots & \vdots & \vdots \\ \boxed{A_{i1} \quad A_{i2} \quad \dots \quad \dots \quad A_{in}} \\ \vdots & \vdots & \vdots & \vdots & \vdots \\ A_{m1} & A_{m2} & \dots & \dots & A_{mn} \end{pmatrix} \cdot \begin{pmatrix} B_{11} & \dots & \boxed{B_{1j}} & \dots & B_{1p} \\ B_{21} & \dots & B_{2j} & \dots & B_{2p} \\ \vdots & \vdots & \vdots & \vdots & \vdots \\ \vdots & \vdots & \vdots & \vdots & \vdots \\ B_{n1} & \dots & B_{nj} & \dots & B_{np} \end{pmatrix} = \begin{pmatrix} (A\cdot B)_{11} & \dots & (A\cdot B)_{1j} & \dots & (A\cdot B)_{1p} \\ \vdots & \vdots & \vdots & \vdots & \vdots \\ (A\cdot B)_{i1} & \vdots & \boxed{(A\cdot B)_{ij}} & \vdots & (A\cdot B)_{ip} \\ \vdots & \vdots & \vdots & \vdots & \vdots \\ (A\cdot B)_{m1} & \dots & (A\cdot B)_{mj} & \dots & (A\cdot B)_{mp} \end{pmatrix}$$

$$(A\cdot B)_{ij} = \sum_{k=1}^{n} A_{ik}\cdot B_{kj} = A_{i1}\cdot B_{1j} + A_{i2}\cdot B_{2j} + \dots + A_{in}\cdot B_{nj}$$

Der i-j-te Koeffizient von $A \cdot B$ ist das Produkt der i-ten Zeile von A mit der j-ten Spalte von B, $i = 1, 2, \dots, m$ und $j = 1, 2, \dots, p$.

Achtung: $A \cdot B \neq B \cdot A$

Inverse Matrix
Eine Matrix A ist invertierbar, wenn es eine Matrix A^{-1} gibt mit $A^{-1} \cdot A = A \cdot A^{-1} = E_n$ (n-te Einheitsmatrix)

Inverse Matrix einer 2 × 2 Matrix $A = \begin{pmatrix} a & c \\ b & d \end{pmatrix}$:

A^{-1} existiert genau dann, wenn $ad - bc \neq 0$ ist. Dann:

$$A^{-1} = \frac{1}{ad - bc} \cdot \begin{pmatrix} d & -c \\ -b & a \end{pmatrix}$$

Winkel

Umrechnung zwischen Grad- und Bogenmaß

$$x° = \left(x\frac{\pi}{180}\right) \text{rad}$$

$$y\,\text{rad} = \left(y\frac{180}{\pi}\right)°$$

Winkelsumme im Dreieck
Die Summe der Winkel eines Dreiecks ist immer 180°.

Trigonometrie im rechtwinkeligen Dreieck

Sinus

$\sin(\alpha) = \frac{\text{Gegenkathete}}{\text{Hypotenuse}}$

Cosinus

$\cos(\alpha) = \frac{\text{Ankathete}}{\text{Hypotenuse}}$

Tangens

$\tan(\alpha) = \frac{\text{Gegenkathete}}{\text{Ankathete}}$

Trigonometrie im allgemeinen Dreieck

Sinussatz

$\frac{\sin(\alpha)}{a} = \frac{\sin(\beta)}{b} = \frac{\sin(\gamma)}{c}$

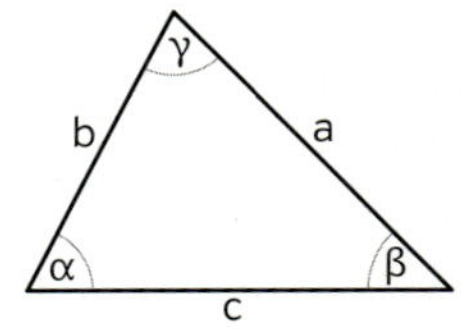

Cosinussatz

$a^2 = b^2 + c^2 - 2 \cdot b \cdot c \cdot \cos(\alpha)$
$b^2 = a^2 + c^2 - 2 \cdot a \cdot c \cdot \cos(\beta)$
$c^2 = a^2 + b^2 - 2 \cdot a \cdot b \cdot \cos(\gamma)$

Trigonometrische Flächenformel

$A = \frac{1}{2} \cdot c \cdot b \cdot \sin(\alpha) = \frac{1}{2} \cdot a \cdot c \cdot \sin(\beta) = \frac{1}{2} \cdot a \cdot b \cdot \sin(\gamma)$

Mathematische Zeichen

Symbole für Mengen

$\in$	ist Element (einer Menge)	$\cap$	Durchschnitt (zweier Mengen)
$\notin$	ist nicht Element (einer Menge)	$\cup$	Vereinigung (zweier Mengen)
$\subseteq$	ist Teilmenge	$\setminus$	Differenz (zweier Mengen)
$\exists$	es gibt ein/e	$\forall$	für alle
$\{\ \}$	leere Menge		
$\mathbb{N}$	Menge der natürlichen Zahlen	$\mathbb{R}^+$	Menge der positiven reellen Zahlen
$\mathbb{N}^*$	Menge der natürlichen Zahlen ohne 0	$\mathbb{R}^-$	Menge der negativen reellen Zahlen
$\mathbb{Z}$	Menge der ganzen Zahlen	$\mathbb{R}_0^+$	Menge der positiven reellen Zahlen mit 0
$\mathbb{Q}$	Menge der rationalen Zahlen		
$\mathbb{R}$	Menge der reellen Zahlen		
$(a; b)$	offenes Intervall	$(-\infty; b)$	negative offene Halbgerade
$(a; b]$	links halboffenes Intervall	$(-\infty; b]$	negative Halbgerade
$[a; b)$	rechts halboffenes Intervall	$(a; \infty)$	positive offene Halbgerade
$[a; b]$	abgeschlossenes Intervall	$[a; \infty)$	positive Halbgerade

Symbole für Aussagen

$\neg$	nicht (Verneinung einer Aussage)
$\wedge$	und (UND-Verknüpfung von Aussagen)
$\vee$	oder (ODER-Verknüpfung von Aussagen)
$\Rightarrow$	wenn…, dann… (WENN-DANN-Verknüpfung von Aussagen)
$\Leftrightarrow$	genau dann…, wenn (GENAU-DANN-WENN-Verknüpfung von Aussagen)

Symbole für Zahlen

$=$	… ist gleich…	$<$	… ist kleiner als…
$\approx$	… ist ungefähr gleich …	$\leqslant$	… ist kleiner oder gleich…
$\neq$	… ist ungleich…	$>$	… ist größer als…
		$\geqslant$	… ist größer oder gleich…
%	Prozent	‰	Promille

Das griechische Alphabet

Α	α	Alpha	Η	η	Eta	Ν	ν	Ny	Τ	τ	Tau
Β	β	Beta	Θ	ϑ	Theta	Ξ	ξ	Xi	Υ	υ	Ypsilon
Γ	γ	Gamma	Ι	ι	Iota	Ο	ο	Omikron	Φ	φ	Phi
Δ	δ	Delta	Κ	κ	Kappa	Π	π	Pi	Χ	χ	Chi
Ε	ε	Epsilon	Λ	λ	Lambda	Ρ	ϱ	Rho	Ψ	ψ	Psi
Ζ	ζ	Zeta	Μ	μ	My	Σ	σ	Sigma	Ω	ω	Omega

Register

Bildnachweis

S. 7: Model Foto: Colourbox.com; S. 11: Model Foto: Colourbox.com; S. 12: Model Foto: Colourbox.com; S. 13: Model Foto: Colourbox.com; S. 14: Comstock / Thinkstock; S. 16.1: styleuneed / Fotolia; S. 16.2: Barnabas Horvath / Thinkstock; S. 18: Puresstock / Thinkstock; S. 20: kadmy / Thinkstock; S. 21: Model Foto: Colourbox.com; S. 22: Fuse / Thinkstock; S. 26: Model Foto: Colourbox.com; S. 27: Colourbox.com; S. 28: stockxpert.com / HAAP Media Ltd.; S. 29: Model Foto: Colourbox.com; S. 30: bevangoldswain / Thinkstock; S. 31: monkeybusinessimages – Thinkstock; S. 32: Model Foto: Colourbox.com; S. 35: Don Bayley / Thinkstock; S. 36.1: abcmedia / Fotolia; S. 36.2: Stockbyte / Thinkstock; S. 37: Paha_L / Thinkstock; S. 38: Model Foto: Colourbox.com; S. 40: Colourbox.com; S. 45: Wavebreakmedia Ltd. / Thinkstock; S. 46: Jupiterimages / Thinkstock; S. 48: mihailomilovanovic / iStockphoto.com; S. 49: Konstantin Chagin / Thinkstock; S. 52: omgimages / Thinkstock; S. 54: Monkey Business Images / Thinkstock; S. 55: Creatas Images / Thinkstock; S. 56: dk_photos / Thinkstock; S. 57: RGtimeline / Thinkstock; S. 59: Model Foto: Colourbox.com; S. 61: Model Foto: Colourbox.com; S. 62: funstock / Thinkstock; S. 63: Model Foto: Colourbox.com; S. 64: RGtimeline / Thinkstock; S. 66: Dave King / Dorling Kindersley RF / Thinkstock; S. 69: monkeybusinessimages / Thinkstock; S. 70: IggyPhotography / iStockphoto.com; S. 72: monkeybusinessimages / Thinkstock; S. 74: Model Foto: Colourbox.com; S. 76: Model Foto: Colourbox.com; S. 78.1: KatarzynaBialasiewicz / Thinkstock; S. 78.2: photo 5000 / Fotolia; S. 85: pablo_rodriguez1 / Thinkstock; S. 86: Wavebreakmedia Ltd. / Thinkstock; S. 92: ElenaR / Fotolia; S. 94: JBryson / iStockphoto.com; S. 95: Model Foto: Colourbox.com; S. 98.1: EVZONI / Thinkstock; S. 98.2: Colourbox.com; S. 99.1: hjalmeida / Thinkstock; S. 99.2: Olga Popova / Thinkstock; S. 100: Victor Cap / Thinkstock; S. 102: irman / Thinkstock; S. 103: Purestock / Thinkstock; S. 109: Model Foto: Colourbox.com; S. 111: Jupiterimages / Thinkstock; S. 113.1: WernerHilpert / Fotolia; S. 113.2: Meinzahn / iStockphoto.com; S. 115: snygo – aboutpixel.de; S. 116: Model Foto: Colourbox.com; S. 117: Model Foto: Colourbox.com; S. 118: Model Foto: Colourbox.com; S. 119: wojciech_gajda / Thinkstock; S. 120: shironosov / Thinkstock; S. 121: Model Foto: Colourbox.com; S. 123: Model Foto: Colourbox.com; S. 129: Model Foto: Colourbox.com; S. 130: Huntstock / Thinkstock; S. 135: Pali Rao / iStockphoto.com; S. 137: Cheryl Casey / Thinkstock; S. 138: Ridofranz / Thinkstock; S. 139: Edyta Pawlowska / Fotolia; S. 142: monkeybusinessimages / iStockphoto.com; S. 143: Artweger GmbH & Co. KG; S. 144.1: ujord / Thinkstock; S. 144.2: schneemann / Fotolia; S. 150: Alexander Raths / Thinkstock; S. 154: Model Foto: Colourbox.com; S. 159: Christa Eder / Fotolia; S. 160: Frank F. Haub / Fotolia

les PROFS

PICA, ERROC, STI & LÉTURGIE

Couleurs : J. GUÉNARD

BAMBOO ÉDITION

PREMIÈRE ÉDITION - Dépôt légal : juin 2023 - ISBN : 979-1-0411-0118-4

PEFC
10-31-1800

Imprimé et relié en France par PPO Graphic, 91120 Palaiseau

TCHiP! TCHiP! TCHiP!
VOUS VENEZ DE FAIRE FAIRE UNE INTERROGATION ÉCRITE À VOS ÉLÈVES...
BEN OUI, PARFOIS ON EST OBLIGÉ...
... ET VOUS AVEZ MAINTENANT 35 COPIES À CORRIGER !
HEUREUSEMENT, IL Y A :
Quick corrector
1247 €
bp
ESTHÉTIQUE ET FACILE À UTILISER, QUICK CORRECTOR VA LES CORRIGER À VOTRE PLACE !
COPIE NON-CORRIGÉE
TIP!
... UNE BOÎTE VOCALE VOUS LIRA MÊME L'APPRÉCIATION PORTÉE SUR CHAQUE COPIE !
C'EST BEAU, LE PROGRÈS !
14/20 ! BIEN, MAIS PARFOIS UN PEU CONFUS !
VRRR
COPIE CORRIGÉE
GRÂCE À QUICK CORRECTOR, VOUS PROFITEREZ DE CE TEMPS GAGNÉ POUR PRÉPARER VOS COURS !
BEN VOYONS !
11/20 ! PEUT MIEUX FAIRE EN S'APPLIQUANT PLUS !
COPIE TROP NULLE !
?
COPIE TROP NULLE ! COPIE TROP NULLE !
AÏE ! ÇA DOIT ÊTRE CELLE DE BOULARD QUI FAIT BUGGER LE BIDULE !
JE... JE N'ARRIVE PAS À L'ARRÊTER !
COPIE TROP NULLE ! COPIE TROP NULLE !
PAF ! PAF !
TÛT !
BIP ! BIP ! BIP ! BIP !
GRÂCE À SHOPPING PROF, FINIES LES LONGUES NUITS BLANCHES À CORRIGER DES COPIES !
COPIE TROP NULLE ! COPIE TROP NULLE !
Merci SHOPPING PROF !
?
COTON
3.30
PICA 02 ERROC
205

VOUS AVEZ LE SENTIMENT DE TOUJOURS RÉPÉTER LA MÊME CHOSE ? DE TOUJOURS FAIRE LE MÊME COURS ?
CE QUE NOUS APPREND LA PHILOSOPHIE DE PLATON...
ALORS Latexoprof® EST FAIT POUR VOUS ! UN MANNEQUIN RÉALISÉ À VOTRE EFFIGIE, D'UNE RESSEMBLANCE ÉPOUSTOUFLANTE !
OOH ! QU'IL EST BEAU !
SHOPPING PROF
VOUS N'AUREZ PLUS QU'À ENREGISTRER VOTRE COURS UNE FOIS POUR TOUTES SUR UN MINI-DISQUE...
CE QUE NOUS APPREND LA PHILOSOPHIE DE PLATON...
...QUE VOUS PLACEREZ DANS LE LECTEUR PRÉVU À CET EFFET...
CLOK !
VOILÀÀÀ...
...ET À INSTALLER Latexoprof® DANS VOTRE CLASSE AVANT L'ARRIVÉE DE VOS ÉLÈVES !...
ALLEZ TRAVAILLE BIEN !
CEUX-CI, APATHIQUES ET ENDORMIS COMME À LEUR HABITUDE, N'Y VERRONT BIEN SÛR QUE DU FEU !
CE QUE NOUS APPREND LA PHILOSOPHIE DE PLATON...
GRÂCE À Latexoprof® FINIS LES COURS RÉPÉTITIFS ET ÉPUISANTS !!!
À LA SANTÉ DE PLATON !
ET AU LATEX !
M... J'AVAIS OUBLIÉ QUE C'ÉTAIT AUJOURD'HUI !
IL EST JUSTE DÉCONSEILLÉ D'UTILISER Latexoprof® LES JOURS D'INSPECTION...
FÉLICITATIONS ! J'AI RAREMENT VU UN COURS AUSSI VIVANT ET PASSIONNANT !...
DITES, VOUS POURRIEZ RÉPONDRE QUAND JE VOUS P...??
MERCI, SHOPPING PROF !
242
PICA 03 + ERROC

POUR ÊTRE ÉCOUTÉ ET RESPECTÉ, UN PROF DOIT TOUJOURS AVOIR L'AIR DYNAMIQUE ET EN FORME !
DONC, CE JOUR-LÀ...
... NAPOLÉON DIT À SES GÉNÉRAUX...
PFFF !
PFFF !
PFF !
RON...
LE PROBLÈME, C'EST QUE SI VOUS AVEZ GÉNÉRALEMENT CETTE TÊTE-LÀ EN DÉBUT D'ANNÉE...
...EN FIN D'ANNÉE, VOUS AVEZ SOUVENT CETTE TÊTE-LÀ !
ALORS VOICI : DYNAMIC FACE !®
UN MASQUE À VOTRE EFFIGIE EN CAHOUTCHOPLASTOLATEX !
HYPER RÉSISTANT
(ET LAVABLE EN MACHINE)
327 € SEULEMENT !
GRÂCE À DYNAMIC FACE®, VOUS SEREZ CE PROF ÉCOUTÉ ET RESPECTÉ TOUTE L'ANNÉE !
DONC, CE JOUR-LÀ...
... NAPOLÉON DIT À SES GÉNÉRAUX...
ÉCOUTE !
RESPECT !
RESPECT !
ÉCOUTE !
DE PLUS, VOUS FEREZ L'ADMIRATION DE TOUS VOS COLLÈGUES !
MAIS COMMENT FAIS-TU POUR AVOIR CETTE MINE SUPERBE, ANTOINE ?
QUEL EST TON SECRET ?
MON SECRET ? C'EST DYNAMIC FACE !®
GÉNIAL ! J'EN VEUX UN !
MOI AUSSI !
OH, OUI ! OH, OUI ! MOI AUSSI !
IT'S FANTASTIC !
MERCI SHOPPING PROF !
JUSTE UN PETIT CONSEIL AUX PROFS DISTRAITS : VÉRIFIEZ BIEN QUE C'EST VOTRE MASQUE QUE VOUS AVEZ REÇU : CET ARTICLE AYANT UN TEL SUCCÈS, IL Y A PARFOIS QUELQUES ERREURS DE LIVRAISON...
?
... ET LÀ POUR L'ÉCOUTE ET LE RESPECT, ÇA RISQUE D'ÊTRE UN PEU RATÉ !
PICA 04 TERROC

CE N'EST PAS TOUJOURS ÉVIDENT D'INTÉRESSER LES ÉLÈVES AUX GRANDES BATAILLES DE L'HISTOIRE...
CE JOUR-LÀ À WATERLOO, NAPOLÉON ATTENDAIT GROUCHY...
RON
PFF
...MAIS C'EST BLÜCHER QUI EST ARRIVÉ ET...
RON
ZZZ
HEUREUSEMENT VOICI : "WATERLOO BASTON", LE JEU QUI REND LA GUERRE LUDIQUE !
WATERLOO BASTON
LE JEU !
168€ SEULEMENT !
CHAQUE JOUEUR VA INCARNER UNE ARMÉE : VOUS COMPRENDREZ MIEUX COMMENT S'EST DÉROULÉE LA BATAILLE DANS LA RÉALITÉ !
OUAIS !
SUPER !
GÉNIAL M'SIEUR !
WAOOH ! TROP FORTS LES GRAPHISTES !
AH OUAIS, ON S'Y CROIRAIT !
HÉ ! LES MECS, LES FRANÇAIS, C'EST MOI !
BON, ÇA SUFFIT MAINTENANT. PASSE-MOI TA MANETTE !
TU RIGOLES ? JE SUIS EN TRAIN DE GAGNER, LÀ !
AH SI, SI, TOUT LE MONDE DOIT JOUER !
OUAIS ! TOUT LE MONDE DOIT JOUER !
HÉÉÉ !
MAIS TU VAS ME LÂCHER, TOI !
HÉ ! HO ! DU CALME ! DU CALME !
GRÂCE À "WATERLOO BASTON", VOUS REVIVREZ LA BATAILLE DE WATERLOO DANS VOTRE CLASSE, COMME SI VOUS Y ÉTIEZ !
MON ARMÉE VA ATOMISER LA TIENNE !
BONK !
CRÂNE D'OBUS !
TRONCHE DE PRUSSIEN !
TIENS, VOILÀ GROUCHY !
AH NON, LUI, C'EST BLÜCHER !
?
?
PAF !
323
MERCI SHOPPING PROFS !

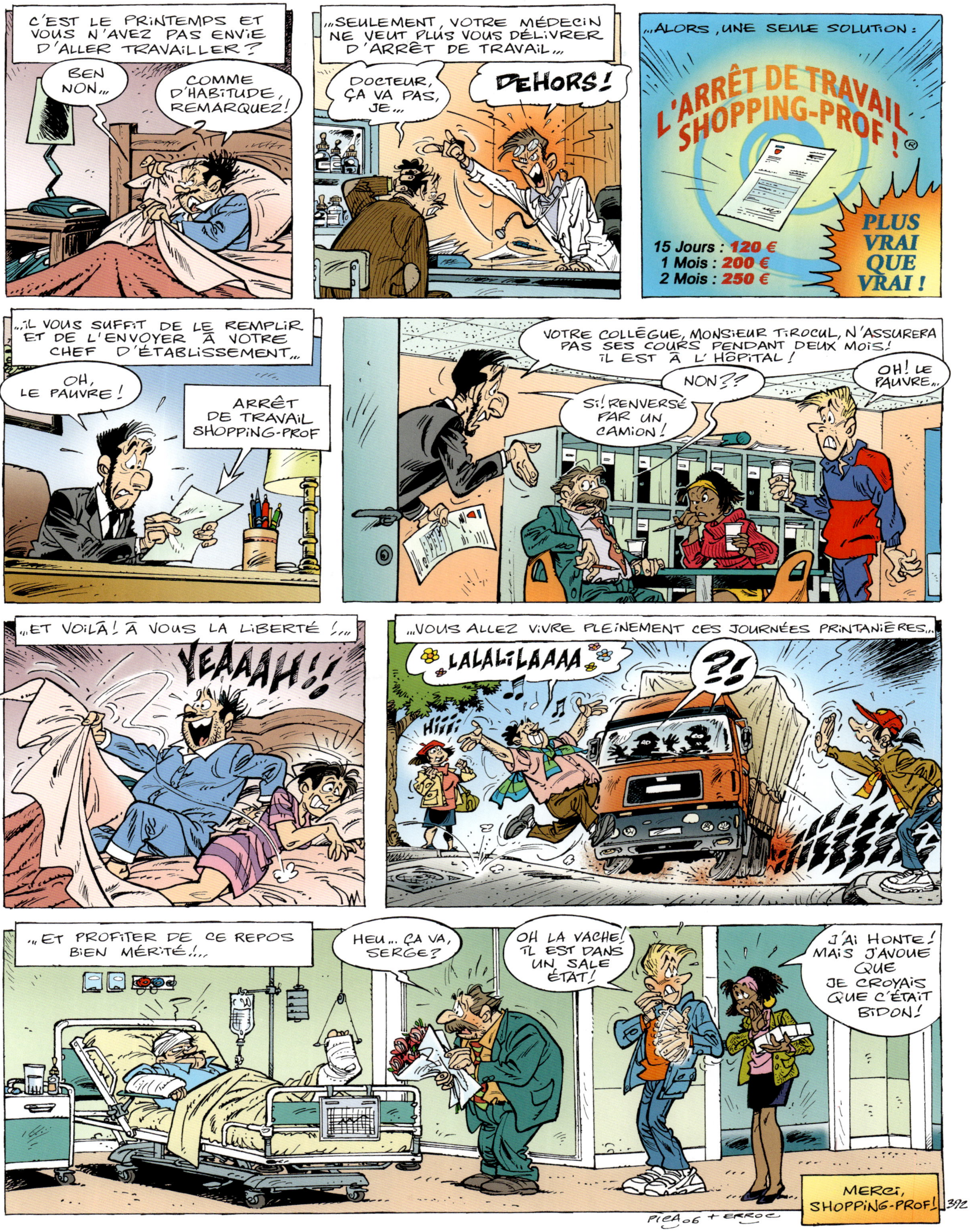
C'EST LE PRINTEMPS ET VOUS N'AVEZ PAS ENVIE D'ALLER TRAVAILLER ?
BEN NON...
COMME D'HABITUDE, REMARQUEZ !
...SEULEMENT, VOTRE MÉDECIN NE VEUT PLUS VOUS DÉLIVRER D'ARRÊT DE TRAVAIL...
DOCTEUR, ÇA VA PAS, JE...
DEHORS !
...ALORS, UNE SEULE SOLUTION :
L'ARRÊT DE TRAVAIL SHOPPING-PROF !®
15 Jours : 120 €
1 Mois : 200 €
2 Mois : 250 €
PLUS VRAI QUE VRAI !
...IL VOUS SUFFIT DE LE REMPLIR ET DE L'ENVOYER À VOTRE CHEF D'ÉTABLISSEMENT...
OH, LE PAUVRE !
ARRÊT DE TRAVAIL SHOPPING-PROF
VOTRE COLLÈGUE, MONSIEUR TIROCUL, N'ASSURERA PAS SES COURS PENDANT DEUX MOIS ! IL EST À L'HÔPITAL !
NON ?!?
OH ! LE PAUVRE...
SI ! RENVERSÉ PAR UN CAMION !
...ET VOILÀ ! À VOUS LA LIBERTÉ !...
YEAAAH !!
...VOUS ALLEZ VIVRE PLEINEMENT CES JOURNÉES PRINTANIÈRES...
LALALILAAAA
HIII
?!
...ET PROFITER DE CE REPOS BIEN MÉRITÉ !...
HEU... ÇA VA, SERGE ?
OH LA VACHE ! IL EST DANS UN SALE ÉTAT !
J'AI HONTE ! MAIS J'AVOUE QUE JE CROYAIS QUE C'ÉTAIT BIDON !
MERCI, SHOPPING-PROF !
392
PICA 06 + ERROC

VOUS EN AVEZ MARRE QUE VOS ÉLÈVES FASSENT CETTE TÊTE-LÀ ? VOUS VOULEZ METTRE UN PEU D'AMBIANCE DANS VOTRE CLASSE ?
OUAAH
CE JOUR-LÀ, PLATON RENCONTRA ARISTOTE ET ALORS...
ALORS OFFREZ-VOUS LE :
CHAUFFEUR DE SALLE
LOCATION POUR LA JOURNÉE : 99€
UN PRODUIT ©SHOPPING PROF
GRÂCE À SON EXPÉRIENCE DES CLASSES MOLLES, IL RÉVEILLERA VOS ÉLÈVES EN UN CLIN D'ŒIL !
BONJOUR ! COMMENT VOUS APPELEZ-VOUS ?
MAURICE !
ET VOUS FAITES QUOI, MAURICE ?
PROF DE PHILO...
AH LA PHILO, C'EST GÉNIAL ! PLATON, ARISTOTE, TINTIN, TOUT ÇA...
ALLEZ, MAURICE ! ON VOUS ÉCOUTE ! MAIS TOUT D'ABORD, ON VOUS APPLAUDIT !!!
ALLEZ ! ALLEZ !
CLAP CLAP CLAP CLAP CLAP CLAP CLAP
CE JOUR-LÀ, PLATON RENCONTRA ARISTOTE...
AH, AH ! ÇA COMMENCE TRÈS FORT ! QUELLE MAÎTRISE DU TEXTE ! ON L'APPLAUDIT !
CLAP CLAP CLAP CLAP
APPLAUSE
ET ALORS IL LUI DIT...
HAHAHAHA ! EXCELLENT ! ON L'APPLAUDIT TRÈS FORT !
APPLAUSE
CLAP CLAP CLAP CLAP CLAP CLAP CLAP CLAP
ET VOILÀ : VOS COURS SERONT BIENTÔT PLUS CHAUDS QU'UN MATCH DE FOOT OU UN CONCERT DE RAP !
BRAVO !
CLAP CLAP CLAP CLAP CLAP
GÉNIAL !
CLAP CLAP CLAP
SUPER M'SIEUR !
CLAP CLAP
MERCI SHOPPING PROF !
UN CONSEIL : RENDEZ VOTRE CHAUFFEUR DE SALLE DÈS LA FIN DES COURS, SINON IL RISQUE DE VOUS POURRIR VOTRE SOIRÉE CHEZ VOS AMIS...
CE JOUR-LÀ, J'ÉTAIS EN PANNE AVEC MA BAGNOLE ET...
HA, HA, HA ! GÉNIALE COMME ANECDOTE ! ON L'APPLAUDIT !
APPLAUSE
375
PICA 05 + ERROC.

Bip Bip Bip

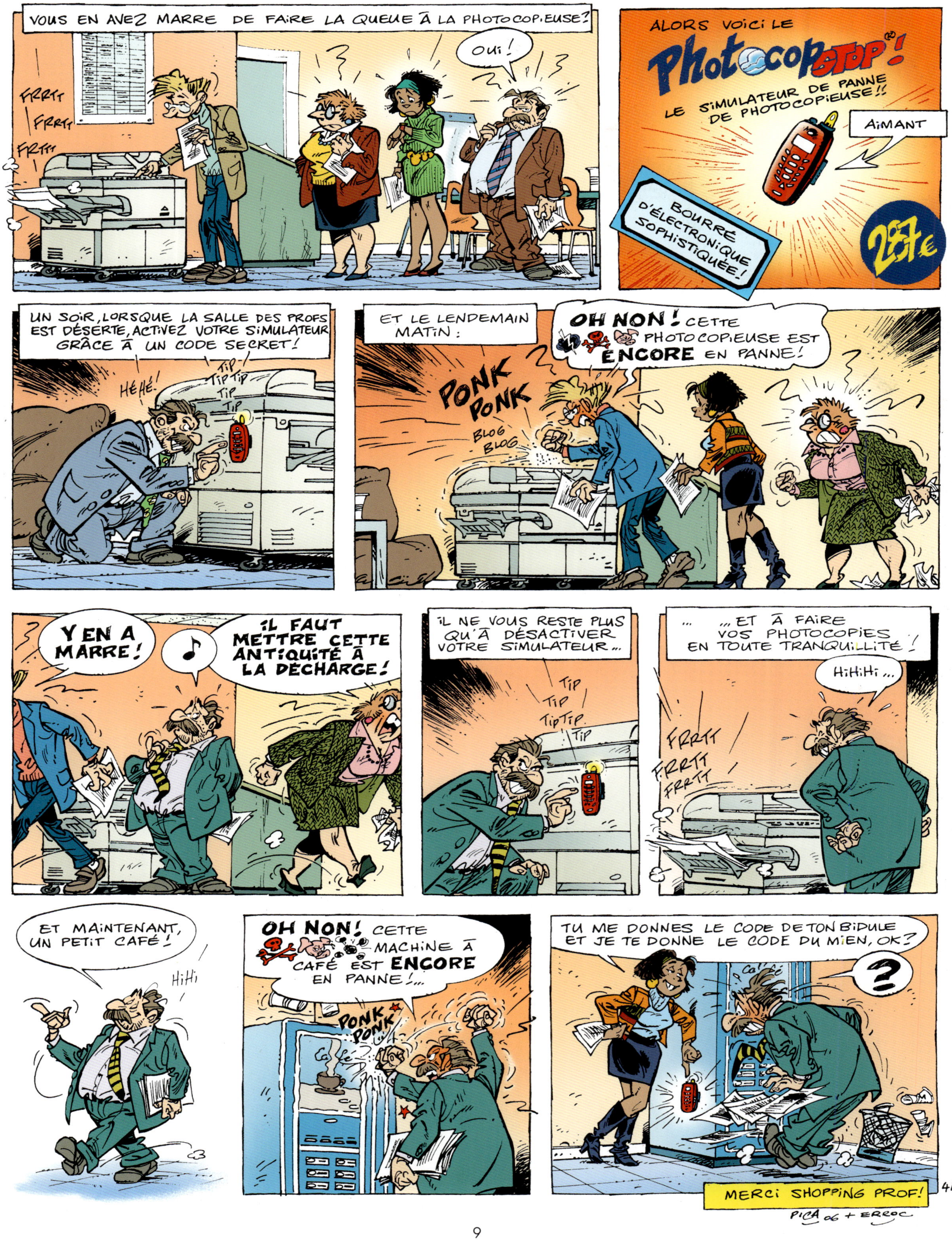
VOUS EN AVEZ MARRE DE FAIRE LA QUEUE À LA PHOTOCOPIEUSE?
FRRTT FRRTT FRRTT
OUI!
ALORS VOICI LE
Photocop STOP!
LE SIMULATEUR DE PANNE DE PHOTOCOPIEUSE!!
AIMANT
BOURRÉ D'ÉLECTRONIQUE SOPHISTIQUÉE!
29,97 €
UN SOIR, LORSQUE LA SALLE DES PROFS EST DÉSERTE, ACTIVEZ VOTRE SIMULATEUR GRÂCE À UN CODE SECRET!
HÉHÉ!
TIP TIP TIP TIP TIP
ET LE LENDEMAIN MATIN :
OH NON! CETTE PHOTOCOPIEUSE EST ENCORE EN PANNE!
PONK PONK
BLOG BLOG
Y EN A MARRE!
IL FAUT METTRE CETTE ANTIQUITÉ À LA DÉCHARGE!
IL NE VOUS RESTE PLUS QU'À DÉSACTIVER VOTRE SIMULATEUR...
TIP TIP TIP TIP TIP
... ...ET À FAIRE VOS PHOTOCOPIES EN TOUTE TRANQUILLITÉ!
HIHIHI...
FRRTT FRRTT FRRTT
ET MAINTENANT, UN PETIT CAFÉ!
HIHI
OH NON! CETTE MACHINE À CAFÉ EST ENCORE EN PANNE!...
PONK PONK
CAFÉ
TU ME DONNES LE CODE DE TON BIDULE ET JE TE DONNE LE CODE DU MIEN, OK?
?
CAFÉ
MERCI SHOPPING PROF!
416
PICA 06 + ERROC

CE JOUR-LÀ, VOUS N'AVEZ PAS TROUVÉ D'EXCUSE POUR NE PAS FAIRE COURS?
BEN NON!
JE VIEILLIS!
HEUREUSEMENT, IL EXISTE UN MOYEN POUR RESTER DANS VOTRE CLASSE LE MOINS LONGTEMPS POSSIBLE!
NON?
SI! CAR VOICI LA:
Sonnerie de fin de cours!
discrète! élégante! Piles fournies!
158€
DISSIMULEZ L'APPAREIL SOUS UNE COPIE ET COMMENCEZ VOTRE COURS...
BLA-BLA-BLA...
... ET BLA!
AU BOUT D'UNE VINGTAINE DE MINUTES, DÉCLENCHEZ LA FAUSSE SONNERIE!
CLIC!
DDRRIIIIINNNN
AH! JE CROIS QUE C'EST LA FIN DU COURS!
DDRRIIIIIIIIIINNNNNNNNNN
DÉJÀ?
ÇA A PASSÉ VACHEMENT VITE, CE MATIN!
TU M'ÉTONNES!
ET VOILÀ: PLUS D'ÉLÈVES, PLUS DE COURS! VOUS POUVEZ DONC QUITTER VOTRE CLASSE!
HIHIHI
GÉNIAL, CE BIDULE!
MERCI, SHOPPING PROF!
?
?
?
CLONC
CLONC
CLONC
LAISSEZ-MOI SORTIR! JE LE FERAI PLUS!
CLONC CLONC CLONC
JE VOUS LIBÉRERAI À LA SONNERIE!
ADHÉSIF SUPER RÉSISTANT, 23 EUROS!
MERCI SHOPPING PROVISEUR!
435
PICA 07 + ERROC

PCHHHH
VOILÀ UNE SCÈNE QUI SE RÉPÈTE SOUVENT :
HA! JUSTEMENT, JE VOULAIS VOUS VOIR !
AÏE !
VOUS EN AVEZ ASSEZ DE CES PARENTS D'ÉLÈVES RÂLEURS ET PAS CONTENTS?
MON FILS EST DANS VOTRE CLASSE! SON NIVEAU D'ANGLAIS EST MINABLE PARCE QUE VOS COURS SONT NULS!
ALORS VOICI :
"Happy Parents"
HP
99 €
LE NEUTRALISATEUR DE PARENTS! (EN SPRAY)
SON EFFET EST IMMÉDIAT !
ET EN PLUS VOUS...
PCHHHH
UNE PULVÉRISATION ET LE PARENT D'ÉLÈVE VOIT TOUT DE SUITE LA VIE EN ROSE !
MAIS NON, SUIS-JE BÊTE ! C'EST MON FILS QUI EST NUL !
JE SUIS BIEN D'ACCORD AVEC VOUS !
HA! JUSTEMENT JE VOULAIS VOUS VOIR! MON FILS EST DANS VOTRE CLASSE! SON NIVEAU D'ANGLAIS EST MINABLE PARCE QUE VOS COURS SONT NULS!
HIHI
DAMNED! VITE MON SPRAY!
MAIS NON VOYONS! C'EST VOTRE FILS QUI EST NUL!
QUOI ?
PONK!
GRÂCE À "HAPPY PARENTS" VOUS ALLEZ RÉPANDRE LA JOIE ET LA SÉRÉNITÉ TOUT AUTOUR DE VOUS!
PAF!
TONK!
MERCI SHOPPING PROF!
POK!
460
PICA 07 + ERROC

L'AMBIANCE SURVOLTÉE DE LA SALLE DES PROFS VOUS EMPÊCHE DE VOUS CONCENTRER SUR VOS CORRECTIONS ?
PONK PONK PONK PONK
BLA BLA BLABLA BLA BLA BLA BLA BLA
POKPOK POKPOK
BLA BLA BLA
HEUREUSEMENT VOICI :
CASQU'ISOLE®
PLUS UN SON ! PLUS UN BRUIT !
252,99€
GRÂCE À CASQU'ISOLE, VOUS SEREZ DANS VOTRE BULLE ET RIEN NE POURRA VOUS PERTURBER...
GÉNIAL !
... PAS MÊME LA VISITE SURPRISE DU MINISTRE DE L'ÉDUCATION NATIONALE !...
BONJOUR MONSIEUR, JE SUIS LE MINISTRE DE L'ÉDUCATION NATIONALE !
HMM... PAS MAL !
HEU... JE DISAIS : BONJOUR MONSIEUR, JE SUIS LE MINISTRE DE L'ÉDUCATION NATIONALE !
GUÉNARD 12/20 !
HÉ ! HO ! JE SUIS LE MINISTRE DE L'ÉDUCATION NATIONALE !!!
BIEN MAIS PEUT MIEUX FAIRE...
OUI, NOUS POUVONS L'AFFIRMER : CASQU'ISOLE VA CHANGER VOTRE VIE !
JE VIENS DE RECEVOIR UN COURRIER DU MINISTRE : VOUS ÊTES MUTÉ À PAUMÉ S/BLED, 612 HABITANTS !...
VOUS NE SEREZ PAS DÉRANGÉ PAR LE BRUIT LÀ-BAS !
MERCI SHOPPING PROF !
481
PICA + ERROC 08

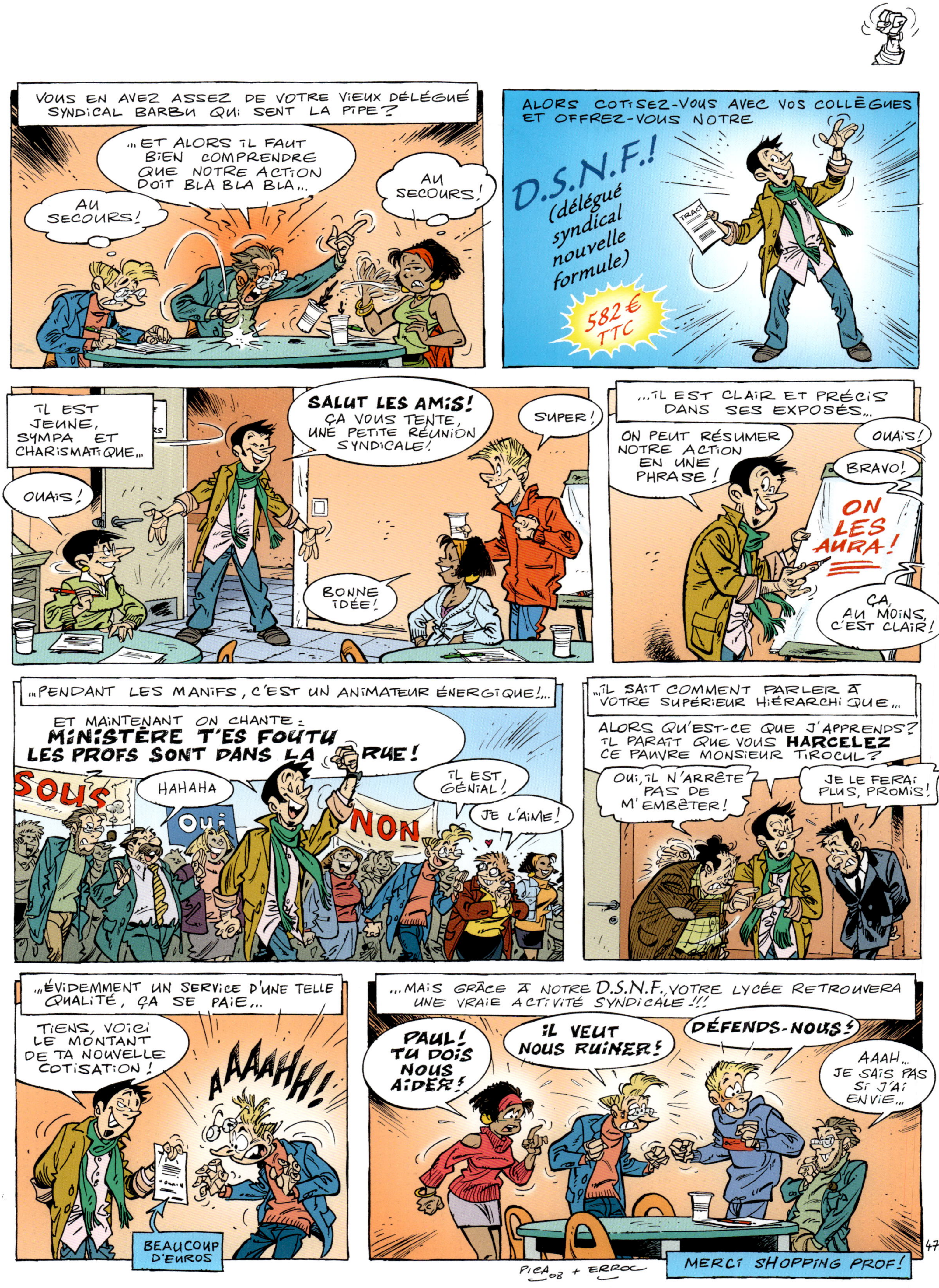
VOUS EN AVEZ ASSEZ DE VOTRE VIEUX DÉLÉGUÉ SYNDICAL BARBU QUI SENT LA PIPE?
...ET ALORS IL FAUT BIEN COMPRENDRE QUE NOTRE ACTION DOIT BLA BLA BLA...
AU SECOURS!
AU SECOURS!
ALORS COTISEZ-VOUS AVEC VOS COLLÈGUES ET OFFREZ-VOUS NOTRE
D.S.N.F.! (délégué syndical nouvelle formule)
582 € TTC
TRACT
IL EST JEUNE, SYMPA ET CHARISMATIQUE...
SALUT LES AMIS! ÇA VOUS TENTE, UNE PETITE RÉUNION SYNDICALE!
SUPER!
OUAIS!
BONNE IDÉE!
...IL EST CLAIR ET PRÉCIS DANS SES EXPOSÉS...
ON PEUT RÉSUMER NOTRE ACTION EN UNE PHRASE!
OUAIS!
BRAVO!
ON LES AURA!
ÇA, AU MOINS, C'EST CLAIR!
...PENDANT LES MANIFS, C'EST UN ANIMATEUR ÉNERGIQUE!...
ET MAINTENANT ON CHANTE: MINISTÈRE T'ES FOUTU LES PROFS SONT DANS LA RUE!
HAHAHA
IL EST GÉNIAL!
JE L'AIME!
SOUS
OUI
NON
...IL SAIT COMMENT PARLER À VOTRE SUPÉRIEUR HIÉRARCHIQUE...
ALORS QU'EST-CE QUE J'APPRENDS? IL PARAÎT QUE VOUS HARCELEZ CE PAUVRE MONSIEUR TIROCUL?
OUI, IL N'ARRÊTE PAS DE M'EMBÊTER!
JE LE FERAI PLUS, PROMIS!
...ÉVIDEMMENT UN SERVICE D'UNE TELLE QUALITÉ, ÇA SE PAIE...
TIENS, VOICI LE MONTANT DE TA NOUVELLE COTISATION!
AAAAHH!
BEAUCOUP D'EUROS
...MAIS GRÂCE À NOTRE D.S.N.F., VOTRE LYCÉE RETROUVERA UNE VRAIE ACTIVITÉ SYNDICALE!!!
PAUL! TU DOIS NOUS AIDER!
IL VEUT NOUS RUINER!
DÉFENDS-NOUS!
AAAH... JE SAIS PAS SI J'AI ENVIE...
471
PICA 08 + ERROC
MERCI SHOPPING PROF!

À CHAQUE RÉCRÉ, IL Y A UNE FILE D'ATTENTE INFERNALE DEVANT LA PHOTOCOPIEUSE ET VOUS EN AVEZ ASSEZ !
FRTTT FRTTT FRTTT
?
TU M'ÉTONNES !
HEUREUSEMENT, VOICI LE
Photocop' PARALYSATOR
Le Top de la TECHNOLOGIE!
699 €
CAMOUFLÉ DANS UN INNOCENT POSTE DE RADIO, IL ÉMET UN MESSAGE SUBLIMINAL !
JE PEUX METTRE UN PETIT FOND MUSICAL ?
OK, MAIS PAS TROP FORT !
IL NE VOUS RESTE PLUS QU'À VOUS BOUCHER LES OREILLES ET À ATTENDRE LE RÉSULTAT :
JE NE VEUX PAS FAIRE DE PHOTOCOPIES
JE NE VEUX PAS FAIRE DE PHOTOCO
JE NE VEUX PAS FAIRE DE PHOTOCOPIES
JE NE VEUX PAS FAIRE DE PHOTOCOPIE
ET VOILÀ : VOUS ÊTES ENFIN TRANQUILLE POUR FAIRE VOS PHOTOCOPIES...
HÉ, HÉ, HÉ, HÉ !
JE NE VEUX PAS FAIRE DE PHOTOCOPIES !
JE NE VEUX PAS FAIRE DE PHOTOCOPIES !
JE NE VEUX PAS FAIRE DE PHOTOCOPIES !
FRTTT FRTTT FRTTT
...LE SEUL RISQUE, C'EST QUE VOTRE SYSTÈME SOIT TROP EFFICACE :
PERMETTEZ ?
?
VU CE QU'ELLE COÛTE EN ENTRETIEN ET COMME VOUS ÊTES LE SEUL À L'UTILISER, J'AI DÉCIDÉ DE L'ENLEVER !
MERCI, SHOPPING PROF !
?
JE NE VEUX PAS FAIRE DE PHOTO
ROUL ROUL ROUL
PICA 08 + ERROC

BONJOUR À TOUS !
??
HAHAHAHAHAHAHAHAHAHA
OUARF OUARF HiHiHiHi
OUi : C'EST PESANT D'ÊTRE CONSTAMMENT SOUS LE REGARD ACÉRÉ D'ÉLÈVES QUi NE LAISSENT RiEN PASSER !
HAHAHA HAHA HAHA
FEUiLLE DE SALADE COiNCÉE ENTRE LES DENTS !
HAHA LA HONTE ! HAHA
HEUREUSEMENT, VOiCi :
iNSPECT'MiRROR
79,99 €
UN iNDiSPENSABLE SHOPPiNG PROF !
PORTEZ-LE EN PENDENTIF POUR ÊTRE SÛR DE L'AVOIR TOUJOURS SUR VOUS !
AVANT VOTRE COURS, FAiTES UNE iNSPECTiON DÉTAiLLÉE DE VOTRE ViSAGE...
PAS DE CROTTE DE NEZ !
PAS DE SALADE !
PAS DE MAQUiLLAGE QUi COULE !
VOUS POURREZ ALORS RENTRER EN CLASSE L'ESPRiT TRANQUiLLE...
BONJOUR À TOUS !
MERCi SHOPPiNG PROF !
HAHAHA HiHiHiHi ?
UN CONSEiL, PENDANT QUE VOUS Y ÊTES, FAiTES DONC UNE iNSPECTiON UN PEU PLUS POUSSÉE...
CROTTE DE CHiEN.
HAHAHAHAHA HiHiHi OUARF HiHi
LA HONTE ! HiHi
PiCA + ERROC

DANS VOTRE CLASSE, IL Y A UN ÉLÈVE PARTICULIÈREMENT BAVARD ?
ET ALORS JE DIS À ESTELLE : "NON MAIS ATTENDS, TU RIGOLES, TU CROIS PEUT-ÊTRE QUE BLA BLA BLA..."
QUE FAIRE ? LE METTRE À LA PORTE ?
AH NON ! JE VEUX QU'IL ASSISTE À MON COURS !
Y A PAS DE RAISON !
ALORS IL VOUS FAUT LE
CAISSON KASS' BAVARD
bouton rouge
187 €
entièrement tapissé de fibres isolosoniques !
TU PERMETS, FOURNIER ?
?
HOP !
CLAC
ET VOILÀ ! COMME ÇA, JE NE L'ENTENDRAI PLUS PARLER !
HMPFFF
FROT ! FROT !
BIEN ! REPRENONS... DANS LE CALME...
MERCI SHOPPING PROF !
HUMPFFF
HUMPFFF
M'SIEUR ! J'AI L'IMPRESSION QUE FOURNIER NE SE SENT PAS BIEN...
AH, AU FAIT : N'OUBLIEZ SURTOUT PAS...
BLONG
... D'APPUYER SUR LE BOUTON ROUGE, POUR QUE L'ÉLÈVE PUISSE RESPIRER !
FOURNIER ! DIS QUELQUE CHOSE ! PARLE-MOI ! PARLE-MOI !!!
FAUDRAIT SAVOIR CE QUE VOUS VOULEZ !
TAP! TAP! TAP!
PICA 10 ERROC

VOUS PASSEZ UNE BONNE SOIRÉE AU RESTAURANT AVEC DES AMIS (QUI NE SONT PAS PROFS)...
BLA BLA BLA BLA BLA BLA BLA BLA
MAIS AU MOMENT DE L'ADDITION...
NON, LAISSE, C'EST POUR MOI !
JE SAIS CE QUE C'EST QU'UN SALAIRE DE PROF ! HAHAHAHA !
ET ÇA, ÇA VOUS ÉNERVE !
JE SUIS HUMILIÉ !
HEUREUSEMENT, IL Y A:
BIG BULLETIN !
37 €
UN FAUX BULLETIN DE SALAIRE AVEC UNE
VRAIE GROSSE PAYE !
TU SAIS, ON RACONTE N'IMPORTE QUOI SUR LE SALAIRE DES PROFS...
TIENS REGARDE, J'AI JUSTEMENT MON DERNIER BULLETIN SUR MOI !
?
WAOH ! JE... JE NE SAVAIS PAS QUE TU GAGNAIS AUTANT !
TU COMPRENDRAS DONC QUE JE PEUX VOUS INVITER SANS PROBLÈME...
AH BEN HEU... MERCI !
ET JE VAIS MÊME LAISSER UN TRÈS GROS POURBOIRE !
PEUH ! C'EST RIEN POUR NOUS !
ET VOILÀ, GRÂCE À BIG BULLETIN, VOS AMIS VOUS RESPECTERONT ENFIN !
SALUT ! À LA PROCHAINE !
URANT
ON PREND LE BUS POUR RENTRER ?
S'IL VOUS PLAÎT ! UN EURO POUR UN PAUV'PROF QUI VIENT DE DÉPENSER SON SALAIRE EN UNE SOIRÉE !
MERCI SHOPPING PROF !
?
PICA + MAURICET + ERROC

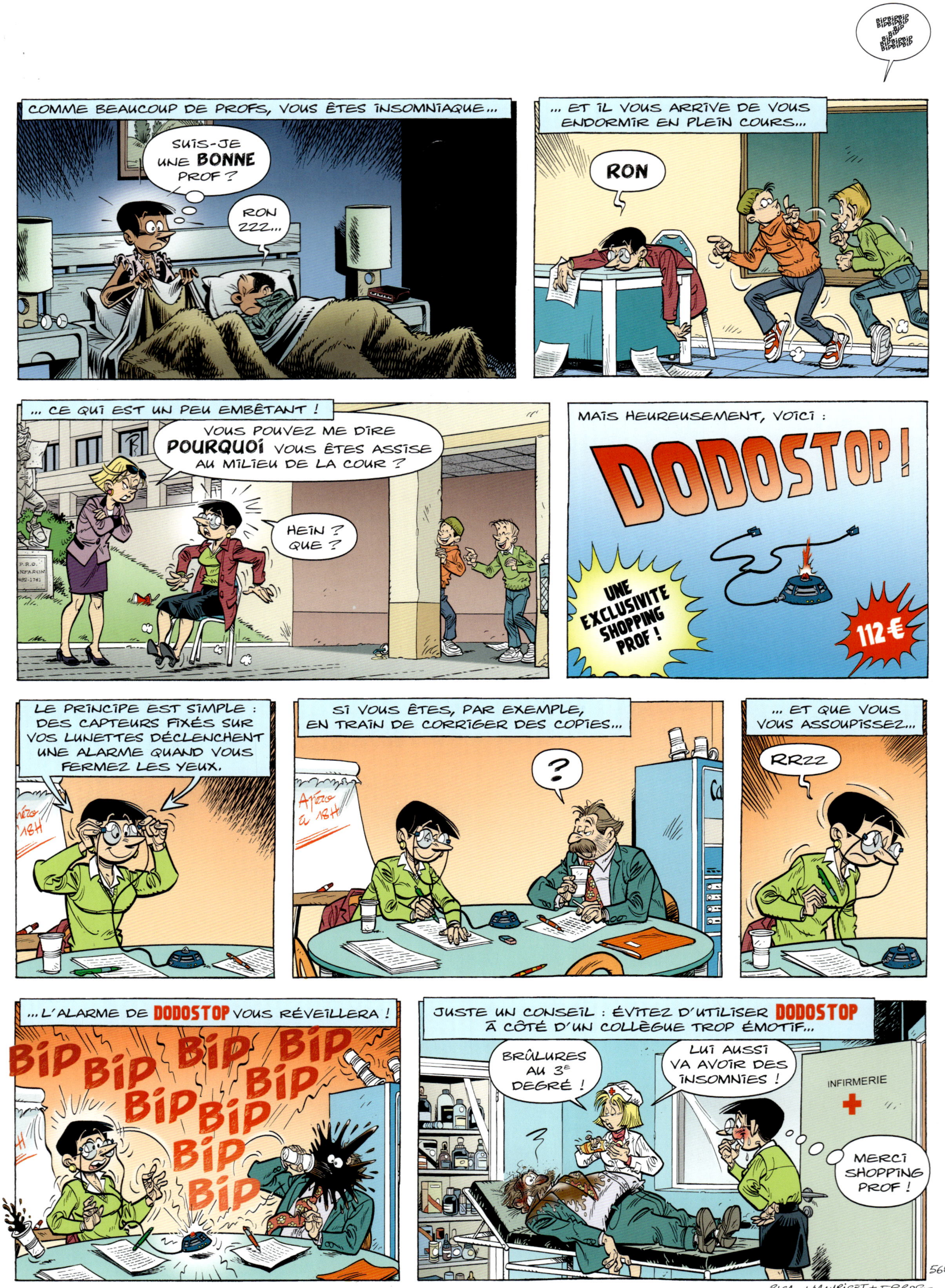
BIPBIPBIP BIPBIPBIP BIP BIP BIPBIPBIP BIPBIPBIP
COMME BEAUCOUP DE PROFS, VOUS ÊTES INSOMNIAQUE...
SUIS-JE UNE BONNE PROF ?
RON ZZZ...
... ET IL VOUS ARRIVE DE VOUS ENDORMIR EN PLEIN COURS...
RON
... CE QUI EST UN PEU EMBÊTANT !
VOUS POUVEZ ME DIRE POURQUOI VOUS ÊTES ASSISE AU MILIEU DE LA COUR ?
HEIN ? QUE ?
MAIS HEUREUSEMENT, VOICI :
DODOSTOP !
UNE EXCLUSIVITE SHOPPING PROF !
112 €
LE PRINCIPE EST SIMPLE : DES CAPTEURS FIXÉS SUR VOS LUNETTES DÉCLENCHENT UNE ALARME QUAND VOUS FERMEZ LES YEUX.
SI VOUS ÊTES, PAR EXEMPLE, EN TRAIN DE CORRIGER DES COPIES...
?
... ET QUE VOUS VOUS ASSOUPISSEZ...
RRZZ
... L'ALARME DE DODOSTOP VOUS RÉVEILLERA !
BIP BIP BIP BIP BIP BIP BIP BIP BIP BIP
JUSTE UN CONSEIL : ÉVITEZ D'UTILISER DODOSTOP À CÔTÉ D'UN COLLÈGUE TROP ÉMOTIF...
BRÛLURES AU 3E DEGRÉ !
LUI AUSSI VA AVOIR DES INSOMNIES !
INFIRMERIE
MERCI SHOPPING PROF !
568
PICA +MAURICET+ ERROC - 11

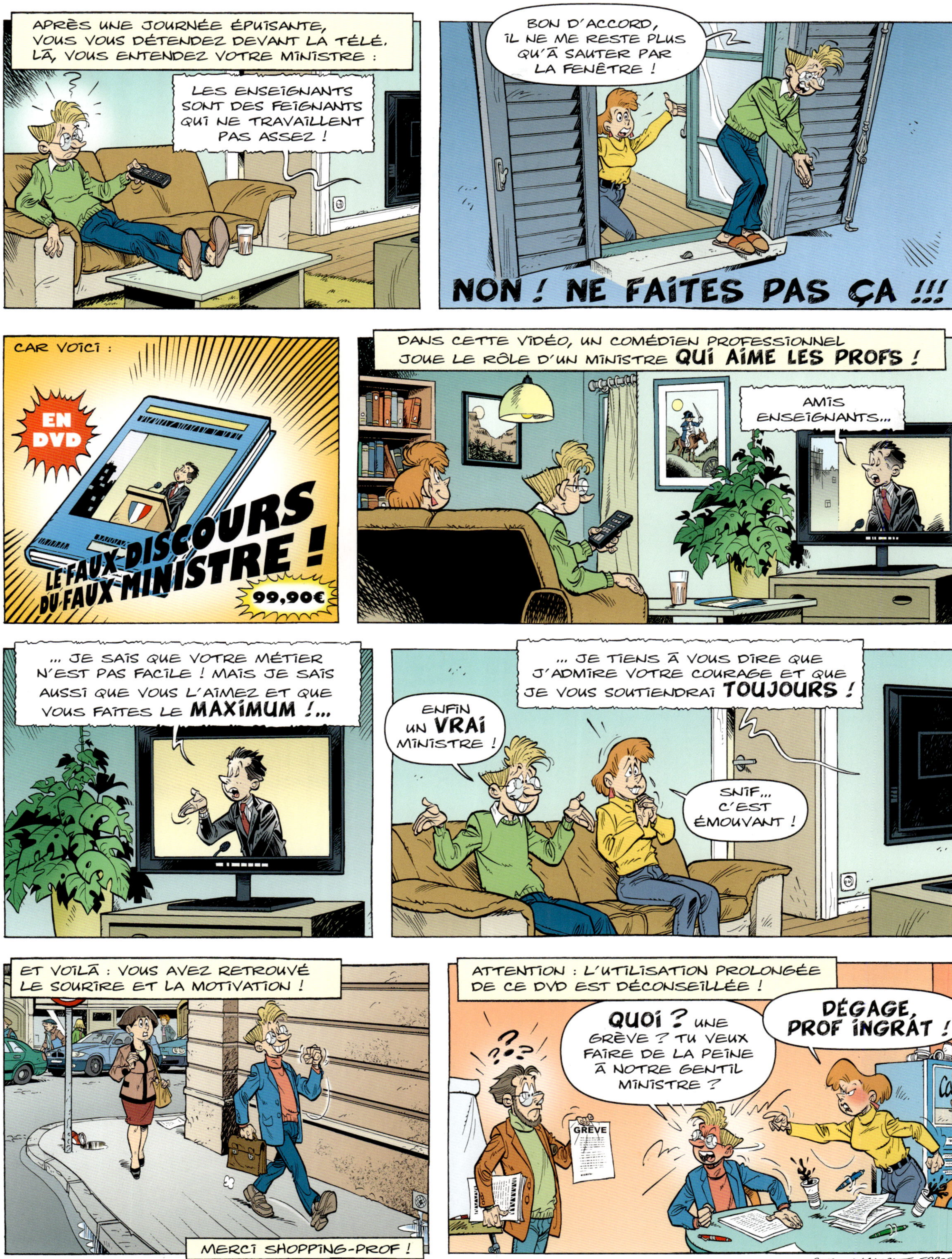
APRÈS UNE JOURNÉE ÉPUISANTE, VOUS VOUS DÉTENDEZ DEVANT LA TÉLÉ. LÀ, VOUS ENTENDEZ VOTRE MINISTRE :
LES ENSEIGNANTS SONT DES FEIGNANTS QUI NE TRAVAILLENT PAS ASSEZ !
BON D'ACCORD, IL NE ME RESTE PLUS QU'À SAUTER PAR LA FENÊTRE !
NON ! NE FAITES PAS ÇA !!!
CAR VOICI :
EN DVD
LE FAUX DISCOURS DU FAUX MINISTRE !
99,90€
DANS CETTE VIDÉO, UN COMÉDIEN PROFESSIONNEL JOUE LE RÔLE D'UN MINISTRE QUI AIME LES PROFS !
AMIS ENSEIGNANTS...
... JE SAIS QUE VOTRE MÉTIER N'EST PAS FACILE ! MAIS JE SAIS AUSSI QUE VOUS L'AIMEZ ET QUE VOUS FAITES LE MAXIMUM !...
... JE TIENS À VOUS DIRE QUE J'ADMIRE VOTRE COURAGE ET QUE JE VOUS SOUTIENDRAI TOUJOURS !
ENFIN UN VRAI MINISTRE !
SNIF... C'EST ÉMOUVANT !
ET VOILÀ : VOUS AVEZ RETROUVÉ LE SOURIRE ET LA MOTIVATION !
MERCI SHOPPING-PROF !
ATTENTION : L'UTILISATION PROLONGÉE DE CE DVD EST DÉCONSEILLÉE !
QUOI ? UNE GRÈVE ? TU VEUX FAIRE DE LA PEINE À NOTRE GENTIL MINISTRE ?
DÉGAGE, PROF INGRAT !
GRÈVE
581
PICA 12 + MAURICET + ERROC

AMI PROF, VOUS AVEZ TOUT ESSAYÉ POUR FAIRE TAIRE LES BAVARDS ?
OUI !
BLA BLA BLA BLA BLA BLA BLA BLA BLA
Alors voici le PISTOLET
BLABLASTOP !!
299 €
Fruit d'une technologie ULTRA innovante !
... IL VOUS SUFFIT DE POINTER LE PISTOLET BLABLASTOP SUR LE BAVARD...
ET ALORS, À CE MOMENT-LÀ, Y A KARIM QUI ME DIT...
... ET LE HAUT-PARLEUR INCORPORÉ VA LUI RENVOYER L'ÉCHO DE SES PROPRES PAROLES !
ALORS MOMENT-LÀ ET DIT ME KARIM
?
DU COUP, LE BAVARD SE TAIRA !
HEU... EXCUSE-MOI, MAIS TU N'AS PAS TERMINÉ TA PHRASE...
SI SI, J'AI FINI !
ET VOUS POURREZ CONTINUER VOTRE COURS DANS LE SILENCE !
HAHA !
GÉNIAL, CET APPAREIL !
MERCI SHOPPING-PROF !
MAIS UN CONSEIL : NE PRÊTEZ PAS CE PISTOLET À VOS COLLÈGUES...
MERCI D'ÊTRE VENUS SI NOMBREUX À CETTE RÉUNION SYNDICALE !
Ordre du Jour
... ILS POURRAIENT ÊTRE TENTÉS DE L'UTILISER CONTRE VOUS !
SYNDICALE NOMBREUX MERCI VENUS RÉUNION
HIHI
589
PICA + MAURICET + ERROC

VOUS AVEZ L'HABITUDE DE FAIRE DES COURS TRÈS VIVANTS...
VOUS AVEZ TOUS UN QI DE POULPE !
...MAIS L'ÂGE AIDANT, VOUS FATIGUEZ VITE !...
ET EN PLUS VOUS... ARF PFFF...
ÇA VA, M'DAME ?
VOUS VOULEZ QU'ON APPELLE LE SAMU ?
...HEUREUSEMENT, VOICI LE
PROF DE SECOURS !
Des comédiens formés pour vous relayer en cas de coup de mou !
55 € L'intervention !
BONJOUR ! JE SUIS VOTRE NOUVELLE PROF D'ANGLAIS !
SOYEZ LA BIENVENUE !
GRÂCE AU PROF DE SECOURS, VOUS POURREZ FAIRE UNE PETITE PAUSE !...
DE NOS JOURS, LES ÉLÈVES SONT TOUS DES NULS !
UNE PRÉCISION : LE PAIEMENT S'EFFECTUE À LA FIN DU COURS !
ALORS, NOUS DISONS DONC : 55 EUROS...
HEU... JE N'AI PAS ASSEZ... IL FAUDRAIT QUE VOUS VENIEZ AVEC MOI JUSQU'AU DISTRIBUTEUR...
QUOI ?
DE NOS JOURS, LES PROFS SONT TOUS DES NULS !
MERCI SHOPPING PROF !
?
PICA 13 + MAURICE + ERROC

886 €
VOTRE PROVISEURE VOUS FATIGUE UN PEU ? BEAUCOUP ? ÉNORMÉMENT ?
OBJECTIFS PÉDAGOGIQUES...
RYTHMES SCOLAIRES...
SATISFACTION DU CLIENT...
ALORS N'HÉSITEZ PAS : ACHETEZ UN...
Nouveau Proviseur
886 € (sans les primes)
C'EST DIFFICILE DE CHOISIR SUR CATALOGUE !
ET POURQUOI PAS NOTRE ANCIEN PROVISEUR ?
AH OUI ! L'ANCIEN, C'EST DU COSTAUD ! DU SOLIDE !
Café
AAAH, MES CHERS COLLÈGUES !
BIENVENUE AU BAHUT !
JE SUIS TELLEMENT HEUREUX DE VOUS REVOIR TOUS !
NOUS AUSSI ! NOUS AUSSI !
JE SUIS SI ÉMUE !
ET MOI DONC !
AAAH, MON CHER VIEUX BUREAU !
QUE DE SOUVENIRS !
QUE D'ÉMOTIONS !
JE PEUX SAVOIR CE QUE VOUS FAITES DANS MON BUREAU ?
BUREAU DE LA PROVISEURE
EH NON, DÉSOLÉ : C'EST VRAIMENT LE SEUL ARTICLE QU'ON NE PEUT PAS ACHETER SUR SHOPPING PROF !
JUSTEMENT, J'AVAIS BESOIN DE QUELQU'UN POUR TOURNER LES PAGES !
JE DISAIS DONC : OBJECTIFS PÉDAGOGIQUES...
SNIF !
MERCI QUAND MÊME, SHOPPING PROF !
628
PICA 13 + MAURICET + ERROC

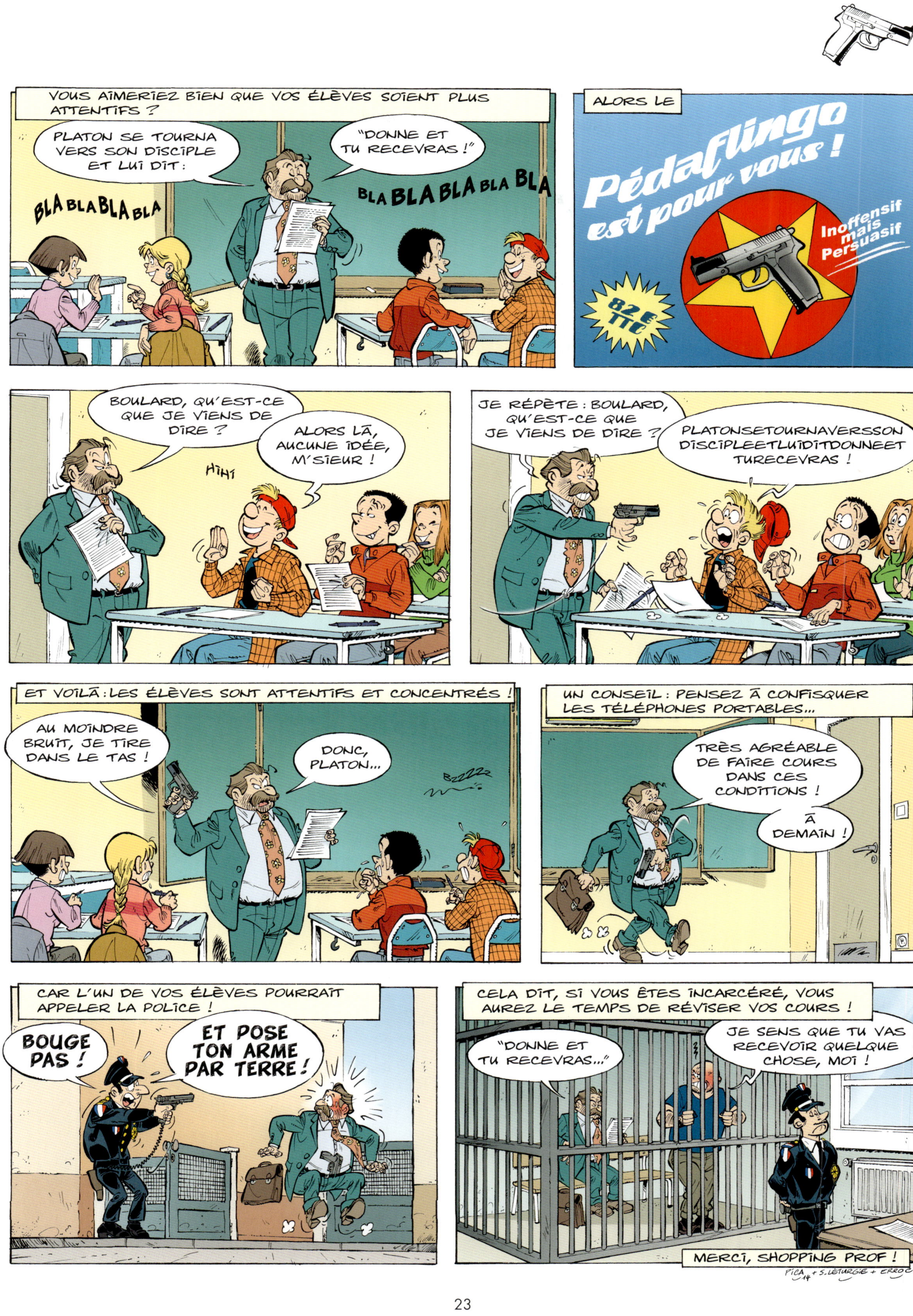

VOUS AIMERIEZ BIEN QUE VOS ÉLÈVES SOIENT PLUS ATTENTIFS ?
PLATON SE TOURNA VERS SON DISCIPLE ET LUI DIT :
"DONNE ET TU RECEVRAS !"
BLA BLA BLA BLA
BLA BLA BLA BLA BLA
ALORS LE
Pédaflingo est pour vous !
Inoffensif mais Persuasif
82 € TTC
BOULARD, QU'EST-CE QUE JE VIENS DE DIRE ?
ALORS LÀ, AUCUNE IDÉE, M'SIEUR !
HIHI
JE RÉPÈTE : BOULARD, QU'EST-CE QUE JE VIENS DE DIRE ?
PLATONSETOURNAVERSSON DISCIPLEETLUIDITDONNEET TURECEVRAS !
ET VOILÀ : LES ÉLÈVES SONT ATTENTIFS ET CONCENTRÉS !
AU MOINDRE BRUIT, JE TIRE DANS LE TAS !
DONC, PLATON...
BZZZZ
UN CONSEIL : PENSEZ À CONFISQUER LES TÉLÉPHONES PORTABLES...
TRÈS AGRÉABLE DE FAIRE COURS DANS CES CONDITIONS !
À DEMAIN !
CAR L'UN DE VOS ÉLÈVES POURRAIT APPELER LA POLICE !
BOUGE PAS !
ET POSE TON ARME PAR TERRE !
CELA DIT, SI VOUS ÊTES INCARCÉRÉ, VOUS AUREZ LE TEMPS DE RÉVISER VOS COURS !
"DONNE ET TU RECEVRAS..."
JE SENS QUE TU VAS RECEVOIR QUELQUE CHOSE, MOI !
MERCI, SHOPPING PROF !
PICA 14 + S. LETURGIE + ERROC

BIP BIP BIP BIP BIP BIP
VOUS ÊTES PROVISEURE ET VOUS ÊTES INQUIÈTE ?
ENCORE UNE AGRESSION À MAIN ARMÉE DANS UN COLLÈGE DE BANLIEUE !
JE DOIS SÉCURISER MON LYCÉE !
ALORS N'HÉSITEZ PLUS ET ACHETEZ UN :
SECUR' PORTIK
LE DÉTECTEUR DE MÉTAUX INFAILLIBLE !
299,99 € SEULEMENT !
LES ÉLÈVES NE POURRONT PLUS FAIRE ENTRER D'OBJETS DANGEREUX DANS L'ÉTABLISSEMENT !
SUIVANT !
BIP BIP BIP BIP BIP
?
VIDE TES POCHES, BOULARD !!
BIP BIP BIP BIP
RIEN DE GRAVE, MADAME LA PROVISEURE : CE SONT JUSTE SES CLEFS !
JE VEUX PARLER À MON AVOCAT !
OUF !
BIP BIP BIP BIP BIP BIP BIP BIP
BEN ? IL EST DÉTRAQUÉ CE BIDULE OU QUOI ?
BIP BIP BIP BIP BIP BIP BIP BIP BIP BIP
ET VOICI : GRÂCE AU SECUR' PORTIK, VOTRE LYCÉE CONNAÎTRA LE CALME ET LA SÉRÉNITÉ !
ENVOYEZ-NOUS VITE UN TECHNICIEN : LES RIVERAINS SONT TRÈS ÉNERVÉS !
ASSEZ !
Y EN A MARRE !
DONK
BIP BIP BIP BIP BIP BIP BIP BIP BIP BIP BIP BIP BIP BIP BIP BIP BIP BIP
MERCI, SHOPPING PROF !
631

VOUS ÊTES PROVISEURE, C'EST LE DÉBUT DE L'ANNÉE...
OUI...
ET VOUS SEMBLEZ AVOIR DU SOUCI...
ÇA, VOUS POUVEZ LE DIRE !
IL ME MANQUE UN PROF DE MATHS !
ALORS UTILISEZ LE NOUVEAU SERVICE DE SHOPPING PROF :
SOS POSTE VACANT !
UN PROF TOUT DE SUITE !
PAYÉ AU SMIC HORAIRE !
VOUS SEREZ LIVRÉE DANS LES 48 HEURES !
C'EST ICI QU'ON A COMMANDÉ UN PROF DE MATHS ?
OUI ! VOUS POUVEZ LE DÉBALLER !
FRAGILE
MADAME LA PROVISEURE, JE SUPPOSE ?
BIENVENUE DANS MON ÉTABLISSEMENT !
SEXY, EN PLUS !
VENEZ VITE, VOS ÉLÈVES VOUS ATTENDENT !
AAAH, COMME JE SUIS HEUREUSE !
ÉVIDEMMENT, CE NE SERA PEUT-ÊTRE PAS LE TOP DU TOP MAIS, AU MOINS, IL NE VOUS COÛTERA PAS CHER...
JE SAIS, C'EST UN PEU DIFFICILE : MAIS VOUS ÊTES EN TERMINALE, QUAND MÊME !
VOUS AVEZ UNE HEURE !
23 + 14 = ?
125
MERCI SHOPPING PROF !
658
PICA + S. LÉTURGIE + ERROC

LORSQUE VOUS FAITES COURS...
CE QUI NOUS FRAPPE DANS L'ŒUVRE DE JEAN-VICTOR BLOZ, C'EST...
...VOUS AVEZ UN PEU LE SENTIMENT DE NE PAS ÊTRE ÉCOUTÉE TRÈS ATTENTIVEMENT...
TIP TIP TIP TIP TIP TIP TIP TIP TIP TIP TIP TIP TIP TIP TIP TIP
...ET VOS ÉLÈVES FONT PREUVE D'UN PEU DE MAUVAISE FOI...
MARTINS, POSE-MOI CE TÉLÉPHONE S'IL TE PLAIT!
QUEL TÉLÉPHONE, M'DAME?
ALORS LE BROUILLEUR DE TÉLÉPHONE
NIKTÉZONDE
VOUS!
99,90 € SEULEMENT!
IL VOUS SUFFIT DE LE CACHER DERRIÈRE VOTRE CARTABLE...
HÉHÉ!
...ET TRÈS VITE, VOUS CONSTATEREZ LE RÉSULTAT.
BEN? QU'EST-CE QUI SE PASSE?
Y A... Y A PLUS DE RÉSEAU!
RHOO LA LOOSE!
VOUS POURREZ ALORS REPRENDRE VOTRE COURS!
CE QUI NOUS FRAPPE DANS L'ŒUVRE DE JEAN-VICTOR BLOZ...
C'EST...
?
GZH
ATTENTION: NE RÉGLEZ JAMAIS LE NIKTÉZONDE AU MAXIMUM: IL RISQUE DE FAIRE ÉGALEMENT BROUILLEUR DE CERVEAU!
?
GZH
GZH
GZH
GZH
GZH
GZH
MERCI SHOPPING PROF!
GZH
BOF, MOI JE LES TROUVE COMME D'HABITUDE!
15.

A' CHAQUE RENTRÉE, LES PROFS Y ONT DROIT...
AH! JE CROIS QU'ON EN TIENT UN!
?
LES JOURNALISTES LEUR POSENT TOUJOURS LES MÊMES QUESTIONS!
BONJOUR! VOUS ÊTES PROF?
ALORS, CETTE ANNÉE VOUS ALLEZ ENCORE PLEURNICHER SUR VOS SALAIRES?
VOS CONDITIONS DE TRAVAIL?
VOUS ALLEZ FAIRE GRÈVE?
DES MANIFS?
POUR ÉVITER ÇA, IL Y A LA
GÉLULE EFFERVESCENTE
KIMOUSS!
27,99€
UNE INNOVATION SHOPPING PROF!
IL SUFFIT DE CROQUER LA GÉLULE POUR FAIRE APPARAÎTRE UNE JOLIE MOUSSE VERDÂTRE!
?
EH BIEN, JE...
AAAH! AU SECOURS!
CE TYPE A LA RAGE!
FUYONS!
Hi Hi
?
CHLOP!
HEU... LE CHIEN ENRAGÉ QU'ON VIENT DE CAPTURER, IL DIT QU'IL N'EST PAS UN CHIEN MAIS UN PROF!...
ON LE GARDE QUAND MÊME, C'EST PLUS PRUDENT!
WAF
WAF
WAF
WAF
WAF
WAF WAF
FOURRIÈRE MUNICIPALE
FOURRIÈRE MUNICIPALE
MERCI SHOPPING PROF!
38

LE SOUCI EST TOUJOURS LE MÊME: IMPOSSIBLE DE TROUVER UNE PLACE ASSISE EN SALLE DES PROFS!
BLA BLA BLA BLA BLA
ALORS IL VOUS FAUT LA CARTE APSP! (ASSIS PRIORITAIRE EN SALLE DES PROFS)
APSP
39,99€
J'AI DES PROBLÈMES DE DOS, JE DOIS RESTER ASSIS!
REGARDE, J'AI UNE CARTE DE MON MÉDECIN!
ET VOILÀ: LE TOUR EST JOUÉ MERCI SHOPPING PROF!
HÉ HÉ!
HÉ! JE VOUS RAPPELLE QUE C'EST AUJOURD'HUI LA RÉUNION SYNDICALE!
ET PAUL NE VA PAS TARDER À ARRIVER!
AÏE!
SAUVE QUI PEUT!
TOUS AUX ABRIS!
HOLÀ, DOUCEMENT MAURICE: PENSE À TES PROBLÈMES DE DOS!
ALLEZ, RESTE ASSIS TRANQUILLEMENT!
?
OUI, GRÂCE À LA CARTE APSP, VOUS RESTEREZ ASSIS EN SALLE DES PROFS TRÈS LONGTEMPS!
MERCI À TOUS D'ÊTRE VENUS SI NOMBREUX...
GRÈVE DU 12
23

VOUS MANQUEZ DE PRESTIGE AUPRÈS DE VOS ÉLÈVES ?
BEN, FAUT AVOUER...
ALORS ESSAYEZ LE :
SAUVETAGE HÉROÏQUE !
UN SCÉNARIO "SHOPPING PROF"
287€ TTC
UN COMÉDIEN VA JOUER LE RÔLE D'UN LAVEUR DE CARREAUX DÉPRESSIF...
AAAH MONDE CRUEL !
POURQUOI LUTTER ? POURQUOI ?
...À QUI VOUS ALLEZ SAUVER LA VIE !
M'DAME, JE CROIS QUE LE MEC VA SAUTER !
STOP, MALHEUREUX !
VOUS NE POUVEZ PAS FAIRE UNE CHOSE PAREILLE, VOYONS !
ALLONS, DONNEZ-MOI LA MAIN, VOILÀ...
AAAH MERCI ! MERCI MADAME, VOUS M'AVEZ SAUVÉ LA VIE !
ALLONS, C'EST FINI.
SUPER !
GÉNIAL !
BRAVO M'DAME !
ET VOILÀ : EN QUELQUES SECONDES, VOUS ÊTES DEVENUE UNE HÉROÏNE !
DOLORÈS !
CLAP CLAP
ON NE PEUT PAS SE QUITTER COMME ÇA QUAND MÊME !
MAIS HEU... SI, SELON LE SCÉNARIO, VOUS...
QUEL SCÉNARIO ?!
AH BEN OUI, NOTRE COMÉDIEN A EU UN EMPÊCHEMENT CE JOUR-LÀ ; LUI, C'EST UN VRAI LAVEUR DE CARREAUX !
DOLORÈS, JE T'AIME !
ET JE VEUX TE FAIRE PLEIN D'ENFANTS !
MERCI SHOPPING PROF !
57

15 JOURS DE VACANCES ? ENVIE DE DÉCONNECTER ?
YES !
MAIS PAS D'ARGENT POUR PARTIR AU SOLEIL, HEIN ?
NO !
ALORS, LE CASQUE
VIRTUAL DECONNECTOR
EST POUR VOUS !
49,90 €
UNE TECHNOLOGIE SHOPPING PROF !
IL VOUS SUFFIT DE CHOISIR UNE DESTINATION...
HUM... ÎLE PARADISIAQUE DES CARAÏBES, C'EST BIEN ÇA !
... ET VOILÀ : VOUS Y ÊTES !
YES !!
HAHAHA !
HIHIHI !
SPLACH
SPLOCH
DÉSOLÉ M'DAME, J'AI PAS PU PRÉPARER L'INTERRO.
AAAAH !
UN BUG EST TOUJOURS POSSIBLE, MAIS C'EST RARE.
TRÈS STRESSÉE, VOTRE FEMME ...
FAUDRAIT QU'ELLE DÉCONNECTE UN PEU.
MA GLADYSSOUNETTE...
GNiii !
MERCI SHOPPING PROF !
69.

VOS ÉLÈVES SONT TURBULENTS ? ILS PERTURBENT LE BON DÉROULEMENT DE VOTRE COURS ?
YES, IT IS VERY DÉRANGING!
BLA BLA BLA BLA
ET HÉLAS VOUS VISEZ TRÈS MAL ?
SHEUTE UP!
WOOSH
HA HA, RATÉ!
C'EST NORMAL QU'ELLE LANCE À GAUCHE, LA PROF D'ANGLAIS...
HEUREUSEMENT, VOICI...
ULTIM'CRAIE
CRAIE
Shopping Prof
LA CRAIE À TÊTE CHERCHEUSE!
2,50€ PIÈCE
SILEEENCE!
BLA
LE MOMENT QUE J'ATTENDAIS!
BLA BLA
YAAH!
WOOSH
HA HA ENCORE RATÉ!
VLAM!
GRÂCE À NOS CRAIES À TÊTE CHERCHEUSE, Y A PAS QUE LES MOUCHES QUI VONT VOLER!
HU HU! QUEL BON INVESTISSEMENT! MERCI SHOPPING PROF!
OUPS!
LA BOÎTE M'A ÉCHAPPÉ DES MAINS!
10.

VOUS ÊTES PROF DOC ET VOUS EN AVEZ ASSEZ DE TOUJOURS RÉPÉTER LA MÊME CHOSE ?
MAIS LAISSE-MOI, JE BOSSE !
MAIS C'EST TOI QUI ME PARLES !
AU CDI, ON CHUCHOTE, COMPRIS ?
PARDON M'DAME !
ALORS LE
CHUCHOTEUR SPÉCIAL CDI
EST POUR VOUS !
UNE INNOVATION SHOPPING PROF !
17€99 LES 3
STOP ! ON S'ÉQUIPE AVEC CECI AVANT D'ENTRER.
AVEC LE CHUCHOTEUR, ON NE PEUT PAS PARLER FORT.
VOUS POURREZ ENFIN TRAVAILLER DANS UNE AMBIANCE CALME ET FEUTRÉE.
ET ÉVIDEMMENT, SI ÇA MARCHE AVEC LES ÉLÈVES...
Grève le 12
CES GAMINS SONT NULS À BOUFFER DE L'HERBE À CHAT !
... ÇA MARCHE AUSSI AVEC LES COLLÈGUES !
OUATE ZE FEUCK ?
MERCI SHOPPING PROF !
39.

VOUS ÊTES PROF ?
OUI.
VOUS AUSSI ?
OUI.
VOUS VIVEZ ENSEMBLE ?
OUI.
ET VOUS NE PARLEZ QUE DE VOTRE BOULOT ?
OUI.
ALORS, IL VOUS FAUT LE
BLABLA-BIP
192 €
UNE INNOVATION SHOPPING PROF !
DÈS QUE VOUS COMMENCEZ À ÉVOQUER VOTRE TRAVAIL...
TU SAIS CE QUE M'A DIT BOULARD ?
UN SIGNAL SONORE VOUS RAPPELLE À L'ORDRE.
BIP BIP BIP
OUPS PARDON !
CE MATIN, JE CROISE LA PROVISEURE ET...
BIP BIP BIP
OUPS DÉSOLÉE.
ET VOUS ALLEZ ENFIN POUVOIR PARLER D'AUTRE CHOSE !
...
...
OH MINCE JE L'AI FAIT TOMBER.
C'EST BALLOT.
PONK
HA HA TU SAIS CE QUE M'A DIT BOULARD ?
HIHI CE MATIN JE CROISE LA PROVISEURE ET...
BIIIP BIIIIP
CROUIK
MERCI, SHOPPING PROF !

CE PROF QUI VA EN COURS, LES ÉPAULES VOÛTÉES ET L'OEIL GLAUQUE, DE QUOI A-T-IL LE PLUS BESOIN ?
D'AMOUR !
ALORS VOICI :
LOVEPROF
LE DIFFUSEUR D'AMOUR POUR SALLE DE CLASSE !
87,99 €
AUX HUILES ESSENTIELLES DE FRUIT DE LA PASSION, SON PARFUM EST IRRÉSISTIBLE...
CLIC
?
?
?
VOTRE COURS EST FORMIDABLE !
J'ADORE VOTRE VOIX.
ET EN PLUS VOUS ÊTES BEAU !
PARTEZ PAS !
JE VOUS AIME.
NE ME QUITTE PAS !
ALLONS, ALLONS, MOI AUSSI, JE VOUS AIME !
ATTENTION : NE JAMAIS UTILISER LOVEPROF AILLEURS QU'EN CLASSE...
C'EST GÉNIAL, CE TRUC !
JE VAIS L'ESSAYER DANS LE BUS !
...PARCE QUE POUR UNE RAISON INCONNUE, IL PRODUIT L'EFFET INVERSE.
FONCTIONNAIRE PLANQUÉ !
FEIGNASSE DE PROF !
JE VAIS TE CASSER LA GUE
?
?
MERCI, SHOPPING PROF !

PARFOIS, ALORS QUE VOUS ÊTES EN PLEIN TRAVAIL...
... VOUS ÊTES DÉRANGÉ PAR VOTRE CHEF D'ÉTABLISSEMENT.
ÇA VA ? PAS TROP ÉPUISANT, CE COURS?
ALORS POUR VOUS, NOUS AVONS CONÇU :
Proviz'alert
ici
VOUS
87,99 €
L'APPLI QUI VOUS PERMET D'ÉVITER VOTRE PROVISEURE.
OH! LA VOILÀ !
HÉHÉ
SALLE DES PROFESSEURS
HÉHÉ
HÉ HÉ
HIHI, C'EST GÉNIAL, CE TRUC !
AH, LA PROVISEURE EST AU BOUT DU COULOIR, JE VAIS ME PLANQUER ICI !
TIENS, BONJOUR M'SIEUR !
QUELLE SURPRISE !
MERCI SHOPPING PROF !
C'EST SYMPA D'ÊTRE VENU FAIRE COURS !

VOUS EN AVEZ ASSEZ DE FAIRE COURS DANS UNE ATMOSPHÈRE VICIÉE ?
BLA BLA BLA BLA BLA BLA BLA BLA BLA BLA
ALORS, VOICI LE :
MASQUE ULTRA-PROTECT
EN
59,99 €
ESTAMPILLÉ ÉDUCATION NATIONALE
VOUS SEREZ PROTÉGÉ DES POSTILLONS DE VOS ÉLÈVES...
HÉ M'SIEUR, POURQUOI VOUS M'AVEZ MIS QUE 5 ?
... DES HALEINES DE VOS COLLÈGUES...
EXCELLENTS LES ESCARGOTS À L'AIL DE CHEZ NÉNESSE !
... ET ÉVENTUELLEMENT DES VIRUS.
AATCHAA
ET EN PLUS, VOUS AUREZ UN LOOK ORIGINAL.
OUAH, LA CLASSE !
ÇA TE DONNE UN CÔTÉ MYSTÉRIEUX.
LE MASQUE ULTRA-PROTECT N'A QU'UN SEUL DÉFAUT...
SPLAF
IL NE FAUT PAS OUBLIER QUE VOUS EN PORTEZ UN.
HAHAHA RIDICULE !
ÇA NE MARCHERA JAMAIS, CE TRUC-LÀ !
MERCI SHOPPING PROF !
44

AMI PROFESSEUR, VOUS TROUVEZ ÇA BARBANT DE FAIRE DES PHOTOCOPIES ?
HEU NON, ÇA VA...
PLACE À L'AMUSEMENT AVEC LA
FUN TOCOPIEUSE !!
3990€ (+2 ramettes de papier offertes)
SON FONCTIONNEMENT EST SIMPLE ! À L'AIDE DE VOTRE CODE PERSONNEL, VOUS VOUS IDENTIFIEZ ET LANCEZ VOS PHOTOCOPIES.
BIP BIP BIP
PENDANT QUE L'APPAREIL DUPLIQUE VOS DOCUMENTS, IL VOUS FABRIQUERA EN PRIME UN SYMPATHIQUE ORIGAMI PERSONNALISÉ À VOTRE MATIÈRE.
OH, UN CHAPEAU !
NON, UN BICORNE DE NAPOLÉON À LA BATAILLE DE WAGRAM !
ET ÇA FONCTIONNE POUR TOUS LES COURS !
OH, UNE GRENOUILLE !
NON, UNE RAINETTE À POIS ALBINOS DU SAN GAZPACHO !
OLIVIER PISSON, MATIÈRE : SVT
♪ POM ♪ ♪ PODOM ♪ POM POM ♪
MAIS... QUOI ? DÉJÀ EN PANNE ?!?
ERREUR.
ERREUR.
SERGE ! T'AS ESSAYÉ LA PHOTOCOPIEUSE, AVOUE ! NE MENS PAS, T'AS OUBLIÉ TON ORIGAMI DANS LA MACHINE !
ERREUR.
ERREUR.
ERREUR.
MERCI SHOPPING PROF !
23

LES PROFS, C'EST QUAND MÊME PAS DES ACHARNÉS DU TRAVAIL, NON ?
QUAND ILS ONT PAS DES SEMAINES DE 15 H, ILS SONT EN VACANCES... ME DIS PAS QU'ILS PROFITENT PAS UN PEU BEAUCOUP DU SYSTÈME !
EUH... ÇA VA, MAURICE ? T'ÉNERVE PAS, HEIN...
BAH, NE TE FAIS PAS DE BILE, NÉNESSE, JE SUIS **ANTIVEX !**
PROFESSEURS, N'HÉSITEZ PLUS, PRENEZ
ANTIVEX
2e dose offerte
ANTIVEX pilule
29,99€
LABORATOIRE POIVRON
EXISTE AUSSI EN SUPPOSITOIRE!
GRÂCE A' ANTIVEX, FINI D'ÊTRE VEXÉ PAR LES REMARQUES DÉSOBLIGEANTES DES PARENTS !
EN FAIT, MON FILS COMPREND RIEN PARCE QUE VOS COURS SONT DÉBILES !
FONCTIONNE AUSSI AVEC LA HIÉRARCHIE !
ELLE A DE BONNES NOTES DANS LES MATIÈRES IMPORTANTES, ON VA PAS LUI METTRE UN AVERTISSEMENT PARCE QU'ELLE EST NULLE EN PHILO, QUAND MÊME ?
ET SURTOUT LES ÉLÈVES...
HÉ, M'SIEUR ! VOUS AVEZ LE MÊME COSTUME DEPUIS MILLE ANS, VOUS VOUS CHANGEZ JAMAIS OU QUOI ?
CHAQUE DOSE VOUS GARANTIT 4 MOIS DE PROTECTION...
OUPS, J'AI OUBLIÉ DE FAIRE MON RAPPEL...
-MERCI SHOPPING PROF!
20

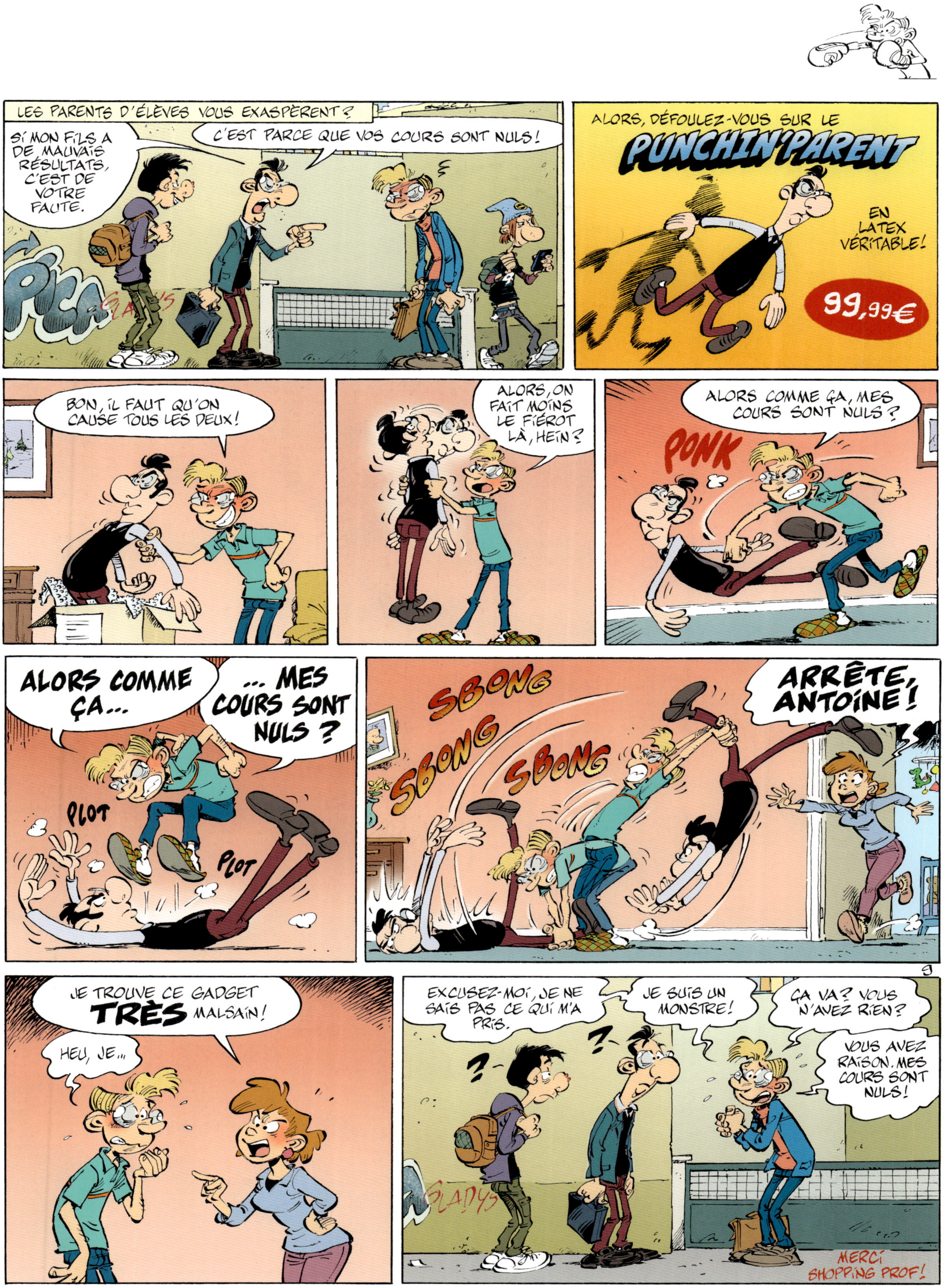
LES PARENTS D'ÉLÈVES VOUS EXASPÈRENT ?
SI MON FILS A DE MAUVAIS RÉSULTATS, C'EST DE VOTRE FAUTE.
C'EST PARCE QUE VOS COURS SONT NULS !
ALORS, DÉFOULEZ-VOUS SUR LE
PUNCHIN'PARENT
EN LATEX VÉRITABLE !
99,99€
BON, IL FAUT QU'ON CAUSE TOUS LES DEUX !
ALORS, ON FAIT MOINS LE FIÉROT LÀ, HEIN ?
ALORS COMME ÇA, MES COURS SONT NULS ?
PONK
ALORS COMME ÇA...
... MES COURS SONT NULS ?
PLOT
PLOT
SBONG
SBONG
SBONG
ARRÊTE, ANTOINE !
JE TROUVE CE GADGET TRÈS MALSAIN !
HEU, JE...
EXCUSEZ-MOI, JE NE SAIS PAS CE QUI M'A PRIS.
JE SUIS UN MONSTRE !
ÇA VA ? VOUS N'AVEZ RIEN ?
VOUS AVEZ RAISON. MES COURS SONT NULS !
MERCI SHOPPING PROF !

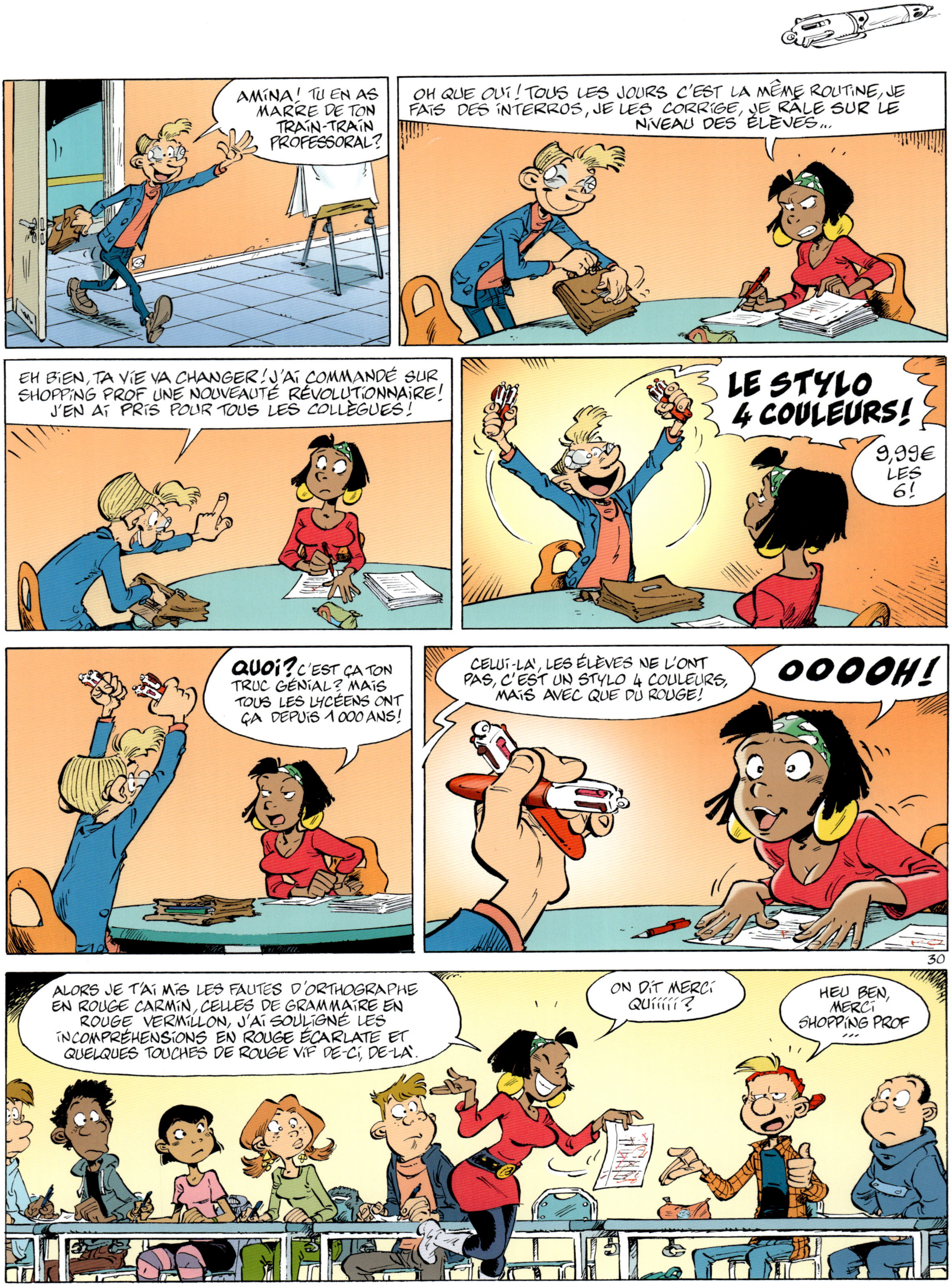

AMINA! TU EN AS MARRE DE TON TRAIN-TRAIN PROFESSORAL?
OH QUE OUI! TOUS LES JOURS C'EST LA MÊME ROUTINE, JE FAIS DES INTERROS, JE LES CORRIGE, JE RÂLE SUR LE NIVEAU DES ÉLÈVES...
EH BIEN, TA VIE VA CHANGER! J'AI COMMANDÉ SUR SHOPPING PROF UNE NOUVEAUTÉ RÉVOLUTIONNAIRE! J'EN AI PRIS POUR TOUS LES COLLÈGUES!
LE STYLO 4 COULEURS!
9,99€ LES 6!
QUOI? C'EST ÇA TON TRUC GÉNIAL? MAIS TOUS LES LYCÉENS ONT ÇA DEPUIS 1 000 ANS!
CELUI-LÀ, LES ÉLÈVES NE L'ONT PAS, C'EST UN STYLO 4 COULEURS, MAIS AVEC QUE DU ROUGE!
OOOOH!
30
ALORS JE T'AI MIS LES FAUTES D'ORTHOGRAPHE EN ROUGE CARMIN, CELLES DE GRAMMAIRE EN ROUGE VERMILLON, J'AI SOULIGNÉ LES INCOMPRÉHENSIONS EN ROUGE ÉCARLATE ET QUELQUES TOUCHES DE ROUGE VIF DE-CI, DE-LÀ.
ON DIT MERCI QUI?
HEU BEN, MERCI SHOPPING PROF...

(Rien de tout ça ne figure dans ce dossier, mais avouez que ça donne envie...)

SHOPPING PROF, COMMENT ÇA MARCHE?

NON RETENU

LE BEURK DENTIER

AVANTAGE : PROFS VRAIMENT MOCHES.
INCONVÉNIENT : POSTILLONS SUR LES COURS.

LE HIT LAS VEGAS

AVANTAGE : ÉLÈVES CAPTIFS.
INCONVÉNIENT : PROFS QUI CRAME SOUS LES LAMPES.

NON RETENU

NON RETENU

LE PHILO COMPTOIR

AVANTAGE : REND LES COURS DE PHILO PLUS ATTRAYANTS.
INCONVÉNIENT : PROFS PLUS OPÉRATIONNELS L'APRÈS-MIDI...

LA LAISSE POUR PHASME

AVANTAGE : LES PROFS DE S.V.T. POURRONT ENFIN SORTIR DE LEUR CLASSE AUX INTERCOURS.
INCONVÉNIENT : DURÉE DE VIE DE L'ANIMAL FORTEMENT RÉDUITE.

NON RETENU

LE CALM'ÉLÈVES

AVANTAGE : PAS TROP VIOLENT.
INCONVÉNIENT : PAS TROP EFFICACE.

AVANTAGE : EFFICACE.
INCONVÉNIENT : PLAINTE DES PARENTS.

AVANTAGE : TRÈS EFFICACE.
INCONVÉNIENT : FRAIS D'HOSPITALISATION POUR L'ÉTABLISSEMENT.

AVANTAGE : SUPER EFFICACE.
INCONVÉNIENT : RISQUE DE PEINE DE PRISON POUR LE PROF.

LE RÉVEIL' ÉLÈVES

CONCENTRÉ DE VITAMINES HYPERACTIVES

AVANTAGE : UTILISATION CIBLÉE.
INCONVÉNIENT : NE TIENT PAS SUR LA PEAU GRASSE DES LYCÉENS.

AVANTAGE : UTILISATION RAPIDE.
INCONVÉNIENT : RISQUE SÉVÈRE D'ÉTOUFFEMENT.

ILS BOSSENT CHEZ SHOPPING PROF ET ADORENT NOTRE SÉRIE

MAIS QUEL EST LEUR PERSONNAGE PRÉFÉRÉ ?

JEFF DEZOSS, PRÉSIDENT DIRECTEUR GÉNÉRAL

MON PERSONNAGE PRÉFÉRÉ, VOUS DITES ?
EH BIEN C'EST ÉVIDEMMENT ALBERT, LE PROF DE CHIMIE !
CE GARS EST UN GENIE, IL A INVENTÉ L'OBSOLESCENCE PROGRAMMÉE ULTRACOURTE !
TOUTES LES SEMAINES, TOUT SON MATÉRIEL A FONDU OU EXPLOSÉ OU ENCORE S'EST ÉVAPORÉ ET EST À REMPLACER !
DE LOIN NOTRE MEILLEUR CLIENT !

KEVIN CARET, EMPLOYÉ

MOI J'AI TOUJOURS ÉTÉ FAN DE BOULARD !
J'AI JAMAIS TROP AIMÉ LES PROFS NI LE LYCÉE, COMME LUI !
ÇA ME DONNAIT DE L'URTICAIRE ! DU COUP J'AI CALQUÉ MA SCOLARITÉ SUR LA SIENNE... BON, COMME J'AI PAS DE DIPLÔME, JE ME RETROUVE MAINTENANT TESTEUR CHEZ SHOPPING PROF AVEC DES TRUCS QUI ME FONT PENSER À L'ÉDUCATION NATIONALE TOUS LES JOURS. MA VIE EST UN ENFER !
ÇA ME GRAAAAAAAATTE !

SELENA MC KINSLEY, PUBLICITAIRE

AH NON MAIS MOI JE VOUS LE DIS, JE SUIS OVER-FAN DU PLUS CRÉATIF DES PROFS DU LYCÉE : PAUL !
SON SENS DE LA PUNCHLINE, DU SLOGAN QUI TUE, COMMENT IL ARRIVE À SYNTHÉTISER DES IDÉES EN 3 MOTS SUR UN BOUT DE CARTON, AMAZING !
REGARDEZ, J'AI MÊME RÉUSSI À RÉCUPÉRER UNE DE SES PANCARTES À UNE VENTE AUX ENCHÈRES, ELLE NE QUITTE PAS MON OPEN SPACE !

X-1998, ROBOT D'ENTREPÔT

> ROBOT ENTREPÔT X-1998
@ SHOPPINGPROF.COM, HELLO WORLD
> FONCTION : PRÉPARATION DES COMMANDES 7J/7 24H/24
> QUESTION : PERSONNAGE PRÉFÉRÉ EN COURS DE TRAITEMENT
> RÉPONSE MACHINE À CAFÉ
> INDICE SEXYTUDE : 99,9997%
> <3 <3 <3

SHOPPING PROF.com

nouveautés | soldes | boutique | commentaires | votre compte | S.A.V.

ULTIM'CRAIES

Gladysounette
★★★★ Ouaile donne
Commenté le 27 septembre

J'ai reçu la nouvelle version des Ultim'craies en couleurs et c'est un vrai bonheur, à chaque cours j'ai l'impression d'être à un feu d'artifice !

PROF DE SECOURS

Sofa Lorraine
★ S.A.V. qui peut
Commenté le 12 octobre

Ayant commandé le PROF DE SECOURS, j'ai eu la désagréable surprise de le recevoir en quadruple exemplaire, et impossible de joindre le S.A.V. pour les renvoyer. Ce qui pose un énorme problème.

CAISSON HASS'BAVARD

Napolochon
★★ bvouton, trtouge
Commenté le 26 avril

J'ai bvouilu testrr moi^m^eme l'apppartteil maisle boiuton d'ouvrrture est cpoincvé ! cmment je lme dkcoincve ?;

PHOTOCOP' PARALYSATOR

Platon_lover
★★★★ Le top !
Commenté le 16 février

Mon photocop'paralysator est tombé en panne au bout de 3 jours ! Néanmoins ça a engendré une augmentation de 4,5 points des moyennes de mes élèves. Merci, Shopping prof !

DYNAMIC FACE

Napolochon
★ Du vol !
Commenté le 31 octobre

J'ai la quasi-preuve que Shopping prof utilise les visages de ses clients pour vendre des Dynamic face sur d'autres site de e-commerce ! C'est un SCANDALE !

Retrouvez-nous sur shoppingprof.com

P.R.O.
NFARON
2- 1741
BAM
NON
CAMI